ボトリング
テクノロジー

飲料製造における充填技術と衛生管理

監修
松永藤彦
稲津早紀子

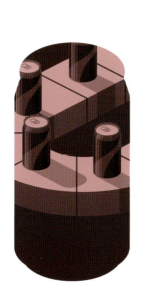

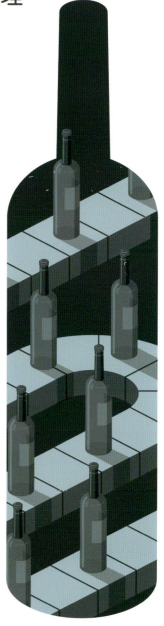

NTS

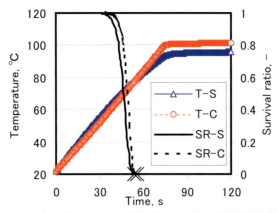

図1　温度変動下における鶏胸肉のマイクロ波殺菌解析例
（T：温度，SR：生存曲線，S：表面，C：中心を表す）(p.19)

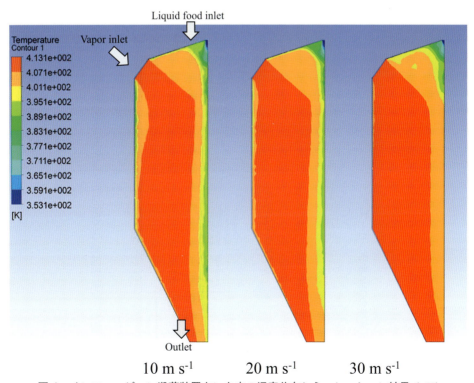

図4　インフュージョン殺菌装置タンク内の温度分布シミュレーション結果 (p.22)

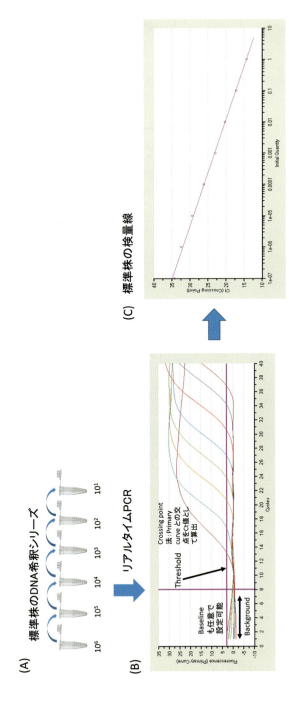

図 5 変敗原因菌 *Geobacillus stearothermophilus* 12550^T の検量線作成例（インターカレーター法 SYBR Green I）(p.34)

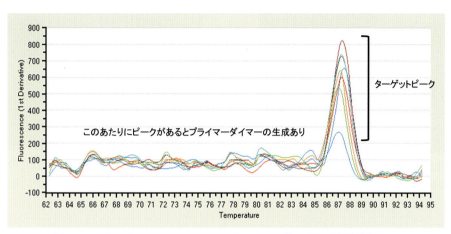

図6 *Geobacillus stearothermophilus* 12550[T] の融解曲線解析 (p.35)

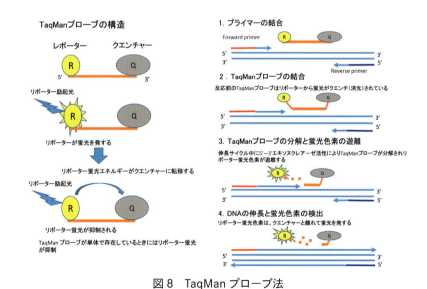

図8 TaqMan プローブ法
(Thermo Fisher Scientific リアルタイム PCR システムよりマニュアルより一部改変) (p.36)

図2 毛根のカタラーゼ反応（陽性）の様子
（p.43）

図3 毛根のカタラーゼ反応（陰性）の様子
（熱処理後，80℃，5秒）（p.43）

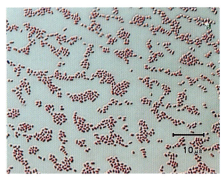

図6 細菌類（グラム染色）の顕微鏡写真
（×1000倍）（p.46）

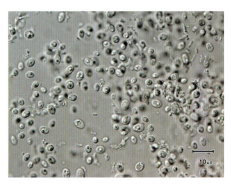

図7 酵母の顕微鏡写真（×1000倍）（p.46）

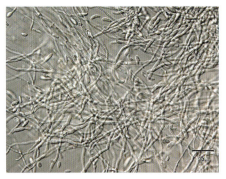

図8 カビの顕微鏡写真（×400倍）（p.46）

図9 植物細胞の顕微鏡写真（×400倍）（p.46）

図10 動物細胞（豚肉）の顕微鏡写真
（×1000倍）(p.47)

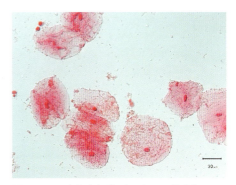

図11 口腔上皮細胞（フクシン染色）の
顕微鏡写真（×400倍）(p.47)

図12 コムギのデンプン粒（ヨウ素染色）
の顕微鏡写真（×1000倍）(p.47)

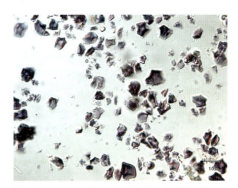

図13 コメのデンプン粒（ヨウ素染色）の
顕微鏡写真（×1000倍）(p.47)

図14 骨の顕微鏡写真（×400倍）(p.48)

図15 歯の顕微鏡写真（×1000倍）(p.48)

図16 紙（パルプ繊維）の顕微鏡写真
（×400倍）(p.48)

図17 ノミバエの翅脈の様子 (p.49)

■ 焦付き汚れでの一般的なCIP洗浄プログラムと課題

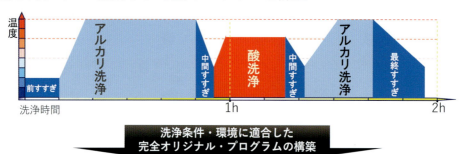

洗浄条件・環境に適合した
完全オリジナル・プログラムの構築

■ オーバーライドプログラム（例）　　※プログラム内容の詳細は工場毎に異なります

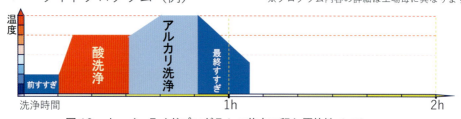

図13 オーバーライドプログラムの基本工程と優位性 (p.87)

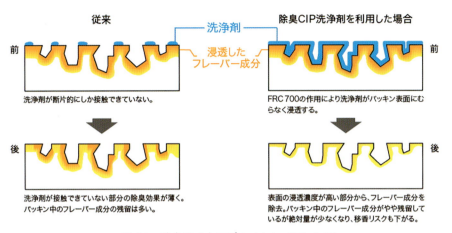

図16　除臭のメカニズム（イメージ図）(p.89)

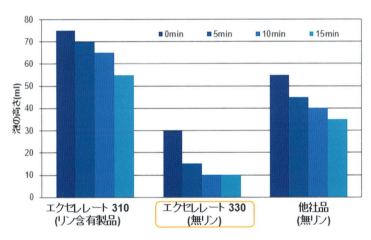

図20　無リン添加剤の消泡性能比較（0.2％添加剤）(p.91)

▶ CIPフロー図

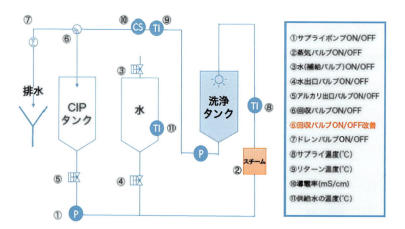

▶ CIPチャート

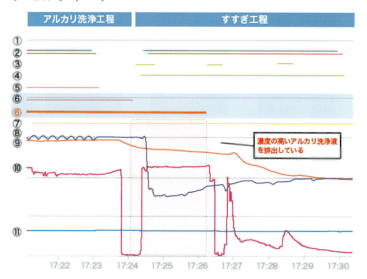

図28　リユース CIP フロー図と CIP チャート（p.97）

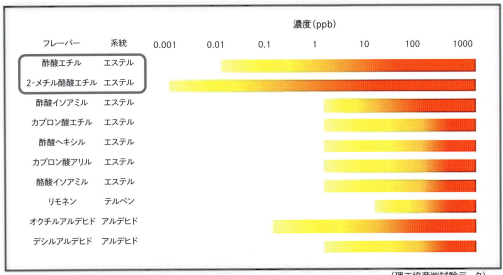

図9　フレーバーの閾値　(理工協産㈱　提供資料)（p.104）

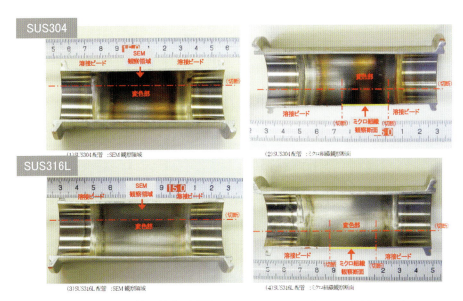

図14　SUS配管に対する影響　(塩素化アルカリ×140℃×150h処理)（p.107）

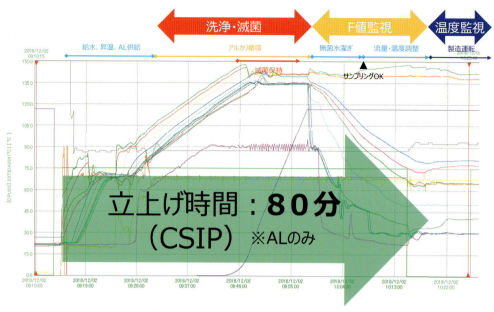

図17　CSIPのトレンドグラフ (p.109)

表3　CSIPの洗浄性テスト結果 (p.111)

	フキトリマスター	タンパク質（μg）	イオンクロマト(μg)		観察
			Mg	Ca	
洗浄前	レベル3	44	N.D.	0.3	やや茶色、僅かに曇っている
洗浄後	レベル1	N.D.	N.D.	0.4	光沢あり、目視汚れなし

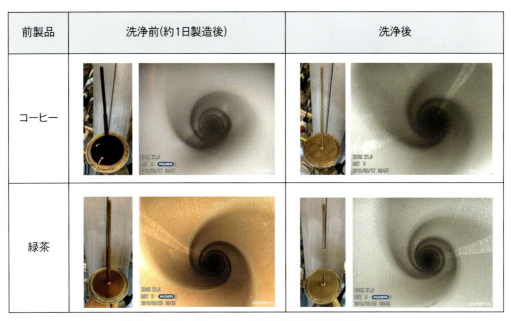

図20　CSIP前後の製品UHT最加熱部観察結果 (p.112)

図21　CSIPによる時短効果 (p.113)

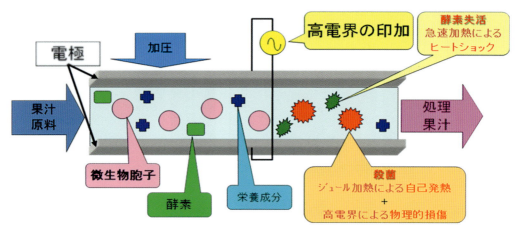

図2　交流高電界殺菌のメカニズム (p.140)

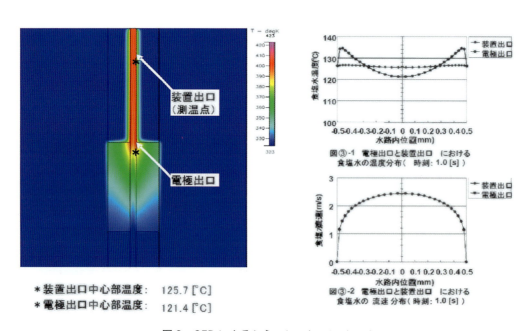

＊装置出口中心部温度： 125.7 [℃]
＊電極出口中心部温度： 121.4 [℃]

図3　CFDによるシミュレーション (p.141)

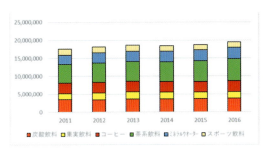

図4 清涼飲料の中味別販売量
（2011～2016年）（p.185）

図9 酒類，中味別構成比（2014年）（p.188）

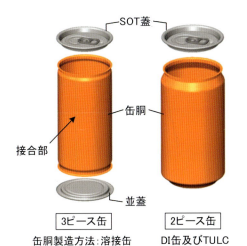

図3 飲料缶の構造および製造方法による分類
（p.203）

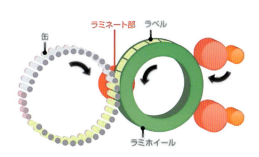

図13 2ピース缶側壁への印刷済フィルム貼付工程の例（TULCラベル缶）（p.211）

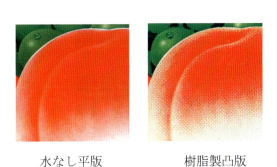

図14 2ピース缶胴へのフルーツ画像の印刷例
（p.211）

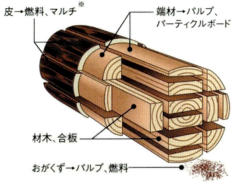

図2 紙に使われる木材の部分（p.213）

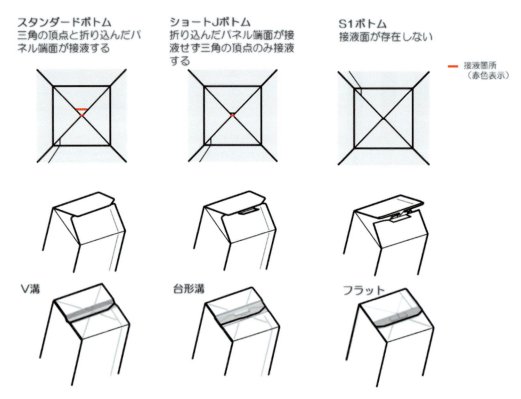

図9 さまざまなボトムの仕様 (p.219)

図10 北欧のチルド製品棚 屋根型紙容器 (p.220)

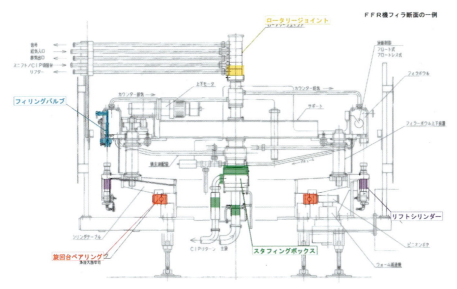

図5　フィラー基本構造（MHI社カタログ）（p.246）

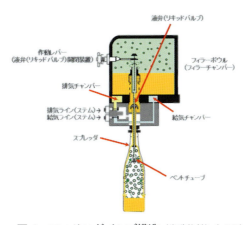

図6　フィリングバルブ構造（炭酸飲料）（p.247）

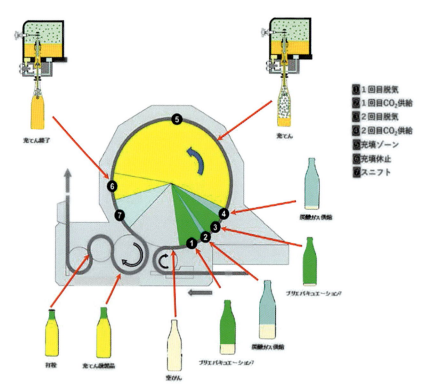

図8 フィラー中心角配分と各工程（ガラスびんビール）(p.249)

図15 スリップリング（回転体への電力供給の例）
(㈱東測　ホームページ　http://www.tosoku.jp/slipring.html)（p.253）

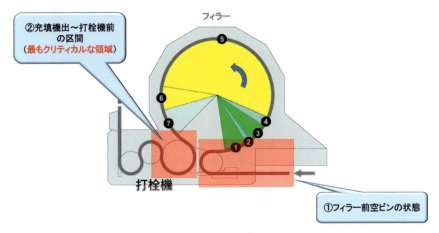

図16　フィラー前後，微生物の飛び込み混入のリスク（p.257）

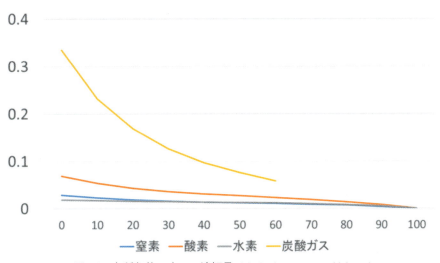

図18　各種気体の水への溶解量（g）（圧力 1atm，1kg 水）(p.258)

表 7 ビールの炭酸ガス圧と香味の関係 (p.263)
(CO₂ Volume Chart)

Equilbrium PSI

	1	2	3	4	5	6	7	8	9	10	11	12	13	14	15	16	17	18	19	20	21	22	23	24	25	26	27	28	29	30
30F	1.82	1.92	2.03	2.14	2.23	2.36	2.48	2.60	2.70	2.82	2.93	3.02	3.13	3.24	3.35	3.46	3.57	3.67	3.78	3.89	4.00	4.11	4.22	4.33	4.44	4.66	4.77	4.87	4.98	4.93
31F	1.78	1.88	2.00	2.10	2.20	2.31	2.42	2.54	2.65	2.76	2.86	2.96	3.07	3.17	3.28	3.39	3.50	3.60	3.71	3.82	3.93	4.03	4.14	4.25	4.35	4.46	4.57	4.68	4.78	4.89
32F	1.75	1.85	1.95	2.05	2.15	2.27	2.38	2.48	2.59	2.70	2.80	2.90	3.00	3.11	3.21	3.31	3.42	3.52	3.63	3.73	3.84	3.94	3.97	4.07	4.25	4.36	4.46	4.57	4.67	4.77
33F	1.71	1.81	1.91	2.01	2.10	2.23	2.33	2.43	2.53	2.63	2.74	2.84	2.96	3.06	3.15	3.25	3.35	3.46	3.56	3.66	3.76	3.87	3.97	4.07	4.13	4.28	4.38	4.48	4.59	4.69
34F	1.68	1.78	1.86	1.97	2.06	2.18	2.28	2.38	2.48	2.58	2.69	2.79	2.90	3.00	3.09	3.19	3.29	3.39	3.49	3.59	3.69	3.79	3.90	4.00	4.1	4.2	4.3	4.4	4.5	4.60
35F	1.63	1.73	1.83	1.93	2.02	2.14	2.24	2.34	2.43	2.52	2.63	2.73	2.83	2.93	3.02	3.12	3.22	3.32	3.42	3.52	3.62	3.72	3.82	3.92	4.01	4.2	4.21	4.31	4.41	4.51
36F	1.60	1.69	1.79	1.88	1.98	2.09	2.19	2.29	2.38	2.47	2.57	2.67	2.77	2.86	2.96	3.05	3.15	3.24	3.34	3.43	3.53	3.63	3.72	3.82	3.92	4.01	4.11	4.21	4.3	4.40
37F	1.55	1.65	1.74	1.84	1.94	2.04	2.14	2.24	2.33	2.42	2.52	2.63	2.71	2.80	2.90	3.00	3.09	3.18	3.27	3.37	3.46	3.56	3.65	3.75	3.84	3.94	4.03	4.13	4.22	4.32
38F	1.52	1.61	1.71	1.80	1.90	2.00	2.09	2.20	2.29	2.38	2.48	2.57	2.66	2.75	2.85	2.94	3.03	3.12	3.21	3.30	3.40	3.49	3.59	3.68	3.77	3.87	3.96	4.06	4.15	4.24
39F	1.49	1.58	1.67	1.77	1.86	1.96	2.06	2.15	2.25	2.34	2.43	2.52	2.62	2.70	2.80	2.89	2.98	3.07	3.16	3.25	3.34	3.44	3.53	3.62	3.71	3.81	3.90	3.99	4.08	4.18
40F	1.47	1.56	1.65	1.74	1.83	1.92	2.01	1.10	2.20	2.30	2.39	2.47	2.56	2.65	2.75	2.84	2.93	3.01	3.10	3.19	3.28	3.37	3.46	3.55	3.64	3.73	3.82	3.91	4.01	4.10
41F	1.43	1.52	1.61	1.70	1.79	1.88	1.97	2.06	2.17	2.25	2.34	2.43	2.52	2.60	2.70	2.79	2.88	2.96	3.05	3.14	3.23	3.32	3.41	3.50	3.59	3.68	3.77	3.86	3.95	4.04
42F	1.39	1.48	1.57	1.66	1.75	1.85	1.94	2.02	2.12	2.21	2.30	2.39	2.48	2.56	2.65	2.74	2.83	2.91	3.00	3.09	3.18	3.26	3.35	3.44	3.53	3.62	3.70	3.79	3.88	3.97
43F	1.37	1.46	1.54	1.63	1.72	1.81	1.90	1.99	2.08	2.17	2.26	2.34	2.43	2.52	2.61	2.69	2.78	2.86	2.95	3.04	3.13	3.21	3.24	3.39	3.47	3.56	3.65	3.74	3.82	3.91
44F	1.35	1.43	1.52	1.60	1.69	1.78	1.87	1.95	2.04	2.13	2.22	2.30	2.39	2.47	2.56	2.64	2.73	2.81	2.90	2.99	3.07	3.1	3.19	3.28	3.36	3.50	3.58	3.67	3.76	3.84
45F	1.32	1.41	1.49	1.58	1.66	1.75	1.84	1.91	2.00	2.08	2.17	2.26	2.34	2.42	2.51	2.60	2.69	2.77	2.86	2.94	3.02	3.11	3.15	3.23	3.30	3.45	3.53	3.62	3.70	3.79
46F	1.28	1.37	1.45	1.54	1.62	1.71	1.80	1.88	1.96	2.04	2.13	2.22	2.30	2.38	2.47	2.55	2.64	2.72	2.81	2.89	2.98	3.06	3.19	3.23	3.31	3.40	3.48	3.57	3.65	3.74
47F	1.26	1.34	1.42	1.51	1.59	1.68	1.76	1.84	1.92	2.00	2.09	2.18	2.26	2.34	2.42	2.50	2.59	2.67	2.76	2.84	2.93	3.02	3.09	3.18	3.26	3.35	3.43	3.51	3.60	3.68
48F	1.23	1.31	1.39	1.48	1.56	1.65	1.73	1.81	1.89	1.96	2.05	2.14	2.22	2.30	2.38	2.46	2.54	2.62	2.71	2.79	2.88	2.96	3.00	3.13	3.21	3.30	3.38	3.46	3.54	3.63
49F	1.21	1.29	1.37	1.45	1.53	1.62	1.70	1.79	1.86	1.93	2.01	2.10	2.18	2.25	2.34	2.42	2.50	2.58	2.67	2.75	2.83	2.91	3.00	3.07	3.15	3.23	3.31	3.39	3.47	3.56
50F	1.18	1.26	1.34	1.42	1.50	1.59	1.66	1.74	1.82	1.87	1.98	2.06	2.14	2.21	2.30	2.38	2.46	2.54	2.62	2.70	2.78	2.86	2.94	3.02	3.10	3.17	3.25	3.33	3.41	3.49
51F	1.18	1.26	1.34	1.42	1.49	1.57	1.64	1.71	1.79	1.95	1.95	2.02	2.10	2.18	2.26	2.34	2.42	2.49	2.57	2.65	2.74	2.82	2.90	2.97	3.05	3.13	3.19	3.27	3.35	3.42
52F	1.16	1.23	1.31	1.39	1.46	1.54	1.61	1.68	1.76	1.84	1.92	1.99	2.06	2.14	2.22	2.30	2.38	2.45	2.53	2.61	2.68	2.76	2.84	2.92	3.00	3.06	3.12	3.22	3.30	3.37
53F	1.14	1.21	1.29	1.36	1.44	1.51	1.59	1.66	1.74	1.81	1.89	1.96	2.03	2.10	2.18	2.26	2.34	2.41	2.49	2.57	2.64	2.71	2.79	2.86	2.94	3.01	3.09	3.16	3.24	3.31
54F	1.12	1.19	1.27	1.34	1.41	1.49	1.56	1.63	1.71	1.78	1.86	1.93	2.00	2.07	2.15	2.22	2.30	2.37	2.45	2.52	2.59	2.66	2.74	2.81	2.89	2.96	3.04	3.10	3.17	3.24
55F	1.1	1.17	1.24	1.31	1.39	1.46	1.53	1.60	1.68	1.75	1.82	1.89	1.97	2.04	2.12	2.18	2.26	2.33	2.40	2.47	2.54	2.62	2.69	2.76	2.83	2.89	2.97	3.04	3.11	3.18
56F	1.07	1.15	1.22	1.29	1.36	1.43	1.50	1.57	1.65	1.72	1.79	1.86	1.93	2.00	2.08	2.15	2.22	2.29	2.36	2.43	2.5	2.57	2.64	2.71	2.78	2.85	2.92	2.99	3.06	3.13
57F	1.05	1.12	1.19	1.26	1.33	1.40	1.47	1.54	1.62	1.70	1.77	1.83	1.90	1.97	2.04	2.11	2.18	2.25	2.32	2.39	2.46	2.53	2.60	2.66	2.73	2.80	2.87	2.94	3.00	3.08
58F	1.03	1.1	1.17	1.24	1.3	1.37	1.44	1.51	1.59	1.67	1.74	1.80	1.87	1.94	2.01	2.08	2.15	2.21	2.28	2.35	2.42	2.48	2.55	2.62	2.69	2.75	2.82	2.88	2.95	3.02
59F	1.02	1.09	1.16	1.22	1.29	1.36	1.43	1.49	1.56	1.64	1.71	1.77	1.84	1.91	1.98	2.04	2.11	2.17	2.24	2.31	2.38	2.43	2.50	2.57	2.64	2.70	2.77	2.84	2.91	2.97
60F	1.01	1.08	1.15	1.21	1.28	1.34	1.41	1.47	1.54	1.62	1.69	1.75	1.82	1.88	1.95	2.01	2.08	2.14	2.21	2.27	2.34	2.40	2.47	2.53	2.60	2.66	2.73	2.79	2.86	2.92
61F	0.99	1.05	1.12	1.18	1.24	1.31	1.37	1.44	1.50	1.63	1.63	1.69	1.76	1.82	1.89	1.95	2.00	2.08	2.14	2.21	2.27	2.34	2.40	2.47	2.53	2.59	2.66	2.72	2.79	2.85
62F	0.96	1.02	1.09	1.15	1.21	1.27	1.34	1.40	1.46	1.52	1.59	1.65	1.71	1.78	1.84	1.90	1.97	2.03	2.09	2.15	2.22	2.28	2.34	2.41	2.47	2.53	2.59	2.66	2.72	2.78
63F	0.93	0.99	1.06	1.12	1.18	1.24	1.3	1.36	1.42	1.49	1.55	1.61	1.67	1.73	1.79	1.85	1.92	1.98	2.04	2.10	2.16	2.22	2.28	2.35	2.41	2.47	2.53	2.59	2.65	2.71
64F	0.91	0.97	1.03	1.09	1.15	1.21	1.27	1.33	1.39	1.45	1.51	1.57	1.63	1.69	1.75	1.81	1.87	1.93	1.99	2.05	2.11	2.17	2.23	2.29	2.35	2.41	2.47	2.52	2.58	2.64
65F	0.88	0.94	1.0	1.06	1.11	1.17	1.23	1.29	1.35	1.41	1.46	1.52	1.58	1.65	1.70	1.76	1.82	1.87	1.93	1.99	2.05	2.11	2.17	2.23	2.28	2.34	2.40	2.46	2.52	2.58

Temperature

Under-Carbonated: 0 - 1.40　Darker Ales: 1.50 - 2.20　Highly Carbonated Ales: 2.60 - 4.00
Nitro Carbonation: 1.50 - 2.00　Most beers: 2.20 - 2.60　Over-Carbonated: 4.10+

Beer carbonation guide http://www.glaciertaks.com/carbonation.html
(表中　縦軸は温度　°F=32+1.800℃、横軸は1Psi=0.0703069579639l6kg/cm²

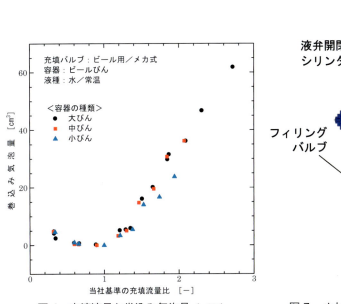

図4 充填流量と巻込み気泡量 (p.287)　　図7 メカトロ式バルブの断面図 (p.291)

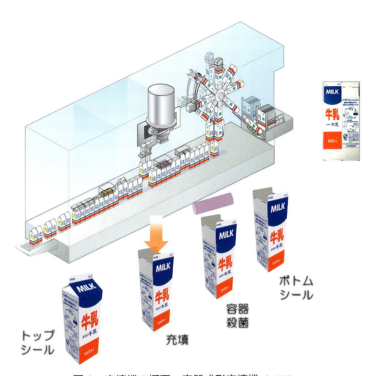

図1 充填機の概要—容器成形充填機 (p.297)

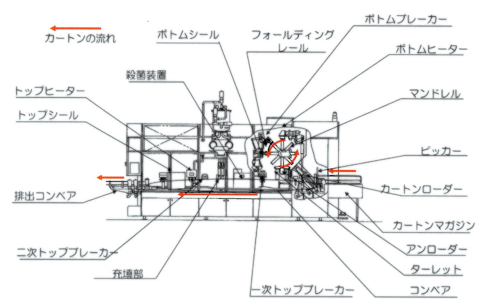

図2　充填機の構造と各部位名称（p.297）

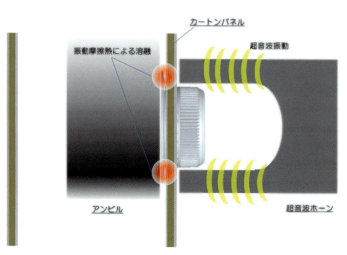

図5　口栓の超音波溶着イメージ（p.301）

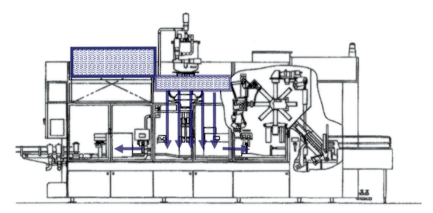

図8　充填機内のクリーンエアフローイメージ（p.303）

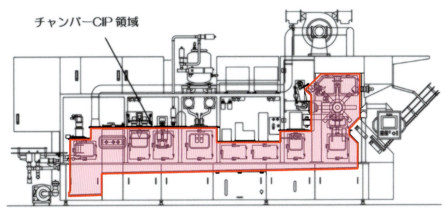

図9　チャンバー式充填機のチャンバー洗浄領域（p.304）

図2　バブリングによる洗浄工程（p.348）

図3　ラバーディスクによる洗浄工程（p.348）

はじめに

　映画を1本撮って映画館にかけるのは並大抵の作業ではない。プロデューサー，監督，役者，シナリオ，カメラ，照明，録音，衣装，美術，ロケハン，特殊効果などなど，必要な人や物，技術は枚挙にいとまがない。終映間際の長いエンドロールを見れば，映画が幅広い複合的な要素から成り立っていることを見て取れる。映画が総合芸術と呼ばれるゆえんだ。

　工業的な飲料製造も全く同じである。美味しく，安全な飲料製品を世に出すには，多種多様な分野の科学と技術を活用しなければならない。そのためには，各要素技術を深く理解し，現場で応用できる人材が不可欠である。世に食品のことを教える教育機関や書籍は多数あるが，こと工業的な飲料生産となるとその数は非常に限られている。したがって，飲料製造の世界を一望に見渡すことも，各要素技術を学ぶことも困難な状況である。飲料製造に関わる人材育成をどのように進めるか，自ら学びたいと思う人にその手掛かりを提供することは，重要な課題である。

　本書を手に取られた皆さんも正にそのような状況に置かれ，飲料製造の技術解説書に飢えておられたのではなかろうか？このような状況を少しでも変えたいと願い，本書は企画された。工場で飲料を製造するにあたり求められる幅広い内容をカバーするため，各章の執筆にあたっては学術界と産業界の両方から，第一線で活躍する方々を著者に迎えた。

　まず第1章では，食品衛生法の改正に伴うHACCPの制度化等を取り上げた。HACCPによる衛生管理システムの解説，危害要因分析と微生物制御に役立つ予測微生物学，そして物理的，化学的，生物学的な危害要因に対する分析技術を解説した。続く第2章では製造ラインにおける衛生管理の具体的な考え方，手法を解説している。各種危害を予防するための対策や，使用後のラインの洗浄技術と最新のCSIP技術等を取り上げた。第1章がラボで役立つとするならば，第2章は製造現場で展開・活用できる内容を目指している。

　そして，第3章から5章までが，飲料製造を支える種々の要素技術の解説となっている。製品液の殺菌・除菌技術，多様な飲料用容器とキャップの特性，そして飲料を充填・密封する技術が解説されている。飲料製造に欠くことのできない，核となる技術と言ってよい。また，ラインを構成する種々の機器を解説した第6章も見逃さないでいただきたい。第3章から6章を読むだけでも，飲料製造の幅広さ，奥深さを感じ取り，また理解していただけると思う。

　しかし，重要なのはこれら要素技術を統合して製品を作り出す，俯瞰的な視点だ。第7章では飲料における代表的な品種を取り上げ，その製造方法や製造にあたっての勘所を示していただいた。この第7章と上記各章を行き来することで，読者は飲料製造に関する深い理解を得ることができるであろう。最後に第8章で，飲料業界が避けて通れない環境保

はじめに

護への取り組みについても取り上げた。この問題は今後さらに重要性を増していくであろう。

　本書には，日本における飲料製造の今が刻印されているのみならず，その先を見据えた最新の技術も示されている。本書で取り上げた内容が学術界や産業界の読者，とくに飲料の世界で活躍することを志す若者のお役に立つならば，これほど嬉しいことはない。また一方で，本書で全てが事足りるというわけではないし，記載された内容に不足・不満を覚える読者もおられるかもしれない。読者の皆様は，本書で得た知識を現場に展開し，そこで生まれた成果と課題をぜひとも学術界と産業界で共有していただければと思う。

　最後になったが，本書を出版することができたのは，本業の合間を縫って原稿を書いていただいた著者の方々のご協力があればこそである。この場を借りて深く御礼申し上げる。

2019 年 10 月

東洋食品工業短期大学

松永　藤彦

監修者・執筆者一覧

■監修者

松永　藤彦	東洋食品工業短期大学包装食品工学科　教授
稲津早紀子	東洋食品工業短期大学包装食品工学科　講師

■執筆者（執筆順）

奥原光太郎	雪印メグミルク株式会社品質保証部　担当部長
田中　史彦	九州大学大学院農学研究院　教授
田中　良奈	九州大学大学院農学研究院　助教
中野　みよ	公益財団法人東洋食品研究所研究部食品科学研究グループ　チームリーダー
大西　卓宏	株式会社環境科学研究所分析事業部衛生検査課　課長
糸川　尚子	一般財団法人日本食品分析センター衛生化学部包材試験課　課長補佐
小堺　博	株式会社ウエノフードテクノ事業企画室　室長付技術顧問
春田　正行	春田衛生コンサルタント　コンサルタント
茂呂　昇	エコラボ合同会社ジャパンテクニカルセンター　スタッフサイエンティスト
早川　睦	株式会社アセプティック・システム戦略市場開発部第2課　課長
桑野　誠司	株式会社アセプティック・システム戦略市場開発部第1課　課長
松永　藤彦	東洋食品工業短期大学包装食品工学科　教授
小久保雅司	岩井機械工業株式会社プロジェクト本部技術センター　グループリーダー
井上　孝司	サッポロホールディングス株式会社R&D本部おいしさ技術研究所　所長
小林　史幸	日本獣医生命科学大学応用生命科学部　准教授
山本　和貴	国立研究開発法人農業・食品産業技術総合研究機構食品研究部門 食品製造工学ユニット長
中浦　嘉子	国立研究開発法人農業・食品産業技術総合研究機構食品研究部門 食品製造工学ユニット　主任研究員
橋本　佳久	日本ポール株式会社食品事業部　シニアテクニカルスペシャリスト
佐藤　仁美	日本ポール株式会社食品事業部　ビジネスデベロップメントマネージャー
松田　晃一	株式会社ティーベイインターナショナル　代表取締役
吉川　雅之	東洋製罐株式会社テクニカルセンター技術開発統括室業務管理グループ　主査
土谷　展生	東洋製罐株式会社テクニカルセンター基盤技術開発部メタル素材開発グループ　主査
田中　淳	日本製紙株式会社紙パック営業本部紙パック営業統括部イノベーションG　部長代理
岡田浩一郎	石塚硝子株式会社ガラスびんカンパニー営業本部営業開発室　係長
加沢　康	日本クロージャー株式会社エンジニアリング部CS技術グループ　課長
佐藤　浩	日本クロージャー株式会社製品開発部　シニアエキスパート
澁谷工業株式会社	澁谷工業株式会社BS第一技術本部
西本　英樹	東洋製罐株式会社テクニカルセンターメタル技術開発部一般メタル容器・蓋開発グループ 副主査

渡部　史章	東洋製罐株式会社テクニカルセンター基盤技術開発部 CSS グループ　副主査
村瀬　健	東洋製罐株式会社テクニカルセンターメタル技術開発部飲料缶開発グループ　副主査
安部　貞宏	三菱重工機械システム株式会社設備インフラ事業本部食品包装機械技術部技術管理チーム
津尾　篤志	三菱重工機械システム株式会社設備インフラ事業本部食品包装機械技術部食品包装機械設計課　課長
三上　真一	大日本印刷株式会社包装事業部イノベーティブ・パッケージングセンターシステム開発本部開発 2 部　部長
杉舩　大亮	株式会社イズミフードマシナリ機器装置技術部テクノセンター　センター長
住友　尚志	株式会社イズミフードマシナリ機器装置技術部テクノセンター　カスタマーバリューチームリーダー
松井栄太朗	キリンホールディングス株式会社 R&D 本部パッケージング技術研究所
鈴木　武	鈴木鉱泉株式会社　代表取締役
猪原悠太郎	カゴメ株式会社イノベーション本部商品安全部
増田　治	UCC 上島珈琲株式会社イノベーションセンター　担当課長
門奈　哲也	サッポロビール株式会社生産・技術開発部　パッケージング技術開発グループリーダー

目 次
CONTENTS

第1章 飲料製造におけるHACCPとそれを支える分析技術

第1節 HACCP制度化と現場対応　　　　　奥原　光太郎

1. HACCP制度化の背景と意義 …………………………………………… 3
2. 2018年改正の食品衛生法について（主な改正内容） ……………… 4
3. HACCPの概要 …………………………………………………………… 5
4. HACCP現場導入のステップ …………………………………………… 6
5. 現場運用のポイント …………………………………………………… 12

第2節 HACCP制度化における動的予測微生物学的手法の活用
　　　　　　　　　　　　　　　　　　　　田中　史彦，田中　良奈

1. 温度変動下における予測微生物学モデルの基礎 ………………… 17
2. 飲料殺菌を対象とした加熱殺菌のモデル化事例―インフュージョン殺菌 … 19
3. HACCP制度化における動的予測微生物学モデルの今後の役割 …… 25

第3節 微生物迅速検査技術　　　　　　　　中野　みよ

1. 飲料製造分野において問題となる病原細菌と腐敗・変敗原因菌 …… 27
2. HACCP制度化に伴う食品衛生検査法 ………………………………… 28
3. 微生物の簡易迅速測定法 ……………………………………………… 28
4. PCR法の原理と実際 …………………………………………………… 30
5. リアルタイムPCR法における妥当性の検証 ………………………… 37
6. リアルタイムPCR法を簡易迅速同定に用いる上での課題 ………… 38
7. その他の簡易迅速検査法 ……………………………………………… 39

第4節 混入異物の分析技術　　　　　　　　大西　卓宏

1. 異物分析の試験操作 …………………………………………………… 41
2. 異物の同定 ……………………………………………………………… 45

第5節 食品容器の法規制と分析技術　　　　糸川　尚子

1. はじめに ………………………………………………………………… 51
2. 法規制 …………………………………………………………………… 51

3　材質別のリスクと分析技術（試験法） ………………………………………………… 54
　　　4　おわりに …………………………………………………………………………………… 56

第2章　飲料製造ラインにおける衛生管理

第1節　飲料と微生物，およびその対策　　　　　　　　　　　　　　　　　　小堺　博

　　　1　一般的な食品衛生微生物の特性と飲料 ………………………………………………… 59
　　　2　飲料に検出される微生物とその由来 …………………………………………………… 61
　　　3　飲料に検出される微生物とその対策 …………………………………………………… 63

第2節　食品工場における異物対策　　　　　　　　　　　　　　　　　　　　春田　正行

　　　1　食品工場における異物混入 ……………………………………………………………… 67
　　　2　飲料における異物混入 …………………………………………………………………… 68
　　　3　飲料における異物対策 …………………………………………………………………… 70
　　　4　工場での異物混入対策 …………………………………………………………………… 71
　　　5　異物の除去精度の管理 …………………………………………………………………… 76
　　　6　その他の異物対策 ………………………………………………………………………… 78

第3節　工場のサニテーション技術　　　　　　　　　　　　　　　　　　　　茂呂　昇

　　　1　はじめに …………………………………………………………………………………… 79
　　　2　洗浄の基礎 ………………………………………………………………………………… 79
　　　3　サニテーション技術 ……………………………………………………………………… 85
　　　4　コンベア潤滑剤 …………………………………………………………………………… 92
　　　5　無菌充填ラインにおける耐性菌対策 …………………………………………………… 93
　　　6　エアコンベアーの清浄とPETボトル搬送性の改善 …………………………………… 93
　　　7　デジタルソリューション技術によるCIPプログラムの最適化 ……………………… 94
　　　8　おわりに …………………………………………………………………………………… 96

第4節　洗浄（CIP）と殺菌（SIP）を同時に行うCSIP技術　　　　　早川　睦，桑野　誠司

　　　1　はじめに …………………………………………………………………………………… 99
　　　2　CIPとSIPの同時化技術（CSIP）について ………………………………………… 100
　　　3　CSIPの開発：ラボ検証（洗浄性，脱臭効果，腐食性），F値連続監視制御
　　　　　 ………………………………………………………………………………………… 100
　　　4　CSIPの実機検証 ……………………………………………………………………… 108
　　　5　CSIPのまとめ ………………………………………………………………………… 113
　　　6　おわりに ………………………………………………………………………………… 113

第3章 飲料の殺菌技術

第1節 加熱殺菌理論　　　　　　　　　　　　　　　　　　　　　松永　藤彦

1. はじめに ……………………………………………………………………… 117
2. 適切な殺菌条件の設定 ……………………………………………………… 117
3. 殺菌工程の評価 ……………………………………………………………… 124
4. おわりに ……………………………………………………………………… 128

第2節 加熱殺菌設備　　　　　　　　　　　　　　　　　　　　　小久保　雅司

1. はじめに ……………………………………………………………………… 129
2. 各種加熱殺菌設備 …………………………………………………………… 129
3. 加熱殺菌設備の管理ポイント ……………………………………………… 134

第3節 交流高電界殺菌法　　　　　　　　　　　　　　　　　　　井上　孝司

1. 交流高電界殺菌法の原理と特徴 …………………………………………… 139
2. 交流高電界処理による芽胞菌に対する殺菌効果とその特性 …………… 140
3. 交流高電界殺菌装置と管理ポイント ……………………………………… 143
4. 交流高電界の適応事例とその他殺菌以外への応用 ……………………… 144
5. おわりに ……………………………………………………………………… 146

第4節 低加圧二酸化炭素マイクロバブル殺菌法　　　　　　　　小林　史幸

1. はじめに ……………………………………………………………………… 149
2. 低加圧二酸化炭素マイクロバブル装置 …………………………………… 149
3. 飲料の殺菌事例 ……………………………………………………………… 150
4. 殺菌メカニズム解析の現状 ………………………………………………… 153
5. おわりに ……………………………………………………………………… 154

第5節 高圧殺菌法　　　　　　　　　　　　　　　　　　　　　山本　和貴，中浦　嘉子

1. 食品高圧加工の概要 ………………………………………………………… 157
2. 留意すべき物理的因子 ……………………………………………………… 157
3. 留意すべき化学的因子 ……………………………………………………… 159
4. 留意すべき微生物学的因子 ………………………………………………… 161

第6節 ろ過技術　　　　　　　　　　　　　　　　　　　　　　橋本　佳久，佐藤　仁美

1. 序論 …………………………………………………………………………… 167
2. ろ過の定義 …………………………………………………………………… 167

	3	飲料製造におけるろ過の利点 …………………………………………	167
	4	ろ過の目的とフィルターの種類 …………………………………………	168
	5	フィルターの性能 ………………………………………………………	168
	6	ろ過除菌/滅菌の管理・モニタリング …………………………………	170
	7	フィルターアッセンブリーの蒸気滅菌 ………………………………	175
	8	フィルター運用管理とトラブル ………………………………………	176
	9	総　括 ……………………………………………………………………	178

第4章　飲料容器の機能と用途

第1節　飲料容器の最新動向　　　　　　　　　　　　　　　　　松田　晃一

1　概　要 …………………………………………………………………… 183
2　飲料容器の特性改善の例 ……………………………………………… 183
3　飲料の販売量 …………………………………………………………… 185
4　環境面から見た飲料容器 ……………………………………………… 188

第2節　PETボトル　　　　　　　　　　　　　　　　　　　　　吉川　雅之

1　PETボトルの歴史 ……………………………………………………… 193
2　PETボトルの材料特性 ………………………………………………… 193
3　PETボトルの種類と特徴 ……………………………………………… 195
4　PETボトルの成形方法 ………………………………………………… 196
5　PETボトルの高機能化と自主設計ガイドライン …………………… 198

第3節　缶詰飲料向け金属缶（飲料缶）　　　　　　　　　　　　土谷　展生

1　飲料缶の概要 …………………………………………………………… 201
2　缶詰飲料の市場動向 …………………………………………………… 201
3　飲料缶の分類と規格 …………………………………………………… 202
4　飲料缶の製造工程 ……………………………………………………… 204
5　内容物特性，殺菌方式と飲料缶の仕様 ……………………………… 209
6　飲料缶の加飾 …………………………………………………………… 210
7　飲料缶の環境適合性 …………………………………………………… 211

第4節　飲料用紙容器に求められる機能　　　　　　　　　　　　田中　淳

1　はじめに ………………………………………………………………… 213
2　紙容器の原材料 ………………………………………………………… 213
3　紙容器の層構成 ………………………………………………………… 215
4　容器包装としての順法性 ……………………………………………… 216

		5	底辺サイズと容量 …………………………………………………………	217
		6	紙パックの製造工程 ………………………………………………………	217
		7	端面とボトム仕様 …………………………………………………………	218
		8	輸送効率 ……………………………………………………………………	218
		9	流　通 ………………………………………………………………………	218
		10	印　刷 ………………………………………………………………………	219
		11	グラフィックデザイン印刷 ………………………………………………	219
		12	ユニバーサルデザイン ……………………………………………………	220
		13	開封性 ………………………………………………………………………	220

第5節　ガラスびん　　　　　　　　　　　　　　　　　　　　　　岡田　浩一郎

1　はじめに …………………………………………………………………… 223
2　ガラスびんの密封について ……………………………………………… 223
3　ガラスびんの特性について ……………………………………………… 225
4　リターナブルびんの軽量化について …………………………………… 227

第6節　キャップ　　　　　　　　　　　　　　　　　　　　　　加沢　康, 佐藤　浩

1　キャップの機能 …………………………………………………………… 231
2　PETボトル用樹脂キャップ（タンパーエビデントバンド付きスクリュー
　　キャップ） ………………………………………………………………… 232
3　PETボトル用キャップそのほかの動き ………………………………… 234
4　その他の樹脂キャップ …………………………………………………… 234
5　金属キャップ ……………………………………………………………… 235
6　密封性確保の管理ポイント ……………………………………………… 237

第5章　充填・密封技術の実際

第1節　飲料充填技術の実際　　　　　　　　　　　　　　　　　　松田　晃一

1　充填の流れと分類 ………………………………………………………… 243
2　重要充填管理項目 ………………………………………………………… 254

第2節　PETボトルの充填・密封技術　　　　　　　　　　　　澁谷工業株式会社

1　PETボトル飲料用充填・密封（キャッピング）システムの概要 ……… 265
2　飲料用充填システムに求められる基本機能 …………………………… 265
3　充填システムの分類 ……………………………………………………… 266
4　飲料用重量計測方式充填システム（ウェイトフィラ） ……………… 266
5　飲料用流量計測方式充填システム（フローメータフィラ） ………… 268

6	キャッパとキャッピングシステム	269
7	ブロー成形機からフィラ・キャッパまでの全体構成	269
8	アセプ充填システムの登場とフィラ・キャッパの進化	270
9	フィラ・キャッパにおけるアセプ対応技術	271
10	製品の多様化への対応	271
11	おわりに	272

第3節　金属缶の充填・密封技術　　　西本　英樹, 渡部　史章, 村瀬　健

1	金属缶の充填技術	273
2	金属缶の密封技術	274

第4節　ガラスビン容器の充填技術　　　安部　貞宏, 津尾　篤志

1	序論	283
2	炭酸飲料とメカ式フィラ/バルブ	283
3	メカトロ式フィラ/バルブ	291
4	容器でのガス置換システム	293
5	まとめ	294

第5節　紙容器成形充填機のしくみ　　　田中　淳

1	はじめに	295
2	製造システムの違い	295
3	充填機の構造	296
4	充填機の各部位の説明	298
5	充填	301
6	クリーンエア	303
7	機器洗浄	303
8	保守管理	304

第6節　飲料用パウチ（スパウトパウチ）容器と取付・密封技術　　　三上　真一

1	はじめに	307
2	DNPスパウト付パウチ「スパウチ」について	307
3	スパウトパウチの特徴	308
4	飲料用スパウトパウチ市場	308
5	スパウトパウチ向け包材	309
6	スパウトパウチ製造技術	314
7	環境対応への今後の展開	316
8	おわりに	317

第6章　飲料製造設備

杉舩　大亮，住友　尚志

1　飲料の全体製造工程概要 …………………………………………………………… 321
2　お茶やコーヒーの抽出設備 ………………………………………………………… 322
3　砂糖，粉乳などの溶解設備 ………………………………………………………… 325
4　調合設備 ……………………………………………………………………………… 328
5　乳化・均質装置 ……………………………………………………………………… 330
6　その他 ………………………………………………………………………………… 332
7　おわりに ……………………………………………………………………………… 332

第7章　各種飲料製造の実際と注意点

第1節　ビール

松井　栄太朗

1　ビールとは …………………………………………………………………………… 335
2　ビールの製造工程 …………………………………………………………………… 336
3　パッケージング工程における管理 ………………………………………………… 337

第2節　ラムネ

鈴木　武

1　はじめに ……………………………………………………………………………… 341
2　ラムネの製造工程 …………………………………………………………………… 341
3　ラムネの容器 ………………………………………………………………………… 344
4　ラムネ特有の注意点 ………………………………………………………………… 344

第3節　野菜飲料における微生物制御

猪原　悠太郎

1　野菜飲料とは ………………………………………………………………………… 345
2　野菜飲料の製造工程（トマトジュースの例） …………………………………… 346
3　野菜飲料の殺菌に関して …………………………………………………………… 351
4　野菜飲料での品質事故事例 ………………………………………………………… 353

第4節　コーヒー飲料

増田　治

1　成分規格や製造基準などの技術的特長 …………………………………………… 355
2　一般的な製造工程 …………………………………………………………………… 356
3　味・外見・香りなど飲料としての特長 …………………………………………… 358
4　実際の製造工程において管理が必要な注意点および安全性や品質に影響する要因と管理ポイント ……………………………………………………………… 359
5　製品設計に必要な要素 ……………………………………………………………… 361

第8章　飲料業界における3Rと環境対応　　　　　門奈　哲也

- 1　はじめに …………………………………………………………… 365
- 2　容器包装の環境目標 ……………………………………………… 365
- 3　ビール容器の事例 ………………………………………………… 367
- 4　環境負荷の見える化活動 ………………………………………… 370
- 5　おわりに …………………………………………………………… 371

＊本書に記載されている会社名，製品名，サービス名は各社の登録商標または商標です。
　なお，本書に記載されている製品名，サービス名等には，必ずしも商標表示（Ⓡ，TM）を付記していません。

第1章　飲料製造におけるHACCPとそれを支える分析技術

第1節　HACCP制度化と現場対応
第2節　HACCP制度化における動的予測微生物学的手法の活用
第3節　微生物迅速検査技術
第4節　混入異物の分析技術
第5節　食品容器の法規制と分析技術

第1章　飲料製造におけるHACCPとそれを支える分析技術

第1節

HACCP制度化と現場対応

雪印メグミルク株式会社　奥原　光太郎

1　HACCP制度化の背景と意義

　2018年6月13日に食品衛生法等の一部を改正する法律が公布された。改正内容は多岐にわたるが，その中に「HACCPに沿った衛生管理の制度化」が含まれている。本改正により，事業規模が比較的小さな食品事業者を含めてフードチェーンの一翼を担うすべて食品関連事業者が，各流通段階で衛生管理の手法としてHACCP制度を取り入れることで食品の安全性をさらに高めることが期待される。

　ここで，2000年以降の食品衛生行政における重要な分岐点を振り返っておきたい。2000年は日本国内でのBSEの発生や雪印乳業の食中毒事件の発生があり，2002年には冷凍ほうれん草の残留農薬基準違反等の食の安全に関する事件が発生した。その後，2003年には食品安全基本法（リスク分析手法の導入や食品安全委員会の設置など）が制定され，個別具体的な施策に関する内容として食品衛生法の改正が行われた。また，2008年には中国産冷凍餃子の薬物中毒事件が発生するなど新たな食への国民の不安を背景に，2009年に消費者庁が発足した。

　2003年の食品衛生法改正から15年が経過し，国民の食のニーズの多様化，食のグローバル化の進展など食を取り巻く環境が大きく変化した。具体的には，特殊出生率減少による少子化，超高齢化の加速と生産年齢の減少など社会情勢が劇的に変化した。それに伴い世帯当たりの人数が減少し，さらに女性の社会進出も重なり，調理・加工食品や中食・外食の利用増加など食の外部化が進展している。一方で，TPPの発効，各国・各地域とのEPA締結など食品の輸出促進と輸入食品の多様化など国際化が進展し，食品の輸出，2020年のオリンピック・パラリンピックを見据えた食品衛生管理の国際標準化・国際整合性のとれたものとすることが求められている。

　こうした流れから，国内の食品の安全性のさらなる向上を図るために，フードチェーンを構成するすべての食品事業者を対象に国際標準であるHACCPによる食品衛生管理に取り組む制度が必要となり，改正食品衛生法には「HACCPに沿った食品衛生管理の制度化」等が盛り込まれた。なお，今回の改正では法目的が共通する「と畜場法（1953年法律第114号）」と「食鳥処理の事業の規制および食鳥検査に関する法律（1990年法律第70号）」についても「HACCPに沿った衛生管理を制度化」を行うこととなった。

2 2018年改正の食品衛生法について（主な改正内容）

2.1 概　要
(1) 営業施設の衛生的な管理その他公衆衛生上の必要な措置については都道府県等が条例で定めているが，改正法では厚生労働省令で一般衛生管理に関わること，食品衛生上の危害発生を防止するため，特に重要な工程管理をするための取組に関する基準を定める。
(2) 国際標準の衛生管理を導入することから，コーデックスHACCPの7原則を要件とする基準（「HACCPに沿った衛生管理」）を原則とする。また，コーデックスHACCPをそのまま実施することが困難な小規模食品事業者に対しては，コーデックスHACCPの7原則の弾力的な運用を可能とする「HACCPの考え方を取り入れた衛生管理基準」とするなど，取り扱う食品の特性と事業者の規模を加味した衛生管理を可能とする。
(3) と畜場法，食鳥検査法においても同様の規定を設ける。

2.2 対象事業者
(1) 食品事業者とは，生鮮食品の生産者（農家，漁業者等）は除く，食品にまつわるフードチェーン全般に関わる業種をいう。
(2) 具体的には，と畜場，食鳥処理から食品製造業，食品加工業，調理加工，販売業，飲食店，食品運送・保管業など

2.3 HACCPに基づく衛生管理
(1) 対　象
　　コーデックスHACCPの7原則を要件とするもの。
(2) 基本的な考え方
　　「HACCPに基づく衛生管理」については，食品等事業者自らが，各々の製品の特性（原材料，製造方法等）や施設の状況（施設設備，機械器具等）に応じた危害要因分析や管理措置の決定，CCPの特定，CLの設定等のコーデックスHACCPの7原則（12手順）を実践し，その内容を踏まえた上で，衛生管理計画を作成し，衛生管理計画に沿って実施した内容を記録する。

2.4 HACCPの考え方を取り入れた衛生管理
(1) 対　象
　(A) 一般衛生管理を基本として，事業者の実情を踏まえた手引書等を参考に必要に応じて重要管理点を設けて管理するなど，弾力的な取扱いを可能とするもの。小規模事業者や一定の業種等（※）が対象。
　※一定の業種等とは，以下としている。
　①小規模な製造・加工業者
　②施設に併設された店舗での小売販売のみを目的とした製造・加工・調理事業者として，菓子の製造販売，食肉の販売，魚介類の販売，豆腐の製造販売等

③提供する食品の種類が多く，変更頻度が頻繁な業種として，飲食店，給食施設，惣菜の製造，弁当の製造等

④一般衛生管理の対応で管理が可能な業種として包装食品の販売，食品の保管，食品の運搬等

(B) 小規模事業者及びその他の政令で定める事業者については，取り扱う食品の特性等に応じた取組（HACCPの考え方を取り入れた衛生管理）として，各業界団体が作成する手引書を参考に簡略化されたアプローチによる衛生管理を行うことが可能である。

(2) 基本的な考え方

「HACCPの考え方を取り入れた衛生管理」の対象となる食品等事業者においては，食品等事業者団体が作成する手引書も参考にしながら，一般衛生管理を基本とし，必要に応じてCCPを設けて，HACCPの考え方を取り入れた衛生管理を行う。

3 HACCPの概要

3.1 HACCPとは

HACCP（ハサップ）とは，Hazard Analysis and Critical Control Pointのそれぞれの頭文字をとった略称で「危害要因分析重要管理点」と訳されている。

この手法は，原料の入荷・受入から製造工程，さらには製品の出荷までのあらゆる工程において，発生するおそれのある生物的・化学的・物理的危害要因をあらかじめ分析（危害要因分析）を行うものである。まず，製造工程のどの段階で，どのような対策を講じれば危害要因を管理（消滅，許容レベルまで減少）できるかを検討し，その工程（重要管理点）を定める。そして，この重要管理点に対する管理基準や基準の測定法，基準逸脱時の対応などを定め，測定した値を記録して工程を管理する。これを継続的に実施することにより製品の安全を確保する科学的な衛生管理の方法である。

この手法は，国連食糧農業機関（FAO: Food and Agriculture Organization）と世界保健機関（WHO: World Health Organization）の合同機関であるコーデックス委員会から示され，各国にその採用を推奨している国際的な手法である。

3.2 HACCPの歴史

食品の製造方法にHACCPという新たな考え方が商業ベースで導入されたのは，アメリカにおいて低酸性缶詰の適正製造基準（GMP）にHACCPに基づいた衛生管理が取り入れられたことに始まる。その後各国でもHACCPの考え方が広がった。日本においても1990年に「食鳥処理場におけるHACCP方式による衛生管理指針」が策定され，1996年には「総合衛生管理製造過程」による食品の製造が一部の業種によりスタートした。

各国でさまざまな取組みが進むなか，コーデックス委員会において，1993年にHACCP適用のガイドラインが発表され，各国においてHACCPに基づいた衛生管理が進められるようになった。また，2003年には小規模な事業者に配慮したHACCPのガイドラインが改訂され，柔軟な導入が推進されることとなった。

4 HACCP 現場導入のステップ

4.1 7原則12手順

手順1		HACCP チームの編成
手順2		製品説明書の作成
手順3		意図する用途及び対象となる消費者の確認
手順4		製造工程一覧図の作成
手順5		製造工程一覧図の現場確認
手順6	原則1	危害要因分析（食中毒菌，化学物質，危険異物）
手順7	原則2	重用管理点の設定
手順8	原則3	管理基準値の設定
手順9	原則4	モニタリング方法の設定
手順10	原則5	改善措置の設定
手順11	原則6	検証方法の設定
手順12	原則7	記録の保存方法の設定

4.2 製品説明書と製造工程図

(1) 製品説明書を作成する上で必要となる資料の収集が第一歩となる。原材料規格書，配合表，製造工程図，表示設定書など。さらに，特色のある原材料表示を行っている場合は，当該原材料の規格書内に特色を記載した内容が網羅されていることも必要となる。

(2) 近年多くなりつつある保健機能食品のうち特定保健用食品と機能性表示食品では，消費者庁へ提出した書類が必要となる。

(3) 製造工程図は，次項の危害要因分析と連動するため，化学的要因，生物的要因，物理的要因を十分に検討して，現状の工程図のそれぞれの工程がどの要因の防止措置となっているかを意識して作成する。

4.3 危害要因の分析と対策の検討

危害要因は，生物学的，化学的，または物理的要因に分類される。

4.3.1 生物学的な危害要因（表1）

飲料一般の危害要因の中で最重要の項目は，飲料中で育成する微生物である。その増殖抑制・殺滅のための殺菌・滅菌工程および，原材料（使用水を含む）から充填までの工程における微生物の増殖抑制（無菌性の確保）が危害を排除し安全を担保するための対策である。

4.3.2 化学的な危害要因（表2）

①偶発的な混入
②原材料由来

表1 飲料の微生物危害要因

危害要因	微生物要因	管理する工程
原料の汚染（調合水，炭酸ガスなど含める）	菌数レベルが高い	購入ロットの微生物レベル 原材料の受入，保管温度，解凍方法
殺菌・滅菌条件	温度，保持時間の設定不備	殺菌・滅菌工程
製造設備・機器類・配管の汚染	設備・機器・ライン洗浄の不備	全ての工程
容器の汚染	容器内面の菌数レベルが高い	容器受入，容器洗浄，容器殺菌・滅菌工程
製造環境からの汚染	製造室内の清浄度低下	全ての工程
充填温度	温度・保持時間の設定不備	充填
密封・巻締め	設定条件不備，機器洗浄の不備	密封
容器破損	製品の輸送・保管・取扱い不備	箱詰め，保管，輸送

表2 飲料の化学的危害要因

危害要因	化学的危害要因	危害発生要因
偶発的な混入	殺虫剤，除草剤，抗生物質	○原材料や製品への混入
	指定外添加物	○指定添加物との混同
	殺菌剤，潤滑剤，塗料，洗剤	○施設内での不適切な使用 ○製造設備・機器の洗浄不良
原材料に由来するもの	食品添加物カビ毒（りんご果汁のパツリン等）アレルゲン	○添加物規格に適合しないものの使用や過剰使用 ○原材料由来 ○カビの増殖 ○製造設備・機器の洗浄不良

4.3.3 物理的な危害要因（表3）

ほとんどが硬質異物（ガラス類，金属類，紙片や工程中の加熱によるコゲなど）がある。また軟質異物では，毛髪，獣毛（ペット）などがある。

表3 飲料の物理的危害要因

危害要因	危害発生要因
ガラス片	○ガラス片の混入した原材料を使用 ○ガラス製容器・器具（姿見・照明器具・排煙窓含む）の破損による混入
金属片	○金属片が混入した原料を使用 ○容器包材由来の金属片混入 ○設備・機器由来の部品・破損片の混入
プラスチック片	○プラスチック片の混入した原材料を使用 ○機器・器具に使用されているプラスチック類の部品・破損片の混入
木片	○木片の混入した原材料の使用 ○冷凍原材料用の木製パレットの破損による木片の混入
糸くず・紙片・樹脂片	○糸くず・紙片の混入した原材料の使用 ○紙袋・麻袋等のミシン縫い糸くず・紙片の混入 ○包材等の樹脂の加熱工程での樹脂こげの脱落混入
作業者由来	○作業者の毛髪，家庭で飼育しているペットの獣毛，装飾品，筆記具

4.4 重要管理点の設定(飲料の危害要因)

危害要因は,生物学的,化学的,または物理的要因に分類される。これらの危害要因は,製造の各工程で危害分析され,その結果に基づきCCPが決定され,その制御対策を検討することになる。飲料製品の生物学的危害の排除は,主に飲料中で生育・増殖する微生物の殺滅を目的とした加熱殺菌によりなされ,衛生性(無菌性)が保障される。この殺菌工程はCCPに設定される。

4.5 飲料の殺菌工程

4.5.1 充填後殺菌と充填前殺菌

製造(殺菌)工程は,内溶液を充填後に殺菌する(後殺菌)か,充填前に殺菌する(前殺菌)かにより,2種類に分類される。殺菌方法は,飲料の中味成分のpH域や成分組成に応じた適切な殺菌および充填方法を選択する必要がある。

4.5.2 充填後殺菌(表4)

熱間充填(ホットパック)法には,充分に加熱された内容液そのものの温度で容器内面をも殺菌するという目的がある。この殺菌を確実にするために,搬送ライン上には転倒・反転設備などが設置され,蓋部分などの非接触部分を内容液に一定温度・一定時間接触させることが可能となっている。さらにPETボトルへの熱間充填には,ボトルの耐熱特性を考慮する必要がある。

表4 殺菌方法および充填方法

	内容物の殺菌方法	充填方法
充填前殺菌	高温短時間(UHT)殺菌	低温充填
充填後殺菌	低温殺菌;[*1]パストライザー	常温充填
	高温殺菌;[*2]レトルト加圧加熱殺菌	[*3]熱間充填

4.5.3 充填前殺菌

内容物を充填前殺菌する場合は,高温短時間(UHT)殺菌(滅菌)を行うことが多い。以降のライン・タンク類・充填機は無菌性を確保する必要がある。ライン・タンク類・充填機はスチームなどのライン殺菌(滅菌)を行い,充填容器は次亜塩素酸Naや過酸化水素,過酢酸などによる滅菌を行う。

[*1] 低温殺菌:パストライザー槽内で,熱水シャワー等で加熱殺菌。
[*2] レトルト殺菌:レトルト装置内で100℃以上の温度で高温長時間(10〜30分間)加熱殺菌。
[*3] ホットパック法:充分に加熱された内容物そのものの温度で容器内面をも殺菌する。転倒もしくは反転させ,蓋部分にも充分熱を行き渡らせる必要がある

4.5.4 飲料における微生物制御

(1) 加熱殺菌処理による確実な微生物制御

　加熱殺菌は，飲料の品質を確保する上で，多くの場合，最も重要な工程となる。加熱殺菌の目的は，飲料中に存在するすべての微生物を完全に殺滅することではなく，流通時に製品中で生育する可能性のある微生物を制御し，生育・増殖させない条件を達成すること，これを「商業的無菌の確保」や「商業的殺菌」という。そのため清涼飲料水製造においては，清涼飲料水の中味（製品pH，成分，炭酸ガスの有無，水分活性値など）と殺菌対象となる微生物の特性に応じて，加熱殺菌工程を充填前あるいは充填後に設定し，更にその加熱殺菌工程の条件を設定する必要がある。

(2) 飲料原料の清浄度の確保（一般衛生管理）

　原料，各製造工程や工場内環境からの微生物汚染が高ければ，設定した殺菌条件で微生物を死滅させることが困難となる可能性もあることから，使用する原料水及び原材料の衛生管理にも留意する必要がある。

(3) 製造設備・機器及びライン全般の清浄度の維持（一般的衛生管理）

　飲料の製造においては，一般的衛生管理による製造工場内全般の衛生管理が大切となる。製造設備・機器及び各製造工程だけでなく，工場内環境全般の清浄度の確保と維持が可能となる。

(4) 最終製品の微生物検査

　製造条件が適正であったか確認するため，調合や殺菌のバッチ毎や定時間毎に微生物検査を実施する。なお，微生物検査は製品の品質の担保に必須なデータとなる。

4.5.5 飲料の製造基準（法令）で必要とされる殺菌条件

　　（食品，添加物等の規格基準（昭和34年厚生省告示第370号），第1食品．D各条．清涼
　　飲料水．1清涼飲料水の成分規格．）

(1) 二酸化炭素圧力

　容器包装内の二酸化炭素圧力が20°Cで98kPa以上であり，かつ，植物又は動物の組織成分を含有しないものにあっては，殺菌及び除菌を要しない。

(2) 加熱殺菌条件

　① pH4.0未満のものの殺菌にあっては，その中心部の温度を65℃で10分間加熱する方法又はこれと同等以上の効力を有する方法で行うこと。

　② pH4.0以上のもの（pH4.6以上で，かつ，水分活性が0.94を超えるものを除く。）の殺菌にあっては，その中心部の温度を85℃で30分間加熱する方法又はこれと同等以上の効力を有する方法で行うこと。

　③ pH4.6以上で，かつ，水分活性が0.94を超えるものの殺菌にあっては，原材料等に由来して当該食品中に存在し，かつ，発育し得る微生物を死滅させるのに十分な効力を有する方法又は②に定める方法で行うこと。

　　また，③については，ボツリヌス菌又はこれよりも耐熱性の高い菌を接種して殺菌効果を確認することとされているが，「中心部の温度を120°Cで4分間加熱する方法又はこれと同等以上の効力を有する方法により殺菌する場合は，その殺菌効果が明らかであるの

でこの限りでない。」とされている。(昭和 61 年 12 月 26 日衛食第 245 号通知)

4.6 一般衛生管理(表 5)

表 5 一般衛生管理

No	項　　　　目	管　理　事　項
1	一般的衛生管理作業の基礎	5S の実施等
2	従業員の衛生管理	健康状態の管理等
3	従業員の衛生教育	微生物教育等
4	工場の施設設備の衛生管理	製造設備・機器の洗浄,殺菌等
5	工場の施設設備・機械器具の保守点検	施設設備・機械器具の保守点検管理等
6	鼠族昆虫などの防除	有害生物の侵入防止と生息予防等
7	飲料の衛生的取扱い	原材料の受入から製造・出荷までの工程全般管理
8	使用水の衛生管理	製品の原料に用いる水の基準
9	排水と廃棄物の衛生管理	排水管理
10	製品の回収方法	製品回収の判断,情報伝達等
11	製品の試験検査に用いる機械器具の保守点検	試験検査設備・機械の保守点検
12	動線とゾーニング	衛生レベルを考慮した施設内の動線と配置

4.7 衛生管理と従業員教育
4.7.1 施設設備の衛生管理
(1) 床の衛生管理
　①床が破損,水たまりがあったら補修を行う。
　②作業場は水を多く使用するので,作業が終了したら毎日,洗浄剤,消毒液を用いて洗浄消毒を行う。
　③排水溝がある場合は目皿に破損がないかを確認する。排水溝は毎日掃除する。目皿の裏側の洗浄を行う。防虫の観点から排水トラップの有無確認を行う。排水トラップがない場合は,防虫網設置等の対策を行う。
(2) 天井の衛生管理
　汚れに注意し,定期的に清掃を行う。製造室内では雨漏りの有無,天井裏からの配管の漏れがないか確認する。特に製造設備の開放部がある上部の天井は注意が必要となる。
(3) 壁と窓の衛生管理
　①壁は床から 1m の高さまでは毎日掃除を行う。
　②壁の破損を確認したらすぐに補修する。
　③窓枠の内側に不要物品を放置していないか点検を行う。
　④窓枠に隙間のないことの確認を行う。隙間がある場合は防虫テープ等で塞ぐなど侵入防止措置を行う。
(4) トイレの衛生管理
　①トイレは毎日清掃,また汚れた時はその都度掃除を行う。
　②トイレを使用する時は白衣,帽子は脱ぎ,履物はトイレ専用のものを使用する。

③石けん，消毒液をいれるタンク，爪ブラシ，ペーパータオル，足踏み式の蓋付きゴミ箱を常備する。

4.7.2 鼠族および昆虫の対策
(1) 鼠　族

ゴミや餌になるような物を作業場内に残さない。作業場内の整理整頓，清掃をして巣になる場所をなくす。また，窓，壁，天井，の隙間はコーキングなど行い，排水溝はネズミ返し等を設置して侵入防止を図る。

(2) 昆　虫

侵入防止として窓，壁，天井のコーキングなどを行うと同時に，発生防止として排水溝，集塵機の内部など定期的な清掃を行う。

(3) 食物残渣

食品残渣の保管は蓋付きの容器で行う。処分は速やかに行い，放置しない。

4.7.3 使用水の衛生管理

使用する水には水道直結式，水道水で貯水槽を介するもの，井戸水などを処理するなど設備によりさまざまとなっている。状況に応じて管理を行う。

(1) 残留塩素の測定

水状況に係わらず残留塩素の測定を作業開始前に行う（0.1ppm 以上）。

(2) 水質検査

水道以外の水を使用する場合は水質検査を年に1回以上行い，成績書は1年以上保管する。

(3) 貯水槽の清掃

貯水槽の設置施設では定期的に清掃を行い，清掃時には水質検査を実施する。貯水槽清掃を業者に委託する場合は，作業者の検便の検査結果を入手する。

4.7.4 原材料・製品の管理

(1) 原材料の受け入れ（検収）時の確認事項

外観検査を行い，異常がないか，商品名，数量などオーダーしたものと同一のものか確認を行う。また，冷蔵品，冷凍品についてそれぞれに適切な保存温度で納品されたか確認を行う。

(2) 二次汚染の防止

①食品を取り扱う人が自ら汚染源とならないよう健康管理に努め，また，家族の健康状況も把握する。

②他の食材からのアレルゲン・微生物等の汚染を防ぐために，使用する器具は，使用のごとに洗浄を行う。

(3) アレルゲン管理

アレルゲンが混在することがないよう分別管理を行う。計量容器，保管容器は，専用容器とする。

4.7.5 従業員への教育・訓練（表6）

従業員への教育・訓練は「食品安全」を確保するための基本である。作業の慣れによる油断や無知からくる判断の誤りなどを防ぐため食品衛生に関して教育・訓練を行なう環境を確保する。

表6 教育・訓練内容

教育方法	内容	方法
回覧・掲示	食品安全・食品衛生についての資料を都度回覧する。	新聞記事や業界情報を切抜き，全従業員へ回覧する。
朝礼等	直交代時の朝礼で短時間での申し送りを行う。	苦情・クレーム発生時や，新聞・業界情報を都度伝達する。
計画的一般衛生教育	1時間程度の座学により，勉強会と理解度テストを行う。	異物混入防止，食品の衛生的な取扱いなど，テーマを設けて定期的・計画的に実施する。終了後に理解度テストを行い次回に生かす。

5 現場運用のポイント

5.1 5S活動

5S活動は，従業員への教育・訓練と同じく，「食品安全」を確保していく上での基本である5Sがきちんと機能していないとHACCPも一般衛生管理も有効に機能しない。5Sとは「整理」，「整頓」，「清掃」，「清潔」，「躾」であり，それぞれの頭文字の「S」をとって5Sと呼ばれている（Seiri, Seiton, Seisou, Seiketsu, Shitsuke）。この活動の目的は食品に悪影響を及ぼさない状態を作ることである。5S活動を確実，計画的に実行し，食品の製造環境と製造機械・器具を清潔にすることで食品への微生物汚染や異物混入を予防することができる。

5.1.1 5Sチームの編成

5S活動を円滑に運用するためにチームを結成する（表7）。チームのマネジメントの中心となる「主要メンバー（管理職を含む）」と実際の活動を担う「実務メンバー」で編成されることが多い。経営者は全従業員に対して直接5S活動の導入の目的，方針を伝え，しかるべきメンバーを決定することで全社による活動であることが周知でき，意識を統一できる。

表7 5Sチーム

メンバー	役割	担当者	内容
主要メンバー	導入と運用	1～3名程度（ライン長など）	問題点の洗い出しや改善の進捗状況確認。改善内容の評価
実務メンバー	改善活動	1グループ現場の数名程度	改善内容の検討

5.1.2 ライン点検

リーダーは定期的に工場内を巡回して，5S活動に問題がないか点検を行う（表8）。不具合箇所はデジカメ等を利用し撮影すると改善後と比較でき改善内容が明確になる。点検するメンバーにより指摘内容のばらつきをなくすため5Sのガイドライン，基準書等があることが望ま

表8　ライン点検のポイント

項目	確認の視点	場　所
整理	必要以上に器具類がある。場内使用禁止物の持ち込みがある。製造に関係ないものがある。私物が持ち込まれている（プラスチック片，ちぎれたテープや紙なども）。	製造室，更衣室，工具箱，掃除用具，配電盤など
整頓	ちらかっている，物の置場が表示されていない	製造室，更衣室，工具箱，掃除用具，配電盤など
清掃	汚れている，食品の残渣がある，カビが生えている，虫の発生が確認される，クモの巣があるなど	床，排水溝，壁，天井，機械の表面や裏側など
清潔	上記3項目の状態が適切に保たれているか？また，目に見えない菌の汚染防止対策の状態も確認する。	特に食材，製品に直接接触している器具備品は要注意。拭き取り検査などでチェックする。

しい（例えば，薬剤の小分け容器には内容物名を表示する，清掃用具は用途により色分けする等）。

5.2　従業員の衛生管理

5.2.1　体調不良

従業員本人と家族の体調確認がポイントとなる。下痢，腹痛，発熱，吐き気・嘔吐，発熱を伴う喉の痛みなどがある場合は，責任者に必ず報告し，指示を受ける。家族に体調不良者がいると，自身に症状がなくても保菌者となっていることがあるため，注意が必要である。

［対応策］
①責任者は体調不良の概要，指示内容を記録する。
②体調不良者には調理作業などに従事させない。
③下痢などの症状を呈している場合は，体調回復後に検便を行い，保菌していないか確認したうえで従事させる。

5.2.2　手指などの傷

手指の化膿している傷が原因となる食中毒菌として，「黄色ブドウ球菌」が挙げられる。黄色ブドウ球菌が出す毒素（エンテロトキシン）は熱に強く，加熱しても毒素は残り食中毒を起こす。

［対応策］
①ケガをしたままで製造業務に従事しない。
②作業する場合は，傷口の手当をしっかり行った後，手袋を着用し，傷口からの汚染を防ぐことが必要となる。

5.2.3　定期的な健康診断と検便の実施

(1) 健康診断（1年に1回以上）を実施する。対象者は製造業務に携わる全従業員とする。
(2) 病原性腸内細菌の検査として定期的な検便を行う。対象者は健康診断同様に製造業務に携

わる全従業員とする.

5.3 記 録

作業中に細かなことまで記録をつける（表9）ということは製造時間のロスにもなり，非常に大変な作業である．しかし，食品事故やクレームがあった時や責任者による確認の時などに衛生管理の記録があると，「どこに問題があったのか，なかったのか」が素早く確認できるため,「自らを守る」ための行為としても，ルールとして正確で確実な実施が必要である.

表9 必要な記録類

必要な記録	必要な情報	リスト類
原材料購入・受入に関する記録	原材料メーカーの住所，電話番号などを記載した名簿やリスト，納入年月日の記録など	受入チェックリスト
食品の製造・加工，販売過程での記録	保管温度，作業時間，配合した記録など	保管チェックリスト 原材料の洗浄チェックリスト 殺菌チェックリスト 解凍の洗浄チェックリスト 加熱チェックリスト 冷却チェックリスト 加熱後加工チェックリスト 包装チェックリスト
施設の衛生状態の記録	衛生管理に係わる自主点検記録，検査結果の有無および成績書	床，排水溝およびトイレの清掃・保守点検記録 水質検査記録 衛生害虫等の駆除記録 設備の洗浄，清掃記録
従事者についての記録	従事者の健康状態，検便等，健康診断の実施状況の確認など	健康管理記録表 講習会受講，衛生教育記録

5.4 検 証

一般衛生管理およびHACCPプランが有効機能しているか，定期的に確認し問題が見つかった場合には，衛生管理計画またはHACCPプランの修正，見直しが必要かどうか検討を行う.

5.4.1 日々の見直し

日々または製造の都度に確認を行うこと．基本的には，記録の見直しを行い，記入もれの有無，基準からの逸脱の有無，基準からの逸脱の場合には改善した記録内容について確認を行う.

5.4.2 定期的な見直し

月間，年間で確認するもの．自社の衛生管理体制の弱点を発見し今後の方向性を見出すことができる（表10）.

表10　検証の内容

検証項目	確認事項
クレーム・苦情の見直し	発生したクレーム・苦情を現象別に評価し，今後の改善や水平展開など強化する内容を検討する。
検査結果の見直し	行った各種検査結果から，いつもと異なる検査結果がなかったかを確認する。
機器の精度確認	温度計などの計測機器に異常が無いか確認する。
機器の洗浄，殺菌状態確認	拭き取り検査，タンパク測定キット等を利用し，機器の洗浄と殺菌が行われ作業が問題ないことを検証する。

5.4.3　食品の安全性に係る検査

製品が正しく作られているか，消費・賞味期限は守られているか，製造する環境や機器類がきれいで清潔か，など検査による確認を行う（表11）。

表11　安全性に係る検査の内容

検査の種類	検査の内容
製品検査	CCPは運用，工程，環境からの汚染の有無など，最終製品の検査をして問題がなかったかを確認する。
製品保存検査	販売する製品については，科学的・合理的根拠に基づいて期限表示を行なうため，製品に設定されている賞味期限（消費期限）で安全が担保されているかを安全係数を勘案して微生物検査，理化学検査，官能検査等で確認する。
拭き取り検査	機械器具類が適切な洗浄・殺菌ができているかを確認する。

5.4.4　機器の精度管理

温度計はHACCPを行う上で必要不可欠な計測機器である。これが狂うと安全な食品を製造することができないことから。定期的に精度の確認（校正）をする必要がある。基本的には常用使用域の上下限を合わせての3点校正を行う。

第1章　飲料製造におけるHACCPとそれを支える分析技術

第2節
HACCP制度化における動的予測微生物学的手法の活用

九州大学　田中　史彦　　九州大学　田中　良奈

1　温度変動下における予測微生物学モデルの基礎

1.1　予測微生物学と熱移動モデルの融合とその重要性

　食品の加熱殺菌法には，蒸気や加熱蒸気，火炎，電磁波，通電等を利用した方法が取られる。これらの殺菌法はいずれも温度変動下での操作であり，温度変化を正確に把握し，品質に劣化の生じない，あるいは変化を極力抑えた上で，人体に健康被害を及ぼす菌や腐敗菌を適切に殺す必要がある。このように，食品を汚染する微生物が温度の変化する加熱処理工程でどのように死滅していくのかを予測することは，HACCP体制下における食品衛生管理上，極めて重要な課題である。これを解決するための手段としての予測微生物学的アプローチは有力なツールとなり得る。予測微生物学において，最も重要かつ基礎的な情報は，各種の環境条件下における各種微生物の増殖，死滅の実測データである。これをデータベースとして蓄え，一般に広く公開することが肝要であり，例えば，英国食品研究所と米国農務省農業研究センター，および豪州タスマニア大学食品安全センターの3機関が共同運営するComBaseは，各種微生物の増殖および死滅データを5万件以上収録しており，培地環境のみならず，種々の食品環境における微生物挙動データを検索することを可能にしている。また，数十種類の微生物について，それらの増殖および死滅の予測を実行可能とするツールを提供するなど，その有用性は高く，食品産業界からの期待も大きい。しかしながら，このツールにも限界がある。それは，加熱殺菌工程で起こる諸現象の複雑性に起因することによる。つまり，食品の殺菌工程では，微生物が晒される環境が常に変化しており，特に，加熱殺菌においては非定常状態の下での殺菌評価が重要となる。正確な殺菌の評価には予測微生物学モデルと熱的な非定常状態を予測する加熱モデルの連成が不可欠ということである。

　この観点から，動的殺菌モデル化の基礎と応用事例について以下に紹介する。

1.2　予測微生物学の基礎となる加熱殺菌の速度論

　一般に，微生物の熱による死滅は次の1次反応にしたがうとされる。

$$\frac{dN}{dt} = -kN \tag{1}$$

ここで，N：生存数，t：時間，k：死滅速度定数である。初期生存数をN_0とすると，次式が

得られる。

$$\log_{10}(N/N_0) = -(k/2.303)t = -(1/D)t \tag{2}$$

また,

$$\log_{10} D = -(1/Z)\theta + C \tag{3}$$

ここで,θ：温度,C：定数である。

生存数が 1/10 に低下するのに要する時間を D 値といい,死滅速度定数 k を用いて $D = 2.303/k$ と表わすことができる。この D 値の対数を加熱温度に対してプロットして得られる直線を熱耐性曲線といい,D 値が一桁変化するときの温度差を Z 値とよぶ。基準温度 r における D 値を D_r とすると,微生物の熱耐性は D_r 値と Z 値で表示可能である。例えば,芽胞形成菌である *Bacillus subtilis* の D_{121} 値は 0.62 分,Z 値は 7.6 ℃,同じく,*B. stearothermophilus* の D_{121} 値は 4.0 分,Z 値は 10.8 ℃ というように,菌種によって耐熱特性は異なる。また,死滅速度定数 k の温度依存性についてはアレニウスの式を用いて整理することもできる。

$$k = A\exp(-E_a/RT) \tag{4}$$

ここで,A：頻度因子,E_a：活性化エネルギー,R：気体定数,T：絶対温度である。

一定の温度で熱殺菌することができるのであれば,必要な殺菌時間 F を決定することは比較的容易であるが,実際の殺菌では,昇温,保持,冷却といった操作が行われるため,致死割合 L 値を時間について積分した F 値で殺菌を評価する必要がある。

$$F = \int_0^t 10^{(T-Tr)/Z} dt \tag{5}$$

ここで,Tr：基準温度である。被加熱対象物となる食品の温度変化,特に,最も加熱されにくい点における温度変化が測定可能であれば,収集した温度履歴データを式（5）に逐次入力し,殺菌時間 F を算出可能であるが,実際にこれを測定することは装置改造等コスト面でも困難な場合がある。このため,加熱殺菌モデルとは別に,殺菌工程における温度変化を予測するモデルを構築し,これと連成させることが必要となる。

1.3 非定常状態における熱移動モデル

飲料の場合は,流体の運動を含む熱移動解析を行わなければならないが,まずここでは,基本的な熱移動を理解するモデルとして,固形食品の非定常熱伝導について解説する。

加熱による食品の昇温速度はその比熱や密度,熱伝導率,水分の蒸発・融解の有無など数多くの因子に依存するため,加熱装置を設計・制御するにあたっては,それらの諸特性を知ることが必要である。食品の加熱では,熱伝達によって雰囲気から食品表面に熱が伝わり,その後,熱伝導により内部が昇温する。マイクロ波加熱やジュール加熱では食品内部における単位体積当たりの発熱量を Q_v とすると,支配方程式は次式で表わされることとなる。

$$\rho C_p \frac{\partial T}{\partial t} = \nabla \cdot (\lambda \nabla T) + Q_v \tag{6}$$

ここで、ρ：密度、C_p：比熱、λ：熱伝導率、T：温度である。

加熱工程では雰囲気との熱の授受が行われるため、境界面における熱伝達や熱放射を考慮する必要がある。また、水分の蒸発による潜熱の放出にも留意しなければならない。これらを考慮して求めた鶏胸肉（10 cm×5 cm×1.5 cm）のマイクロ波加熱工程（有効出力 860 W）における材料温度変化と生存曲線を図1に示す。図中×印が殺菌完了点である。図から明らかなように、室温から開始した熱殺菌には50秒程度を要することがわかる。このように、殺菌モデルと加熱モデルの融合は、食品産業の衛生管理にとって極めて有用な結論を導き出すツールとなる。

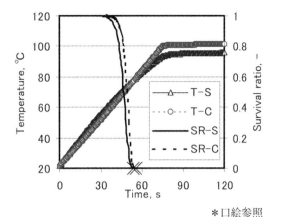

＊口絵参照

図1　温度変動下における鶏胸肉のマイクロ波殺菌解析例

（T：温度、SR：生存曲線、S：表面、C：中心を表す）[1]

2 飲料殺菌を対象とした加熱殺菌のモデル化事例－インフュージョン殺菌

2.1　はじめに

食品加工を行う際の科学的根拠に基づく殺菌評価の重要性は説明するまでもない。HACCP制度化により、この要求は必然のものとなった。例えば、生乳では結核菌やQ熱のように人畜共通感染症予防の見地から、また、種々の病原菌、食中毒菌、腐敗菌による汚染機会が多いことから殺菌処理は必須とされる。生乳のような飲料の殺菌にはLTLT（低温長時間）法やHTST（高温短時間）法、UHT（超高温短時間）法などいくつかの加熱殺菌法が用いられているが、LTLT法やHTST法では生乳本来の風味は残るものの、一部の芽胞菌や耐熱性菌の生存が確認されるなどの問題もあり、我が国ではほとんどがUHT法に頼っている。UHT法の中で、直接加熱法に分類される蒸気直接接触殺菌はインジェクション式とインフュージョン式に分類され、前者は飲料中に直接蒸気を吹き込む方法で、後者は蒸気が充満したチャンバー内に飲料を流下させる方法を取っている。これらは飲料を蒸気と直接接触させることにより、短時間に加熱し殺菌を行うもので、液体が直接蒸気に接触する際に蒸気は凝縮し、凝縮熱伝達により大量の熱を食品に与えることで短時間での食品の昇温が可能となり、熱による製品への影響を低減できる特徴を持つ。いずれの方式でも蒸気が製品に直接触れるため、蒸気の清浄度の高さが求められる。大量の飲料の殺菌にはインフュージョン式が適しており、ここではインフュージョンチャンバーの加熱モデルと、気－液間熱移動モデル構築の際の基礎となる飲料液滴の形状解析法について紹介する。いずれの手法もインフュージョン殺菌装置のチャンバー設計を行う際の飲料流下距離やノズル形状等の決定になくてはならない基礎理論である。

2.2 インフュージョン殺菌モデル
2.2.1 熱移動解析モデル[2)]

連続流体の中に離散した粒子が分散している二相流では，連続流体と粒子の間の質量，運動量，エネルギーの移動が流れを特徴づける。ここでは連続相は連続流体，分散相は個々の粒子の軌道を計算する Euler-Lagrange 法により解析を行った。

(1) 流体の質量，運動，エネルギー方程式

連続相である気体相については Euler 法を適用した。

$$\frac{\partial}{\partial t}\rho_a + \frac{\partial}{\partial x_i}(\rho_a u_i) = S_{m,p} \tag{7}$$

$$\frac{\partial}{\partial t}(\rho_a u_j) + \frac{\partial}{\partial x_i}(\rho_a u_i u_j) = \frac{\partial}{\partial x_i}\mu\frac{\partial u_j}{\partial x_i} + \frac{\partial}{\partial x_i}\mu\frac{\partial u_i}{\partial x_j} - \frac{\partial p}{\partial x_j} - (\rho_a - \rho_{a,ref})g + S_{u_i,p} \tag{8}$$

$$\frac{\partial}{\partial t}(\rho_a H) + \frac{\partial}{\partial x_i}(\rho_a u_i H) = \frac{\partial}{\partial x_i}(\frac{\lambda}{c_p}\frac{\partial H}{\partial x_i}) + \frac{\partial p}{\partial t} + u_i\frac{\partial p}{\partial x_i} + \Phi + Q + S_{H,p} \tag{9}$$

ここで，t：時間，u：流体速度，x：方向，ρ_a：密度，$\rho_{a,ref}$：基準密度，$S_{m,p}$：質量生成項（蒸発など），$S_{u_i,p}$：運動量生成項，μ：動粘性係数，p：圧力，H：エンタルピー，λ：熱伝導率，c_p：流体の比熱，Φ：ストークスの分子散逸関数，Q：流体に与えられる熱量，$S_{H,p}$：エンタルピーの生成項である。

乱流モデルとして次の標準 k-ε モデルを用いた。

$$\frac{\partial(\rho_a k)}{\partial t} + \frac{\partial(\rho_a \overline{U_i} k)}{\partial x_i} = \frac{\partial}{\partial x_i}\left\{\left(\mu + \frac{\mu_t}{\sigma_k}\right)\frac{\partial k}{\partial x_i}\right\} + P_k - \rho_a \varepsilon + S_{k,p} \tag{10}$$

$$\frac{\partial(\rho_a \varepsilon)}{\partial t} + \frac{\partial(\rho_a \overline{U_i} \varepsilon)}{\partial x_i} = \frac{\partial}{\partial x_i}\left\{\left(\mu + \frac{\mu_t}{\sigma_\varepsilon}\right)\frac{\partial \varepsilon}{\partial x_i}\right\} + \frac{\varepsilon}{k}C_1 P_k - \frac{\varepsilon}{k}C_2\rho_a\varepsilon + S_{\varepsilon,p} \tag{11}$$

ここで，k：乱れエネルギー，ε：乱れエネルギー散逸率，μ_t：乱流粘性係数，σ_k（=1.0）および σ_ε（=1.3）：乱流プラントル数，$\overline{U_i}$：平均流速，P_k：乱流発生速度，$S_{k,p}$：乱流エネルギー生成項，$S_{\varepsilon,p}$：散逸量の生成項，C_1（=1.44）および C_2（=1.92）：定数である。また，添え字 a, p はそれぞれ連続流体と粒子を表す。なお，μ_t および P_k は次式で与えられる。

$$\mu_t = C_\mu \rho_a \frac{k^2}{\varepsilon} = 0.09\rho_a \frac{k^2}{\varepsilon} \tag{12}$$

$$P_k = \mu_t \frac{\partial \overline{U_i}}{\partial x_j}\left(\frac{\partial \overline{U_i}}{\partial x_j} + \frac{\partial \overline{U_j}}{\partial x_i}\right) - \frac{2}{3}\frac{\partial \overline{U_k}}{\partial x_k}\left(3\mu_t\frac{\partial \overline{U_i}}{\partial x_i} + \rho_a k\right) + P_{kb} \tag{13}$$

ここで，C_μ：無次元モデル定数。

(2) 液滴の運動方程式

分散相である粒子相（液滴）の運動は Lagrange の運動方程式を用いて計算され，粒子相の

影響は Navier-Stoke 方程式に追加されるソース項を通じて与えられる。液滴の運動方程式は液滴を球形とみなして次式で与えられる。

$$\frac{\pi}{6}d_p^3\rho_p\frac{dv_i}{dt}=\frac{\pi}{8}d_p^2\rho_a C_D|v_i-u_i|(v_i-u_i)-\frac{\pi}{6}d_p^3\frac{\partial p}{\partial x_i}+\frac{\pi}{12}d_p^3\rho_a\left(\frac{du_i}{dt}-\frac{dv_i}{dt}\right)$$

$$+\frac{2}{3}d_p^2\sqrt{\pi\rho_a\mu}\int_{t_0}^t\frac{\frac{du_i}{d\tau}-\frac{dv_i}{d\tau}}{\sqrt{t-\tau}}d\tau+\frac{\pi}{6}d_p^3\rho_p F_{bi} \tag{14}$$

ただし，ρ_p：粒子の密度，d_p：粒子経，t：時間，v：粒子速度，τ：粒子の緩和時間，F_{bi}：粒子の体積力である[2]。

(3) 液滴の熱移動

水蒸気から液滴への熱移動は次式で与えられる[2]。

$$\sum(m_p C_p)\frac{dT}{dt}=Q_C+Q_M+Q_R \tag{15}$$

ここで，C_p：比熱，T：温度，Q_C：熱伝達熱量，Q_M：凝縮熱量，Q_R：放射伝熱量である。ここでは簡単のため凝縮および放射の項を無視した。また，飲料には水の物性値を用いた。

(4) 微生物加熱殺菌モデル

最も単純な微生物の殺菌モデルは 1.2 で示した次の 1 次反応型の式 (1) で表される。また，殺菌速度係数にはアレニウス型の温度依存性があることが多くの菌について確認されており，これは 1.2 の式 (4) で表わすことができる。

以上が，インフュージョン加熱殺菌モデルの基礎式となる。

2.2.2 加熱解析条件

飲料のインフュージョン殺菌では，加熱水蒸気が食品に直接接触し，表面で凝縮することによって凝縮潜熱を与えるため，効果的な加熱殺菌が期待される。図 2 にANSYS 社が提供する加熱水蒸気加熱装置の概略を示す[2]。ここでは，飲料は上部の小孔群部から，流量 2.83×10^{-2} kg/s で供給されるものとした。また，飲料の初期温度は 80 ℃ とし，温度 135 ℃ に加熱した水蒸気をタンク上部の 2 段目の傾斜部分から流速 10，20，30 m/s で流入させ，流速の違いが温度変化に及ぼす影響について検討し

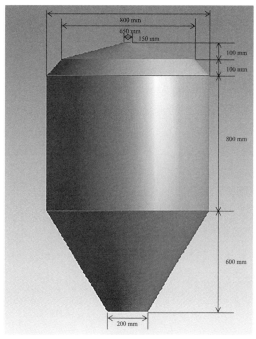

図 2　殺菌装置の概略

た。タンク下部に流出口を設け，加熱水蒸気と飲料がタンク内から自由に流出するように相対圧力を0 Paとした。計算の効率化のためタンク横断面円周方向に9°分（1/40）を切り出し，軸対称を仮定して解析を行った（図3）。

2.2.3 加熱解析結果

Euler-Lagrange法による熱流体力学解析を行い，インフュージョンチャンバー内の温度変化予測を行った結果を図4に示す。蒸気の流入速度が10 m/sから30 m/sへと大きくなるにつれ，飲料の温度上昇に要する時間が短縮されることがわかる。ただし，この結果は蒸気と飲料との通常の熱伝達のみを考慮しているため，さらなる改良が必要である。しかしながら，液滴が流下するタンク中央部分の温度分布を鉛直方向に追い，落下速度との関係を導けば液滴の温度履歴が分かる。この温度分布データと式

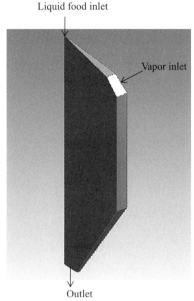

図3　解析に用いたジオメトリー[2]

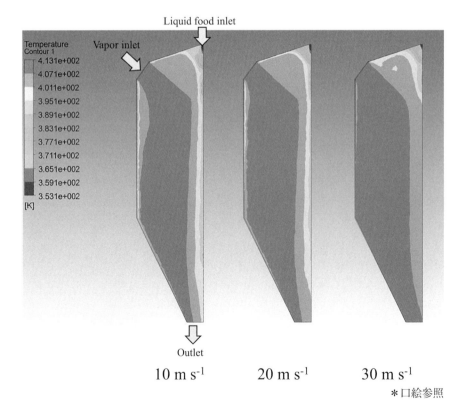

*口絵参照

図4　インフュージョン殺菌装置タンク内の温度分布シミュレーション結果

(10),(11)から液滴の加熱殺菌を予測することができる（ここでは省略し，2.3.1 に示す）。
　本解析では，最初から液粒状の食品を流下させる条件で解析したが，タンク上部に多数配したノズルから供給される食品は，流下の途中で液柱形状から液粒形状へ変化する。飲料の液滴の変形が熱移動に影響を及ぼすため，これらの変形も考慮した解析を行う必要がある。よって 2.3 では，流体体積（VOF）法を用いた飲料の液滴生成シミュレーションについて解説する。

2.3　流体体積（VOF）法を用いた飲料の液滴生成シミュレーション

　尾辻ら[3]は，インフュージョンチャンバーの設計指針を得るため，液柱モデルや液粒モデルを対象とする簡単な熱収支と物質収支計算を行い，両者間に大きな昇温速度差が生じることを示している。このことから，インフュージョンチャンバー内の飲料の挙動を知ることは，確実な殺菌を行うため避けてはならない課題となる。よって，ここではインフュージョンチャンバー内に流下する液滴の形状変化を正確に予測し[4]，熱伝達および凝縮熱伝達による被加熱飲料の温度上昇とこれによる殺菌の予測に資する手法について解説する。

2.3.1　流体体積（VOF）法による液滴形状解析モデル

　分散質である飲料を連続相である空気相にノズルによって噴出させたときの液滴生成機構を解明するため，VOF 法による数値流体力学シミュレーションを行った。VOF 法は，要素セルごとの流体物性（密度，粘土など）を分散相，連続相の体積分率の関数として与え，Navier-Stokes 式と移流方程式を連成して解き，移動する界面を追跡する計算法である。すなわち，気液二相流を連続相としてとらえる Euler-Euler 法によって解析する。VOF モデルでは，一組の運動方程式の解を求めるとともに領域全体における各流体の体積分率を追跡することによって，複数の非混合流体に関するモデルを生成できる。これに各要素セルにおける分散相，連続相の体積分率を変数として加える。ここでは二相流を考えれば十分である。分散相となる飲料の体積分率を α とすると，各セルで次の三つの条件が存在することとなる。① $\alpha=0$：セル内に飲料は存在しない，② $\alpha=1$：セル内は飲料で満たされている，③ $0<\alpha<1$：セル内は飲料と気体が存在し，界面が存在する。α の局所値に基づき，領域内の各コントロールボリュームに対して適切な物性値と変数が割り当てられる。体積分率方程式は次のような形をとる。

$$\frac{\partial}{\partial t}(\alpha_p \rho_p) + \nabla \cdot (\alpha_p \rho_p \vec{u}_p) = S_{\alpha p} + \dot{m}_{a \to p} - \dot{m}_{p \to a} \tag{16}$$

ここで，$S_{\alpha p}$：質量生成項，$\dot{m}_{i \to j}$：相 i から相 j に移動する質量である。また，添え字 a, p はそれぞれ空気相，飲料相を示す。解析では陰解法（1 次）を使用して時間離散化を行い，セルごとの体積分率を算出し，界面近傍の形状は形状再構成スキームを使用して界面形状を決定した。
　諸物性値は，各セルにおいて構成要素となる相の状態によって決定される。気液二相の場合，例えば，密度は次式で表される。

$$\rho = \alpha_p \rho_p + (1 - \alpha_p) \rho_a \tag{17}$$

他の物性値もすべて同様の方法で計算される。表面張力は流体内の分子間の引力に起因して

生じ，界面内の平衡を保つのに必要な，表面のみにおいて作用する力である。この界面張力は，界面の面積を縮小することによって自由エネルギーを最小化するように作用する。ここでは，連続表面力モデルを使用して液滴の表面張力を計算している。表面力は体積力として作用し，運動方程式に付加される。以上を考慮して，質量，運動，エネルギー方程式を解いた。

2.3.2 液滴生成実験結果と解析結果

図5にインフュージョン殺菌を行う際，ノズルから流下する飲料の液滴形状変化を計測するための実験装置の概略を示す。対象となる飲料をタンク内に入れ，遠心ポンプによって吸い上げ，先端のバルブから材料を放出する。飲料が流下する速度はバルブの開閉度によって調節し，ここでは水を50 L/hで供給した。実験は大気中で行ったため，雰囲気は空気となる。飲料の流下の様子は高速デジタルカメラによって10000 fpsで撮影した。図6より，ノズルから流下した飲料が，ある距離を経て液柱形状から液粒形状に変化することがわかる。ノズルから噴出されてから液滴に分裂するまでの距離をブレイクアップ長さとよび，この距離が短いほど速やかに液粒が生成されることとなる。これによって飲料粒子の比表面積が大きくなり，雰囲気との熱交換がスムーズになる[3]。この距離と液滴の形状を正確に予測することは確実な殺菌評価を行う上で非常に役立つ。

図7にVOF法により求めた液滴生成のシミュレーション結果を示す[4]。実験結果と予測結果を比較すると，ブレイクアップ長さは実験値で94.0 mm，予測値で92.1 mmとなりその誤差は2.0 %，また，液滴の投影面積の予測誤差は2.3 %となり，液滴の挙動を高い精度で予測で

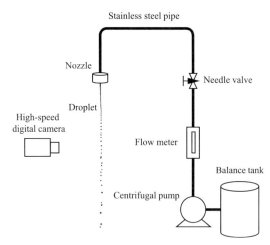

図5　液滴形状解生成装置の概略

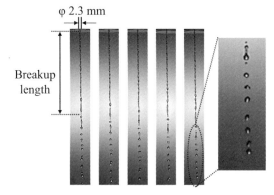

図6　液滴生成の様子[4]

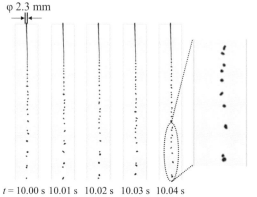

図7　VOF法による液滴生成シミュレーション結果[4]

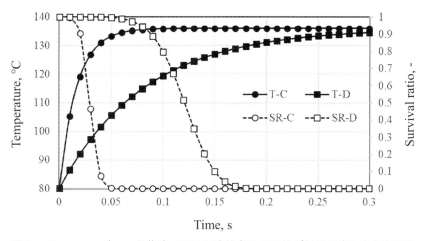

図8 インフュージョン殺菌時における液状食品の形状が材料温度と生存率に及ぼす影響（T：温度，SR：生存率，C：円柱形状，D：球形形状）

きることが明らかとなった。本手法は，流下速度やノズル形状を設計パラメータとして変化させた際にも適用可能であり，インフュージョン殺菌装置設計の指針を与えるものとして注目される。

2.3.3 インフュージョン殺菌予測例

一般の病原菌ならびに食中毒菌は60℃前後の温度条件で短時間に死滅するものが多いが，*Bacillus anthracis* や *B. cereus* のような芽胞形成菌では，高温での殺菌処理が必要である。図8にインフュージョン殺菌を行う際，尾辻ら[3]が求めた円柱形状液滴と球形状液滴の温度履歴を基に算出した *B. cereus* 芽胞の生存曲線を示す。この生存曲線は，Mazasら[5]が全乳中で *B. cereus*（ATTC 7004）を92〜106℃で加熱した際の各殺菌温度における D 値データを基に，式(2)と式(4)から算出したものである。図からわかるように，昇温速度は液滴の形状に大きく依存することがわかる。同じ量の飲料をインフュージョンチャンバー内に供給した場合でも，液滴が粒子状に分離した材料では昇温が速やかに行われ，死滅速度も速くなることがわかる。このように，インフュージョン殺菌では，非定常条件下における熱移動モデルを解くことで被加熱体となる飲料の温度変化を予測することと，熱伝達が行われる固−液界面の形状を正確に把握することが装置設計上のポイントとなる。2.2.1と2.3.1でそれぞれ紹介したインフュージョンモデル解析法とVOF法の連成は飲料の加熱殺菌の最適化を図る上で強力な支援ツールとなる。

3 HACCP制度化における動的予測微生物学モデルの今後の役割

食品産業における食品の加熱殺菌操作では，温度が常に変化する環境下における殺菌の達成度を正確に評価する必要がある。本稿では，まず，加熱による殺菌を予測するための予測微生物学的手法について基礎理論を述べ，つぎに，熱移動予測モデルとの連成により温度変動下に

おいて微生物の生存曲線を求める手法について論述した。さらに，この手法の適用例として，飲料のインフュージョン殺菌を取り上げ，動的予測微生物学モデルの有用性を示した。HACCP制度化における食品の衛生管理では，科学的根拠に基づく殺菌工程の最適化が望まれる。

　一方，品質保持の観点からは，食品を構成する栄養成分の損失を速度論モデルによって同時に予測し，食品の安全性と品質を同時に予測し得るマルチフィジックスシミュレーション技術の応用が殺菌操作の高度化に寄与することとなる[6]。筆者らはこの観点から飲料のインフュージョン殺菌以外にも，非定常な環境条件下における青果物の赤外線照射殺菌[7]や紫外線照射殺菌[8]，食品のマイクロ波加熱殺菌[9]，青果物のブランチング処理における酵素の失活[10]，サツマイモ調理工程におけるデンプン糊化[11]等のモデル化を行ってきた。このように，現代においてコンピュータ支援により食の安全・品質保持の高度化を図ることは当然のことであるとの認識が食品産業界に根づき始めている。この動きはコンピュータの演算処理能力の飛躍的な向上に後押しされ，よりミクロな場での諸現象の予測やナノからマクロに至るさまざまなスケールでの場の連成，すなわちマルチスケール解析のためのフレームワークの構築が脚光を浴びており，これが食の安全・品質向上を支える新たな潮流になりつつある[6]。飲料の諸物性や微生物の熱抵抗性等基礎的なデータの蓄積は地味ではあるが不可欠な作業であり，これを蔑ろにしては食の安全・品質保持の高度化は見込めない。食に関わる研究者は第一にこの蓄積に努め，また規格化された手法によりデータを積む必要がある。基礎データ収集手法の標準化とデータベース化は基盤となるデータフェーズであり，その上にモデル化，評価といったソフトウェアフェーズが乗る。これに殺菌装置開発というハードウェアフェーズが存在し，テクノロジー・アーキテクチャを構成することとなる。このように，データ，ソフト，ハードの構造化が強く認識されることで，食の安全性はより高度に管理されるものとなる。引き続き，食の安全性確保のエンジンとなる動的予測微生物学の発展に期待したい。

文　献

1）田中史彦他：日本食品科学工学会誌，**48**（7），40（2001）．
2）ANSYS Inc.: ANSYS CFX-Solver Theory Guide, 189–197（2006）．
3）尾辻淳一 他：第72回化学工学会年会発表講演要旨集，368（2007）．
4）Y. Umeno et al.: *Food Sci. Tech. Res.*, **21**（3），291（2015）．
5）M. Mazas et al.: *J. Food Prot.*, **62**（4），410（1999）．
6）田中史彦：農業食料工学会誌，**78**（1），28（2016）．
7）F. Tanaka et al.: *J. Food Eng.*, **79**（2），445（2007）．
8）F. Tanaka et al.: *Food Sci. Tech. Res.*, **22**（4），461（2016）．
9）F. Tanaka et al.: *J. Jap. Soc. Agr. Mach.*, **63**（1），48（2001）．
10）T. Imaizumi et al.: *Trans. ASABE*, **60**（2），545（2017）．
11）田中史彦 他：農業生産技術管理学会誌，**13**（2），80（2006）．

第1章 飲料製造におけるHACCPとそれを支える分析技術

第3節

微生物迅速検査技術

公益財団法人東洋食品研究所　中野　みよ

1　飲料製造分野において問題となる病原細菌と腐敗・変敗原因菌

　食生活の多様化と共に食品はもちろんのこと，清涼飲料水（炭酸飲料），アルコール飲料，乳飲料など飲料製造分野においても，その製造技術と製品の種類は過去に類を見ないほど多様性に富み，新製品はちまたに溢れている。飲料製造業界における微生物検査では，原材料の種類，内容物の性状や種類によって対象となる微生物種も異なり，容器包材の選択，製品の殺菌・充填方法など製造方法によっても製品の汚染菌は異なってくる。

　飲料製造分野における汚染原因として問題となるのは，炭酸飲料や果実飲料における酵母（*Candida*, *Pichia*, *Hansenula* 等）や耐熱性カビ（*Byssochlamys*, *Talaromyces* 等），高温性好酸性芽胞形成細菌である *Alicyclobacillus* がある。ウーロン茶や緑茶など缶・ペット飲料では，耐熱性カビ（*Byssochlamys*, *Talaromyces* 等），*Bacillus* が問題となる[1]。1980年以降，ホットベンダーによる缶コーヒー飲料の販売が盛んとなり，汚染が問題となったフラットサワー変敗菌は，*Moorella*, *Geobacillus*, *Thermoanaerobacterium* に代表される高温芽胞形成細菌によるものである[2]。牛乳や乳飲料では，*Lactobacillus*, *Lactococcus*, *Streptococcus*, *Enterococcus* 等の乳酸菌，*Pseudomonas* などグラム陰性菌などがあげられるが[1]，最近の海外の汚染事例として *Bacillus*, *Paenibacillus* 等の芽胞形成菌による汚染も報告されている[3,4]。アルコール飲料では，*Lactobacillus*, *Pediococcus* 等の乳酸菌，絶対嫌気性菌（*Pectinatus*），野生酵母（*Saccharomyces*, *Brettanomyces* 等）がある[5]。

　飲料製造分野は殺菌条件の厳しさに加えて，原材料の種類が比較的限られており，食品分野において問題となる食中毒菌などの病原細菌よりも腐敗・変敗原因菌が問題となる場合が多い。ヒトに危害を及ぼすことはなくても，流通や貯蔵期間中に増殖し，着色や腐敗・変敗などの品質劣化を引き起こす微生物の存在は，製造業界にとっては大きな問題である。特に *Bacillus*, *Clostridium* など加熱殺菌後に生残する芽胞菌は問題であり，耐熱性や耐酸性の高い菌種は注意が必要である。これらの原因菌は性状も種類もさまざまであることから，製品の多様化に伴い，汚染指標菌の検査はますます高度な技術が要求されるようになってきた。

2　HACCP制度化に伴う食品衛生検査法

　食品の流通は国内にとどまらず，国際的な流通に変化してきている。それに伴って，食品のリスクマネジメントを取り巻く国際情勢も大きく変化している。食流通の国際化に伴い，各国が微生物学的リスクマネジメントを独自に定めることは避けるべきで，原則としては食品の国際標準を定めているコーデックス（Codex Alimentarius Commission; CAC）基準やガイドラインに従うことが求められている。コーデックス基準に採用されている標準試験法は，国際標準化機構（International Organization for Standardization; ISO）法であり，微生物学的基準（Microbiological Criteria; MC）の検証に用いることのできる試験法は，ISO法または，科学的根拠によって妥当性が確認された試験法であるとしている。我が国も食品の微生物基準策定においてコーデックスの求める数的指標（Metrics）を導入している[6]。

　我が国の微生物試験法についても，国際整合性のある試験法への移行が進められており，病原細菌を中心にコーデックスが標準としているISO法と整合性のある試験法に移行している。これらの試験法の整備は，国立医薬品食品衛生研究所で進められており，標準試験検討委員会により標準試験法（NIHSJ法）としてwebで公開されているので，詳細は関連するサイトを参照されたい（http://www.nihs.go.jp/fhm/mmef/index.html）。微生物検査はいわゆる公定法と呼ばれる培養による検査法が基本となっており，ISO法や国内外で広く認められている試験法においても，信頼性の高い培養による対象微生物の単離ならびに当該微生物の性状評価ができる培養法が基本となる。公定法は，基準適合性を評価するための最も信頼性の高い標準法ではあるが，検査は熟練した操作を必要とし，手技が煩雑であることに加えて，検査結果を得るまでに時間がかかるというデメリットがある。そこで，簡易・迅速測定法の技術開発は，2000年にかけて大きな進展を遂げ，現在もより簡便な操作，客観性のある手法，高い再現性を担保できる微生物試験技術の開発や実用化が望まれている。

　また，コーデックスが食品のリスクマネジメントの標準と定めているのが，いわゆるHACCPという工程管理であり，国内において，今後HACCPの管理体制が整い，現場におけるリスク管理が円滑に実施されていけば，従来実施されてきた最終製品の微生物検査に必ずしも培養法である公定法を用いる必要はなく，それぞれの検査目的に沿った試験法を採用することが望まれる。それぞれの目的にあった試験法とは，より実効性を重視した迅速性・簡便性を兼ね備えた試験法であり，目的に合った性能が担保される方法を選択することである[7]。

3　微生物の簡易迅速測定法

　現在は国内外の迅速検査法の技術開発も進み，いろいろなタイプの簡易培地，微生物の電気抵抗，増殖時の熱量測定，ATP測定，酵素免疫測定法（Enzyme-linked immunosorbent assay; ELISA），イムノクロマトなどの免疫学的検出法（図1），遺伝子による検出法（Polymerase chain reaction; PCR，Reverse transcription PCR; RT-PCR，real-time PCR; リアルタイムPCR，Loop-mediated isothermal amplification; LAMP法，DNAマイクロアレイ法，マトリックス支援レーザー脱離イオン化飛行時間型質量分析計：MALDI-TOF-MS法）などさまざまな手法が

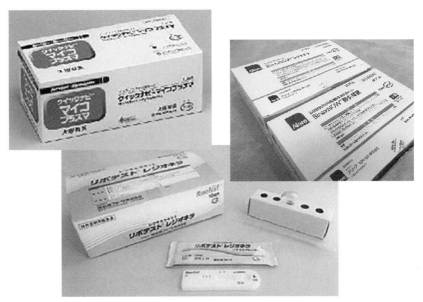

図1 イムノクロマトキット市販品の数々

開発され，市販されている[1)8)]。それぞれ特別な検査機器を必要とするもの，検査対象となる微生物種，測定時間，検出感度，コストなどもさまざまであり，すでに検出法としてキット化され，販売されている製品は，比較的安価で利用できるものも多い。

イムノクロマトなどの免疫学的検査法は，検出限界が高いが，特別な機器を必要とせず，安価で利用でき，キットとしてメーカー各社から販売されており，結核やレジオネラ症などの迅速診断に利用されている（図1）。とりわけ医療現場においては，速やかな治療や感染症の早期における拡大防止の重要性から，迅速で正確な診断が必要となる。また，遺伝子を用いた検査法は，培養困難な微生物や時間を要する培養の感染症診断に役立つ手法としても有用である。菌を培養せず結核菌を直接検体から調べることができるRT-PCR法を用いたキットやLAMP法なども市販されている。遺伝子による検出法であるPCR法，RT-PCR法，リアルタイムPCR法，LAMP法の基本原理は同様であり，鋳型DNA中の標的遺伝子を増幅させ，検出するものである。また，近年急速に普及しているMALDI-TOF-MSを用いた微生物同定法は，我が国でも2011年から臨床検査の現場で使用されており，特に検体からの直接同定についての研究報告例もある[9)10)]。

食品製造分野において特に重要となる食中毒菌の検出についても，迅速検査法として免疫学的検査法や遺伝子による検査手法が取り入れられている。腸管出血性大腸菌（Enterohemorrhagic *Escherichis coli*; EHEC）や黄色ブドウ球菌（*Staphylococcus aureus*）の産生するベロ毒素やエンテロトキシンを検出するPCR法やLAMP法などが開発されている。また，*Bacillus cereus* の産生するセレウリド合成酵素遺伝子を標的としたPCR法やリアルタイムPCR法を用いた迅速検査法も開発されている[11)]。ボツリヌス菌（*Clostridium botulinum*）が産生するボツリヌス神経毒素および無毒成分遺伝子は，全てが明らかになっており，リアルタ

イム PCR 法による検出法の報告例は数多くある[12)-14)]。

これらの遺伝子検査は，高感度な簡易・迅速測定法として期待されている手法ではあるが，食品や飲料などの製造現場においては，技術面，コスト面，実施例が少ないなどの理由で，未だ普及に至っていないのが実情と思われる。HACCP の制度化に伴い，製造現場における衛生管理にこれらの簡易・迅速測定法をどのように選択し，活用していくのかという課題は，早急な検討の必要に迫られるであろう。

例えば，日常的な衛生管理には，徹底した製造ライン全体の洗浄を担保する高いレベルの検出感度が必要とされ，かつ簡単で迅速性を求められる。また，汚染管理のための微生物数の計数には，培養技術を簡易的かつ迅速性を持たせた計測法が望まれる。従来培養法は，一般生菌数は微生物全体の汚染，大腸菌群数は加熱工程の有無を指標として利用されているが，これでは時間もかかる。これらの微生物試験に用いる簡易・迅速測定法は，培養を自動化・簡易化し，自動検出を可能にしたような自動計数装置などが役立つかもしれない。迅速測定が可能となれば，製品の品質判定，原材料の汚染度，製造工程での微生物汚染の把握が，より迅速に進められる。さらに，食中毒菌の検出に至っては，技術的・専門性においても高度な知識や取扱い経験も要求される。培養での検出は，検出から同定まで時間もかかり，これらの状況を踏まえて，製造現場での改善が強く望まれる。こうした事情から特に食中毒菌の検出では，免疫学的方法や遺伝子学的手法を用いた開発が進んでおり，キット化など実用化が進んでいる[15)]。

腐敗・変敗原因菌は，多種多様であり，食中毒菌のような高いリスクマネジメントを要求されないが，品質に直接関わるような腐敗・変敗原因菌などの迅速検出を可能とすることで，製品の品質管理はもとより，廃棄ロスの課題にも有益であると考えられる。幅広い腐敗・変敗原因菌に対応可能な迅速検出は，HACCP の制度化に伴い，その重要性を増していくものと思われる。そこで本節では，現在基礎研究や臨床検査などで欠かせない手法として確立され，現場ですでに利用されているリアルタイム PCR 法について解説する。

4 PCR 法の原理と実際

環境中に存在する細菌の DNA は 2 本鎖であり，高温環境下で 1 本鎖 DNA に変性する（Denaturation）性質がある。一方，1 本鎖 DNA は，冷却すると相補的配列を有する 1 本鎖 DNA と結合し（Annealing），2 本鎖 DNA が再合成される（Renaturation）。PCR 法は，DNA の変性，結合，再合成の性質を利用し，さらに遺伝子を伸長（Extension），増幅させる手法である。具体的には，サンプル中に目的とする細菌由来の遺伝子が存在するか否かを検出するために，目的遺伝子と相補的配列を有する短い人工合成 DNA（Primer；プライマー）を設計する。PCR 反応系には，目的とする遺伝子に特異的な PCR プライマー（フォワードプライマー，リバースプライマー），反応を行う酵素（DNA ポリメラーゼ），デオキシリボヌクレオチド 3 リン酸（dNTPs，DNA の材料），適切な濃度の Mg^{2+} 塩を加え，サーマルサイクラー（Thermal cycler）を用いて，加熱と冷却のサイクルを繰り返し行うことにより目的の遺伝子を増幅させる。

PCR 法，RT-PCR 法，リアルタイム PCR 法，LAMP 法，いずれも基本的な原理は同じ PCR

法を基本としている。PCR法やリアルタイムPCR法では，専用の機器さえあれば実施は可能であり，食品や飲料製造現場においても，特に原材料の微生物汚染の指標の目的において迅速検出法として広く利用されることが望まれる。LAMP法は，PCR法と異なり65℃の等温での反応を行うため，恒温槽があれば可能であり，6領域に結合する4種類のプライマーを用いて増幅反応を行う。

4.1 リアルタイムPCR法の基本原理

リアルタイムPCR法は，PCR反応1サイクル毎に増幅されたDNAを蛍光シグナルにより検出する方法で，DNA，RNAの定性・定量が可能である。RT-PCR法は，逆転写酵素（Reverse transcriptase）によってRNAからDNAを合成し，合成されたDNAを鋳型としてPCRを行うもので，例えばヒト免疫不全ウイルスHIVに代表されるレトロウイルスは，RNAウイルスであり，これらのウイルスの検出に有用である。

食品における病原細菌の検出では，ノロウイルスの検出にPCR法とリアルタイムPCR法が併用されており，高感度での検出が可能としてメーカー各社から遺伝子検出キットが販売されている[16]。リアルタイムPCR法では，PCR産物をサイクル毎にモニターするため，増幅産物の検出，定量も可能であり，必要に応じてDNA増幅産物の確認を行うこともできる。同方法は，増幅産物の蛍光測定を行うことで定量するため，検出装置は，蛍光色素を励起する励起光源，蛍光を検出する検出器，PCR装置を組み合わせた仕様になっている（図2）。インターカレーターを用いる方法とTaqManプローブと呼ばれる蛍光標識を用いる方法がある。リアルタイムPCR法は，遺伝子発現解析の他にSNPsタイピング，遺伝子組み換え食品の検査，ウイルスや病原細菌の検出など様々な用途に利用されている。

PCR法の基本的原理は，目的とする遺伝子を変性（Denaturation），結合（Annealing），伸長（Extension）反応を繰り返し行うことで，1サイクルで目的の遺伝子を2倍に増幅させ，nサイクル繰り返すことで目的の遺伝子を2^n倍と指数関数的に増幅させる反応である。

$$[DNA]_n = [DNA]_0 \times (1+e)^n$$

$[DNA]_n$：nサイクル目のPCRプロダクト量
$[DNA]_0$：目的遺伝子の初期量
e：平均PCR効率
n：サイクル数

PCR効率を100％とすると，上式においてe=1となるので，$[DNA]_n = [DNA]_0 \times 2^n$となり，PCRプロダクトは，1サイクル毎に2の常数倍で増える[17]。これにより微量なサンプルであってもPCRによる検出や定量が可能となる。

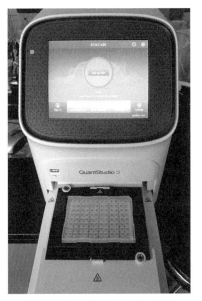

図2　リアルタイムPCR機器

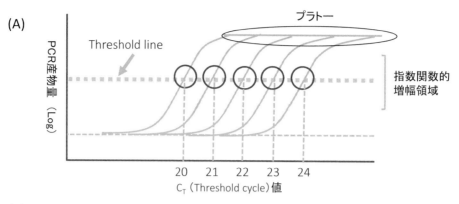
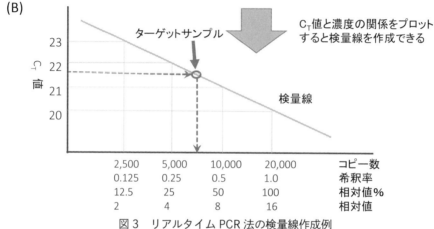

図3 リアルタイム PCR 法の検量線作成例
（Thermo Fisher Scientific　リアルタイム PCR システムよりマニュアルより一部改変）

　実際の PCR においては，サイクル数の増加に伴い PCR 効率は低下し，指数関数的な増幅から直接関数的な増幅（プラトー）に変化する[18]。実際の解析では，縦軸を log スケールで表わした場合，指数関数的増幅領域における増幅曲線は直線で描かれ，この直線部分で任意の PCR 産物量に対する PCR サイクル数を比較し，DNA の存在量を推定する。図3にリアルタイム PCR 法における検量線作成の基本例を示す（図3（A），（B））。

4.2　検出法の実際
4.2.1　インターカレーター法

　インターカレーター法（図4）は，一般的に SYBR Green I という蛍光物質を用いる。SYBR Green I は，2本鎖 DNA に結合することで強い蛍光を発する色素である。通常の PCR 法と同様に標的遺伝子特異的に設計された2本のプライマー（フォワードプライマー，リバースプライマー）を用いて，プライマーが目的とする遺伝子とアニーリングし，PCR 産物が生成されると，DNA の伸長反応に伴い SYBR Green I は，2本鎖 DNA に結合して，再び蛍光を発するようになる。インターカレーター法は，この蛍光を検出する方法である。このため2本のプライマーは，それぞれ目的遺伝子に高度に特異的な配列を持つ必要があり，プライマー設計の結果が成功のポイントとなる。TaqMan プローブ法と比べると非特異的検出が出やすい。

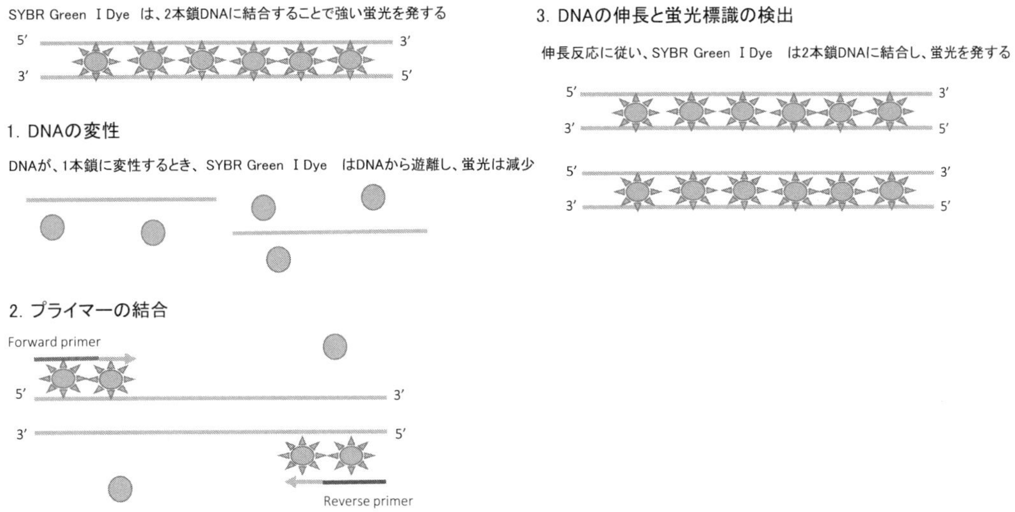

SYBR Green I Dye は、2本鎖DNAに結合することで強い蛍光を発する

1. DNAの変性

DNAが、1本鎖に変性するとき、SYBR Green I Dye はDNAから遊離し、蛍光は減少

2. プライマーの結合

Forward primer

Reverse primer

3. DNAの伸長と蛍光標識の検出

伸長反応に従い、SYBR Green I Dye は2本鎖DNAに結合し、蛍光を発する

図4　インターカレーター法（SYBR Green I）
Thermo Fisher Scientific　リアルタイム PCR システムよりマニュアルより一部改変

　　プライマー設計について，筆者らは複数の目的菌種の遺伝子をはじめ，同属菌種，近縁種，非近縁種に至る一定程度の数の遺伝子配列をデータベースから取得し，アライメント[*1]をとる。これには，例えば Clustal X [19]（http://www.genome.jp/tools/clustalw/）などのソフトが必要であるが，インターネットから取得できる。アライメントの結果を確認し，目的の遺伝子の特異的配列を持つ領域を絞り込んで，プライマー設計を行う。プライマー設計は，フリーのソフト等を用いることも可能である。筆者らは，Primer3plus[20]（Primer 3plus; https://primer3plus.com/cgi-bin/dev/primer3plus.cgi）を用いて行っている。プライマー設計には，例えば，プライマー同士が結合するプライマーダイマーの生成，ヘアピン構造を作らない，Tm 値を 60 ± 2℃ とする，GC 含量の偏りがないこと，繰り返し配列のないことなどのいくつかガイドラインがある。プライマー設計は，合成までを含めて業者に委託することもできる。さらに，配列の特異性を確認する目的で，DNA 配列情報を集めた以下のウエブサイトを利用して Blast というプログラムを用いて検索を行うこともできる。

　　NCBI（米国生物工学情報センター；https://blast.ncbi.nlm.nih.gov/Blast.cgi）
　　DDBJ（日本 DNA データバンク；https://www.ddbj.nig.ac.jp/services.html）

　　PCR 法を成功させるためには，PCR 法の最適化を行う必要がある。増幅効率の確認や非特異的増幅の有無を確認し，PCR 条件の最適化（PCR 条件，アニーリング温度，サイクル数などの検討）を行う。最適化を試みても，改善されないようであれば，プライマーの設計から見直した方がよい。また，使用する機種や反応系の酵素の種類によっても異なり，それらは購入した機器メーカーが推奨しているので参考にすると良い。

　　増幅産物のサイズは，一般的には 80～150bp が望ましいとしているが，筆者らの経験では，400 bp を超える増幅産物でも検出は可能であった。インターカレーター法では，PCR 反応後

[*1] 複数の塩基配列やアミノ配列を比較し，同じ配列を持つ領域をまとめて整列させること。

に標的遺伝子であるか否かの確認を行うため，プログラム中でPCR産物を加熱し，融解曲線解析を行う。プライマーダイマーの生成や目的遺伝子以外の非特異的遺伝子の増幅などは，融解曲線解析で確認できる。また，PCR後にアガロースゲル電気泳動を行い，バンドを確認する。

最近では，複数の遺伝子をターゲットにした異なる融解曲線データをもとにマルチプレックスリアルタイムPCR法も報告されている[21)22)]。同方法は，TaqManプローブ法と比較するとコストが安く抑えられ，手軽に行えるというメリットがある。

4.2.2 インターカレーター法を用いた変敗原因菌の検出実施例

具体的な実施例として，筆者らが行ってきた変敗原因菌（*Geobacillus stearothermophilus*）の検出例を示す（図5）。標準株として *G. stearothermophilus* NBRC 12550^T（ATCC 12980）を用いて行った。解析の特異性は，検出したいサンプルの種類によっても異なるが，ターゲット遺伝子のアライメントをとる段階で，ターゲットとする遺伝子の選択や微生物種を選ぶ必要がある。解析の特異性を確立するためには，例えばポジティブスタンダードとして標準株，同種株，同属株，近縁種，非近縁種などについてそれぞれ核酸抽出を行い，設計したプライマーを用いてリアルタイムPCRを行い，特異性を実際に検討してみる。1回のランで，検量線作成標準サ

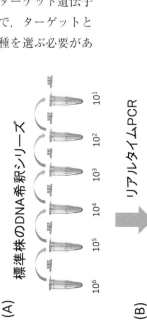

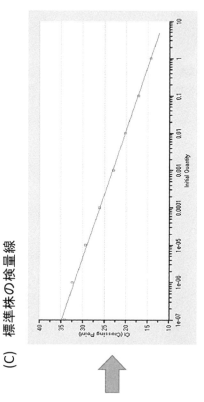

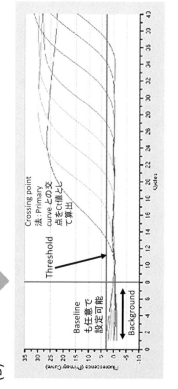

図5 変敗原因 *Geobacillus stearothermophilus* 12550^T の検量線作成例（インターカレーター法 SYBR Green I）

＊口絵参照

ンプル,同種,同属株,近縁種,非近縁種,テンプレートなしのネガティブコントロール(NTC)を同時に展開し,検量線をベースとしてプライマーやプローブの適正を検証すると共に非特異的増幅の有無を確認する。ターゲット特異性が担保され,検出感度が一定程度確保されれば,未知サンプルの濃度を測定することができる。また,PCRの最適化を行うことで改善が見られる場合がある。インターカレーター法を用いて得られた標準株の検量線を示す(図5(C))。本実験では,初発のDNA量を約10ng(菌種にもよるが,コピー数にして約10^6レベル)からスタートして,10倍希釈サンプルを用いてリアルタイムPCRを行ったところ(図5(A)),100fgから10fgの感度まで検出が可能であった(図5(C))[23]。プライマー,プローブ設計では,いくつか設計のガイドラインがあるので,機器メーカーなどの資料を参考にすると良い。プライマーダイマーなどの非特異的増幅の有無については,融解曲線解析(図6)によって確認することができ,またPCR産物を電気泳動(図7)により非特異的バンドの有無を確認することもできる。また,インターカレーター法を用いた検出では,*Moorella thermoacetica*についても実施しており[24],詳細については文献を参照されたい。

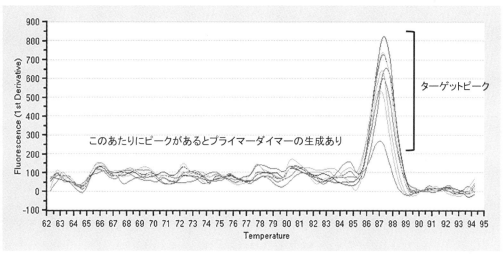

＊口絵参照

図6 *Geobacillus stearothermophilus* 12550^T の融解曲線解析

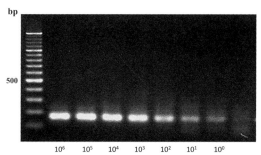

図7 リアルタイムPCRから展開した*Geobacillus stearothermophilus* 12550^T のアガロースゲル電気泳動図

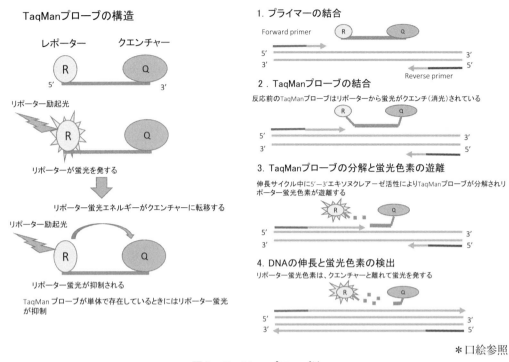

図8　TaqMan プローブ法
(Thermo Fisher Scientific　リアルタイム PCR システムよりマニュアルより一部改変)

4.2.3 TaqMan プローブ法

　本法の原理を簡単に述べる。TaqMan プローブ法（図8）は、上流と下流の2本のプライマーの他に、増幅領域の目的の遺伝子配列に特異的な20～30塩基のプローブと呼ばれる短い塩基を別途設計する。プローブは、5'末端に蛍光レポーターと3'末端に消光クエンチャーを有する。通常は、励起光が照射されても、FRET（蛍光共鳴エネルギー転移現象）により、レポーターの蛍光は吸収されている。PCR 反応が進み目的の DNA が伸長反応により増幅されるにつれて、酵素反応により TaqMan プローブが加水分解されて、レポーター蛍光色素が5'末端から遊離することで、クエンチャーと距離が離れて蛍光を発するようになる。目的遺伝子の増幅に比例してレポーターは蛍光を発するため、検出器で増幅過程を定量的にモニタリングできる。

　TaqMan プローブの設計は、プライマーの Tm 値よりも高い68～70℃を目安に行う。また、5'末端に G がある領域や中央付近に C が連続するものは避ける等のガイドラインが示されている。詳細は機器販売メーカーなどのガイダンスを参考にすると良い。TaqMan プローブは、目的の遺伝子と高い特異性が要求されるが、塩基配列によっては設計が難しい場合がある。その際には、さらに2本のプライマーにも特異性を求めて設計することが可能であり、このため同方法はインターカレーター法と比べて、高い標的特異性がある。プローブ合成は、通常メーカーに作成を依頼するが、設計も含めてメーカーに依頼することも可能である。TaqMan プローブは、メーカー各社から様々改良された製品が販売されている。プローブは蛍光物質をあ

らかじめ付与し合成するため，プローブ自身が高価であり，ランニングコストはインターカレーター法に比べて高い。

TaqMan プローブにおいても，異なる種類の蛍光標識を付与したプローブを複数種用いることで，一度に複数の遺伝子を検出可能とするマルチプレックスリアルタイム PCR 法の実施例も報告されている[25]。

4.3 定量方法について
4.3.1 遺伝子の絶対定量法

ここでは，検量線を用いた絶対定量法について解説する。リアルタイム PCR 法では，増幅される目的遺伝子の濃度が蛍光強度として検出される。検量線は既知濃度の DNA を段階希釈したサンプルを用いる。食品や飲料中における微生物由来の目的遺伝子の検出を行う際には，インターカレーター法，TaqMan プローブ法いずれの場合もあらかじめ標準株を用いて目的遺伝子の検量線を作成する（図 3（A），（B））。検量線のグラフが示すように，核酸量が多い順番に等間隔で並んだ増幅曲線が得られる。核酸量が多いほど，増幅曲線は早く検出されるため，早いサイクルの段階で立ち上がる。リアルタイム PCR 反応の閾値（Threshold line）は，いわゆる蛍光シグナルに変動がないベースラインに対して統計学的に有意な増加が見られるシグナルレベルを意味する。閾値と増幅曲線が交わる点，C_T 値（Threshold cycle）が，サンプルに有意な増幅が認められたサイクル数を意味し，既知濃度を段階希釈した核酸サンプルは，C_T 値と直線関係を結び，検量線を作成することができる（図 3（B））。未知のサンプルの定量を行う場合は，目的遺伝子の検量線を作成し，未知サンプルの C_T 値をプロットすることで核酸サンプルの濃度を得ることができる（図 3（B））。

4.3.2 遺伝子の相対定量法

遺伝子の比較定量を行う場合には，核酸抽出や RNA からの転写効率，サンプルに混入している PCR 阻害物質の影響を考慮し，反応チューブに投入した初期サンプル量の補正を行う必要がある。そのためにはサンプル間で同様に発現する遺伝子の定量値を使用する。補正に使用する遺伝子を内在性コントロール遺伝子といい，一般的にはハウスキーピング遺伝子が用いられる。mRNA の発現レベルをサンプル間で比較する場合に適した定量法である。

また，標準曲線を必要としない方法として，基準としたサンプルとの C_T 値の差から相対定量値を求める比較 C_T 法（$\Delta\Delta C_T$）と呼ばれる相対定量法がある。これは，ターゲットと内在性コントロールの 2 つの反応系で PCR 増幅効率が 100 ％でほぼ一致している条件下で適用が可能な計算方法である。mRNA の発現レベルをサンプル間で比較する場合に適した定量法である。

5 リアルタイム PCR 法における妥当性の検証

リアルタイム PCR 法で重要な点は，解析における検出感度，解析特異性，繰り返し精度，再現性である。一般に検出感度は，検出限界（Limit of detection: LOD）として表され，陽性

サンプルの 95 % が検出される最低濃度と定義される。解析特異性とは，リアルタイム PCR 法によって適切なターゲット配列を持つサンプルのみが検出され，サンプル中に存在している非特異的ターゲットは検出されないことを指す。繰り返し精度は，同じサンプルを同じアッセイ法で繰り返し解析することによるアッセイ法の精度や安定性を指す。再現性は，異なるランや研究室間での結果の差異を示し，一般的にコピー数や濃度の SD 等で表される[26]。

解析特異性は，各プライマーやプローブの設計段階でほぼ決定されると言っても過言ではないが，同時に PCR の最適化によっても左右される。特にアニーリング温度の最適化は重要であり，他にも各プライマーやプローブの濃度，蛍光色素，ポリメラーゼ濃度，Mg^{2+} 濃度，バッファーの化学組成，反応容量なども影響することから，これらの因子を検討しながら，PCR の最適化を図る必要がある。実際には，直接実験を行った上でエビデンス（アガロースゲル電気泳動，融解プロファイル，DNA シーケンス，アンプリコンサイズ，制限酵素消化）により妥当性を検証する。例えばプライマーダイマーが存在すると，SYBR Green I を用いたアッセイでは，偽陽性が生ずる可能性が高いが，これらは融解曲線の解析によって確認できる。一方，プローブを用いたアッセイ系では，PCR 効率が低下する[26]。

実際のリアルタイム PCR 法では，解析結果として PCR 効率，リニアダイナミックレンジ，相関係数，LOD（検出限界値）などのいくつかのパラメータが得られる。PCR 増幅効率は，検量線の平均によって確立する必要があり，検量線サンプルの対数増幅領域の傾きから決定する。具体的には，DNA 濃度（Log_{10}）を x 軸にプロットし，C_T 値を y 軸にプロットする場合，PCR 効率 = $10^{-1/傾き}-1$ となる。理論的最大値である 1.00（100 %）は，PCR サンプルが 1 サイクルごとに倍増したことを示す。いわゆる理論通りに増幅している場合，検量線の傾きは，約 - 3.32 となる[27]。実際の検出において PCR 効率は，80～120 % であることが望ましく，80 % を超えていることが求められる。そうでなければ PCR 反応が何らかの阻害物質の存在などにより PCR 反応が円滑に行われていないことになる。

リニアダイナミックレンジは，検量線によって確立された定量可能な最大コピー数から最少コピー数を表す検出可能領域を示すものである。ダイナミックレンジは，少なくとも 3 桁以上をカバーする必要があり，理想的には 5 桁～6 桁が望ましい。サンプル中の未知の核酸量を測定する際には，同時に展開して得られた C_T 値を読むことでサンプル中に存在する目的の核酸量を求めることができる。同時に検量線から得られた各パラメータについても検証する必要がある[26]。

6　リアルタイム PCR 法を簡易迅速同定に用いる上での課題

リアルタイム PCR 技術を利用する上で，特に重要なポイントは検出にかかる解析感度や特異性である。その上で，ターゲット遺伝子に何を用いるかについて検討が必要である。これは目的とする細菌種の特性に依存するが，多くの場合，データベースの情報が充実している 16S rRNA 遺伝子を用いてプローブやプライマーを設計することが多い。しかし，菌種間の相同性が高い場合など，設計自体が困難なケースもある。ターゲットが病原細菌であれば，毒素産生遺伝子をターゲットにすることが多い。一方，変敗原因菌の場合に，16S rRNA 遺伝子では設

計することが困難なケースは，*rpoB* 遺伝子，*gyr*B 遺伝子，*mot*B 遺伝子，ITS 領域（16S-23S intergenic transcribed spacer region）などの遺伝子を選択することも可能である。注意すべきは，16S rRNA 遺伝子を用いる場合には，ターゲットによってコピー数が異なり，このため検出感度に影響を与えることから，公開されているデータベース（https://rrndb.umms.med.umich.edu）などを参考に検討するとよい。

また，PCR 法など遺伝子を用いる技術全般について，サンプルの収集方法や核酸抽出などの処理方法は重要である。一般に DNA では，分解の問題が RNA に比べると少ないが，RNA をターゲットとしている場合は，実験変動性を生む顕著な要因となる。核酸抽出のステップにおいて抽出効率，核酸濃度や純度は，ともに重要なファクターであり，抽出の結果，何らかの PCR 阻害物質が共存する場合は，結果が偽陰性となったり，定量解析結果へ直接影響を与えると思われる。このことからも，ポジティブコントロールを用いたスパイク試験などを実施して，阻害物質の影響などを検証する。核酸抽出法についても，メーカー各社からサンプルのタイプに合わせた抽出キットなどが販売されており，異なるメーカーの核酸抽出法を比較検討した文献もあるので，目的に応じてこれらの文献も参考にするとよい[28)29)]。同方法は，高感度の方法であるため，作業中の交差汚染についても細心の注意が必要である。

7 その他の簡易迅速検査法

先に述べたように飲料製造分野における微生物検査において，重要なポイントは微生物検査の効率化，迅速性である。例として挙げるとすれば，ATP 法の一種である MicroStar-RMDS 法，セルシス・アドバンス法，LAMP 法，センシメディア法，デジタル顕微鏡法，フローサイトメトリー法などがある[30)]。簡易迅速検査法には，それぞれメリットとデメリットがあり，食品や飲料製造分野での特に原材料を含めた微生物管理など目的に応じた検査法を慎重に選択していく必要がある。

文　献
1 ）佐藤順：食品微生物の簡便迅速測定法はここまで変わった！，27-30，サイエンスフォーラム，（2002）．
2 ）中山昭彦：食品のストレス環境と微生物　その挙動・制御と検出，120-140，サイエンスフォーラム．（2004）．
3 ）J. Huck et al.：*J. Food Prot.* **70**, 2354（2007）．
4 ）R. Ivy et al.：*Appl. Environ. Microbiol.* **78**, 1853（2012）．
5 ）高橋寿洋：食品微生物の簡便迅速測定法はここまで変わった！，36-40，サイエンスフォーラム．（2002）．
6 ）五十君静信：HACCP 制度化に伴う微生物検査の考え方，
http://www.mac.or.jp/mail/170601/01.shtml
7 ）五十君静信：微生物の簡易迅速検査法，3-7，株式会社テクノシステム．（2013）．
8 ）山崎伸二：微生物の簡易迅速検査法，9-16，株式会社テクノシステム．（2013）．

9) L. Ferreira et al.: *J. Clin. Microbiol.* **48**, 2110 (2010).
10) G. Hyvang et al.: *Scand. Infect. Dis.* **42**, 716 (2004).
11) 上田成子：微生物の簡易迅速検査法，143-160，株式会社テクノシステム．(2013)．
12) A. Satterfield et al.: *J. Med. Microbiol.* **59**, 55–64 (2010).
13) S. Kirchner et al.: *Appl. Environ. Microbiol.* **76**, 4387–4395 (2010).
14) L. Fenicia et al.: *Int. J. Food Microbiol.* **1**, 145 Suppl 1: S152 (2011).
15) 川崎晋：微生物の簡易迅速検査法，121-129，株式会社テクノシステム．(2013)．
16) 野田衛，福田伸治：微生物の簡易迅速検査法，539-548，株式会社テクノシステム．(2013)．
17) K. Sakai et al.: *Science* **230**, 1350 (1985).
18) 有賀博文：リアルタイム定量PCR法の原理と活用，日本水産学会誌，**73**, 292 (2007)．
19) D. Thompson et al.: *Nucleic Acids Res.* **15**, 4876 (1997).
20) A. Untergasser et al.: *Nucleic Acids Res.* **35**, W71-W74 (2007).
21) R. Perera et al.: *J. Clin. Microbiol.* **55**, 3201 (2017).
22) S. Rubio et al.: *Avian Pathol.* **46**, 644 (2017).
23) N. Miyo: *Biocontrol Science* **20**, 221 (2015).
24) N. Miyo: *J. Food Protection* **78**, 1392 (2015).
25) P. Elizaquível et al.: *Food Microbiol.* **25**, 705 (2008).
26) S. Bustin et al.: *Clinical Chemistry* **55**, 611 (2009).
27) R. Higuchi et al.: *Biotechnology* **11**: 1026 (1993).
28) S. Claassen et al.: *J. Microbiol. Methods* **94**, 103 (2013).
29) S. Knauth et al.: *Lett. Appl. Microbiol.* **56**, 222 (2013).
30) 青山冬樹：微生物の簡易迅速検査法，373-380，株式会社テクノシステム．(2013)．

第1章 飲料製造におけるHACCPとそれを支える分析技術

第4節

混入異物の分析技術

株式会社環境科学研究所　大西　卓宏

1 異物分析の試験操作

　異物分析の手順は図1に示すとおり，①混入状況についての情報を収集する，②目視で外観を観察する，③顕微鏡で観察する，④試料量に問題がなければ物性試験を行う，⑤必要によって機器分析を行う，⑥得られた情報を整理して異物を同定する，といった流れで行うのが一般的である。

　それぞれのステージで異物の可能性を絞り込んでいき，最終的に異物の同定を目指すわけだが，異物は多種多様であるうえ，分析者の知識と経験も異なることから，分析の手順が変わることもある。それぞれの手順の詳細を次に述べる。

1.1 混入状況の情報収集

　異物が製品のどこにどのように混入していたのか，発見された時期や経緯などについて記録する。異物が発見された場所や混入状況は，異物が何であるかを知るためだけでなく，異物の混入経路を推測するための重要な情報である。

1.2 外観の観察

　異物の大きさや長さを計測し，表面の色，質感などを目視で観察する。メジャーを添えて写真を撮っておくとよい。次に，ピンセットなどで異物に直接触れた時の堅さ，脆さ，弾力性，粘着性などを調べて記録しておく。また，必要であれば，水中に入れたときの浮き沈みや磁性の有無，匂いなどについても調べる。

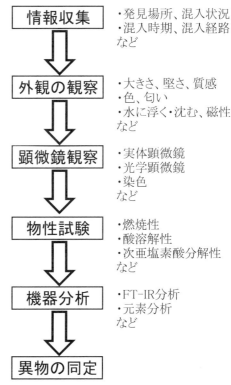

図1　異物分析の流れ

1.3 顕微鏡観察

実体顕微鏡は観察できる倍率は数十倍程度で低いが，異物試料を非破壊的に観察できる利点があり，低倍率による観察から始めて徐々に倍率を上げていくとよい。異物が単一物質なのか混合物なのか，生物なのか非生物なのか，均質性，質感，傷や模様などについて記録する。

透過顕微鏡（生物顕微鏡）は1000倍程度まで高倍率での観察が可能である。異物試料の一部から観察用試料（プレパラート）を作成して観察する。異物が生物由来であれば，動物細胞，植物細胞，カビ類，細菌類，花粉，デンプン粒などの構造が確認できる。一方，非生物の場合は，破片状になった粒子や結晶構造，繊維などが見える場合がある。また，微生物などの顕微鏡での観察がやや難しい異物試料については，グラム染色などの染色法を活用することで観察が容易になる。

1.4 物性試験

異物の量が多い場合は，異物の一部を消費して異物の物性を調べる方法がある。試験には燃焼性を調べたり，酸・アルカリや有機溶媒への溶解性を調べたり，あるいは，特定の物質の検出を目的にした定性試験などがある。異物の量が少ない場合は，実体顕微鏡下で試験をするとよい。

1.4.1 燃焼性試験

異物試料の一部をピンセットで摘み，ガスバーナーなどの炎に近づけて異物が燃焼するかを確認する。異物試料が燃焼すれば，異物が有機物である可能性が高くなる。異物試料が燃焼する直前には，溶ける，焦げる，匂いがするなどの多くの情報が得られるので，遠火から始めてゆっくりと燃焼させるように操作するとよい。燃焼後の燃え残りの量や色にも注意する。また，異物試料が小さかったり，柔らかくてピンセットで摘めなかったりする場合は，異物試料を顕微鏡観察用のカバーガラスに載せて試験するとよい。

1.4.2 溶解性試験

異物試料が水に溶けないことを確認した後，酸溶液（希塩酸など）やアルカリ溶液（水酸化ナトリウム溶液など）に溶けるかを確認する試験である。必要によっては有機溶媒に対する溶解性を確認する。異物試料に変化がない場合は，緩やかに加温して様子を観察してもよい。異物試料から発泡が見られたり（炭酸塩など），溶液が着色したりする場合があるため注意する。異物試料が酸溶液に溶ける場合は異物が金属類である可能性があり，異物試料がアルカリ溶液に溶ける場合は異物が蛋白質や有機酸である可能性が考えられる。

1.4.3 次亜塩素酸分解性試験

次亜塩素酸ナトリウム溶液（有効塩素：1％程度）に異物試料を入れて，異物試料が分解されてなくなるかを確認する試験である。異物試料に変化がない場合は，緩やかに加温して様子を観察する。次亜塩素酸ナトリウムには強い酸化作用があり，生物由来の有機物のほとんどを分解するため，異物が微生物や食品残渣であるかを判別する場合に有効な手段となる。

1.4.4 試験結果を用いた推測

燃焼性試験,酸溶解性試験,次亜塩素酸分解性試験の3つの試験を実施し,得られた結果から異物が何であるかを推測すると表1のようになる。例えば,燃焼性があって,酸溶液や次亜塩素酸に溶けない物質には合成樹脂がある。この物性試験だけで異物の同定まではできないが,異物を同定するための有力な情報となる。

表1 物性試験結果の対応表

	燃焼性 (○:燃焼, ×:不燃)	酸溶解性 (○:溶解, ×:不溶)	次亜塩素酸 分解性 (○:分解, ×:不分解)
微生物	○	×	○
鉱物類	×	○	×
合成樹脂	○	×	×

1.5 定性試験
1.5.1 カタラーゼ試験

カタラーゼは過酸化水素を酸素と水に分解する働きを持つ酵素である。ほとんどの生物が持つ酵素であり,酵素を含む生物片を過酸化水素水に漬けると,その生物片から発泡がみられる。カタラーゼ試験はこの現象を利用し,異物試料を数％の過酸化水素水に漬け,試料から発泡が認められた場合はカタラーゼ活性陽性,発泡が認められなかった場合はカタラーゼ性陰性と判定する。図2と図3は毛根についてカタラーゼ試験を行った様子で,図2の毛根からは発泡がみられるが(カタラーゼ活性陽性),図3の毛根からは発泡がみられない(カタラーゼ活性陰性)。図3の毛根は加熱処理(80℃,5秒)をしたもので,カタラーゼが熱により失活していることがわかる。このように,カタラーゼには熱に弱い性質があるため,この性質を利用すると異物に熱が加わったのかを判定することができる。異物に熱が加わったのかを調べることで,異物がどの工程で混入したのかを推測できる。

カタラーゼ試験は異物試料を過酸化水素水に漬けるだけの簡単な試験であるが,いくつかの注意点がある。まず,生物片であっても反応が出にくいものがある。例えば,死んでから時間が経ったもの,爪や毛(毛根以外),昆虫の表面などである。一方,雑菌や唾液にもカタラーゼが含まれるため,これらに汚染されている試料は擬陽性が出る恐れがある。

＊口絵参照
図2 毛根のカタラーゼ反応(陽性)の様子

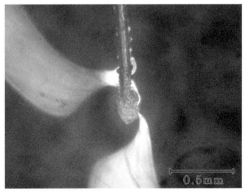

＊口絵参照
図3 毛根のカタラーゼ反応(陰性)の様子
(熱処理後,80℃,5秒)

1.5.2 リグニンの呈色試験

リグニンは植物組織に含まれる木化に関係する物質である。異物にリグニンが含まれていれば，その異物が植物片である可能性が高い。リグニンはフロログルシンの呈色反応（紫色）により確認できる。

1.5.3 たんぱく質の呈色試験

たんぱく質の検出には，キサントプロテイン反応やニンヒドリン反応を用いるとよい。キサントプロテイン反応試験には硝酸を用い，たんぱく質中のアミノ基と反応して黄色を呈する。ニンヒドリン反応試験にはニンヒドリン溶液を用い，こちらもアミノ基と反応して紫色を呈する。いずれも緩やかに加熱することにより反応が速まる。

1.5.4 糖類の呈色試験

糖類の検出には，アンスロン反応やフェノール硫酸法を用いるとよい。アンスロン反応試験にはアンスロン濃硫酸溶液を用い，糖類と反応して青緑色を呈する。フェノール硫酸法にはフェノール溶液と濃硫酸を用いる。セルロースを含むあらゆる糖類と反応して褐色を呈する。

1.6 機器分析

微少な異物を非破壊的に分析できる機器が販売されている。このような機器を用いることで，迅速で着実に異物の正体に近づくことができる。ここでは，異物分析に広く使用されているFT-IR分析と元素分析（SEM-EDXなど）について簡単に述べる。

1.6.1 FT-IR分析

FT-IRとはフーリエ変換赤外分光法のことで，赤外線を試料に照射して得られる赤外吸収スペクトルが物質（分子）に固有の波形を示すことを利用して物質を特定する方法である。FT-IR分析は合成樹脂などの有機物の分析を得意とする。分析機器にはデータベースが装備されているのが一般的で，分析結果から瞬時に異物試料の主成分を推定できる。ただし，データベースに入っていない物質については自力で分析結果（赤外吸収スペクトル）を解析しなければならない。また，2種類以上の物質が混ざった混合物の分析に弱みがある。

FT-IR分析は分析結果をデータベースの波形と照合しているに過ぎないため，偶然に波形が一致している可能性がある。したがって，FT-IR分析の結果に頼り過ぎず，形態観察や物性試験などの結果を含めて総合的に考察する必要がある。

1.6.2 元素分析

元素分析にはさまざまな方法があるが，異物分析には非破壊的に分析できるX線分析がよく使用される。X線分析は試料に電子線やX線を照射した際に発生する特性X線を調べることで，試料にどんな元素が含まれているかがわかる方法である。

元素分析は異物試料に含まれる元素組成とその割合を知ることができるため，金属類などの無機物質の分析で威力を発揮する。しかし，分子構造までを知ることはできないため，得られ

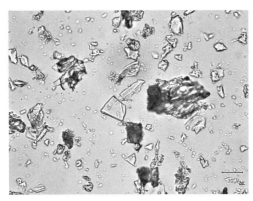
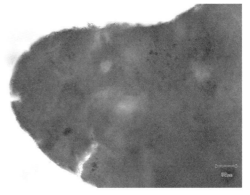

図4　鉱物系の物質の顕微鏡写真（×400倍）　　図5　樹脂系の物質の顕微鏡写真（×400倍）

た元素組成から異物の成分を推測する必要がある。したがって，有機物質などの構成元素（水素，炭素，酸素）の数は少ないが，分子構造が多様な物質を推定することは難しい。

2　異物の同定

　試験操作のステージ毎に異物の正体の可能性を絞り込んでいき，最終的に異物を同定する。可能性を絞り込めきれない場合は，追加の試験を行う。同定結果は，試験操作全般で得られた情報に対して矛盾のない物質である必要がある。

2.1　鉱物類と樹脂類

　異物試料を細かく砕いたものを顕微鏡で観察すると，図4のような破片状の粒子が観察される場合がある。このような特徴は，鉱物系の異物でよくみられる。一方，樹脂系の異物では，図5のように輪郭に丸みがあることが多い。
　さらに詳細に調べるには機器分析を行う。鉱物系の場合は元素分析を行い，樹脂系の場合はFT-IR分析を行うのが一般的である。ただし，物性試験や定性試験などを行うことで異物の組成がわかる場合もある。

2.2　微生物

　細菌類（図6）は大きさが1μm以下のものが多く，観察には少なくとも400～1000倍程度に拡大できる顕微鏡が必要である。透過型の光学顕微鏡を使用する場合は，位相差や微分干渉の機能を搭載した顕微鏡を除いて，染色をしていない試料の観察が難しい場合がある。
　一方，真菌類は細菌類と較べて大きいため，100倍程度の低倍率から観察が可能である。酵母（図7）は直径が5～10μm程度の円形をしており，カビ（図8）は太さが2～5μmの繊維状の構造が特徴である。どちらもポテトデキストロース寒天培地で培養できるものが多い。菌種の同定には遺伝子検査を用いることが多いが，カビについては胞子の形状を顕微鏡で観察することで同定できる場合がある。

第1章　飲料製造におけるHACCPとそれを支える分析技術

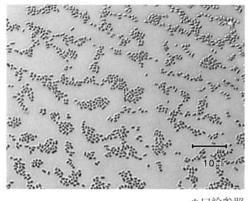

＊口絵参照
図6　細菌類（グラム染色）の顕微鏡写真（×1000倍）

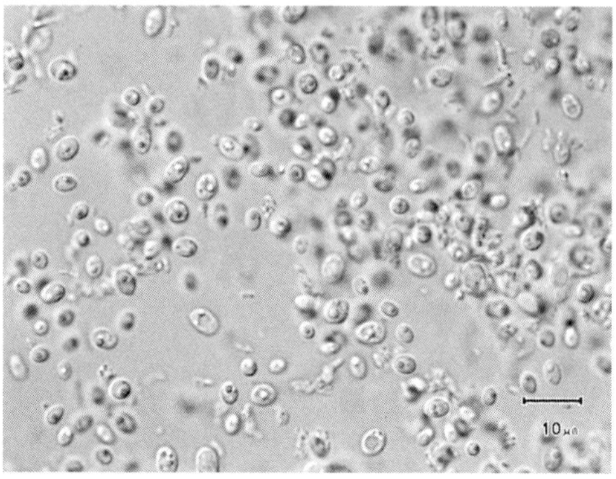

＊口絵参照
図7　酵母の顕微鏡写真（×1000倍）

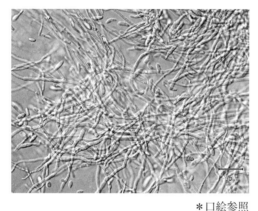

＊口絵参照
図8　カビの顕微鏡写真（×400倍）

＊口絵参照
図9　植物細胞の顕微鏡写真（×400倍）

2.3　植物細胞

　植物細胞（図9）の特徴は，細胞が規則正しく並んでいることが多く，細胞の輪郭が明確で，細胞が大きいことである。細胞と細胞の間には細胞壁があるため，隙間があるようにみえる。異物試料の切る方向によって観察される形状が大きく異なることが多いため，切断方向を変えた切片を作成し，導管組織などの特徴的な形状を探すとよい。

　植物細胞の主成分はセルロースであるため，FT-IR分析を行うとセルロースの波形が得られる。また，葉緑素やリグニンが含まれることが多いため，これらの物質に着目した試験を実施してもよい。

2.4　動物細胞

　動物細胞（図10）は植物細胞と較べて細胞の大きさが小さく，形状が丸いものが多い。微分干渉などの光学系の機能がない顕微鏡では見えにくい場合があるため，染色してから観察するとよい。また，消費者等の口の中に入った後でみつかった異物からは，口腔上皮細胞（図11）などの細胞が異物に付着している場合がある。

第4節　混入異物の分析技術

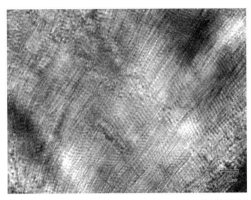

＊口絵参照

図10　動物細胞（豚肉）の顕微鏡写真
（×1000倍）

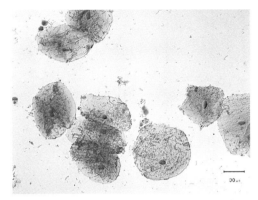

＊口絵参照

図11　口腔上皮細胞（フクシン染色）の
顕微鏡写真（×400倍）

　動物細胞の主成分はたんぱく質であるため，FT-IR分析を行うとアミノ基の特徴的な波形が得られる。また，呈色試験によりたんぱく質を検出できる。

2.5　デンプン粒

　デンプンは食品由来のものや包材に付着していた粉が異物となることがある。ヨウ素染色により容易に判別ができ，顕微鏡で観察するとデンプン粒の種類がわかる場合がある。小麦のデンプン粒（図12）の特徴は，丸い形状をしており，大きいもので30μm以上になるが，大きさにばらつきが大きい。一方，コメ（図13）やソバのデンプン粒は角張った形状で，大きさは5μm程度で小さい。

2.6　歯と骨

　歯や骨を疑う場合は，異物を薄く削って顕微鏡で観察するとよい。骨（図14）にはまばらに穴があり，歯（図15）は蜂の巣状の構造をしている。切る方向によって形状が変わるので注意する。
　歯も骨もリン酸カルシウムとたんぱく質を主成分とするため，FT-IR分析ではリン酸塩の大きな波形とアミノ基の波形が得られる。

＊口絵参照

図12　コムギのデンプン粒（ヨウ素染色）の
顕微鏡写真（×1000倍）

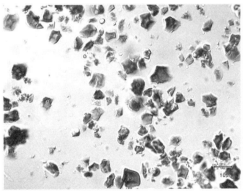

＊口絵参照

図13　コメのデンプン粒（ヨウ素染色）の
顕微鏡写真（×1000倍）

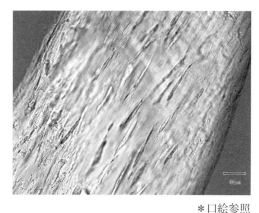
＊口絵参照
図14　骨の顕微鏡写真（×400倍）

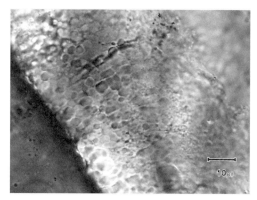
＊口絵参照
図15　歯の顕微鏡写真（×1000倍）

ただし，歯の部位によっては，アミノ基の波形がわかりにくいことがある。物性試験では金属類（カルシウム）と有機物（たんぱく質）の両方の性質を示すことに留意する。

2.7　紙

紙はパルプ繊維でできているため，顕微鏡により容易に判別できる。パルプ繊維（図16）は，リボン状の扁平な繊維で，特徴的な筋模様がある。再生パルプが使用されている段ボール紙を実体顕微鏡で観察すると，多彩な顔料片がみられることがある。また，包材用の段ボール紙などの紙にはリグニンを含む機械パルプが使用されているため，リグニンの呈色試験により判別ができる。

紙はセルロースを主成分とするため，FT-IR分析ではブドウ糖と同じような波形が

＊口絵参照
図16　紙（パルプ繊維）の顕微鏡写真（×400倍）

得られる。また，セルロースには光学的な性質（複屈折性）があるため，偏光顕微鏡を用いると判別が容易である。

2.8　昆虫類

昆虫の種類は非常に多く，種類を同定するには専門的な知識が必要になる。食品原料由来の虫や食品製造現場の周辺に生息する虫に着目すると，1cm以下の小型種，微小種が多く，その種類はある程度絞り込むことができる。ただし，異物として出てくる虫は，乾燥，腐敗，あるいは物理的衝撃等で破損したり，欠損したりして虫体のごく一部のみになっている場合があり，専門家でも同定が不可能であることがある。

一方で，虫体の損傷が著しい場合でも，体毛の状態や，脚，触覚の形状，翅の模様などから大きなグループ（目，科レベル）まで絞り込むことができる場合もある。虫の同定初心者は翅

脈（図17）などの特定の部位に着目し，それぞれの特徴を整理しておくとよい．

2.9 毛

毛の表面には特徴的な形状をしたキューティクルがあるため，異物が毛であるかは生物顕微鏡による観察で容易に判別できる．異物試料を直接観察しにくい場合はスンプ法を用いるとよい．

次に，その毛が人の毛（人毛：図18）なのか，動物の毛（獣毛：図19）なのかを調べたい場合には，毛の中心付近にある毛髄の

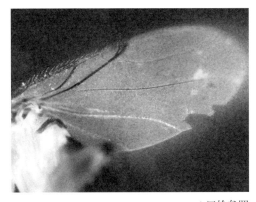

＊口絵参照
図17　ノミバエの翅脈の様子

太さを観察することで判別できる．人毛の毛髄は細く見えにくいのに対し，獣毛の毛髄は太く，はっきりとしている．毛の太さに対する毛髄の割合を計算し，50％を閾値にして人毛と獣毛を区別する方法がある．また，人毛のほとんどは毛の根本から先端まで色やキューティクルの形状が一定であるのに対し，獣毛は色やキューティクルの形状が変化しやすい特徴がある．

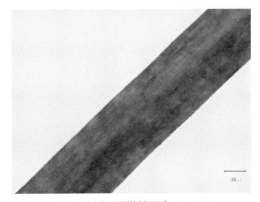

図18　人毛の顕微鏡写真（×400倍）

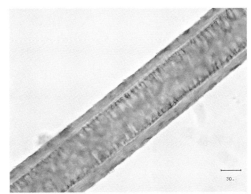

図19　獣毛（犬）の顕微鏡写真（×400倍）

第1章　飲料製造における HACCP とそれを支える分析技術

第5節
食品容器の法規制と分析技術

一般財団法人日本食品分析センター　糸川　尚子

1　はじめに

　敗戦，その後の高度経済成長期を支えた「昭和」，災害の時代と言われた「平成」が終わり，「令和」が始まった。この100年あまりで私たちを取り巻く食や食文化は大きく変わってきた。調理や貯蔵，運搬が主な役割であった食品用の器具や容器，包装材料（以下，器具・容器包装という）は，製造，加工，陳列や授受等の役割に加え，長期の保存や情報の提供，商品の扱いやすさ等消費者のニーズに合わせて付加価値も求められるようになった。飲料容器も食品容器の一部であり，飲料の多様化により飲料容器にもさまざまな機能が求められるようになった。私たちの現在の豊かな食生活は器具・容器包装に支えられていると言っても過言ではなく，器具・容器包装の安全性確保は食品と同様に非常に重要な要素となっている。

　これら器具・容器包装はこれまで日本独自の規格基準によって規制されてきたが，TPPや2020年の東京オリンピック開催に向けて今以上に食品等の輸出入が活発になることから，国際整合性のとれた規格基準の制定が急務となった。

　本稿では改正の最中である我が国における器具・容器包装の法規制の現状と，材質別のリスクおよび分析技術を紹介する。

2　法規制[1)-3)]

　日本では食品衛生法により器具・容器包装が規制されている。戦後間もない1947年（昭和22年）に，復興期の食品衛生や安全性確保，飲食に伴う衛生上の危害発生防止，そして国民の健康保護を目的に制定された。古い法律ではあるが，世情に合わせてこれまでに何度かの改正が行われ，現在も日本の器具・容器包装の安全性確保の基盤となっている。食品衛生法では，「食品」「添加物」「器具・容器包装」「洗浄剤」「おもちゃ」の5つが規制されているが，その中で「食品衛生とは，食品，添加物，器具および容器包装を対象とする飲食に関する衛生をいう」とあり，器具・容器包装の衛生管理が食品や添加物と並んで重要であることが示されている。

　食品衛生法第1章　総則の第4条は定義の条文で，「食品」や「添加物」とともに「器具」「容器包装」についての定義づけがなされている。「器具」と「容器包装」は各条文で頻出する

表1 用語の定義

用語	定義	対象製品例
器具	飲食器，割ぼう具その他食品又は添加物の採取，製造，加工，調理，貯蔵，運搬，陳列，授受又は摂取の用に供され，かつ，食品又は添加物に直接接触する機械，器具その他の物をいう。ただし，農業及び水産業における食品の採取の用に供される機械，器具その他の物は，これに含まない。	鍋，フライパン，まな板，包丁，箸，茶碗，コップ，弁当箱，水筒，ラップフィルム，アルミホイル，手袋，食品製造装置など
容器包装	商品又は添加物を入れ，又は包んでいる物で，食品又は添加物を授受する場合そのままで引き渡すものをいう。	飲料容器，ビン，缶，パック，トレー，包装紙，ラップフィルムなど

用語のため，その定義について表1に示す。第3章 器具及び容器包装の第16条では「有毒有害な器具又は容器包装の販売等の禁止」とあり，人の健康を損なうおそれのある器具・容器包装の製造，販売，輸入，使用が禁止されているが，ここでは具体的な「有毒有害」な物質は明記されていない。次に示す規格基準に適合していても，器具・容器包装に起因する健康被害が生じた場合には，器具・容器包装製造事業者や販売・輸入事業者，営業上の使用者の責任が問われることになる。

第18条は「器具又は容器包装の規格・基準の制定」となっており，この条文をもって規格基準が制定されている。ここでは「厚生労働大臣は公衆衛生の見地から，薬事・食品衛生審議会の意見を聴いて，販売の用に供し，若しくは営業上使用する器具若しくは容器包装若しくはこれらの原材料につき規格を定め，又はこれらの製造方法につき基準を定めることができる。」とあり，器具・容器包装そのものだけではなく，原材料やその製造方法についても基準が定められている。

2.1 器具・容器包装の規格基準

器具・容器包装における規格基準は，乳製品類に対する規格基準である「乳及び乳製品の成分規格等に関する省令（昭和26年12月27日厚生省令第52号）」（以下，乳等省令という）と，一般食品に対する規格基準である「食品，添加物等の規格基準（昭和34年12月28日厚生省告示第370号）」（以下，370号という）がある。

乳等省令は日本特有の規格基準であったが，規制内容が370号と重複しているものもあり，370号と統合されることが決定している。これにより国内の器具・容器包装に対する規格基準は370号のみとなるが，乳等省令の規制対象である牛乳，特別牛乳，殺菌山羊乳，成分調整牛乳，低脂肪牛乳，無脂肪牛乳，加工乳，クリーム，調製液状乳，発酵乳，乳酸菌飲料，乳飲料および調製粉乳については370号の用途別規格に組み込まれることで調整されており，乳製品類に対する規格基準がなくなるわけではないので注意が必要である。

370号の規格基準では，器具・容器包装を構成する物質のうち，毒性が強く健康被害が生じるおそれのある物質のみを規制する「ネガティブリスト制度（以下，NL制度という）」が採用されている。

表2 食品衛生法改正の概要

改正の概要
1.広域的な食中毒事案への対策強化
2.HACCP（ハサップ）に沿った衛生管理の制度化
3.特別の注意を必要とする成分等を含む食品による健康被害情報の収集
4.国際整合的な食品用器具・容器包装の衛生規制の整備
5.営業許可制度の見直し，営業届出制度の創設
6.食品リコール情報の報告制度の創設
7.その他(乳製品・水産食品の衛生証明書の添付等の輸入要件化，自治体等の食品輸出関係事務に関わる規定の創設等)

2.2 食品衛生法の一部改正

現行のNL制度は規格基準に適合していれば基本的にはどのような化学物質も使用することができる。一方，海外ではリストに収載されている物質以外を使用してはならない制度「ポジティブリスト制度（以下，PL制度という）」が主流である。そうしたPL制度導入国において使用が禁止されている化学物質を含む製品も，制度の異なる日本では容易に流通してしまう。また，危険性が判明しても，法令の改正には時間を要するため，健康被害を防ぐ対応が遅れるといった問題が生じてしまう。さらに，各国で制度が異なると輸出入の妨げとなるため，制度の国際整合性を図る必要が生じてきた。

このような状況を踏まえて2018年6月13日に食品衛生法の一部が改正，公布され，器具・容器包装についても新たな規制が設けられた。改正の概要を表2に示す。

2.2.1 ポジティブリスト制度

先に述べたように，我が国はNL制度による規制を行ってきたが，今回の改正で食品衛生法第18条に第3項が新設され，PL制度が導入された。現在2020年6月の施行に向けて内容の整備が進んでいる。器具・容器包装はさまざまな素材が使用されているが，今回の改正でPL制度の対象となるのは合成樹脂のみである。食品接触層に使用される合成樹脂は制度の対象となるため，リストに収載された物質しか使用できない。また，食品非接触層の合成樹脂は制度の対象外ではあるが，人の健康を損なうおそれのある量の添加剤等が溶出してくる場合には，その添加剤等もPLへの収載が求められる。ここでいう「人の健康を損なうおそれのある量」は食品安全委員会により，食品擬似溶媒中への移行量として0.01 mg/Lと示された。施行後はPL制度による製造段階での管理と，NL制度による製品での管理が行われることになる。

2.2.2 衛生管理規定

今回の改正により，原則としてすべての食品等事業者に対してHACCP（ハサップ）に沿った衛生管理が制度化された。器具・容器包装等製造事業者に対しても第50条の3が新設され，衛生管理が制度化された。合成樹脂を扱う製造事業者については一般的な衛生管理と製造管理について，合成樹脂以外（ガラスや金属缶，紙製品など）を扱う製造事業者については一般的な衛生管理について基準の遵守が制度化された。

2.2.3 説明義務

合成樹脂製器具・容器包装を販売，製造，輸入する事業者は，販売相手に対し①PL適合品であること②PL未収載物質を使用している場合，食品非接触層への使用であり，十分な加工がされていることを説明しなければならない，と義務化された。しかし，合成樹脂製器具・容器包装の原材料を扱う事業者については，製造事業者からPL適合品であるかの確認を求められた場合，説明するよう努めなければならない，とされており，努力義務にとどまっている。

3 材質別のリスクと分析技術（試験法）[1-4]

器具・容器包装は合成樹脂，ゴム，金属，ガラス，陶磁器，紙，木などの材質により作られている。これらの材質中には添加剤や不純物のほか，未反応の原料モノマーや分解生成物など，健康被害が懸念されるさまざまな化学物質が存在している。飲料容器の材質としては金属缶，ガラス瓶，合成樹脂等が使用されるが，材質により存在する化学物質も異なる。金属缶では金属由来のヒ素（Arsenic）やカドミウム（Cadmium），鉛（Lead）の他，内面に使用されるエポキシ樹脂コーティングやフェノール樹脂コーティング，塩化ビニルコーティングなどのコーティング剤由来の化学物質であるフェノール（Phenol）やホルムアルデヒド（Formaldehyde），塩化ビニル（Vinyl chloride）などが規制されている。ガラスはケイ酸塩を主原料とする無機物を高温で溶融，焼成させて作られているため，有機物の残存は考え難く，原料や着色剤由来の重金属類が規制されている。また，加熱調理用器具か否かや容量により規格値が異なる。

現在，飲料容器として多く使用されている合成樹脂は，樹脂の材質により規制内容が異なる。主に着色剤由来のカドミウムおよび鉛の含有量規制，有機物の総量を規制する過マンガン酸カリウム消費量（Quantity of $KMnO_4$），重金属類の総量を規制する重金属試験（Heavy metal）の一般規格と呼ばれる項目の他に，個別規格として樹脂特有のモノマーや添加剤が規制されている。例えばペットボトルの材質であるポリエチレンテレフタレート（Polyethylene terephthalate）では，製造時の触媒としてアンチモン化合物（Antimony）やゲルマニウム化合物（Germanium）が使用されるため，これらが規制の対象となっている。

3.1 材質試験

材質試験とは器具・容器包装中に含有される化学物質の量を求める試験法であり，主に灰化法，溶解法，抽出法がある。前処理法の違いはあるが，基本的には試料の目的成分全量を酸や有機溶媒に溶かした溶液とし，その溶液を測定することにより含有量を求める試験である。**表3に370号で規制されている材質試験の前処理と測定方法について示す。**

3.2 溶出試験

器具・容器包装は直接体内に取り込むものではないため，それらに含まれる化学物質がどれだけ食品に移行して体内に取り込まれるのかが重要となる。溶出試験は器具・容器包装から食品への化学物質の移行をシミュレーションする試験で，器具・容器包装に特有の試験法であ

表3 370号の材質試験

	試験項目	前処理	測定方法
灰化法	カドミウム(Cadmium)及び鉛(Lead)	450 ℃電気炉で灰化	AAS法[※1]又はICP法[※2]
	バリウム(Barium)	直火約 300 ℃で炭化後, 450 ℃電気炉で灰化	AAS法又はICP法
溶解法	揮発性物質(Volatile substance)	テトラヒドロフラン又はo-ジクロロメタンに溶解	GC法[※3]
	塩化ビニル(Vinyl chloride) 塩化ビニリデン(Vinylidene chloride)	N,N-ジメチルアセトアミドに溶解	GC法
	アミン類(Amines)	ジクロロメタン溶解	GC法
	ビスフェノールA(Bisphenol A) ジフェニルカーボネート(Diphenyl carbonate)	ジクロロメタンに溶解	LC法[※4]
抽出法	ジブチルスズ化合物(Dibutyl tin compound)	アセトン及びヘキサンの混液(3:7)+塩酸1滴を加え,約40 ℃で一晩抽出	GC/MS法[※5]
	クレゾールリン酸エステル(Cresyl phosphate)	アセトニトリルを加え,約40 ℃で一晩抽出	LC法
	2-メルカプトイミダゾリン(2-Mercaptoimidazoline)	メタノールを加え,約40 ℃で一晩抽出	LC法
	フタル酸ビス(2-エチルヘキシル) Bis (2-ethylhexyl) phthalate	アセトン及びヘキサンの混液(3:7)を加え,約37 ℃で一晩抽出	GC法 GC/MS法

※1 AAS法:原子吸光光度法
※2 ICP法:誘導結合プラズマ発光強度測定法
※3 GC法:ガスクロマトグラフィー
※4 LC法:液体クロマトグラフィー
※5 GC/MS法:ガスクロマトグラフィー・質量分析法

る。本来であれば実際の食品を使って移行試験が実施できればよいが,夾雑物の影響や無数の食品での試験は非現実的であるため,実際の試験では食品に見立てた食品擬似溶媒を用いる。この食品擬似溶媒を規定の条件下(温度,時間,溶出割合)で試料と接触させることにより得られた溶出液を試験液とする。溶出方法には浸漬溶出法,片面溶出法,充填溶出法がある(図1)。

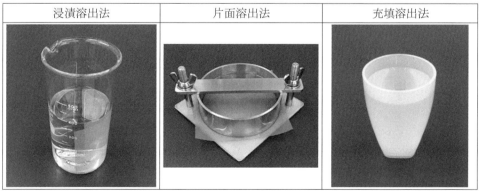

図1 溶出方法

3.2.1 浸漬溶出法

試料全体を溶媒に浸す溶出法である。試料が単一の材質に用いられる。

3.2.2 片面溶出法

試料の表裏が異なる材質の場合に，専用の器具を用いて試料の片側だけを溶出させる方法である。

3.2.3 充填溶出法

溶媒を満たすことができる形状の試料に用いる方法である。試料に溶媒を充填させるため，溶出割合が規定されている場合は，溶出後に規定の割合に換算する必要がある。

3.2.4 食品擬似溶媒と溶出条件

370号では食品を4つの食品群に分け，食品擬似溶媒を設定している。酸性食品には4％酢酸，酒類には20％エタノール，油脂および脂肪性食品にはヘプタン，その他の水性食品には水が用いられる。ヘプタンは実際の油より溶出力が高く試料の材質により高数値となるため，規制値を高くすることにより補正している。

溶出温度条件は370号の合成樹脂については使用温度帯が100℃以下か100℃を超えるかの2区分が設定されており，食品擬似溶媒により温度と時間が決められている。また，溶出割合は試料の接液面積1 cm^2 当たり2 ml が採用されている。

4　おわりに

現在の日本の器具・容器包装の法規制は，大きな変革期にある。食品衛生法が制定されて約70年の時が経ち，国際整合性を図りながらも日本独自のPL制度施行に向けて刻一刻と内容が精査されているところである。一方でマイクロプラスチックなどの廃プラスチック問題は世界中で大きな問題となっており，新素材の生分解性樹脂の開発もさかんに行われている。PL制度の導入により，既存物質はもとより新規物質についてもより高い安全性確保が求められてくる。370号の試験法についても改正に向けて調整が行われており，今後も器具・容器包装の法規制等の動向について注視が必要である。

文　献

1 ）食品衛生小六法，新日本法規
2 ）厚生労働省：http://www.mhlw.go.jp
3 ）衛生試験法・注解2015，金原出版
4 ）日本包装技術協会：包装技術，Vol.56, No.4（2018）.

第 2 章　飲料製造ラインにおける衛生管理

第 1 節　飲料と微生物，およびその対策
第 2 節　食品工場における異物対策
第 3 節　工場のサニテーション技術
第 4 節　洗浄（CIP）と殺菌（SIP）を同時に行う CSIP 技術

第2章 飲料製造ラインにおける衛生管理

第1節

飲料と微生物，およびその対策

株式会社ウエノフードテクノ　小堺　博

1　一般的な食品衛生微生物の特性と飲料

　飲料は水分活性が0.99以上で長期に常温流通するものが多い。またpH，動植物由来の栄養源の濃度もさまざまである。したがって，食品衛生法に定められている製造基準はそれをひとつの背景としている。

　図1は一般的な食品衛生微生物の増殖pH域の概略[1]にアリサイクロバチルス属の増殖域の例[2]を書き加えたものである。細菌はpH4以下ではほとんど増殖しないのに対して，真菌類はpH2程度の酸性域でも増殖が可能であり，また幅広いpH域で増殖することができる。各種飲料のpH[3]と比較してみると，pHが4未満の炭酸飲料で増殖できるのはおおむね真菌だけとなる。果実飲料もpH4未満のものが多いが，pHおよび加熱殺菌の程度によっては後述する

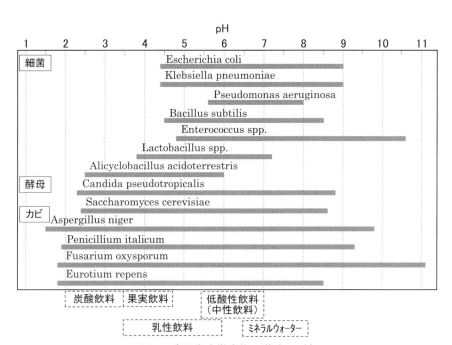

図1　食品衛生微生物の増殖pH域
文献1）に文献2）Alicyclobacillus acidoterrestrisの値を追記

名称	増殖下限 水分活性	発育温度 (至適)	熱抵抗性
腸炎ビブリオ	0.94 (0.981)	5〜45℃ (37)	サルモネラ よりも低い
黄色ブドウ球菌	0.83 (0.98)	6.5〜48℃ (37)	D60= 0.43-8.2分
サルモネラ	0.95 (0.99)	5.2〜46.2℃ (35〜43)	D61.1= 0.20-0.35分
カンピロバクター	0.98 (0.997)	30〜47℃ (42〜43)	D60= 1.33(ミルク)
腸管出血性大腸菌	0.95 (0.995)	2.5〜45℃ (35〜40)	D62.8= 0.3-0.58分
ウエルシュ菌	0.93	10〜50℃ (43〜47)	D98.9=26- 31分(芽胞)
ボツリヌス菌 タンパク分解菌	0.94	10〜48℃ (37)	D121=0.23- 0.3分(芽胞)
ボツリヌス菌 タンパク非分解菌	0.97	3.3〜40℃ (30)	D82.2=0.8- 6.6分(芽胞)
セレウス菌	0.93	6〜48℃ (30〜40)	D85=32.1- 75分(芽胞)
リステリア	0.92	-4〜44℃ (37)	D60= 2.61-8.3分
エルシニア	0.94	-3〜42℃ (25〜37)	D62.8=0.24- 0.96分(ミルク)

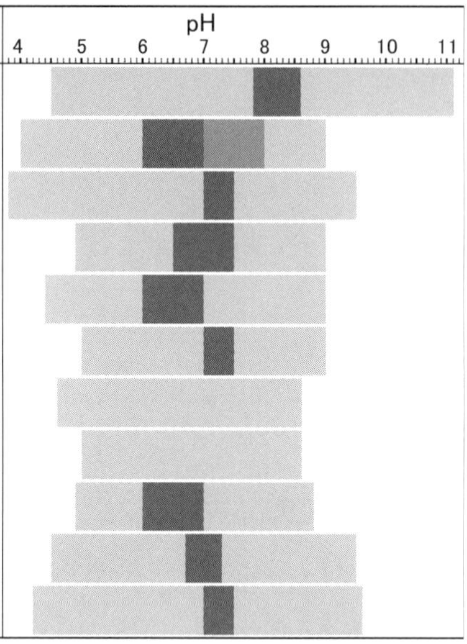

図2 食中毒菌の増殖pH域　　横棒内■印はおよその最適pH
文献6) に文献7) の ( ) 内などの最適・至適値を追記

芽胞形成細菌や耐熱性のカビ[4]が増殖する可能性がある。茶飲料やコーヒー飲料,牛乳などのほぼ中性の低酸性飲料では,微生物の栄養源も豊富であり,ほとんどの微生物が増殖可能で,加熱殺菌がより重要な品目といえる。おなじく中性のミネラルウォーターもpHの因子としては同様ではあるが,栄養源に乏しく問題となるのはカビだけである。消費される時を想定した口飲みおよび開封試験[5]においては,pHと分離される株数の相関が明瞭で,細菌は酸性からpH7になるに従って分離株数が直線的に増加する。一方,真菌ではpH5付近が最大となっている。

食中毒菌の増殖特性を概略したものが図2である[6][7]。増殖pHは概ね4以上で,芽胞形成細菌であるウエルシュ菌,ボツリヌス菌,セレウス菌以外は熱抵抗性が弱く,またその由来とあわせて危害となる可能性は比較的低い。但し,黄色ブドウ球菌は環境に多く存在し,耐熱性の高い毒素を産生することと,菌体自体も易熱性菌としては比較的熱抵抗性が高いことに留意すべきである。清涼飲料水の製造基準がボツリヌス菌(pHが4.6を超え,かつ,水分活性が0.94を超える,容器包装に密封された常温流通の食品に対してリスクがある)を主たる対象としていることもうなずける。ちなみに厚生労働省の食中毒統計によると,2000年から2018年の19年間で,飲料の細菌を原因とする食中毒事件数は11件(患者数549名)と報告されているが,旅館などで供された一般流通品ではない飲料水などの二次汚染によるものと推定される(19年間の総数は,事件数約26,025件,患者数約489,548名,死者112名)。また,東京都福祉保健局の食品安全アーカイブズにある苦情処理の集計(2007年〜2016年の10年間)によると,飲料の腐敗・酸敗は50件(総数1,072件),カビの発生は111件(総数1,258件)で,合わせて全体のおよそ7%となっている。

図3は微生物の増殖温度範囲[8][9]で,先の増殖pH域と同様に,微生物の多様性の観点からすると,だいたいの傾向とみるべき図であり,本稿のなかでも引用文献により異なるpH,温

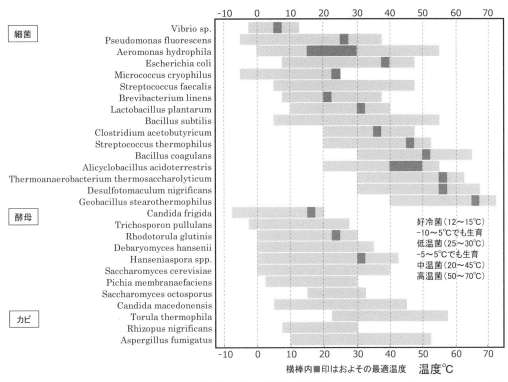

図3 微生物の増殖温度範囲　文献8)に文献9)の値で補足，追記

度の値が記載されていることを了承いただきたい。増殖最適温度ごとに好冷菌，低温菌，中温菌，高温菌の呼び名で分類されることがある。低い温度で管理されている製造ラインでも，グラム陰性の低温細菌や乳酸菌，真菌が増殖できる。また，芽胞形成細菌は休眠しながら待機していると思われる。飲料では，ホットベンダーなどで高温菌が問題とされることがある。最近では店頭の保温鍋で供されるおでんなどでも指標菌となっているが，一般に流通する食品とは異なる点である。

2 飲料に検出される微生物とその由来

　必ずしも検出頻度を反映したものではないが，清涼飲料水での微生物の検出例をまとめたものが表1である[10)-13)]。炭酸飲料では，香味の劣化や色調変化，ガス圧上昇の原因となる酵母，沈殿・混濁・浮遊物・液表面の塊など異物とも誤認されるような酵母やカビが検出されている。

　果実・野菜飲料では，幅広い微生物の汚染例が報告されている。香味の劣化や色調変化，ガス圧上昇の原因菌は，炭酸飲料と同様に酵母，液中・液表面の異物様の増殖はカビが主原因であり，そのなかには加熱殺菌をすり抜けることがある耐熱性のカビが存在する[4)]。また，乳酸菌やバチルス属などの細菌が原因となることもある。

　コーヒー飲料などの低酸性飲料も，果実・野菜飲料と同様に一般の食品には見られない高温

表1　清涼飲料水で検出される微生物の例

	細　菌		真　菌	
	無胞子	有胞子	カビ	酵母
炭酸飲料			Aspergillus, Penicillium, Mucor, Rhizopus	Saccharomyces, Schizosaccharomyces, Candida, Torula, Rhodotorula, Hansenula, Pichia
果実・野菜飲料	Lactobacillus, Leuconostoc, Acetobacter	*2 高温性好酸性有芽胞菌, *3 フラットサワー菌, *4 膨張型高温性偏性嫌気性菌, *5 有芽胞乳酸菌, Bacillus属, Paenibacillus属, その他のClostridium属	*1 耐熱性カビ, Aspergillus, Penicillium, Mucor, Rhizopus, Aureobasidium	Saccharomyces, Schizosaccharomyces, Candida, Torula, Pichia, Rhodotorula, Hansenula, Mycoderma
乳性飲料（炭酸）乳性飲料（無炭酸）		*5 有芽胞乳酸菌	*1 耐熱性カビ	
低酸性飲料（中性飲料）		*3 フラットサワー菌, *4 膨張型高温性偏性嫌気性菌, *6 フラットサワー様高温性偏性嫌気性菌, *7 軟膨張型高温性偏性嫌気性菌, Bacillus属, Paenibacillus属, その他のClostridium属	Cladosporium, Penicillium, Fusarium, Trichoderma, Chaetomium	
ミネラルウォーター	Pseudomonas, Acinetobacter		*1 耐熱性カビ, Penicillium, Acremonium, Cladosporium, Alternaria, Moniliella	

性の芽胞形成細菌が検出される。有芽胞乳酸菌は系統的にはバチルス属に近い属である。また，茶飲料などは一般の食品の腐敗原因菌となるバチルス属やその近縁種パエニバチルス属などが検出される。

　ミネラルウォーターは，加熱殺菌されていない状態で輸入される品目では原水由来の無胞子細菌が検出される場合があるが，ほとんどはカビである[13]。

　これらの微生物の由来は，原水を含めて原材料を由来とする場合が多いが，特にバチルス属やその近縁種，およびカビなどの真菌類は製造環境で生残，増殖することができるために，充填ラインなどの二次汚染菌となる。

　表1の補足として，耐熱性のカビ，呼び名が複雑だが高温性の芽胞形成細菌（通常の食品の微生物検査条件では，検査をすり抜けてしまうことがある）の特性を以下に示す[11]。

*1 耐熱性カビ：

　Byssochlamys, Neosartorya, Paecilomyces, Talaromyces, など

　子嚢胞子を形成，ホット充填（80℃加熱）で生残，飲料では多くの場合，腐敗ではなく糸状の異物や濁りとして見つけられる

*2 高温性好酸性有芽胞菌（TAB:Thermophilic Acidophilic Bacteria）：

　Alicyclobacillus acidoterrestris, A. acidiphilus, など

　薬品臭のあるグアイヤコールを産生。落下果実など原料由来の土壌菌

　（A. acidoterrestris）増殖pH：3.0〜6.0（至適3.5〜4.0），増殖温度：20〜55℃（至適40〜50℃）[9]，耐熱性：D値（89℃）＝10.9分（フルーツブレンドジュース，pH＝3.69，Brix＝12.0%）[14]

(A. acidiphilus) 増殖 pH：2.5〜5.5（至適 3），増殖温度：20〜55℃（至適 50℃）[9]

＊3 フラットサワー菌（高温性・好熱性好気性有芽胞菌）：

Bacillus coagulans, Geobacillus stearothermophilus

ほとんどガスを産生せず缶詰では膨張しないが，乳酸を産生して酸敗させる

(B. coagulans) 増殖温度：30℃以上（至適：45℃），最低増殖 pH：4.3，耐熱性：D 値（121℃）＝ 0.05 分（ニンジンジュース，pH＝4.6）

(G. stearothermophilus) 増殖温度：40℃以上（至適 55℃），40℃以下または pH5.5 以下では増殖しない

＊4 膨張型高温性偏性嫌気性菌：

Thermoanaerobacterium（Clostridium）thermosaccharolyticum

酸敗・膨張原因菌。増殖温度：30℃以上（至適 55〜62℃），増殖 pH：5.0〜7.0，耐熱性：D 値（121℃）＝ 0.25 分（ニンジンジュース，pH＝4.6）

＊5 有芽胞乳酸菌：

Sporolactobacillus inulinus, Sporolactobacillus putidus，など

炭酸入り乳性飲料などの腐敗原因菌

増殖温度：15〜40℃（至適 30〜35℃），微好気性で炭酸ガス要求性，最低増殖 pH＝3.5，耐熱性（S. inulinus）：D 値（90℃）＝ 5.1 分（M/5 リン酸緩衝液）

＊6 フラットサワー様高温性偏性嫌気性菌：

Moorella thermoacetica（Clostridium thermoaceticum）

主な汚染源は砂糖。"フラットサワー"様の変敗原因菌

増殖温度：45〜70℃（至適 55〜65℃），耐熱性：D 値（121℃）＝ 51 分（ミルクコーヒー）

＊7 軟膨張型高温性偏性嫌気性菌：

Thermoanaerobacter thermohydrosulfuricus（Clostridium thermohydrosulfuricum）

主な汚染源はカラギーナン，グアーガムなどの増粘多糖類や砂糖。酸敗と僅かな膨張の原因菌

増殖温度：42〜78℃（至適 55〜65℃），増殖 pH：5.0〜7.0，耐熱性：D 値（121℃）＝ 6.9 分（ミルクコーヒー）

3 飲料に検出される微生物とその対策

製造ラインの洗浄・殺菌や飲料の殺菌技術については，本章 3，4 節や第 3 章にあるので，一例を述べるだけにとどめる。ホット充填，無菌充填によるペットボトル充填が主流になってきていることもあり，製造環境の清浄度管理，芽胞形成細菌の対策の重要性がさらに高まっている。常温で長期に流通する飲料は，一般の食品の加熱後冷却ライン，包装ラインの二次汚染対策以上の清浄度が要求される。

食品工場に共通な事項として，ラインの床の清浄度がある。床の菌による汚染は，物流などにより発生する飛沫や空調の空気の流れにより製造ライン，製品を汚染する。要求される清浄

第2章　飲料製造ラインにおける衛生管理

<殺菌試験法>
石炭酸係数法準拠
試験温度：25℃
共存有機物（たん白）：馬血清濃度（5%）
供試除菌剤：
・バントシルIB（ビグアナイド系殺菌剤）
・食品工業用過酢酸（過酢酸10%品）

<試験（1）>
供試菌株：（芽胞 接種菌量10^{5-6}／ml）
菌① Paenibacillus chibensis NBRC15958
菌② Bacillus circulans IFO13626
菌③ Paenibacillus polymyxa IAM1210
菌④ Paenibacillus alvei IAM1258
菌⑤ Paenibacillus macerans IAM1243
菌⑥ Bacillus cereus IAM1029
菌⑦ Bacillus subtilis IFO 13719

<試験（2）>
供試菌株：（芽胞 接種菌量$1.0×10^6$／ml）
菌①Paenibacillus chibensis NBRC15958

試験（1）		有機物なし						有機物あり					
薬剤濃度純分として 0.1%		バントシルIB			食品工業用過酢酸			バントシルIB			食品工業用過酢酸		
		接触時間(分)			接触時間(分)			接触時間(分)			接触時間(分)		
		1	10	60	1	10	60	1	10	60	1	10	60
菌①		－	－	－	＋	＋	＋	－	－	－	＋	＋	＋
菌②		－	－	－	－	－	－	－	－	－	－	－	－
菌③		－	－	－	－	－	－	－	－	－	－	－	－
菌④		－	－	－	－	－	－	－	－	－	－	－	－
菌⑤		－	－	－	＋	－	－	－	－	－	＋	－	－
菌⑥		－	－	－	＋	＋	－	－	－	－	＋	－	－
菌⑦		－	－	－	＋	－	－	－	－	－	－	－	－

試験（2）		菌① Paenibacillus chibensis NBRC15958											
薬剤濃度純分として		バントシルIB			食品工業用過酢酸			バントシルIB			食品工業用過酢酸		
		接触時間(分)			接触時間(分)			接触時間(分)			接触時間(分)		
		1	10	60	1	10	60	1	10	60	1	10	60
0.5%		－	－	－	＋	－	－	－	－	－	＋	＋	－
0.2%		－	－	－	＋	－	－	－	－	－	＋	＋	－
0.1%		－	－	－	＋	＋	＋	－	－	－	＋	＋	＋
0.05%													

－：殺菌された　＋：殺菌されず

図4　過酢酸耐性菌の殺菌試験

度に応じて洗浄・殺菌により床の清浄度を上げることは，困難を伴うことが多いが必須の要件であり，飲料ラインといえども例外ではない。また，環境に強い芽胞形成細菌やカビなどがターゲットになる。また，強固なバイオフィルムを形成すると除去することが困難になるので，床の平滑性を保つこと，ポリッシャーやデッキブラシを用いて適宜に擦り洗いすることが大事である。

図4は茶飲料などの低酸性飲料で問題となることがある過酢酸耐性菌の殺菌事例である。過酢酸では殺菌されないパエニバチルス属やバチルス属が存在しているが，ビグアナイド系殺菌剤では通常使用される純分濃度（0.05%）で殺菌が可能である。また，汚れを想定した有機物の存在下でも殺菌力が低下しないことが特長となっている。過酢酸耐性菌が問題になる場合には，床回りの定期的な殺菌や充填装置の徹底洗浄の時に活用できる。残留試験には簡易な試験紙が用意されている。また，芽胞形成細菌全般について，汎用されている次亜塩素酸ナトリウムよりも有効である[15]。例えば，セレウス菌芽胞に対する殺菌時間は，次亜塩素酸ナトリウム（200ppm）では30分を要し，ラインでの有効塩素の減少を考慮すると有効ではない。ビグアナイド系の殺菌剤（0.02%）では2.5分未満で殺菌が可能であった。

本書の趣旨とはやや外れるが，保存料や日持向上剤の飲料への適応について少しだけ触れたい。表2は食品衛生法で規定されている清涼飲料水などに使用できる保存料の使用基準である[16]。安息香酸，ソルビン酸はその静菌効果がpHの影響を受け，真菌に対しては概ねpH5以下で有効である。また，水溶性の点でその塩である安息香酸ナトリウム，ソルビン酸カリウムが多く使われる。パラオキシ安息香酸エステルの真菌に対する静菌力を示したのが図5である[17]。水溶性が低く澄明性を求める飲料にはやや不向きではあるが，pHの影響を受けず微量で効果がある。また，エステル同士の相溶性を利用した溶かしやすい液状製剤がある。これら

表2 清涼飲料水などに使用できる保存料と使用基準

品名	使用基準		
	対象食品	使用量の最大限度等	使用制限
安息香酸 安息香酸ナトリウム	清涼飲料水	0.60g/kg以下 (安息香酸として)	
ソルビン酸 ソルビン酸カリウム ソルビン酸カルシウム	甘酒 発酵乳	0.30g/kg以下 (ソルビン酸として)	甘酒は3倍以上に希釈して飲用するものに限る 発酵乳は乳酸菌飲料の原料に供するものに限る
	乳酸菌飲料	0.050g/kg以下 (ソルビン酸として) (乳酸菌飲料の原料に供するものにあっては0.30g/kg)	殺菌したものを除く
パラオキシ安息香酸イソブチル パラオキシ安息香酸イソプロピル パラオキシ安息香酸エチル パラオキシ安息香酸ブチル パラオキシ安息香酸プロピル	清涼飲料水	0.10g/kg以下 (パラオキシ安息香酸として)	

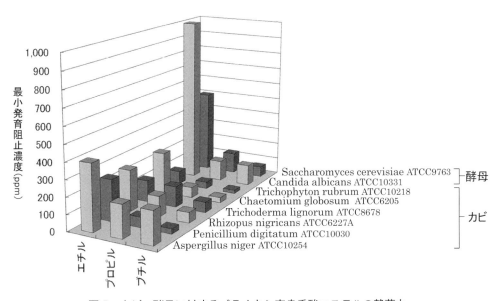

図5 カビ・酵母に対するパラオキシ安息香酸エステルの静菌力

は主に容器詰めではなく店頭や自動販売機などでカップ提供される飲料に使用されている。使用基準(制限)がない日持向上剤に分類される脂肪酸エステル類が芽胞形成細菌の静菌に使用される。とりわけショ糖脂肪酸エステルはフラットサワー菌の対策のために，ホットベンダーのコーヒー飲料などに使用されることは広く知られている。また，フラットサワー菌，フラットサワー様高温性偏性嫌気性菌の耐熱性を低下させる効果を有し，コーヒー飲料の加熱条件を

緩和できることを示唆したものである[18]。リゾチームもフラットサワー菌の耐熱性を低下させる効果がある。また，天然系の保存料であるプロタミン，ポリリジンや日持向上剤成分であるリゾチーム，酢酸[14]，およびカンゾウ油性抽出物など[9]にもフラットサワー菌に対する静菌効果があることが知られている。

飲料以外の食品でも，製品の変敗を起点として通常の検査をすり抜けていた菌が見つかることがある。定量性のある検査法や原材料や製造ラインのモニタリングに適用できる簡便な検査法を確立することは重要で，これが効率的な対策の第一歩だと考える。製品や製造環境の特性に合わせて指標菌を設定して，製品の虐待保存試験，原材料や製造ラインの検査やモニタリングを継続していく。

飲料については，製品がほぼ均一であり，製造基準が明確であることは有利な点である。また，量産型の製品であることから，1つの事故が大規模に拡散する危険性もあって，試験研究もより進んでいる分野だと考える。

文　献

1) 柴崎勲：防菌防黴, **14** (3), 145-155 (1986).
2) K. Yamazaki and H. Teduka:*Biosci. Biotech. Biochem.*, **60** (3), 543-545 (1996).
3) 北迫勇一：日本歯科医師会雑誌, **63** (9), 19-27 (2010).
4) 宇田川俊一：食品と微生物, **8** (3) 121-130 (1991).
5) 工藤由起子他：清涼飲料水中の汚染原因物質に関する研究, 平成21年度総括・分担研究報告書, 国立医薬品食品衛生研究所 衛生微生物部, 77-121 (2010).
6) 厚生労働省：食中毒統計作成要領（2012.12.28）等に示された「食中毒微生物の疫学的特性」
7) WHO: Hazard analysis and critical control point generic models for some traditional foods, Appendix 1, 38-39 (2007).
8) 清水潮：食品微生物 I 基礎編 食品微生物の科学, 第3版, 140, 幸書房. (2012).
9) 横田明, 藤井建夫 監修：ILSI Japan 食品安全研究部会微生物分科会 編：好熱性好酸性菌 Alicyclobacillus 属細菌, 建帛社. (2004).
10) 藤井建夫：食品の腐敗と微生物, 106-112, 幸書房. (2012).
11) 山本茂貴 監修：現場必携・微生物殺菌実用データ集（復刻版）, 59-69, サイエンスフォーラム. (2011).
12) 河端俊治, 春田三佐夫編集：HACCP これからの食品工場の自主管理衛生, 348-356, 中央法規出版. (1992).
13) 藤川浩, 他：防菌防黴, **24** (9), 617-624 (1996)
14) 山崎浩司, 他：日食工誌, **44** (12), 905-911 (1997).
15) 上間勝之, 他：防菌防黴, **7** (9), 1-7 (1979).
16) 一般社団法人日本食品添加物協会：食品添加物表示ポケットブック（平成29年版）(2017).
17) T. R. Aalto, et al.: *J. Am. Pharm. Assoc.*, **42**, 449 (1953).
18) 諏訪信行, 他：日食工誌, **33** (1), 44-51 (1986).

第2章　飲料製造ラインにおける衛生管理

第2節

食品工場における異物対策

春田衛生コンサルタント　春田　正行

1　食品工場における異物混入

　飲料に限らず，食品にとって異物混入は，安全性に関わるリスクはそれほど高くないのにも関わらず，品質上の大きな瑕疵とされ，消費者からの苦情の中でも高い割合を占める（図1）。重大なハザードと判定されることの多い金属異物でも，混入事故はそれなりに発生していても，その混入による被害はあまり聞かない。ましてや異物混入はその多くが単発不良であり，ロット不良が起きることは稀である。しかしながら，異物混入を原因とする回収事故はいまだにあとを絶たない（図2）。異物混入は食品企業とって"リスクの高い"事故であることは間違いない。異物混入を減らすことは，食品企業の責務として捉えるとともに，企業経営上の課題でもあることを十分に理解しておくことが重要である。

1.1　異物混入の実態

　混入する異物の種類は極めて多い。またその要因は，他の苦情に比べても多岐にわたる。品目毎の混入傾向もさまざまである。少しでも自分の考える食品と異なるものが混入していれば異物と評価されうる。極論すれば，なんでも異物になりうるのである。それは，人により，置かれた環境により，時には時期により変わる。大きな食品トラブルが報道されたとき，異物混入の苦情が大きく増加することは食品関係者な

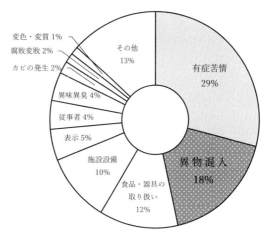

図1　東京都 要因別苦情処理件数（2016年度）
（東京都衛生関係苦情集計表より）

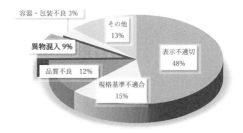

図2　自主回収件数（2007年度～2014年度）
（独立行政法人農林水産消費安全技術センター食品の自主回収情報より）

らば周知の事実であろう。

では，異物を苦情として申し出る消費者は実際どれぐらいいるのだろうか。アンケートなどによる分析ではかなりの方が「申し出る」との結果が見られるが，これはアンケートであることを差し引いて考えるべきであろう。筆者の経験上ではかなり少数派であると考える。実際，授業などで問うと「クレームとして出す」と答える人は殆どいない。これは他の不良に比べてもかなり少ない。

これらから考えると，異物混入を減らすことはいかに難しいかがわかる。混入の実態がはっきりしないうえ，ある意味感情論にその推移が支配される。苦情データに基づき管理することは重要ではあるが，それだけでは対処しきれるものではないことを理解し，アプローチすることも大切であろう。

1.2 異物混入による事故
1.2.1 異物混入による回収事故

ストレーナ破損や容器破損などを原因とする回収事故がたびたび発生する。基本的には同一の原因により複数の混入苦情があれば"ロット不良"として回収と判断されることが多いようである。公表内容を見る限り，リスクは限りなく低いと考えられるものであっても回収されることも少なくない。"混入の可能性"があれば，企業のスタンスとして回収に踏み切らざるを得ないというのが実態であろう。経営上のリスクヘッジとしてこれらの未然防止に取り組むことは当然であろう。

しかし一方で，ハザードに繋がるとは思えない，しかも混入しているかどうかもわからない異物による回収や廃棄は，きわめてムダな対応であると言わざるを得ない。各機関より回収のガイドラインは出されているが周知できているとは思えない。金属などの危険異物であればやむを得ないと考えることもできるが，食品ロスが叫ばれる昨今，社会として今後も取り組むべき課題であろう。

1.2.2 危険異物

前述の通り，異物混入により健康危害に繋がることは実際的には少ないと思われる。しかし，金属やガラスなどが混入していれば，必ず人は危害と結びつける。これらについては混入していること自体が"事故"と考えるべきであろう。特に金属異物については，金属＝危険という認識が国際的にも共通している。HACCPにおいても，金属異物は重要なハザードとして位置づけられ，その排除がCCPとされることが多い。やはり厳しい管理を行うことが必須であると考えるべきであろう。

2 飲料における異物混入

2.1 飲料における異物混入事故

食品全体の中で比較すれば，飲料における異物混入苦情の発生は多くない（図3）。基本的には，

①クローズされたラインで開放部分が少ない
②微生物の制御を厳しく要求されるため，同時に異物混入も制御される
③ろ過工程での除去精度が高い

ことなどから，製品への混入リスクは低いと考えられる。

しかし，こうした高いレベルの管理が要求される商品であるだけに異物混入に対する風当たりは強いと考えるべきであろう。特に透明度の高いミネラルウォーターなどでは，異物が発見しやすいこともあり，問題に繋がりやすい。多くの場合，健康リスクは殆どないものと考えられるが，他の食品に比べ，より消費者の不信感に繋がりやすいと考えるべきである。飲料においては，その特性から"危険異物"という考え方はないといえる。しかし，異物混入自体が著しく商品価値を下げるという点では，企業にとってハイリスクな事故であることは間違いない。

かつて，輸入品を中心としたミネラルウォーターでの異物混入が大きな問題となった。筆者も，検査室のみならず事務所中に置かれたミネラルウォーターの異物探しを行った経験がある。今思えば殆ど言いがかりとも言える微細な異物を日がな一日見つけていたことは苦い経験として忘れられない。

また，広い意味での異物と考えれば，殺菌剤の混入や他製品のコンタミネーションなども忘

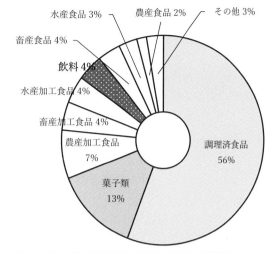

図3　東京都 異物混入 品目別苦情処理件数
（2016年度）　　（東京都衛生関係苦情集計表より）

表1　飲料における異物混入の経路・要因

混入経路		主な混入異物・要因
原材料由来	容器由来	容器片の混入
		容器付着異物の混入
		容器包装資材等の混入
	原料由来	原料混入異物
工場内での混入	環境由来	虫の混入
		ライン周辺からの落下混入
	ライン由来異物	部品等の落下、破損混入
		パッキン等の破損・摩耗混入
		他製品等の混入
	サニテーション由来	殺菌剤の残留、移り香
除去不良		ろ過装置の破損等による通過混入
		検品モレ
その他		ミネラル等の析出
		カビの発生
		人為的混入

れてはならない。これらは商品価値を著しく低下させるばかりか，場合によっては健康被害にも繋がりかねない。苦情として発覚しやすい不良であり，その多くが回収事故に直結する。

2.2　飲料における異物混入とその要因

飲料における混入異物については，毛髪等ヒト由来の異物などは殆ど見られないが，他の食品と比べても，環境由来である虫の混入が特に多い。また，金属異物などライン由来と考えられる異物も多い（図4，図5）。飲料ラインにおいて考えられる主な異物の混入経路と要因を（表1）に示す。

3　飲料における異物対策

3.1　異物対策の考え方

一般に異物混入は3Sなど基本的な衛生管理の不良，あるいは原料の不良に起因することが多いが，飲料においてはその工程に起因するものが多い。飲料製造ラインは，食品工場の中でもプラント化が進んでいるものの1つであり，そのため，その管理不良はロット不良に繋がりやすい。これは異物対策についても同様であり，飲料ラインでは微生物と同様なレベルでプラントの中で異物の除去，混入の制御が行われているのが一般的である。

このため，1つの異物混入であっても，プラントの管理不良と捉えることができる。例えば，虫一匹の混入であっても，充填部の陽圧管理不良と考えられるし，容器破片であれば，容器の洗浄不良に繋げて考えられる。したがって，飲料における異物混入は，ロット不良と判断されることも多く，量販では飲料での異物混入があれば，それだけで回収の判断対象とされるとも聞く。実際，飲料における回収事故では，異物混入によるもの割合が高い（図6）。

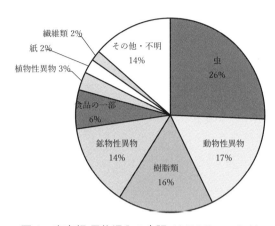

図4　東京都 異物混入の内訳（食品全体 2016年度）
（東京都衛生関係苦情集計表より）

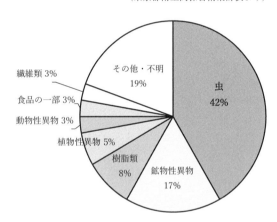

図5　東京都 飲料における異物混入の内訳
（2016年度）　（東京都衛生関係苦情集計表より）

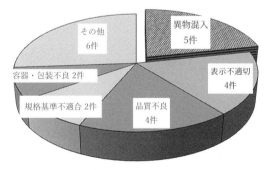

図6　飲料における自主回収 要因別（2014年度）
（独立行政法人農林水産消費安全技術センター食品の自主回収情報より）

飲料における異物対策においては，作業者や工場環境の整備等の衛生管理は当然前提とすべきではあるが，工程や設備の管理が重要となる。そのためにはやはり HACCP に基づく考え方で工程毎，設備毎のリスクをしっかりと洗い出し，対策及び管理体制を構築することが肝要である。

3.2 異物の混入経路と除去工程

異物混入経路としては，表-1 にあるようにまず原材料由来の異物が考えられるが，その多くはストレーナなどのろ過工程や容器洗浄などにより除去される。リスク軽減のためには，原材料の品質確保も重要ではあるが，やはり除去工程を管理することが重要となる。

工場内での混入については，環境やラインに由来するものが多いが，飲料ラインにおいては混入の可能性のある箇所を特定しやすい。配合や調合段階での混入の可能性は高いが，固形異物については後工程での除去も可能である。後工程で対処できない充填時の混入を防ぐことが大切となる。また，ライン設備が主体となるため，配管も含めたラインの保守管理も重要である。予測に基づく保守管理を確立する必要がある。このほか，薬剤や他商品の残留，混入については，サニテーションの管理もやはり重要である。

一方，飲料における異物混入において最も重要となるのが，除去工程である。HACCP においても CCP として設定されているケースも多い。除去精度をいかに確保し，保証できる管理体制とするか十分な検討が必要である。

3.3 異物混入リスクの分析と対策

一般的な飲料工場においては，
①ろ過工程
②容器由来異物の除去
③充填工程での混入対策
④ライン設備の保守管理
⑤ラインのサニテーション管理

が異物対策のポイントなると考えられる。しかし，ラインや取り扱う品目によりそのリスクや対策は異なる。前述のように，飲料工場については，他の食品に比べ比較的異物混入のリスクを評価しやすい。原料を含めた各工程の混入の可能性を洗い出し，そのリスクを分析することにより，効果的な対策を講じることができる。異物混入のリスク分析の一例（ミネラルウォーター）を表 2 に示した。

4　工場での異物混入対策

一口に異物といってもさまざまな種類がある。設備や器具由来異物，作業者由来異物，食材に由来する異物，虫等環境に由来する異物など，工場には異物要因となりうるものが数多くあり，それらが食品に混入しないよう管理することが基本となる。この中で特に飲料工場において混入の考えられるものを中心に管理すべき事項について述べたい。

表2 ミネラルウォーター製造ラインにおける異物混入リスク分析例
（工程は簡略化）

工程	主な混入異物・要因	重要性の評価	防止措置
採水	砂等の混入	△	ろ過工程で除去
貯蔵			
容器受け入れ	製造段階での異物の付着 保管時の虫混入	△	優良メーカーからの仕入れ 容器洗浄
容器保管	倉庫内での虫発生、混入	○	容器洗浄 防虫対策 保管管理
容器搬送	環境からの落下混入、虫の混入	△	容器洗浄 ライン周辺の清掃管理 防虫対策
容器洗浄	洗浄不良による異物の残存	◎	洗浄の管理
水処理	フィルター破損による異物の通過	○	フィルター点検
	フィルター破損物の混入		
殺菌	パッキン等の混入	△	定期点検・交換 ストレーナで除去
ろ過	ストレーナの破損、装着ミスによる異物の通過	◎	ストレーナ点検
	ストレーナ破損物の混入		
充填	充填機周辺からの落下混入	○	2S管理、始業時点検
	部品等の落下混入		定時点検
	虫の混入		陽圧の管理 防虫対策
キャッピング			
倒置殺菌			
包装			
検品			
保管・出荷			

※重要性評価：発生の可能性及び製品への影響度により評価

4.1 ライン設備の管理

　飲料製造については、基本的に配管と処理・加工設備を中心としたラインであり、人による作業は少ないのが一般的である。それだけにライン設備を管理することは品質管理上極めて重要な事項となる。微生物制御などと比較すれば、設備の管理不良等による混入リスクは低いとは考えられるものの、異物混入の視点から見てもやはり設備の管理は大切である。異物の要因としてはパッキン等を含む接合部の管理や、開放部、特に充填設備回りの管理がポイントとなる。

4.1.1 配管、特に接合部の管理

　殺菌機など重要な設備は、比較的定期的なオーバーホールなどが計画化され、実施されていることが多いが、配管については計画が不十分になりやすいものである。パッキン類は破損や摩耗により異物となりうるし、配管によっては薬剤等の混入もありうる。

(1) パッキン類の管理

　近年では材質の向上等によりパッキンの破損による破片等の混入は以前ほど聞かなくなった。しかし，劣化によるパッキン片等の混入の可能性や密閉不良の発生は否定できない。特に熱のかかる箇所については劣化のリスクが高くなる。破片は以降のストレーナ等により除去可能なことも多いとは思われるが，ストレーナのメッシュサイズによっては除去しきれないことも考えられるし，摩耗による粉状のものは除去も難しいと考えられる。また，パッキン類は，異物以上に微生物汚染対策上も重要なポイントとなる。定期的なメンテナンスが不可欠である。特に微生物制御上それほど重要とはならない殺菌以前のラインについては比較的甘くなりやすい傾向にある。すべての配管について，モレのないメンテナンス計画を組み，その進捗を管理することが必要である。ただし，メンテナンスにより，装着ミスや接合不良等の発生するリスクもある。配置等によっては，特にメンテナンスを必要としない配管もあるかもしれない。劣化のリスク，除去モレのリスク等を十分に検討したうえで，過度な計画とならないよう適切な計画を立てたい。

　また，メンテナンス担当者の教育訓練も大切である。メンテナンスの担当者にはOJT等による教育訓練を確実に行っておくことが大切である。

(2) 配管の管理

　配管によっては，薬剤経路との交錯などがある場合がある。こうした場合，切り替えバルブの操作ミスや制御トラブルなども考えられる。現場作業者がこうしたリスクを把握してないことも少なくない。できうる限りリスクがない配管とすべきであるが，やむをえない場合は，作業者に十分にリスクを理解させるとともに，バルブ機能や密閉度について，厳しく点検・管理することも必要である。

4.1.2　充填機回りの管理

　充填から密封までの非常に短時間の開放ではあるが，製品にそのまま混入する可能性の最も高い工程である。微生物的にはクリーンな状態になされているはずであるが，意外に異物については盲点となりやすい。充填部の構造によっては，ネジなどの部品落下混入も考えられる。特に充填部を分解洗浄する場合は，その後のセット状態等確実に点検を行うとともに，始業時の点検も行う必要がある。また，トラブルの発生時の部品や工具等の取り扱いや再開前の点検などの対応についても，汚染対策等とともにルール化し，担当者に周知しておくことも必要である。

　飲料においては，一般的な食品ほど金属異物の混入による健康リスクは高くないが，特に清浄度を求められる商品だけに，部品や破片などの金属が混入していた場合の消費者の不信感は大きい。そのことを担当者に徹底しておくことも大切である。

4.2　ラインのサニテーション管理

　洗浄剤や殺菌剤の残留防止対策が重要となる。また，異種製品のコンタミネーションも問題に繋がりやすい。

4.2.1 サニテーション管理

CIPによる洗浄殺菌が一般的であるが，洗浄殺菌のプログラム管理及び薬剤の残留の確認が重要となる。サニテーションに関しては，詳しくは別項を参照頂きたい。

4.2.2 製品のコンタミネーション対策

他製品のコンタミネーションの原因としては，サニテーション不足のほか，ラインの操作ミスなどが考えられる。これは，風味異常に繋がるほか，場合によっては未表示アレルギー物質の混入にも繋がることもある。特に飲料の場合は，微量であっても移香が起こることもある。コンタミネーションによるリスクの高い品目はラインを別にする等の構造的対策が理想であるが，多品目製造工場ではなかなか実現できるものではない。コンタミネーションのリスクを十分に考慮の上，効果的な洗浄プログラムを検討する，あるいは製造順序をルール化するなどの対策を講ずる必要がある。また，官能による品質確認についても，一定の精度管理のもと実施することが必要である。

4.3 製造環境の管理

飲料製造ラインについては基本的にはクローズドラインのため，製造環境からの混入の可能性は低いが，虫については混入の可能性がある。飲料における虫の混入は致命的な問題に繋がる可能性があるといっても過言ではないだろう。特に製品に直接影響する開放部である充填部及び容器の成型や搬送部等についてはポイントとして管理する必要がある。

4.3.1 防虫対策

(1) 製造環境の改善

飲料工場では，クローズドラインによる生産という安心感から，比較的防虫対策に不備のあることが多い。清浄度が要求される充填室等を除き，作業室や保管室の密閉度が不十分なほか，清掃性に問題がある工場も多い。特に古い工場などは，充填室であっても，老朽化による床の剥がれや，密な設備の配置などから清掃の死角が発生しているのをよく見かける。侵入対策はもちろんのこと，特にチョウバエなど排水性の飛翔性昆虫についての対策をしっかりと行う必要がある。こうした昆虫はちょっとした汚れでも繁殖することがあるため，細部に渡り清掃，点検を徹底することが求められる。工場で特に注意すべき点として以下が挙げられる。

①充填回り，クリーンブース内

微生物的な清浄性にばかり気を取られ，意外に盲点が発生することもある。設備内部，ブースの隅などわずかな汚れでも虫は繁殖する。

②調合室

汚れやすい作業室である。粉汚れなど餌が豊富にあるのに加え，適当な湿気もあることも多く，ゴキブリや食品害虫の発生源ともなりやすい。

③保管庫

保管庫は目が届きにくく，清掃不良などが起きやすい。不要物の長期保管による虫の発生もある。段ボールや木製パレットでチャタテムシが発生し，空容器に侵入して，製品苦情から

表3　防虫業者への委託事項に関する規定文書例

```
　　　　　（略）

　3. 専門業者への委託
　　（1）下記事項については、原則として専門業者に委託する。
　　　　①トラップの設置とその保守管理
　　　　②捕虫状況等の定期モニタリング
　　　　③侵入・発生防止のための現場点検
　　　　④駆除（薬剤散布等）
　　（2）①保守管理及び②③は、月一回を基本とする。
　　（3）モニタリング，点検等の結果については、作業終了後都度報告を受ける。

　　　　　（略）
```

回収となった事例もある。整理整頓，清掃は当然として，資材の長期保管などにも注意を払う必要がある。

④カビの発生

　カビの発生しやすい作業室である。カビの発生はチャタテムシの発生に繋がりやすい。チャタテムシは夜間などに徘徊し，空容器や充填部に入り込むこともありうる。単なるカビと思わず，できうる限り抑制，排除するようにしたい。

(2) 防虫業者の活用

　「防虫は業者任せ」をいう企業は未だ多い。防虫業者は，防虫に関する対策（モニタリング・点検と改善提案・駆除等）の一部を委託され実行する位置づけであることを十分に認識した上で活用することが必要である。そのためには，防虫業者への委託事項を明確にしておくことが大切である。どこまでを任せるべきか，十分に検討し，ルール化しておくべきである（表3）。コストのかかる事項であり，コスト削減により，対策が不十分となることも十分に考えられる。委託を削減するならば，自社の負担が増えることを経営者も含め認識すべきである。

(3) 充填室等の陽圧管理

　ペット飲料などの充填部や容器の成型室は，微生物制御上重要となるため，高い清浄度が要求される。そのため，クリーンルーム化もしくはクリーンブースにより防御されている工場が多い。こうした場合は，基本的には陽圧化されており，これは虫の侵入防御にも非常に有効である。その維持管理のため，差圧の日常点検等の管理が重要となる。

　包装後殺菌のようにそれほど微生物的な清浄度が求められないラインについても，これは同様である。混入苦情の発生によるダメージを考えれば，充填室は捕虫モニタリング結果＝ゼロを目標として管理すべきである。そのためにはやはり少なくとも充填室は陽圧化したい。

4.3.2　その他混入防止対策

　製品の混入リスクは低くとも，また後工程での異物除去装置により排除は可能であっても，やはり混入リスクはできる限り減らすことが大切である。少なくとも以下の点については対策

を講ずるすべきと考える。
①原材料への付着異物対策：紙袋，缶などの開封前の拭き取りなど
②ライン開放部への落下混入防止対策：空容器の搬送ラインなど開放されている箇所へのカバーの設置や搬送空間の清浄化（特に上部）
③異物要因の持ち込み制限　特に充填作業者の管理の徹底，ガラス器具の使用制限など

4.4　整理整頓の徹底

　整理整頓（2S）はすべての管理の基本となる。2Sができていないと，どこが自工場の弱点なのか，管理できていないのかも把握できない。不要物の整理はもちろん，器具・備品や薬剤などについても定位置管理を進めることが第一歩と考えるべきである。

5　異物の除去精度の管理

5.1　ろ過工程の管理

　ストレーナなどの異物除去工程は，重要な管理点となる。破損や設置不良等があれば期待する除去精度は確保できなくなる上，破損したストレーナ自体も重大な異物要因となる。特に最終段階等ポイントとなるろ過装置についてはCCPやオペレーションPRPもしくはそれに準ずるものとして管理したい。
基本的には，
①全品保証できる点検体制とすること
②確認ポイント，基準を明確に示すこと（メッシュサイズ装着状態，破損の有無，差圧など）
③不良，不具合発見時の対応ルール（修正措置[*1]・是正措置[*2]）を明確に示すこと
④点検や不良時の措置の適正が検証されていること
⑤管理結果が記録されていること
をプランとして作業者及び責任者に周知，徹底しておくことが必要である。管理プランの一例を表4に示す。

5.2　容器の異物除去工程の管理

　容器やキャップなどに付着した異物はそのまま製品に混入する。容器資材に異物が混入していることは稀であると思われるが，前述のように保管中の混入や取り扱い中に混入することも考えられる。特に成型された容器を受け入れ，使用した場合は何らかの異物除去を行うのが一般的である。除去方法としては，水あるいは熱水による洗浄やエアー洗浄などがあるが，いずれにしても，
①除去の有効性を確認しておくこと
②洗浄条件を基準化し，モニタリング管理すること

[*1]　混入の可能性のある範囲の特定とその隔離，および処理法。
[*2]　もとの管理された状態に戻すこと。

第2節　食品工場における異物対策

表4　ストレーナ管理手順例

管理対象	殺菌後のストレーナ	
管理基準	メッシュサイズ	品目毎の「ストレーナメッシュサイズ」に従う
	ストレーナの状態	破損やゆがみなどがないこと
	装着状況	確実に装着されていること
管理方法	「ストレーナ点検表」に基づき、上記事項の点検を行う。	
	ストレーナ交換時	装着されていたストレーナ、及び新たに装着するストレーナについて、基準に適合していることを点検する。装着したメッシュサイズをラインに表示する。
	終業時(洗浄時)	装着されていたストレーナに異常がないことを点検する。
	担当	殺菌担当
不良時の措置	点検により不適合が発見された場合は、 ・直ちに責任者に報告を行う ・責任者は、不適合な状態で生産された製品の範囲を特定し、不適合品として「不適合品管理手順」に基づき、識別・隔離する。 ・不適合品はすみやかに廃棄とする(産廃処理　必ずマニュフェストを入手すること) ・上記の経緯は「不適合管理記録」に記録する。	
検証	①点検記録、及び措置記録の確認(当日もしくは翌日が原則)：工場長 ②点検作業が適正に行われていることを確認する：月一回　品管担当	

により、一定以上の除去精度を常時確保することが重要となる。設計時にはこれらを当然確認されているであろうが、知らず知らずのうちに洗浄すること自体が目的となってしまい、求める除去能力を達成できていないということも考えられる。特に中身の見えるペット飲料では回収事故にも繋がりかねない管理事項である。リスクマネジメントのための必須管理項目として位置づけるべきであろう。

5.2.1　除去精度の検証と洗浄条件の基準化

　容器の場合、基本的には微細な異物がターゲットとなるが、特にペットなど樹脂製容器では付着した微細異物の除去は難しい。またエアー洗浄では、エアーの巻き込みなどにより、殆ど除去効果がないなどということもありうる。どの程度の除去能力があるか、事前に確認しておくことが肝要である。方法としては、粉状のものあるいは着色したある程度粘性のある液などをあらかじめ付着させ、その除去程度を確認するなどの方法が考えられる。また、どの位置でどの程度の圧力で洗浄するのが最も効果的であるかを把握し、洗浄条件を基準化する。圧力等数値化できるものはできる限り計器を備えたい。これは容器の変更時には必ず実施したい。特にペットボトルについては比較的頻繁に容器形状の変更がある。特に最近は形状が複雑化する傾向もあるため、しっかりと検証しておくことが大切である。また、ノズルのちょっとしたズレでも洗浄効果が低下することも考えられる。定期的に検証を行いたい。

5.2.2 洗浄条件の管理

上記で設定した条件についての確認体制を確立する。重要な管理項目のため，やはり全品保証が基本となる。少なくとも開始時，条件変更時，終了時程度は確認するようにしたい。またできうるならば，洗浄液などを回収，ろ過するなどにより，異物の付着状況を把握することも検討したい。

5.3 検品の管理

異物を目視で確認することには限界がある。やはりまずは上記のような除去対策とその管理が基本となる。大切なのは，異物を発見した場合の対応である。担当者が単品不良と判断し，単に製品の排除ですましてしまうことも考えられる。全品検品であれ，抜き取り検品であれ，何より異物が混入していたらロット不良に繋がる可能性があることを担当者に周知しておくこと，担当者の個人判断に任せないルールとしておくことが大切である。

6 その他の異物対策

6.1 破ビン対策

ガラス瓶を使用する場合は，どうしても破ビンのリスクが発生する。ガラスは製品中で見つけにくいこともあり，飲料において最もリスクの高い異物といえる。使用するビンに破損があった場合の対応ルール，工場内で破損が発生した場合のルールを定め，徹底しておくことが重要となる。いずれの場合も，破片が広範囲に渡る可能性があることを前提とした対処が必要となる。

6.2 フードディフェンス

異物や毒物等の意図的混入の防止については，冷凍食品での事件から食品工場の重要な管理事項として位置づけられつつある。FSMS（食品安全マネジメントシステム）においても要求事項として規格化され，また流通などによる監査でも監査項目に取り上げられている。飲料においては，投入可能な機会は少ないが，投入によりロット全体に影響があるため，そのリスクは高いと判断できる。少なくとも施設やラインへのアクセスの制限などは取り組むべき課題であろう。行政や業界団体からガイドラインも出されているので参考にされたい。

第2章 飲料製造ラインにおける衛生管理

第3節 工場のサニテーション技術

エコラボ合同会社　茂呂　昇

1 はじめに

近年，食の安全・安心に対する消費者の要求や関心はますます高まってきている。さらに，政府は輸出拡大や訪日客の増加を背景に食品事業者に対して食品衛生管理の世界基準であるHACCP（危害分析重要管理点）が制度化した。そのため，食品製造企業は日々の洗浄・除菌作業を確実に実施することがより重要となってきている。本稿では，洗浄に関する基本的な知識とCIPおよびCOPに関するサニテーション技術について解説する。

2 洗浄の基礎

2.1 洗浄を行う際の5×4つの要素

適切な洗浄を行うには，洗浄前に確認すべき5つの要素（図1）と，洗浄に求められる4つの要素（図2）があり，洗浄の目的，汚れの性質，洗浄剤成分，使用する水の成分・役割，被洗浄物の表面，洗浄方法，環境に対する影響などいくつかの要素を理解しておく必要がある。

図1　確認すべき5つの要素

2.1.1 洗浄前に確認すべき5つの要素

食品工場での汚れは，食品の構成成分によってタンパク質，油脂・脂肪，炭水化物およびミネラル（カルシウム，マグネシウム，鉄など）に分けられる。一般に，被洗浄面にはこれらの成分が単独で存在することは少なく複成分が関わっている。また，加熱部分の汚れは無機物成分が多くなることが知られており，同じ食品を製造してい

図2　洗浄に求められる4要素

ても非加熱部分の汚れの組成と異なる場合が多い[1]（表1）。加熱によりタンパク質が変性し，無機物の含有量が多くなると通常の洗浄では除去しにくくなる。したがって，効果的な洗浄を行うには汚れの組成を知ることが重要であり，汚れの除去に最適な洗浄剤を選択しなければならない。

有機物系の汚れであるタンパク質，油脂・脂肪，炭水化物はアルカリ系の洗浄剤で，無機物系（スケール）汚れのミネラル成分は酸性の洗浄剤で洗浄する[2]（図3）。

無機物としては製品由来と水由来とあり，適切な洗浄をする上で洗浄に使用する水の成分を知ることは重要である。通常使用される洗浄剤濃度は数％であり，残りの多くは水である。水にはさまざまな成分が含まれており，洗浄に使用する水の成分が洗浄結果に与える影響は大きい[3]（表2）。また，被洗浄面の材質や表面仕上げの状態，洗浄しにくい箇所の有無を確認することも重要である。

一般に食品製造装置の多くは耐食性に優れるステンレススチール製であり，強いアルカリや酸が使用できるが，稼動部の多い機械などではアルミニウム，真鍮，銅など耐食性の低い材料が使用されている場合もあるので材質に適合した洗浄剤を選択することが必要である。また，タンクや配管に洗浄できないデッドスペースがなく適正に洗浄できる構造になっていることも重要である（図4）。表3に各洗浄方法の長所，短所および適用箇所を示す。洗浄方法は，洗浄する対象によって使用する洗浄剤や温度条件が決められる。また，洗浄作業を行う作業者の安全を第一に考えた条件の設定が必要である。

表1　牛乳の温度による成分変化

温度	常温	85℃	135℃
水分	88%	64.9%	50.6%
タンパク質	1〜4%	20.2%	11.1%
脂肪	0〜4%	9.4%	6.6%
灰分	0〜1%	4.0%	29.4%

表2　水中にみられる成分

成分	注意が必要なレベル(ppm)	発生する問題
蒸発残留分	>250	ウォータースポット
硬度	>85	スケール
鉄	>0.3	しみ
塩化物	>250	腐食
マンガン	>0.2	腐食
シリカ	>25	スケール
銅	>3	スケール
硫酸イオン	>250	スケール
バリウム	>0.1	スケール

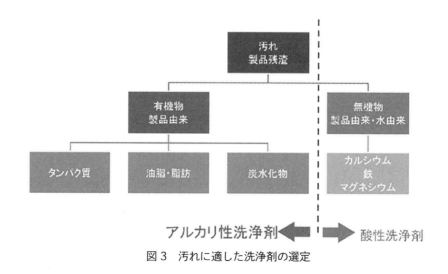

図3　汚れに適した洗浄剤の選定

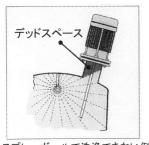
スプレーボールで洗浄できない例

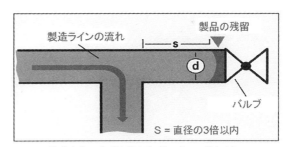
枝分かれのある配管（デッドスペースが存在）

液溜まりの例

図4　洗浄しにくい箇所

表3　食品工場で実施される洗浄方法の長所と短所およびアプリケーション

洗浄方法	長所	短所	使用時のpH	起泡性	適用箇所
手洗い（マニュアル）洗浄	・洗浄効果が確認できるので洗い残しがない ・状況に合わせた対応がしやすい ・メンテナンス的効果がある	・安全面から、洗剤・使用温度に制約がある ・時間と労力がかかる ・個人差がある	4-10.5	高発泡性	分解した部品
泡洗浄	・垂直表面、危険箇所および手の届かない部分の洗浄ができる ・労力がかからない	・安全面から、洗剤・使用温度に制約がある ・機械力（物理的な力）を与えられない	2-11.5	中-高発泡性	フィラーなど複雑な構造の機械 機械外面、壁、床
高圧洗浄	・短時間でブラッシングに近い効果が得られる ・危険箇所および手の届かない部分の洗浄ができる	・エアゾールの発生 ・微生物を飛散させる ・使用水量が多くなる ・温度効果を与えにくい	3-10.5	中発泡性	ローリートラック、食肉解体ライン
CIP洗浄	・4つのファクターを任意に設定可能 ・洗浄効果の再現性が高い ・省力化できる	・洗浄結果を確認しにくい ・洗浄結果は洗浄剤に依存する	1-13	無発泡性 または消泡性	配管内、タンクおよび付随する殺菌機などの閉鎖系装置

　近年，排水に対する規制は，水質汚濁に関する法改正がなされ，自治体独自の規制もあることからさらに厳しくなってきている。洗浄剤は排水のpH，BOD，COD，リン量，固形分などに影響を与えるため，洗浄剤の成分組成も考慮する必要がある。

2.1.2　洗浄に求められる4要素

　洗浄結果を大きく左右する要素は，化学的要素である洗浄剤とその濃度，洗浄温度，洗浄する時間および汚れを除去するのに最適な物理的・機械的作用をいかに与えるかである。これらの4つのファクターを組み合わせる事で最適な洗浄が達成できる。

　化学的要素である洗浄剤は，汚れの洗浄液に対する溶解度や分散性を向上する役目を担っている。一般に食品工場で用いられる苛性ソーダとアルカリ洗浄剤（配合洗浄剤）に含まれる成分を表4に示す。苛性ソーダは，洗浄液に強アルカリ性を与えタンパク質を溶解し，油脂を

ケン化して水溶性にするなどの効果がある。また，鉄に対する防錆効果もある。欠点としては，無機物を溶解できないためスケールの沈着，不溶性の汚れを懸濁できないため汚れの再付着，汚れに浸透しない（しみ込んでいかない），汚れと反応して発泡するなど，苛性ソーダのみを使用して洗浄を続けていくといくつかの不具合を生じることがある。

表4 アルカリ洗浄剤の組成

苛性ソーダ	● NaOH
配合洗剤	● 苛性ソーダ(NaOH) ● 苛性カリ(KOH) ● キレート剤 ● 界面活性剤 ● 腐防止剤 ● その他：酸化剤、酵素

　また，タンクや配管の洗浄はCIPによる循環洗浄が行われるが，洗浄中に発泡を起して循環できなくなる問題を引き起こすことがある。配合洗浄剤には，苛性ソーダの欠点を補うために表4で示したようなキレート剤や界面活性剤が配合されている。アルカリ洗浄剤および酸洗浄剤の成分と特性を**表5**，**表6**に示す。キレート剤にはEDTAやグルコン酸塩があり，カルシウムやマグネシウムと強く結合をしてスケールの発生を抑えるものや，ホスホン酸塩，ポリマーのようにカルシウムやマグネシウムに吸着して非常に低濃度で洗浄効果を維持しスケールの形成を防止するものがある。これはスレッシュホールド効果といわれ，特に洗ビン機のスケール防止には有効である。配合洗浄剤は，処方されている成分により水の性質を変え，汚れの洗浄液に対する溶解度や分散性を向上させることできる。

　苛性ソーダ1.5%とキレート剤を含有する配合洗浄剤1.5%（苛性ソーダ濃度として0.6%相当）の洗浄前後の汚れの取り込み量（COD値）を比較すると，配合洗浄剤の方が9倍も高い

表5 アルカリ洗浄剤の成分と特性

	鹸化力	乳化力	タンパク質との反応	浸透力	懸濁力	水質調整力	すすぎ易さ	起泡力	非腐食性	非皮膚刺激性
苛性ソーダ	A	C	B	C	C	D	D	C	D	DD
ケイ酸塩	B	B	C	C	B	D	D	C	B	D
炭酸塩	C	C	C	C	C	D	C	C	C	C
リン酸三ソーダ	C	B	C	C	C	C	C	C	C	D
ピロリン酸ソーダ	C	B	C	C	B	A	A	C	A	A
トリポリリン酸ソーダ	C	A	C	C	A	AA	A	C	A	A
ポリリン酸塩	C	A	C	C	A	AAA	A	C	A	A
グルコン酸塩	C	C	C	C	C	AA	C	C	A	A
EDTA、NTA	C	C	C	C	C	AA	A	C	A	A
ホスホン酸	C	C	C	C	C	AA	A	C	A	A
ポリマー類	C	B	C	C	A	A	B	C	A	A
湿潤剤	C	AA	C	AA	A	C	AA	A	A	A
塩素類	C	C	A	C	C	C	C	C	B	B

A: 優秀 B: 中程度 C: 効果なし D: 逆効果

表6 酸洗浄剤の成分と特性

	ミネラル／スケールの除去力	乳化力	浸透力	懸濁力	すすぎ易さ	起泡力	ステンレスへの非腐食性	ソフトメタルへの非腐食性	非皮膚刺激性	不動態化
塩酸	A	C	B	C	C	D	D	C	D	DD
硫酸	B	B	C	C	B	D	D	C	B	DD
硝酸	B	B	C	C	C	C	A	C	C	A
リン酸	C	B	C	C	B	A	A	C	A	A
クエン酸	C	C	C	C	C	D	C	C	C	C
スルファミン酸	C	A	C	C	A	AA	A	C	A	A
ヒドロキシ酸	C	A	C	C	A	AAA	A	C	A	A
グルコン酸	C	C	C	C	C	B	C	C	A	A
界面活性剤	C	C	C	C	C	A	C	C	A	A

A: 優秀 B: 中程度 C: 効果なし D: 逆効果

ことがわかる（図5）。また，洗浄温度を上げることで汚れと被洗浄物との結合力を減少，洗浄液中への汚れの溶解度を増加，またCIP洗浄では洗浄液の粘度を低下させ乱流を増加させることができる。ただし，必要以上に温度を上げることはエネルギーコストの上昇，二酸化炭素排出量の増加，装置寿命（特にガスケットなどの樹脂）の短縮にもつながるので注意を要するが，4要素のバランスの組み合わせが重要である。

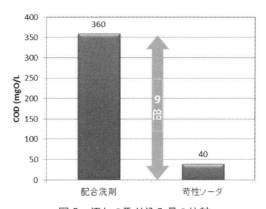

図5 汚れの取り込み量の比較

2.2 洗浄プロセスと洗浄効果におよぼす要因

洗浄に要する時間のプロセスとしては，第一段階として汚れの表面から洗浄剤成分が浸透・拡散するプロセス，第二段階として汚れと洗浄剤成分が反応するプロセス，第三段階として反応した汚れが洗浄液中に分散・拡散・溶解するプロセスがある。これらのプロセスの中で第二段階は化学反応なので洗浄条件が同じであれば一定で推移する。洗浄時間を早めるためには，第一段階において汚れ全体にいかに洗浄剤成分を作用させられるか，第三段階でいかに汚れを洗浄剤に取り込んで除去できるかということになる。図6は，その概念図である[4]。苛性ソー

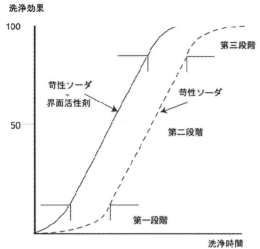

図6 苛性ソーダと苛性ソーダ＋界面活性剤による洗浄時間の差

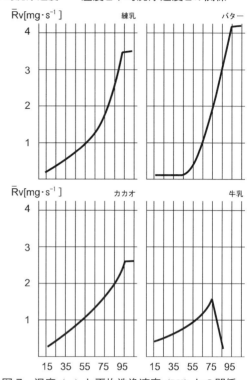

図7 温度（τ）と平均洗浄速度（RV）との関係

ダとアルカリ洗浄剤に見立てた同濃度の苛性ソーダに界面活性剤を添加した洗浄液を用いて洗浄を行った場合，苛性ソーダのみの場合は浸透力が乏しく第一段階で時間がかかる。また，反応が終了した後の第三段階では汚れが洗浄液に取り込まれる時間がかかるので，洗浄時間短縮の点で不利になることがわかる。

化学洗浄は，化学反応であるため通常温度が高い方が洗浄力は高まる。図7に温度（τ）と平均洗浄速度（RV）との関係を示す[5]。洗浄温度の上昇に伴い平均洗浄速度は上昇することがわかる。図8は，洗浄効果に及ぼす洗剤濃度と温度の影響を検証した実験例である[6]。ラボ型熱交換器に形成された熱変性タンパク質を主成分とする汚れに対して，0.25％及び3％の苛性ソーダを50，65，80℃でそれぞれ作用さ

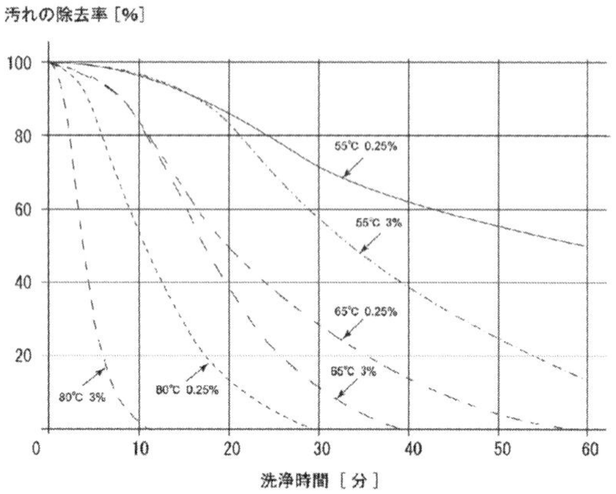

図8 熱変性タンパク汚れに対するNaOH濃度と温度の影響

せた試験結果である。洗浄液の洗浄力は50～80℃の範囲で10℃上昇するごとに約2倍の洗浄力を示しているが，苛性ソーダの濃度の差は比較的少ないことがわかる。

洗浄時間と洗浄効果の関係を図9に示す。短すぎる洗浄時間は不十分な洗浄結果をもたらし，逆に長すぎると取り込んだ汚れを再付着させてしまう可能性がある。

機械的作用とは，手洗い（マニュアル）洗浄ではスポンジやブラシなどで被洗浄面を擦るこ

と，CIP洗浄では流速に伴う乱流が洗浄に寄与する機械的作用である（図10）。乱流度はレイノルズ数（運動エネルギー（慣性力）と粘性エネルギー散逸（粘性力）の比）によって示すことができ，良好な洗浄結果を得るには10万，一般に流速で1.5m/秒以上が必要とされている。

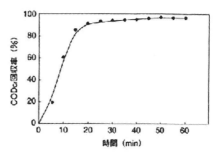

アルカリ洗浄における有機物量（COD_{Cr}）と洗浄時間の関係
図9　時間の経過と洗浄効果

3 サニテーション技術

3.1 CIP洗浄

　CIP洗浄は，閉鎖系の循環洗浄でタンク，パイプラインなど洗浄に用いられ，先に述べた洗浄の4要素を効果的に組み合わせる事ができる。CIP洗剤には消泡性があり循環に適した洗剤が用いられる。また，CIP装置には主に2種類あり，洗浄液を繰り返し使用するリユースタイプと洗浄毎に新しい洗浄液で洗浄するシングルユースタイプがある（図11）。最近では，汚れに合わせて洗剤濃度が設定でき，アレルゲン対策や多くの飲料工場で問題となっている除臭CIPでは，常に新しい洗剤で洗浄できるシングルユースタイプが普及してきている。

　リユースCIPでタンク洗浄を行う場合，送液ポンプと回収ポンプのバランスにより希釈タ

配管洗浄時の例

- 配管中の層流

　　多くの液体層が、それぞれ他の層と交わることなく、異なった速度（中心が高い速度となって）で配管内を流れる

- 配管中の乱流

　　個々の液体層同士が完全に交わって、機械的洗浄効果が発生する

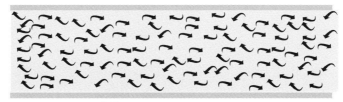

流速 1.5～2 m/sec
図10　機械力

シングルユースCIPユニット

シングルユースCIPソリューションリカバリーユニット

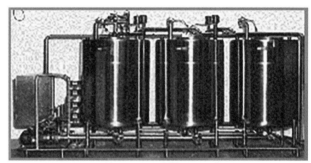
リ・ユースCIPユニット

図11　CIPユニット

ンク内に溜まる洗浄液とタンク内の液面が上下することでタンク底部の洗浄不良の原因となる可能性がある。一方，シングルCIPでは希釈液タンクを持たないため，タンク内に溜まる洗浄液量が一定であることからタンク底部の洗浄液面の変動がなく安定した洗浄性が得られる（図12）。このように，シングルユースCIPシステムの特徴としては，配合洗剤の使用量が少なくて安定した洗浄結果が得られる。また，

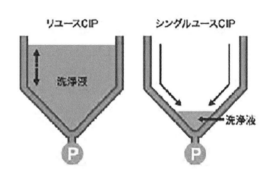

図12　被洗浄のタンク内に溜まる洗浄液量

CIP設備が小さく洗浄プログラムの選択性，洗浄コスト（洗剤・水・スチーム）の低減が可能である。一方，欠点としては，横型タンクや大口径配管の洗浄でのコスト高や複数タンクの同時洗浄が難しいなどがある。

以下に，洗浄性や製造製品の品質向上を目的としたサニテーション技術を紹介する。

3.1.1　オーバーライド洗浄法

特にミルク系飲料製造時において，殺菌機（UHT）やエバポレーターなど加熱部の焦げ付いた強固な汚れの除去に優れた洗浄法として，オーバーライド法がある。通常のCIP洗浄は，

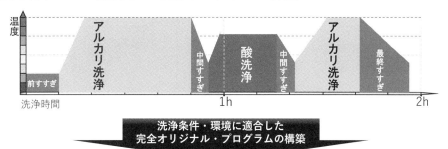

図13 オーバーライドプログラムの基本工程と優位性

前すすぎ→アルカリ洗浄→すすぎ→酸洗浄→すすぎの工程で洗浄が行われている。汚れの状態によっては，アルカリ洗浄が繰り返し行われる場合もあり，洗浄時間の短縮が望まれている。

オーバーライド洗浄法とは，加熱変性した焦げ付き汚れに効果的なプログラムで，前すすぎの後に酸洗浄を行い，その後のすすぎ工程を行わずにアルカリ洗浄を行う方法である（図13）。これは有機物と付着した無機物（焦げ付き）を酸洗浄で溶解し，汚れを膨潤させることでアルカリ洗浄液が汚れに浸透しやすくなり，アルカリ工程での洗浄効果を上げることでアルカリ工程を繰り返し行う必要がなくなり，洗浄時間を短くすることができる。更に酸工程とアルカリ工程との間のすすぎ工程がなくなるため，更なる洗浄時間の短縮になる。オーバーライド洗浄法により，すすぎ水の削減と時間短縮が可能である。

3.1.2 無リン・無窒素の有機酸洗浄剤

酸は，タンク，配管及び熱交換器などの加熱部分の表面に付着した無機物（カルシウム，鉄，マグネシウムなど）を化学反応で分解（溶解）して除去する酸洗浄剤として用いられている。酸は無機酸と有機酸に分けられ，無機酸としては硝酸，塩酸，硫酸など強酸と呼ばれ，水中でほとんどの分子が解離しており無機物との高い反応性を示す。有機酸は，クエン酸や酢酸などがあり，弱酸と呼ばれ水中でイオンに解離する分子が少ないため，無機物との反応性が強酸に比べて低い酸である（図14）。

一般に食品工場で使用される酸洗浄剤は，洗浄性能やコストの面から硝酸やリン酸等の無機酸が広く使用されている。しかし，平成24年（2013年）に施行された水質汚濁防止法の一部改定をきっかけに，硝酸系製品からの移行や無リン洗浄剤など，より環境面を配慮した製品が

求められ，そうした背景から近年，多くの有機酸ベースの酸洗浄剤が販売されている。

上述したように，一般に無機物汚れに対する洗浄力は無機酸（硝酸，リン酸等）の方が高く，この洗浄力をいかに強化できるかが，有機酸製品の課題の1つとされていた。有機酸ベースの酸洗浄剤の1つとして「ホロリットF1」があり，これまで有機酸製品の課題であった無機物の溶解力が従来の有機酸製品よりも向上し，無リン・無窒素で環境への負荷が低い（図15）。

3.1.3 除臭CIP

飲料製品は多様化する消費者のニーズを反映し，毎年さまざまなフレーバーの飲料製品が上市されている。フレーバーは，指向性に合わせた風味の飲料（食品）を製造するために添加されているが，工場においては製造後のフレーバー残渣が次の製造製品に移香することが問題となっている。そのため，洗浄時間が長くなり生産性を低下させる要因となっている。

フレーバーが残留する主な要因は，特に製造設備に広く使用されているパッキンのEPDMにある。EPDMはフレーバーをよく吸収することで知られており，その理由としては，フレーバーとの親和性が高い，ナノレベルの表面粗さを有しており飲料との接触面積が広い，構造内にフレーバー成分が浸透し，拡散可能な空間を有するなどがあげられる（図16）。

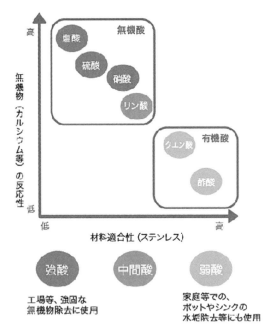

図14 洗浄に用いられる酸の種類と特徴

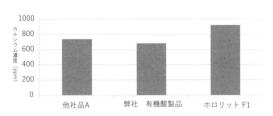

図15 製品1%溶液のリン酸カルシウム溶解力

図17は，フルーツ系フレーバーが配合された炭酸飲料のGC-MS分析結果である。揮発成分が数十種類以上検出されているが，一部を除いてほとんどがフレーバーであり，実際に洗浄時に問題となるのは数種類で，特にエステル系のフルーツ香気を持つフレーバーが洗浄しにくい（残留しやすい）。これらフレーバーの除臭を目的としたCIP洗浄は，通常のアルカリや酸工程に濡れ性や乳化作用を向上させる界面活性剤を主体とした添加剤を用いることで除臭性能が向上する。除臭を目的としたCIP洗浄プログラムの一例として，キレート剤と界面活性剤を主体とした配合洗剤を用いた例を表7に示す。除臭CIP洗剤（FRC-700）を用いた工程では，従来品（FRC-555）よりも除臭能力が改善され，CIP時間が30％短縮された。

洗浄後の残香の評価としては，各工場の専門員による官能評価が行われるが，官能評価に加

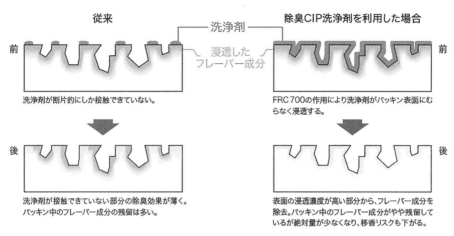

図 16　除臭のメカニズム（イメージ図）

＊口絵参照

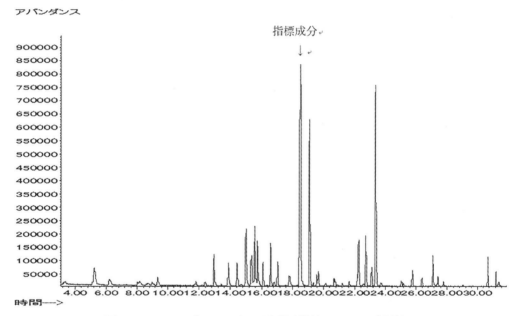

図 17　フルーツ系フレーバー配合炭酸飲料の GC-MS 分析結果

えてヘッドスペース GC-MS（ガスクロマトグラフ質量分析計）を用いたフレーバー分析を導入することで残香の原因となるフレーバーを特定し，洗浄試験結果を比較する指標にすることができる。また，においセンサー（E-nose: GEMINI）による評価もある（図18）。

実ラインでの洗浄試験評価のプロセスは，次の手順で行う。

①既存の CIP 洗浄の調査

　洗浄時間・温度・洗浄流量・洗剤濃度など洗浄に必要なパラメーターの把握。

②製品の GC-MS 分析

　残香として問題とされるフレーバーの特定を行い指標とする成分を決定。

表7 除臭CIP工程例

従来				
洗浄工程	洗浄剤	濃度%	温度℃	時間 min
すすぎ				5
アルカリ	AC-770	2.5%	80	30
	FRC 555	0.3%		
すすぎ				8
酸	酸洗浄剤	1%	60	10
すすぎ				4
官能テスト	NG			
すすぎ				5
アルカリ	アルカリ洗浄剤	3%	80	10
すすぎ				10
官能テスト	OK			
Total				82

FRC 700				
洗浄工程	洗浄剤	濃度%	温度℃	時間 min
すすぎ				5
アルカリ	AC-770	2.5%	80	30
	FRC 700	0.3%		
すすぎ				8
酸	酸洗浄剤	1%	60	10
すすぎ				4
官能テスト	OK			
Total				57

③既存のCIPプログラムにおける最終すすぎ水中のフレーバー成分のGC-MS分析結果と専門員の官能検査との比較。

④配合洗剤を用いたCIPプログラムにおける最終すすぎ水中のフレーバー成分のGC-MS分析結果と専門員の官能検査との比較。

⑤既存のCIPプログラムと新しいCIPプログラムとの結果の比較

⑥最適なCIPプログラムの導入

この評価プロセスを用いる事で最適な洗浄プログラムを確立することが可能である。

3.1.4 洗浄力強化用添加剤

食品工場で使用される洗浄剤には，アルカリ洗浄剤や酸洗浄剤に添加して使用する添加剤がある。添加剤にその目的によって種々の種類があり，例えば，汚れを落とす（洗浄力強化），洗浄中の発泡を抑える（消泡剤），反対に発泡させる（起泡剤），腐食を抑制するおよびフレーバーを除去する等を目的としたものがある。

一例として，加熱殺菌機の焦げ付き汚れ

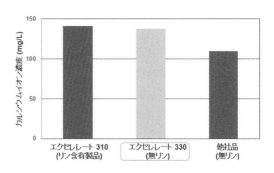

図18 E-nose GEMINI

図19 無リン添加剤のキレート性能比較
（1 % NaOH，0.5 %添加剤）

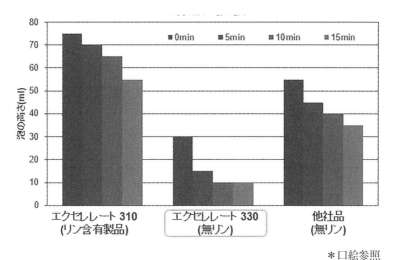

図20　無リン添加剤の消泡性能比較（0.2％添加剤）

＊口絵参照

の洗浄力強化を目的とした無リンの添加剤（エクセレレート330）のキレート性能と消泡性能の比較例を図19および図20に示す。

3.2　COP洗浄

COP（Cleaning Out Place）洗浄は，機器や部品を分解し手洗いしたり，洗剤を加圧した空気で発泡させた泡を床，壁，タンク外面，充填機外表面などにスプレーし洗浄する発泡洗浄がある。発泡洗浄は，洗剤を水と空気に混合させて発泡させ，すすぎ時には低圧（1.5～2.0 MPa）で水をスプレーし汚れと泡を洗い流す洗浄法である（図21）。

発泡洗浄は，通常，前すすぎ → 泡スプレー → 保持 → 後すすぎの工程で行われる。発泡洗浄の洗浄性は，洗浄剤自体の洗浄力はもちろんのこと，泡が汚れと反応する保持時間や泡質が

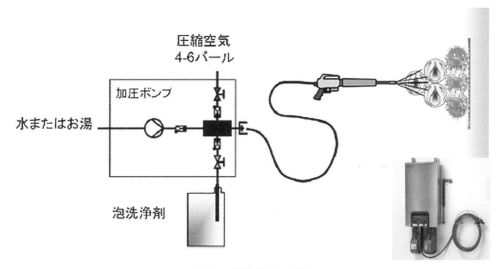

図21　発泡洗浄の原理

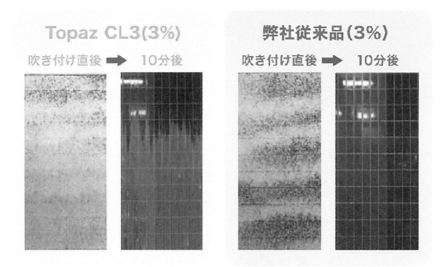

図22 被洗浄面への泡の付着力試験

重要である。被洗浄面への泡の付着力試験を図22に示す。

試験洗浄剤トパーズ CL-3 は，従来品よりきめ細かな泡が被洗浄面に薄い洗浄液の膜を均一に形成し，被洗浄面に長く留まっていることがわかる。発泡洗浄をより効果的に行うポイントとしては，

①泡の調整

泡洗浄機が圧縮空気量，水量，洗剤の比率を変えられるタイプの場合は，洗浄前にそれらのバランスを調整することが重要である。水が多すぎると水っぽい泡となり泡がすぐに流れてしまう。空気が多すぎると固い泡となり長時間付着はしているが，泡の大部分は汚れと作用することなくすすがれてしまう。

②泡の保持時間

泡をかけた後は，10分～15分程度静置する。短すぎると汚れとの反応が十分でなく，長すぎると洗浄液が乾燥してしまう。

③泡のかけ方

泡洗浄液は，洗浄対象物の下部から上部へかけていく。上からかけると泡が垂れていくためどこに泡をかけたかわからなくなる。すすぎの際は，逆に上部から下部にすすぐ。

④油脂汚れが多い場合

油脂汚れが多い場合は，その油脂の融点以上の温水を前すすぎ，後すすぎに使用すると効果的である。

4　コンベア潤滑剤

コンベア潤滑剤は，ペットボトルやガラス瓶，缶容器等に充填された飲料製品を搬送するベルトコンベアにスプレー塗布し，ボトル容器とコンベアの摩擦を低減して製品の搬送性を高め

図23　衛生的なコンベア表面・裏側
（ドライタイプ潤滑剤：ドライエックス使用）

る薬剤である。潤滑性が悪いと製品ボトルの倒瓶や整列に影響を及ぼし，飲料製品の製造稼働率に大きく影響を与える。

　潤滑剤は，従来から原液を水で希釈してスプレーする水希釈タイプの潤滑剤が使用されてきたが，近年では使用水の削減，薬剤使用量の削減あるいは衛生環境の向上を目的に，水で希釈しないで少量をコンベア上にスプレーし容器搬送を可能にする潤滑剤を使用する事例が多くなっている。これはドライタイプの潤滑剤と呼ばれ，水で希釈しないために希釈水使用量の削減および排水負荷の軽減が期待できる。さらに，コンベア上やその周辺をドライ化する事で衛生的な環境を得ることができる（図23）。

5　無菌充填ラインにおける耐性菌対策

　飲料の無菌充填製品，特にPETボトル飲料はコーヒー飲料，茶系飲料，スポーツ飲料など多品種が製造され，ボトルも小型（280mL）から大型（2000mL）容器の製品が製造されている。PETボトルの無菌充填装置の殺菌には，従来から過酸化水素や過酢酸製剤が広く用いられているが，EB（電子線）を用いた殺菌システムが上市されている。

　従来からPETボトル無菌充填システムの殺菌に広く使用されている過酢酸製剤に対する耐性菌として，芽胞形成細菌のパエニバチルス属の出現が報告されている。過酢酸耐性菌パエニバチルス属や食中毒菌であるセレウス菌に対し，過酢酸製剤を水で希釈した使用液中の過酸化水素濃度を低減することにより高い殺菌効果を示すことがわかった。過酢酸製剤に添加剤（ES-3000）を加えて薬液中の過酸化水素濃度を低減化した時の殺菌効果の例を表8に示す。米国では，この過酢酸製剤と添加剤を組み合わせて使用する商業的滅菌剤としてEPA登録（EPA Registration Number. 1677-185）されている。

6　エアコンベアーの清浄とPETボトル搬送性の改善

　PETボトル飲料の生産工程において，最適化が求められている課題の1つに，エアコンベアラインにおけるPETボトルのスムーズな搬送がある。現在，多くの飲料工場ではブロー成

表8 各種芽胞菌に対する過酢酸溶液およびエンビロサン溶液の除菌効果

微生物	温度 (℃)	作用時間 (sec)	過酢酸溶液 (添加剤なし)		殺菌効果 対数減少値	エンビロサン溶液 (添加剤あり)		殺菌効果 対数減少値
			POAA (ppm)	H_2O_2 (ppm)		POAA (ppm)	H_2O_2 (ppm)	
Bacillus cereus ATCC9139	65	10	1500	3000	3.6	1500	<100	>5.8
Bacillus thuringensis ATCC10792	50	30	2000	1500	2	2000	<100	>3.2
Bacillus atrophaeus ATCC9372	50	15	1700	1250	3.3	1700	<100	4.8
Paenibacillus chibensis ATCC BAA-725	65	10	4100	3000	NDR*	4100	<100	>6.0

*NDR: No detectable reduction ＝減少効果なし

型機から充填機にかけてのPETボトル搬送にエアコンベアが使われている。エアコンベアにおける課題としては，PETボトル搬送時のせり上がりによるダウンタイムの増加・生産性の低下，エアコンベア周辺の汚れによる製品品質への影響，手作業によるエアコンベアの洗浄による時間と労力の浪費，エアコンベアの清掃が高所作業になるため安全性への懸念などがある。このような課題に対する1つの解決策として開発されたエアコンベア用クリーナーの治具（シャトル）を用いた実施例を示す。

　シャトルは，図24に示すようにエアコンベアレールに設置し，PETボトルと同じようにエアコンベアレールを流れながらPETボトルのネック部分と接触するレールの汚れを除去すると同時にシャトルに含侵された潤滑剤（NSF H1グレード）がレールに潤滑性を付与し，ボトルのせり上がりを低減する。使用後のシャトルには，PET樹脂や炭素の微粒子，建築物の天井などに溜まるきめの細かい埃，いわゆるススが付着し黒く汚れている（図25）。海外の大手飲料工場ではこのエアーコンベア用シャトルを導入し，PETボトルのせり上がりによるダウンタイムを大幅に削減し，生産性が大幅に向上している（図26）。

7 デジタルソリューション技術によるCIPプログラムの最適化

　飲料工場では，製造後に数多くのCIPが実施されている。そのため，工場のオペレーターがすべてのCIPが無駄なくプログラム通りに行われているかを把握し，分析することは簡単

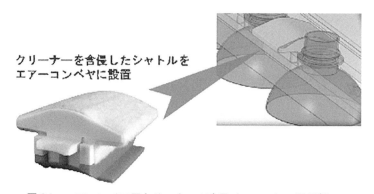

図24　エアコンベア用クリーナーの治具（シャトル）の設置例

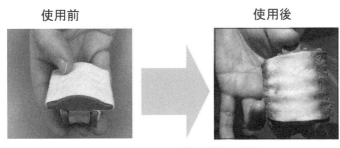

図25 シャトルの使用前後の状態

ではない。そこで，デジタル技術を用いて洗浄工程をモニタリングするだけでなく，CIP洗浄の最適化に関する労力を大幅に削減し，洗浄工程を見える化・最適化を全面的に支援するソリューションがある。その一例として，3D TRASAR（トレーサー）CIPがある。

設置イメージとしては，図27に示すようにCIPユニットのコントロールボックスのシーケンサー（PLC）から洗浄に関わる情報（機器，薬剤，センサーの動作信号灯）をスマートボックス（情報収集管理装置）に取り込む。取り込んだデータは，暗号化しセキュリティー保護されたサーバー（データ解析専用）に送信，解析したデータをWebページに表示する（ID登録された人のみアクセス可）システムである。Webページに表示される項目は，工場内の洗浄にかかる使用水，熱エネルギー，電気，薬剤，時間の消費量およびコストである。さらに，削減対象の優先順位の選択をサポートする10日間のコストトレンド，使用水，エネルギー，薬剤および電気毎に消費量の多いCIP工程の洗浄をリストアップしてレポートすることができる。また，直近の10回または20回の洗浄結果や洗浄工程に異常があった場合に報告（登録したメールアドレスに送信）する機能を持つ。洗浄結果レポートは，詳細な洗浄チャート，洗浄工程における使用水，エネルギー，薬剤，電気の使用量・コスト情報が添付されており，視覚的に現状を把握できる。

図26 PETボトルのせり上がり回数低減
（稼働 1時間当たり）

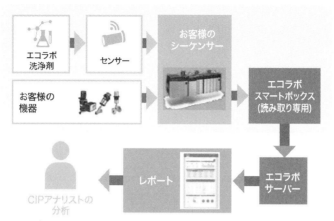
図27　3DT TRASAR　CIP 設置イメージ

このシステムの導入事例を図28に示す。リユース CIP のタンク洗浄ラインフロー図と 3D TRASAR CIP から得た CIP チャートの一部（アルカリ洗浄とアルカリすすぎ）である。通常，リユース CIP では，洗浄終了後，一定濃度以上の洗浄液を CIP タンクに回収する。3D TRASAR CIP を設置してモニタリングした結果，洗浄液回収時に導電率測定の不具合により，本来回収されるべき濃度の高いアルカリ洗浄液が排出されていたことがわかった。

この結果から，①水やアルカリ洗浄剤の補給量増加，②補給による温度低下した CIP タンクの昇温時間の増加，③蒸気量の増加が連鎖的に起きていることが確認できた。この事例では導電率測定不良の原因を究明し，洗浄液の回収が適切に行われるようプログラムの調整を行って，3D TRASAR CIP を設置前に排出されていた 900L のアルカリ洗浄液を回収することができた。これにより，年間での使用水 225 トン，アルカリ洗浄剤 3 トン，蒸気量 29.1 トンの削減となった。

8　おわりに

食品や飲料製造企業は，事業活動を通じて環境・社会・経済に与える影響を考慮し，企業戦略を立てていくサステナビリティへの取り組みが多くなされている。洗浄剤メーカーもサステナビリティへの取り組みとして「熱エネルギー」，「水・排水」，「安全」を考えた洗浄プログラムを開発し提案を行っている。今後のサニテーション技術は，洗浄剤だけではなく，デジタルソリューションやセンサー技術を活用したトータルサニテーションの管理や最適化が期待される。

第3節　工場のサニテーション技術

▶ CIPフロー図

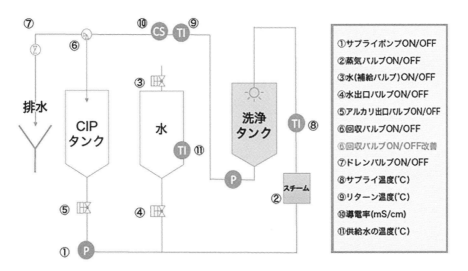

▶ CIPチャート

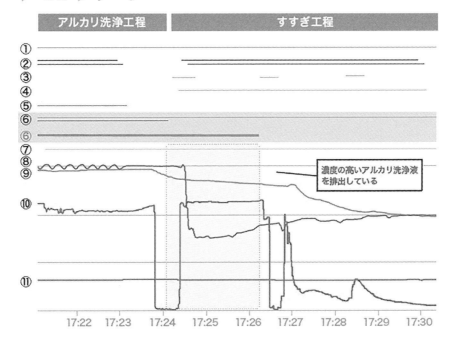

＊口絵参照

図28　リユースCIPフロー図とCIPチャート

文　献

1) T.Nakanishi and R.Ito : A Study on Milk Deposit Formation on Heat Exchange Surfaces in the UHT System XVII International Dairy Congress Section B:3 p.613-618（1966）.
2) 勝野仁智：仕組みの理解で洗浄は変わる，月刊　食品工場長，（2009, 12）.
3) 丸善：用水排水便覧.
4) 宮澤史彦：食品製造工場におけるトータルサニテーション　コストダウンへのアプローチ，食品機械装置，（2009. 3）.
5) H.J.Schluessler : *Milchwissenschaft*, **25**, 133（1970）.
6) A.Graßhoff : Third International Conference on Fouling and Cleaning in food processing, 107（1989）.

第2章 飲料製造ラインにおける衛生管理

第4節 洗浄（CIP）と殺菌（SIP）を同時に行うCSIP技術

株式会社アセプティック・システム　早川　睦　　株式会社アセプティック・システム　桑野　誠司

1 はじめに

　大日本印刷株式会社（以下，DNP）は45年にわたり，過酸化水素滅菌を活用したさまざまな食品包装の無菌充填システムを開発してきた（図1）。株式会社アセプティック・システムはDNPのグループ会社であり，PETボトル無菌充填システムの開発，改善，およびメンテナンスを提供している。

　無菌充填システムは，製造終了から次の製造開始までの間に，配管，タンク，充填機の定置洗浄（以下，CIP：Cleaning In Place）を行うだけでなく，これらの機器滅菌（以下，SIP：Sterilization In Place，定置滅菌）を行う必要がある。

　国内のPETボトル無菌充填システムの多くは多品種・小ロット生産で稼働しているため，

PETボトル 無菌充填システム

紙容器 無菌充填システム
（SIG Combibloc）

ポーション 無菌充填システム

BIB 無菌充填システム

パウチ無菌充填システム

図1　DNPの無菌充填システム

年間の切替回数はラインによって違いはあるものの，300回程度である。故に，生産間における切替時間の短縮化は，ラインの生産量増加に直結する。そこで，切替時間の短縮化を目的に，CIPとSIPを同時に行うことで，SIP工程をなくすことができないか検討した。2017年，CSIPの実用化に成功し，現在国内3ラインで運用されており，来年以降も順次導入が決まっている。実用化までの開発経緯と実機での検証結果を述べる。

2 CIPとSIPの同時化技術（CSIP）について

PETボトル無菌充填システムの生産間の切替時間に関して，包装ラインや調合等の前処理を除き，アセプティックタンクや充填チャンバー内の洗浄・滅菌時間は，従来約150分要していたが，近年その時間は飛躍的に短縮され，製品の液種にもよるが最新設備では約80分で完了する。ところが，製品滅菌機は，CIPとSIPに少なくとも150分以上要している。つまるところ，製品滅菌機のCIPとSIPが短縮されない限り，切替時間の短縮化は困難である。

そこで，筆者らはCIP流量を維持したまま，CIP温度をSIP温度まで上げ，CIPとSIPを同時に行い，CIPだけでSIPまで完了できないか検討した。

3 CSIPの開発：ラボ検証（洗浄性，脱臭効果，腐食性），F値 連続監視制御

CIPの温度をSIPの温度で行うCSIPを開発するにあたり，製品滅菌機の洗浄・脱臭性，腐食性，および無菌性の維持監視方法について検討した。概要を図2に示す。

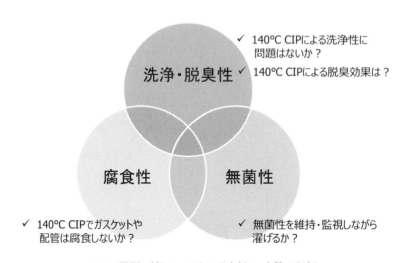

図2 CSIPの開発：3つの課題

第4節 洗浄（CIP）と殺菌（SIP）を同時に行うCSIP技術

表1　洗浄性テストにおけるCIP条件

製品	洗浄剤	濃度	循環時間	HTU温度
緑茶	苛性ソーダ	1%	15分	・80℃ ・140℃
緑茶	塩素化アルカリ	・苛性ソーダ：1% ・塩素濃度：600ppm	15分	・80℃ ・140℃
緑茶	リン酸	1%	15分	・80℃ ・140℃
ミルクコーヒー	苛性ソーダ	1%	15分	・80℃ ・140℃
ミルクコーヒー	塩素化アルカリ	・苛性ソーダ：1% ・塩素濃度：600ppm	15分	・80℃ ・140℃
ミルクコーヒー	リン酸	1%	15分	・80℃ ・140℃

3.1　ラボ洗浄・脱臭効果確認テスト
3.1.1　ラボ洗浄性確認テスト
（1）目　的

140℃高温CIPの洗浄効果を，一般的な80℃CIPと比較する。

（2）方　法

①擬似汚れの付着：製品（緑茶，ミルクコーヒー）をホールディングチューブ（以下，HTU）の出口温度が140℃の条件で9時間循環させた。

②拭き取り検査（洗浄前サンプル）

③表1の条件でCIP実施

④拭き取り検査（洗浄後サンプル）

⑤有機物・無機物の総量を80℃，140℃CIPで比較

装　置：岩井機械工業㈱製　小型UHT
　　　　（運転時60L/h，CIP時140L/h）（図3）

拭き取り箇所：HTU直後の配管（図4）

有機物：フキトリマスター試薬キットを使用（理工協産㈱にて評価）

無機物：エクリンカルテスターを使用（理工協産㈱にて評価）

（3）結　果：誌面の都合上，代表的なテ

図3　岩井機械工業㈱製　小型UHT

図4 拭き取り検査の様子
（HTU出口）

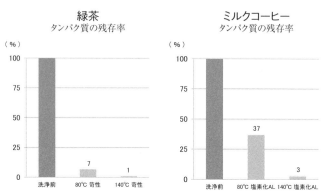

図5 洗浄性テスト結果：有機物

スト結果のみ示す。

① 有機物の除去効果
- 緑茶，ミルクコーヒーの有機物の洗浄性テスト結果を図5に示す。
- 140℃のアルカリCIPは一般的な80℃CIPよりも有機物の除去効果が高いことを確認した。

② 無機物の除去効果
- 緑茶，ミルクコーヒーの無機物の洗浄性テスト結果を図6に示す。
- 140℃リン酸のCIPは一般的な80℃CIPよりも無機物の除去効果が高いことを確認した。

③ キレート剤添加苛性ソーダによる無機物の除去効果
- ミルクコーヒーの無機物の洗浄性テスト結果を図7に示す。
- 苛性ソーダを80℃から140℃に上げてCIPしても無機物（Ca）は全く除去出来なかった。そこで，140℃苛性ソーダに0.5％のキレート剤を添加した結果，残存無機物は2％まで除去された。キレート剤入り140℃苛性ソーダのCIPは，有機物

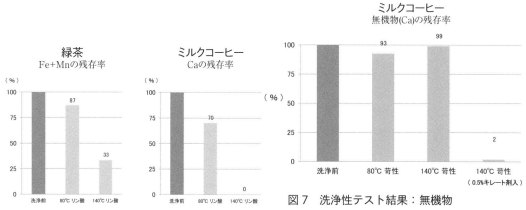

図6 洗浄性テスト結果：無機物

図7 洗浄性テスト結果：無機物
※キレート剤の効果

だけでなく無機物も同時に除去できることを確認した。

3.1.2 ラボ脱臭効果確認テスト
(1) 目　的
　　140℃高温CIPの脱臭効果を，一般的な80℃CIPと比較する。
(2) 方　法
　　①着香工程：オレンジジュース（PETボトル入り飲料）をHTU出口115℃の条件で4時間循環（30℃→115℃→30℃）。
　　②CIP工程：苛性ソーダ約2％，循環15分，80℃と140℃の2条件で実施。
　　　※洗浄前サンプルとして，CIPの初期すすぎ水をサンプリング
　　③すすぎ工程：
　　　・80℃CIP：常温の水を給水し20分間濯ぐ
　　　・140℃CIP：140℃で10分間濯いだ後，常温の水で更に10分間濯ぐ
　　　※洗浄後サンプルとして，CIPの最終すすぎ水をサンプリング
　　④洗浄前後のすすぎ水をGC/MS分析し，すすぎ水中に含まれる酪酸エチル，2-メチル酪酸エチル，リモネンの量を測定（理工協産㈱にて評価）
　　⑤80℃と140℃の各フレーバーの残存量を比較（理工協産㈱にて評価）
　　　装　置：岩井機械工業㈱製 小型UHT（着香工程80L/h, CIP時140L/h）
　　　　　　　接液部のガスケット：EPDM製
(3) 結　果
　　80℃と140℃CIPの脱臭テスト結果を図8に示す。最終すすぎ水中に含まれる代表的な指標フレーバーである酪酸エチル，2-メチル酪酸エチル，リモネンの残存量は，一般的な80℃CIPよりも140℃CIPの方が少ないことを確認した。特に140℃CIPの条件は，酪酸エチル，2-メチル酪酸エチルに対して高い脱臭効果が得られた。これらのフレーバーは多くの果汁飲料やエナジードリンクに含まれており，且つ検知閾値が0.01~0.001ppbと極めて低いフレーバーであるため，CSIPによる脱臭効果が期待される（図9）。

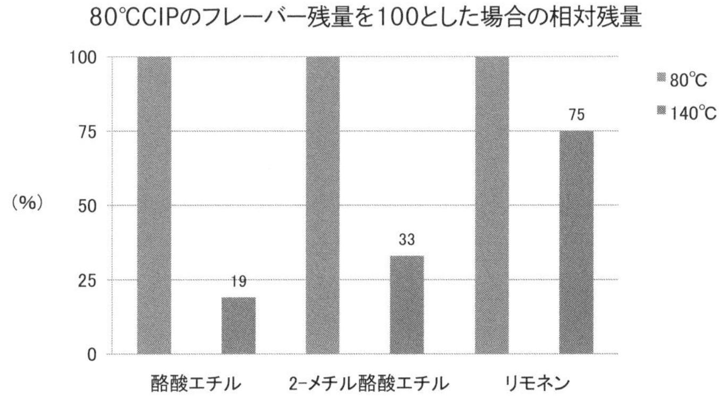

図8　脱臭テスト結果

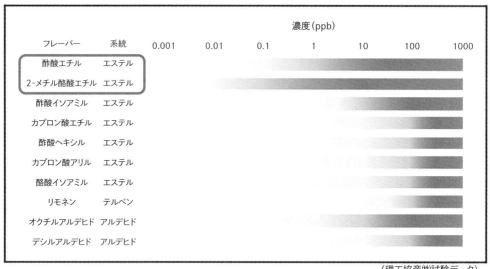

図9 フレーバーの閾値　(理工協産㈱　提供資料)

3.2 ラボ腐食性確認テスト

(1) 目　的

高温CIPによるガスケット，配管への影響を確認する。

(2) 方　法：

①供試ガスケット：テフサンド（EPDM/PTFE），EPDM[※5]

②供試配管：SUS304，SUS316L[※5]　　　　　　　[※5]実機と同じ岩井機械工業㈱製

③腐食性テスト装置：※図10参照

④CIP条件：表2参照（腐食性を確認するため洗剤は高濃度の5%で実施）

⑤洗浄時間：150h（CIP循環30分/回 × 切替300回/年 ≒ 実機1年相当）

⑥ガスケットの評価方法：外観検査，紙へのスクラッチ評価，重量測定

⑦配管の評価方法：外観検査，JFEテクノリサーチ殿にて分析

(3) 結　果：誌面の都合上，代表的なテスト結果のみ示す。

①ガスケット

・テフサンド：全ての試験区で腐食は見られず良好な結果であった（図11）。

・EPDM：140℃塩素化アルカリの試験区のみ劣化が確認された。そのため，追加テストを実施した（図12）。テスト結果について，ガスケット製造メーカーと協議した結果，EPDM製ガスケットは，140℃塩素化アルカリで75時間が上限であり，1～2回/週の使用頻度であれば，1年間メンテナンスなしで使用可能と判断した。

第4節 洗浄（CIP）と殺菌（SIP）を同時に行うCSIP技術

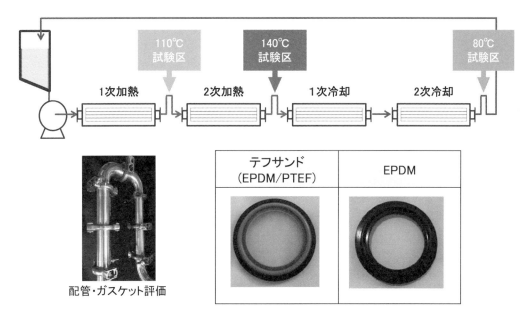

図10 腐食性テスト装置（ガスケット，配管）

紙へのスクラッチ評価結果においても，140℃塩素化アルカリの120h，150h試験区は他よりもEPDM製ガスケットに含まれる充填剤（カーボン等）の析出が多く見られた（図13）。

②配　管
・140℃塩素化アルカリの試験区でSUS304配管の一部が変色した。それ以外でSUS配管の外観変化は見られなかった。
・変色したSUS配管をJFEテクノリサーチ㈱殿で分析した結果，腐食に起因すると推測される腐食孔や粒界は認められず，腐食・孔食している可能性は低いとの結果を得た（図14）。

表2　腐食性テストにおけるCIP条件

洗浄剤	濃度	循環温度
塩素化アルカリ	苛性ソーダ：5% （有効塩素600ppm）	・80℃ ・110℃ ・140℃
苛性ソーダ	5%	・80℃ ・110℃ ・140℃
リン酸	5%	・80℃ ・110℃ ・140℃

3.3 製品滅菌機の無菌性監視方法の開発
(1) 目　的
　製品滅菌機のHTUを通過する液の殺菌価（F値）を連続的に測定するソフトを開発する。
(2) 方　法
　①製品滅菌機の流量とHTU体積よりHTU通過時間を1秒毎に算出。
　②HTU出口温度，低酸性飲料・高酸性飲料向け基準温度とZ値を図15上の式に代入し，1秒毎のF値を算出。全データを記録・保管。

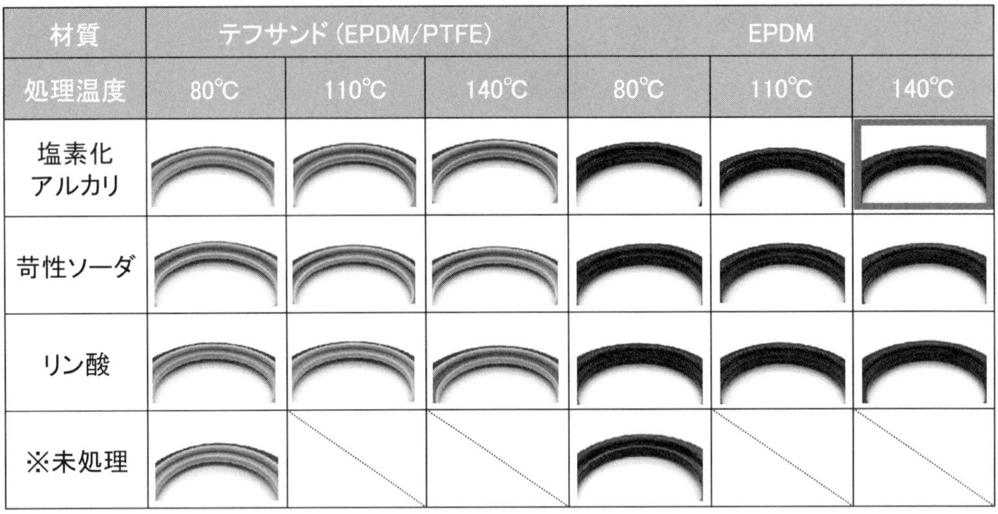

第 2 章　飲料製造ラインにおける衛生管理

材質	テフサンド (EPDM/PTFE)			EPDM		
処理温度	80℃	110℃	140℃	80℃	110℃	140℃
塩素化アルカリ						
苛性ソーダ						
リン酸						
※未処理						

☐ ：劣化が確認された試験区

図 11　ガスケット腐食性テスト結果（150h 処理≒約 1 年相当）

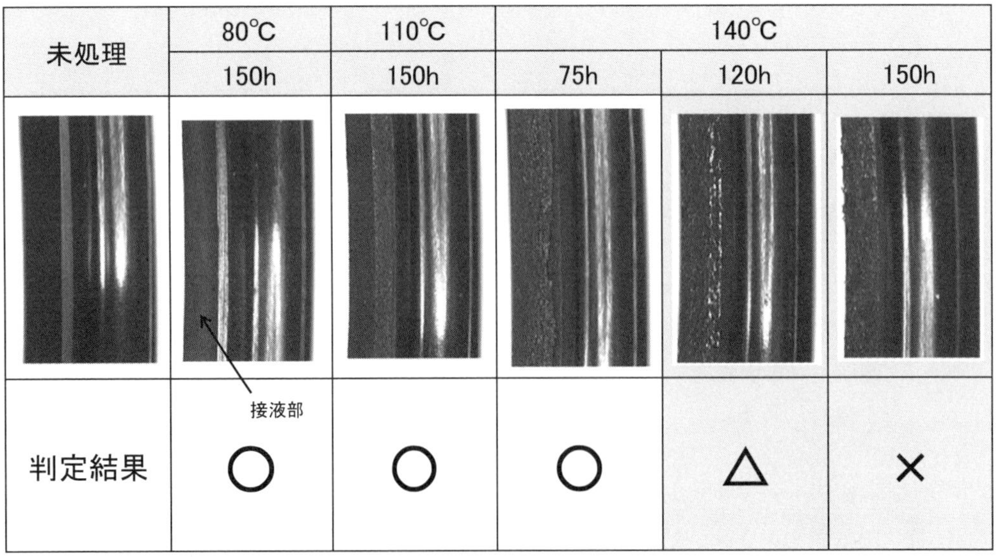

未処理	80℃	110℃	140℃		
	150h	150h	75h	120h	150h
判定結果	○	○	○	△	×

※記号：○使用可、△交換推奨、×使用不可

図 12　塩素化アルカリによる EPDM 製ガスケットへの影響
（CIP 温度と処理時間）

第4節 洗浄（CIP）と殺菌（SIP）を同時に行うCSIP技術

CIP温度	80℃	110℃	140℃		
処理時間	150h	150h	75h	120h	150h
塩素化アルカリ				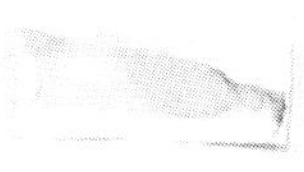	
苛性ソーダ					
リン酸	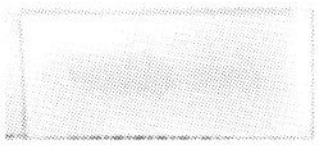	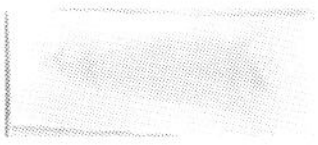			
※未処理					

☐：墨汁現象が顕著であった試験区

図13 EPDM製ガスケットの紙スクラッチ評価

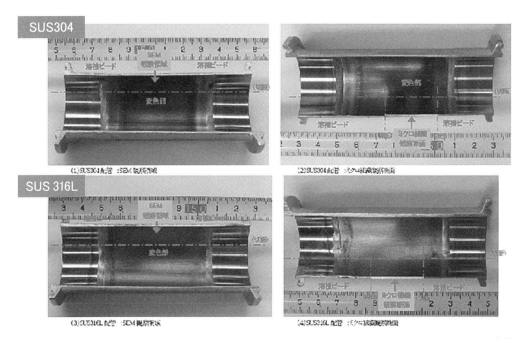

＊口絵参照

図14 SUS配管に対する影響（塩素化アルカリ×140℃×150h処理）

第2章　飲料製造ラインにおける衛生管理

■ 製品滅菌機の無菌性を常時監視できるF値監視ソフトを開発

$$F値 = HTU通過時間 \times 10^{\frac{T - 基準温度}{Z値}}$$

	酸性 (pH<4.0)	中性 (pH≧4.0)
基準温度	85℃	121.1℃
Z値	7.8℃	10.0℃

- HTU通過時間(秒)：製品滅菌機の流量とHTU体積より算出
- T(℃)：HTU出口温度
- 基準温度、Z値：酸性と中性で設定 ※殺菌温度が121.1℃未満は酸性条件
- 記録・監視：1秒毎のF値を算出し、全データを保管
- 全製品に滅菌下限F値を設け、CSIP中のみ滅菌温度低下異常をこのF値で監視

✓ 滅菌温度低下異常の発生を防ぎ、最大流量で濯ぐことが可能
✓ 洗剤を濯ぎながら、次の製造条件へ速やかに移行 → **時間短縮**

図15　F値監視ソフトの概要

③全製品の滅菌パラメーターに滅菌下限F値を設け，CSIP中のみ従来の殺菌温度低下異常をこのF値で監視。

(3) 結　果

　これまで製品滅菌機でSIP終了後から次の生産条件へ移行する間は，HTU出入口温度を基準温度±1~2℃で制御させながら殺菌温度低下異常が発生しないように，循環している無菌水の温度を緩やかに変化させ，次の生産条件へ移行していた。しかし，今回リアルタイムのF値制御を導入したことで，非無菌の新水を供給しながら製品滅菌機内を最大流量で濯いでも殺菌温度低下異常は起きなかった。しかも温度と流量を同時に変化させ，無菌性を維持・監視しながら速やかに次の生産条件へ移行することが可能になった。

　またHTUは，従来CIP後（SIP前）に次の生産で使用する管路に手動で切り替えていた。CSIPでは，生産終了後，使用した管路だけでなく未使用の管路も全て洗浄・滅菌し，生産前に次の製造で使用する管路に自動で切替えている。HTUを自動で切替えた際に流量が多少変動しても，リアルタイムのF値を監視しているため滅菌機が無菌ブレイクすることはない。

4　CSIPの実機検証

　実機UHTは生産時最大31m³/h，CSIP時40m³/h，滞液量2320Lのシェル＆チューブ式熱交換器で検証した（図16）。

4.1　CSIPの実績時間：約80分（低酸性飲料向け），約70分（高酸性飲料向け）

　実機でのCSIPのトレンドデータを図17に示す。製造終了後CSIPを起動させ，給水・達温後，洗浄滅菌を同時に行い，F値を監視しながら洗剤を濯ぎ，滅菌機の各温度を次の生産条

件へ移行した。CSIP の立上げ時間は約 80 分で完了した。各ステップの概要を下記に示す。

(CSIP 工程概要：低酸性飲料向け)
① 給水・昇温・アルカリ添加
② アルカリ循環タイマー カウント開始（末端 80 ℃以上）
③ F_0 積算開始（末端 121.1 ℃以上）
④ アルカリ循環タイマー カウント終了（②から 20 分後）
⑤ F_0 積算終了（低酸性飲料の場合；F_0=233，※高酸性飲料の場合；F_0=15）
⑥ 滅菌機リターン側 冷却（100 ℃未満まで）
⑦ 無菌水濯ぎ ※純水を供給・滅菌し，無菌状態を維持したままの濯ぎ
⑧ 自動サンプリング ※残アルカリがないことを確認
⑨ 流量調整・温度安定化
⑩ 水運転（生産状態で待機）

図 16　実機検証：S&T 式熱交換器
－生産時：15～31m³/h　－CSIP 時：40m³/　－滞液量：2320 L

製品滅菌機を満水にするための給水工程（2,320L）と洗浄滅菌温度までの昇温工程は，従来 CIP と SIP におのおの 1 回ずつ行っていたが，CSIP は 1 回のみとなり（図 18 の斜線部），節水と省エネルギーに繋がった。

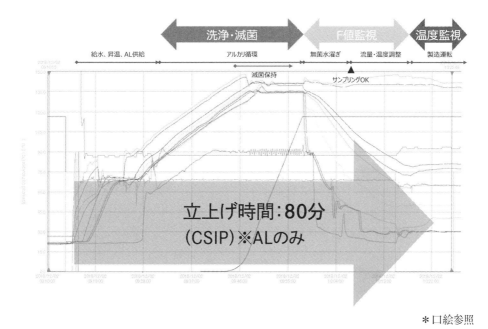

＊口絵参照

図 17　CSIP のトレンドグラフ

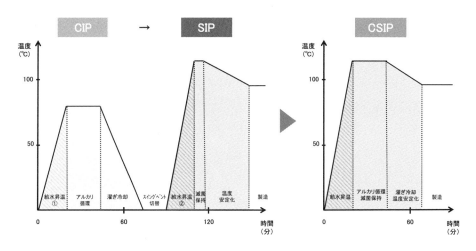

✓ CSIPは時短だけでなく、節水、蒸気、CO2排出量削減にも繋がる

図18　CIPとSIPの同時化を検討

4.2　CSIPの無菌検証：培地充填テスト結果

　液体培地を調合より送液し，CSIPで立上げた製品滅菌機で培地を滅菌し，PETボトル無菌充填機で約1万本充填した。30℃で1週間培養した後，腐敗ボトルがないか全数目視検査で確認した。このテストを計4回行った結果，全て陰性であったため，CSIPによる無菌性が実証された。

4.3　CSIPの洗浄性テスト結果

　実機のCSIPにおけるCIPパターンについて説明する。従来のCIPパターンを大別すると，主に3パターンあり，「アルカリのみ」で洗浄する場合，「酸＋アルカリ」で洗浄する場合，「塩素化アルカリ＋酸＋アルカリ」で洗浄する場合がある。これら3パターンを，CSIPを組み入れて立ち上げると図19のパターンとなる。

　従来「アルカリのみ」で洗浄できるパターンでは，SIPを行わずアルカリ洗剤のみのCSIPで立上げが完了する（図19左）。SIPを行う必要がないため，製品滅菌機の滞液量により時短効果は変わるものの約50分の時短効果が得られる。このパターンで洗浄する液種は，主に殺菌温度が110℃以下の高酸性飲料（スポーツ飲料，果汁飲料，乳性飲料等）である。それ以外に，小ロット生産の場合もこのパターンで洗浄できる場合がある。

　次に，最も一般的な洗浄パターンである「酸＋アルカリ」で洗浄していた液種の場合，先に硝酸やリン酸等の酸洗剤で通常のCIPを行い，無機物を除去する。その後，苛性ソーダ等のアルカリ洗剤でCSIPを行い，有機物を除去しながら滅菌を完了させる。従来3工程（AL, AC, SIP）で行っていた立上げが2工程（AC, CSIP）になるため，約50分の時短効果が得られる。また，前述した無機物の除去性能を有するキレート剤入りアルカリ洗剤を用いた場合，CSIPの1工程で洗浄・滅菌が完了し，約90分の時間効果が得られる（図19中）。

　最後に，殺菌温度が130℃以上の低酸性飲料（コーヒー，ミルク入り飲料，緑茶等）を製造した後は，加熱部の汚れが多いため，CSIPを行う前に，水酸化カリウム等に次亜塩素酸ナト

第4節 洗浄（CIP）と殺菌（SIP）を同時に行うCSIP技術

図19 CSIPの洗浄・滅菌パターン

I. ALのみの場合

min.	従来	新パターン
10	CIP	CSIP
20	(AL)	(AL)
30	80℃	130℃
40		
50		
60		
70	切替	
80	SIP	
90	130℃	
100		
110		▲50分
120		
130		

II. AL+ACの場合

min.	従来	新パターンA	新パターンB
10	CIP	CIP	CSIP
20	(AC)	(AC)	(キレート剤AL)
30	80℃	80℃	130℃
40			or
50		CSIP	
60		(AL)	
70	(AC)	130℃	
80	80℃		
90			
100			
110	切替		
120	SIP		
130	130℃		
140			
150		▲50～90分	
160			
170			

III. 塩素化AL+AC+ALの場合

min.	従来	新パターンA	新パターンB	新パターンC
10	CIP	CIP	CIP	CIP
20	(塩素化AL)	(塩素化AL)	(塩素化AL)	(塩素化AL)
30	80℃	80℃	80℃	80℃
40			or	or
50	(AC)	(AC)		CSIP
60	80℃	80℃		(AC)
70			CSIP	130℃
80			(キレート剤AL)	
90	(AL)	CSIP	130℃	
100	80℃	(AL)		
110		130℃		
120				
130				
140				
150	切替			
160	SIP			
170	130℃			
180		▲50～90分		
190				
200				
210				

表3 CSIPの洗浄性テスト結果

	フキトリマスター	タンパク質（μg）	イオンクロマト（μg）		観察
			Mg	Ca	
洗浄前	レベル3	44	N.D.	0.3	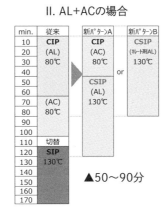 やや茶色、僅かに曇っている
洗浄後	レベル1	N.D.	N.D.	0.4	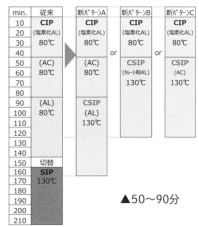 光沢あり、目視汚れなし

＊口絵参照

リウムを添加したアルカリ洗剤（呼称：塩素化アルカリ）で，まず過多な汚れを除去させると良い。次に，先に述べたキレート剤入りアルカリ洗剤かリン酸（酸洗剤）でCSIPを行い，洗浄・滅菌を完了させる。これにより，約50～90分の時短効果が得られる（図19右）。

　いずれのパターンも最終のCIPをSIPと兼ねてCSIPで立ち上げ，時短を図る。無論，製品

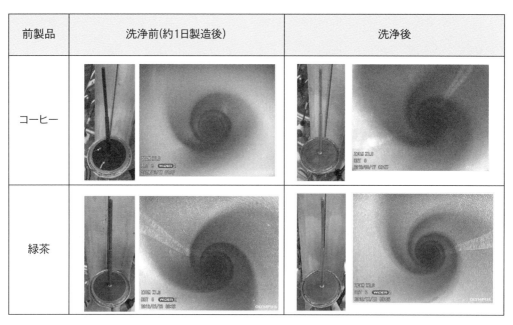

＊口絵参照

図20　CSIP前後の製品UHT最加熱部観察結果

液の中身や殺菌温度，製造バッチ数によりこれらのパターンは適宜変更可能である。

　次に，実機でのCSIPの洗浄結果を述べる。まず乳性飲料を25時間製造した後，CSIPを起動させ，洗浄性を確認した。その結果を表3に示す。CSIPの条件は苛性ソーダ2％，循環25分，HTU115℃で行い，拭き取り箇所はラボテストと同様に最も汚れが多いHTU近傍の配管で実施した。その結果，有機物・無機物の残渣は認められず，CSIPの洗浄性は良好であった。

　次に，ブラックコーヒーと緑茶を製造した後，前述のCSIPを組み入れた洗浄パターンで滅菌機を洗浄し，HTU近傍配管の洗浄状態を確認した。その結果，有機物・無機物の残渣は認められず，HTU配管内を観察した結果も良好であった（図20）。

4.4　CSIPによる腐食性評価

　実運用後，約2年経過したが，腐食性に関するトラブルは発生していない（約300回使用/年）。製品液の特性上，CSIPで塩素化アルカリを使用する必要がなく，アルカリは苛性ソーダで運用している。

4.5　CSIPの時短効果

　従来，PETボトル無菌充填システムでは，生産後作業から生産前作業までの洗浄・滅菌に約150分要していたが，CSIPを導入することで約90分まで短縮することができた。時短効果は約60分である。840bpm（bottle per minute）のPETボトル無菌充填システムにおいて年間300回の切替，稼働率90％で試算すると，年間約55万ケースの増産に繋がる見込みである（図21）。

第4節 洗浄（CIP）と殺菌（SIP）を同時に行うCSIP技術

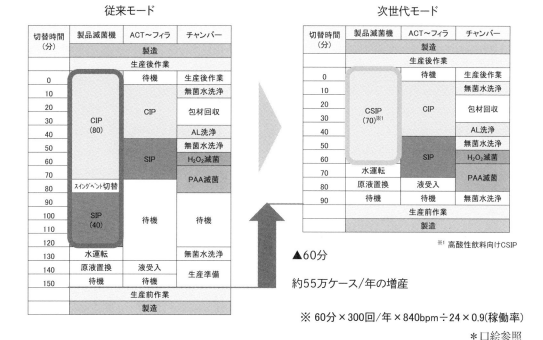

図21　CSIPによる時短効果

5　CSIPのまとめ

(1) 3つの課題であった洗浄性，腐食性，無菌性について評価し，実運用レベルで問題ないことを確認した。

(2) 製品滅菌機のF値をリアルタイムで監視するソフトを開発した。これにより，無菌状態を維持・監視しつつ，洗剤を濯ぎながら生産状態まで速やかに移行することができた。

(3) CIPとSIPの同時化により約60分の切替時間短縮が可能になった。CSIPは生産革新技術と考える。

(4) CSIPは高温CIPであるため，飲料工場で問題となる代表的なフレーバー（酪酸エチル，2-メチル酪酸エチル，リモネン）の脱臭効果も認められた。

(5) CSIPはCIPとSIPを行っている全ての無菌充填システム（図1）で実施可能である。

6　おわりに

今回，製品滅菌機のCIPとSIPを同時に行うCSIPについて述べた。乳業工場では30年以上も前から，製造中，製品滅菌機の汚れを除去するために，製造を一時中断し，製品をアルカリ（苛性ソーダ液）に置き換えて，生産条件のまま140℃以上の高温CIPを行っていた（呼称：中間洗浄，無菌維持CIP）。すなわち高温CIPによる装置への影響については，設備構成が若干異なるものの，多数の実績がある。

一方，汚れが牛乳，練乳，ココア，バターミルクによる皮膜の場合，80℃以上の高温CIP

は，洗浄性が同等か又は低下するとの意見もある[1)-3)]。筆者らの行ったミルクコーヒーやブラックコーヒーのCSIP洗浄性テストでも，汚れが過多になると苛性ソーダだけでは同様の傾向になる場合もあった。しかし，先に塩素化アルカリを用いた一般的な80℃CIPで汚れを除去した後に，滅菌も兼ねたCSIPを行うと，洗浄性は良好であった。汚れの状況に合わせ，適宜順序立てて洗浄することが肝要である。

最後に，昨年，我々は製品滅菌機の最加熱部に堆積した汚れ（スケール）の状態を，CIP中にリアルタイムで監視できるシステムを開発した。これは，最加熱部を通過する流体温度と媒体側の流体温度の差から総括伝熱係数を求め，スケールの状態を外部から監視できるシステムである。これにより不必要にCIPを行なうこともなくなり，またCIPパターン，レシピ等の条件最適化も可能になる。

今後，このスケール監視システムとCSIPを組合せ，高品質を維持したまま，さらなる無菌充填システムにおける操業度向上と環境負荷低減に貢献していきたい。

謝　辞

洗浄性および脱臭の評価について，ご指導，ご助言を賜るとともに，本掲載に際しましてご快諾を頂きました理工協産株式会社に，この場を借りて心より厚く御礼申し上げます。

文　献

1) H. J. Schlussler : *Milchwissenschaft*, 25, 133 (1970).
2) 吉良泰成：食品工場におけるサニテーション，*New Food Industry*, Vol.40, No.1, p49～57 (1997).
3) 森信二，田中孝，豊田活，遠藤光春：乳業工場の洗浄における管理ポイント，乳業技術, Vol.51, p45～57 (2001).

第3章　飲料の殺菌技術

第1節　加熱殺菌理論
第2節　加熱殺菌設備
第3節　交流高電界殺菌法
第4節　低加圧二酸化炭素マイクロバブル殺菌法
第5節　高圧殺菌法
第6節　ろ過技術

第3章　飲料の殺菌技術

第1節

加熱殺菌理論

東洋食品工業短期大学　松永　藤彦

1　はじめに

1.1　飲料製造において加熱殺菌が占める位置づけ

　安全で美味しい飲料製品を製造するためには，微生物制御が欠かせない。微生物制御の方法としては一般に殺菌，除菌，あるいは静菌などが挙げられる。その中でも飲料製造において頻繁に使用されるのが加熱殺菌である。厚生労働省が示している規格基準等には，具体的な加熱殺菌条件（温度と時間）が示されている。また，その他の殺菌・除菌方法を製造に用いる場合も加熱殺菌と同等の効果があることを科学的に示さねばならない。本稿では，飲料を加熱殺菌するにあたって必要な殺菌理論を解説する。なお，取り扱うのは飲料の中でも清涼飲料水を中心とする。

1.2　安全な製品を製造するために必要な殺菌条件設定と殺菌工程の管理

　微生物をどこまで加熱殺菌できたのかを示し安全性を保証するためには，まず適切な殺菌条件を設定する必要がある（図1上部）。次に，実際に行われた殺菌工程が，設定した殺菌条件に見合った殺菌効果を持っていたとデータ（殺菌値）で示す必要がある（図1下部）。そして，これらが両方揃って安全な製品を製造できる。そこで本稿では，まず殺菌条件設定の考え方と理論的背景を，次に実際の殺菌工程において殺菌効果を数値で評価する方法を解説する。なお，ここでは熱交換器等の連続式加熱殺菌装置を用いた殺菌工程に絞って話を進める。レトルト殺菌機を用いたバッチ式殺菌における殺菌工程管理の考え方は，参考文献1）で詳しく解説されているのでそちらを参照されたい。

2　適切な殺菌条件の設定

2.1　規格基準に示された殺菌条件

　「食品，添加物等の規格基準」（昭和34年厚生省告示第370号）に示された清涼飲料水の規格基準では，pHと水分活性（Aw）に従って殺菌条件が示されている（表1）。pHやAwによって生育可能な微生物の種類が変わることと，低いpHで生育可能な微生物は一般的に耐熱

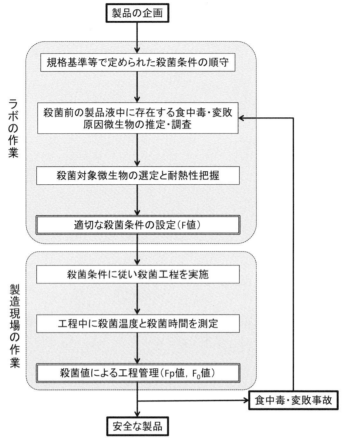

図1 安全な製品を製造するために必要な殺菌条件の設定と工程管理
ラボで行う作業と製造現場で行う作業の両方が適切に行われて初めて安全な製品ができる。食中毒・変敗事故が起こったら振り出しに戻り見直しをする。

性が低いことを背景に，表1のような殺菌条件が定められている。ここに示された各条件と同等の効力を有する加熱温度と時間の組み合わせは，参考文献2）3）において早見表としてまとめられている。ただし，これは病原微生物を念頭に置いた，最低限必要な殺菌条件であると

表1 清涼飲料水の製造基準に示された殺菌条件

製品の性状	殺菌条件
CO_2圧が98kPa以上（20℃）で，かつ，植物または動物の組織成分を含まないもの	殺菌および除菌を要しない
pH4.0未満	中心部の温度を65℃で10分間加熱相当以上
pH4.0以上（pH4.6以上かつAw0.94を超えるものものを除く）	中心部の温度を85℃で30分間加熱相当以上
pH4.6以上かつAw0.94を超えるもの	発育しうる微生物を死滅させるのに十分効力を有する方法[1]

(1)「食品，添加物等の規格基準の一部改正について」（昭和六一年一二月二六日衛食第二四五号通知）から，ボツリヌス菌を想定した場合は120℃で4分間相当以上と解釈される。また，10℃以下の保存条件を守れば85℃で30分間相当以上の加熱でもよいとされる。

受け取るべきである。実際には参考文献3）にあるように，「法令で定めた加熱殺菌の基準を最低限として，対象とする微生物の耐熱性や菌数を勘案し，ある程度の余裕を見込んで加熱殺菌条件（殺菌温度と殺菌時間）を設定」することが重要である。

2.2　殺菌対象とする微生物は何か？

では，上の引用文にある「対象とする微生物」とは何であろうか？長期保存を前提とした容器詰め飲料では，食中毒原因微生物だけでなく変敗原因微生物も殺菌対象とする必要がある。特に，pHが4.6以上，Awが0.94を超える飲料（低酸性飲料）の中ではボツリヌス菌（*Clostridium botulinum*）が生育する可能性がある。ボツリヌス菌は，耐熱性芽胞[*1]を形成する上に，致死性の毒素を産生する。したがって，低酸性飲料の場合は必ずボツリヌス菌を殺滅可能な条件で殺菌する必要がある。他方で，ボツリヌス菌よりも耐熱性の高い芽胞形成細菌も多く存在する。このような微生物による汚染の可能性がある場合は，それらを念頭に置いた殺菌条件を考える必要がある。pHが4.6未満の飲料（酸性飲料）ではボツリヌス菌は生育できないが，低いpHでも生育可能な酵母，カビ，乳酸菌，芽胞形成菌などの変敗原因菌が存在する。したがって，酸性飲料ではこれらの微生物を対象とした殺菌条件を考えることとなる。過去に起こった変敗事例から各種飲料における変敗原因菌が明らかにされており，具体的な情報は参考文献4）に詳しいので，ぜひ参照されたい。

2.3　殺菌条件の数値表現方法（F値）

変敗原因菌が想定できたら，その微生物を殺菌対象として条件を考える。殺菌条件はF値で表現され，「一定数の微生物を殺滅するために必要な加熱時間」と定義されている[1]。また，微生物の耐熱性の指標の1つであるD値を用いれば，F値をF=12Dのように表現することができる。F=12Dはボツリヌス菌を殺菌対象とした場合の殺菌条件の目安であり，ボツリヌス菌芽胞の生菌数を$\frac{1}{10^{12}}$に減らす条件であることを意味している。その他の微生物を殺菌する場合の条件は，F=5Dまたは6Dに設定されることが多い。それぞれ，生菌数を$\frac{1}{10^5}$または$\frac{1}{10^6}$に減らす条件である。

  ボツリヌス菌を対象とした殺菌条件：F=12D　　　　　　　　　　　　　　　　(1)
  その他の微生物を対象とした殺菌条件：F=5Dまたは6D　　　　　　　　　　　(2)

これらの式が意味するところを理解するには，まずD値をおさえる必要がある。

2.4　D値とはなにか？

微生物の耐熱性は，D値とz値によって数値化することができる。ここではD値とは何か，何の役に立つのかを説明する（z値は後述する）。微生物を加熱すると加熱時間に応じて生き残る菌数，言い換えれば死滅する菌数が変わる。直感的にわかるように，加熱時間が長ければ

[*1]　一部の細菌は芽胞（胞子ともいう）と呼ばれる特殊構造体を作り，熱，紫外線，薬剤，乾燥等に高い耐性を示す。製造過程で芽胞を殺菌しきれず飲料に生残した場合，製品中で発芽増殖し食中毒や変敗を引き起こす。

より多くの微生物が死滅する。死滅の様子にはある規則性のあることがわかっており，これを利用して求められるのがD値である。D値は，「一定温度で微生物を加熱したとき，生菌数を10分の1に減少させるために必要な時間」として定義される[1]。言い換えれば，加熱前の微生物のうち90％を殺滅するのにかかる時間である。

例としてボツリヌス菌の芽胞の耐熱性と殺菌効果を考えてみる（図2）。ボツリヌス菌の芽胞を121.1℃で加熱したときのD値は0.21分であることが明らかにされている。この時ボツリヌス菌の芽胞のD値を$D_{121.1}=0.21$分と表記する。加熱前のボツリヌス菌の芽胞が1,000 cfu/mLであるならば[*2]，これを121.1℃で加熱すると0.21分後に90％が死滅し，生菌数が$\frac{1}{10}$の100 cfu/mLになる。更に0.21分加熱を続けると，100 cfu/mLの90％が死滅し，生菌数は10 cfu/mLとなる。つまりD値と同じ時間加熱を行えば，その度に生菌数は$\frac{1}{10}$に減少していく。そして加熱時間を12×0.21分間続ければ，生菌数は当初の$\frac{1}{10^{12}}$に減る（図2）。

このようにD値を用いれば，何分間の加熱でどれだけ生菌数を減らせるか予測可能であり，

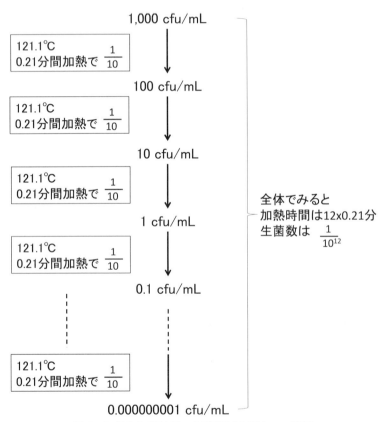

図2　D値と加熱時間，生菌数減少度合いの関係

ボツリヌス菌：（$D_{121.1}=0.21$分）を加熱殺菌した例。加熱前の生菌数が1,000 cfu/mLだとした時の，加熱殺菌による生菌数の減少の様子を示した。D値に相当する時間加熱する度に生菌数が10分の1に減少する。この例では，全体で12×0.21分間（12×D）の加熱で生菌数が10^{12}分の1に減少する。

[*2] cfuはcolony forming unitの略でコロニー形成数を示す単位。

殺菌条件を設定できるようになる。

2.5 殺菌条件（F値）をD値の倍数で表す意味

D値と同じ時間の加熱を行えば生菌数は$\frac{1}{10}$に減るので，殺菌をD値の何倍の時間行うかによって，生菌数の減少度合いを予想できる。図2に示したように，殺菌条件をF=12Dと設定すれば，生菌数は$\frac{1}{10^{12}}$に減らすことができる。ボツリヌス菌はF=12Dの条件が標準とされている。その他の微生物の場合はF=5DまたはF=6Dが一般的であり，それぞれ生菌数を$\frac{1}{10^5}$または$\frac{1}{10^6}$に減らす効力を持つ殺菌条件である。一般に，殺菌効果をD値のn倍（F=nD）と表現することができ，生菌数を$\frac{1}{10^n}$に減ずる効果を意味している。

ところで，ボツリヌス菌の殺菌条件をF=12Dとするのは，過去の実験結果が元になっている。EstyとMeyer[5]は約10^{11}個のボツリヌス菌芽胞を死滅させるために必要な条件を検討した。「死滅」を0.1個（$\frac{1}{10}$個）と考えれば，10^{11}個が$\frac{1}{10}$個に減るのは生菌数が$\frac{1}{10^{12}}$になる，つまり12Dの殺菌効果となる。

2.6 加熱温度と殺菌時間の組み合わせで殺菌条件を設定する方法

殺菌効果はF=12Dのように表記できることを説明したが，この時，具体的な殺菌条件は何℃で何分間の加熱なのだろうか？再びボツリヌス菌を例に考えてみよう。ボツリヌス菌の芽胞の耐熱性は$D_{121.1}$=0.21分である。この時，以下のような計算を行える。

$$F = 12D = 12 \times D_{121.1} = 12 \times 0.21 \text{分} = 2.52 \text{分}$$

つまり，ボツリヌス菌の芽胞を殺菌する場合，121.1℃で加熱すると2.52分で生菌数を$\frac{1}{10^{12}}$に減らす効果が得られる。ただし，規格基準にある120℃で4分間の条件は121.1℃に換算すると3.2分である。つまり，2.52分では不足して法令違反になるので注意されたい。120℃で4分間という条件は参考文献5)に示された実験結果の1つが元になっている。

また別の例として，ジオバチラス菌（*Geobacillus stearothermophilus*）の殺菌条件を考えてみよう。この菌の耐熱性は複数報告されているが，ここでは$D_{121.1}$=4.0分とする。もしこの菌を121.1℃で加熱し生菌数を$\frac{1}{10^5}$に減らしたかったら，次のようになる。

$$F = 5D = 5 \times D_{121.1} = 5 \times 4.0 = 20 \text{分}$$

このように，殺菌対象微生物のD値がわかり，目標とする殺菌効果（生菌数を何分の1にするか）が決まれば，具体的な殺菌条件を温度と時間で示す事ができる。なお，微生物の耐熱性は同じ種であっても用いる菌株の違いや，芽胞がどのような溶液中にあるか，またpHの違いなどによって変動することが知られている。微生物の耐熱性については参考文献4)，個別の学術論文，そして加熱殺菌データベース[6]のようなデータベースを参考に検討することをおすすめする。

2.7 任意の温度において殺菌条件を設定する（z値の利用）

ここまでは加熱温度を121.1℃に固定して解説してきた。しかし，現実の殺菌がいつも

121.1℃で行われるわけではない。他の温度で殺菌条件を設定したい時はどうすればよいだろうか？方法は2つある。1つ目は殺菌したい温度における対象微生物のD値を実験的に調べる方法だ。これが可能であれば，式(1)や式(2)を用いてF値を算出することができる。2つ目は，文献情報等から得たz値を利用して任意の温度におけるD値を計算する方法だ。z値とは，「D値の10倍の変化に対応する温度変化」と定義されている[1]。直感的には加熱温度が上がれば生菌数を$\frac{1}{10}$に減らすのにかかる時間（D値）は短くなり，加熱温度が下がれば長くなる。ここに規則性があることが実験的に明らかにされており，これをもとにz値が定義された。単純化して言えば下の例1と例2に示すように，加熱温度がz値と同じだけ上がるとD値は$\frac{1}{10}$になり，z値と同じだけ加熱温度が下がるとD値は10倍になる。

（例1）ボツリヌス菌（$D_{121.1}$=0.21分，z値=10℃）の場合

$D_{131.1}$=0.21×$\frac{1}{10}$=0.021分 （加熱温度が121.1℃より10℃高い）

$D_{111.1}$=0.21×10=2.1分 （加熱温度が121.1℃より10℃低い）

（例2）ジオバチラス菌（$D_{121.1}$=4.0分，z値=10.8℃）の場合

$D_{131.9}$=4.0×$\frac{1}{10}$=0.4分 （加熱温度が121.1℃より10.8℃高い）

$D_{110.3}$=4.0×10=40分 （加熱温度が121.1℃より10.8℃低い）

D値，z値と加熱温度の関係は一般化して次の関係式に表せる。

$$Di = Dr \times 10^{\frac{Tr-Ti}{z}} \tag{3}$$

式(3)を用いると，ある加熱温度（Tr）におけるD値（Dr）とz値（z）がわかっていたら，任意の温度（Ti）におけるD値（Di）を算出できる。

（例3）ある微生物の耐熱性がD_{115}=1.5分，z=9.2℃ならば，加熱温度135℃におけるD値は次の様に算出できる。

$$Di = Dr \times 10^{\frac{Tr-Ti}{z}} = 1.5 \text{分} \times 10^{\frac{115-135}{9.2}} \approx 0.01 \text{分}$$

このように，z値を利用するとD値がわかっていない加熱温度でも，計算によってD値を算出することができる。ここまでくれば，式(1)や式(2)を用いて殺菌条件（F値）を計算できる。さらに，式(3)をもとにすると次の式が成り立つ。

$$Fi = Fr \times 10^{\frac{Tr-Ti}{z}} \tag{4}$$

殺菌対象微生物のz値が明らかで，その微生物に対する殺菌条件（加熱温度Tr，加熱時間Fr）が決まっていたら，任意の温度（Ti）において同等の殺菌効果を与える加熱時間（Fi）を算出できる。

（例4）ある微生物（z=8℃）を殺菌対象とする殺菌条件が，85℃（Tr）で30分（Fr）だと

する。加熱温度 90 ℃（Ti）において同等の効力を有する殺菌時間（Fi）を求めると以下のようになる。

$$\text{Fi} = \text{Fr} \times 10^{\frac{\text{Tr}-\text{Ti}}{z}} = 30\text{ 分} \times 10^{\frac{85-90}{8}} \approx 7.2\text{ 分}$$

2.8 汚染度と生産量を考慮して変敗率を考える

F=5Dなどの殺菌条件を決めても殺菌は確率論的な現象であり，生菌数をゼロにする条件は決められない。そこで，変敗のリスクを見積もる必要がある。まずは，殺菌前の製品液の汚染度と生産量の影響について次の2つの例で考えよう。

（例5）F=5Dの条件で飲料を殺菌するとき，殺菌前の製品液中に存在する殺菌対象微生物が1 cfu/mLの場合と10^3 cfu/mLの場合とでは殺菌後の生菌数に次のような違いが出る。

$$1\text{ cfu/mL} \times \frac{1}{10^5} = 10^{-5}\text{cfu/mL}\ (0.00001\text{ cfu/mL})$$

$$10^3\text{cfu/mL} \times \frac{1}{10^5} = 10^{-2}\text{cfu/mL}\ (0.01\text{ cfu/mL})$$

つまり，殺菌前の製品液の汚染度が高ければ高いほど殺菌後の生菌数は高くなる。原材料，使用機器，作業者，製造環境等の衛生管理をしっかり行い，製品液の汚染度を下げる必要があるのは，このためである。

（例6）飲料の殺菌により殺菌対象微生物の生菌数が10^{-5}cfu/mLになったとき，飲料の総量が10 L（10,000 mL）の場合と1,000 L（1,000,000 mL）の場合とでは，殺菌後の生菌数に次のような違いが出る。

$$10^{-5}\text{ cfu/mL} \times 10,000\text{ mL} = 10^{-5}\text{ cfu/mL} \times 10^4\text{ mL} = 10^{-1}\text{ cfu}$$
$$10^{-5}\text{ cfu/mL} \times 1,000,000\text{ mL} = 10^{-5}\text{ cfu/mL} \times 10^6\text{ mL} = 10^1\text{ cfu}$$

同じ生菌数であっても生産量が大きければ大きいほど，製品液中に生残する菌数が増える。つまり，変敗品の出る可能性が上がる。

最後に変敗率について述べる。これも具体的な例で考えたい。

（例7）500 mLの製品を製造する場合の変敗率を考える。殺菌前の製品液中に，殺菌対象微生物が2×10^{-3}cfu/mL（1 cfu/500mL）存在したとする。これをF=6Dの条件で殺菌すると，殺菌後の生菌数は次のように計算できる。

$$2 \times 10^{-3}\text{ cuf/mL} \times \frac{1}{10^6} = \frac{2\text{ cfu}}{10^3\text{ mL}} \times \frac{1}{10^6} = \frac{1\text{ cfu}}{500\text{ mL}} \times \frac{1}{10^6} = \frac{1\text{ cfu}}{500\text{ mL} \times 10^6}$$

つまり，500mLの製品10^6本中に1cfu生残する。この1cfuがどれか1本の製品中に存在し変敗を起こすと考えると，変敗率は$\frac{1}{10^6}$つまり，1 ppmとなる（図3）。

このように，殺菌対象微生物の耐熱性，製品液の汚染度，生産量，そして変敗率をあわせて考えながら，適切な殺菌条件を設定する必要がある。

第 3 章　飲料の殺菌技術

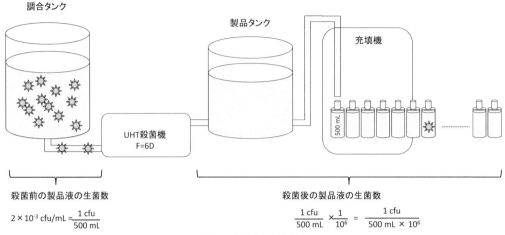

図 3　変敗率の考え方

UHT 殺菌機で F=6D の殺菌を行い，充填する例を示した。この例では殺菌前の生菌数が 500mL あたり 1cfu なので，F=6D の殺菌後の製品液で 500mL の製品が 10^6 本につき 1cfu の確率で生残する。変敗率は $\frac{1}{10^6}$ つまり 1ppm である。図中の ✱ は殺菌対象微生物を表す。

3　殺菌工程の評価

3.1　殺菌値（Fp 値）

実際の飲料製造を行うにあたり，殺菌工程を定量的に評価するための指標を殺菌値という（殺菌価と呼ばれることもある）。殺菌工程で得られた測定データ（殺菌温度と殺菌時間）を用いて殺菌値を計算し，その工程がどの程度の殺菌効果をもたらしたのかを，基準温度における殺菌時間として示す。ここでは，熱交換器を用いた殺菌値の計算に絞って解説する。

殺菌値は一般に Fp 値と表記され，殺菌時間（t）と致死率（Li）を用い，次の式で計算される[*3]。

$$Fp = t \times Li \tag{5}$$

また，式（5）の致死率 Li は次の式で計算される。

$$Li = 10^{\frac{Ti-Tr}{z}} \tag{6}$$

Tr は基準温度，Ti は殺菌温度，z は殺菌対象微生物の z 値である。ここで，殺菌温度（Ti）は殺菌中の製品液の実測温度（品温）であって，機器の設定温度ではないことに注意されたい。

式 5 と式 6 とを組み合わせると，次の式 7 から Fp 値が求められる。

$$Fp = t \times 10^{\frac{Ti-Tr}{z}} \tag{7}$$

記号ばかりでわかりにくいが，Fp 値は飲料が温度 Ti で t 分加熱されたときに，基準温度 Tr な

[*3] 殺菌値 Fp 値は単に F 値と呼ばれることもある。その場合，殺菌条件の F 値なのか，殺菌工程を評価する Fp 値を指すのか混同しないよう気をつけたい。

らば何分の加熱に相当したかを計算している（殺菌対象微生物のz値を利用）。

3.2 殺菌値（F_0値）

殺菌値の理解には，基準温度と殺菌対象の微生物とを具体的にした上で計算例を示すほうがよい。そこで，ここからは低酸性飲料の殺菌工程で標準的に用いられる殺菌値に焦点を当てる。低酸性飲料（pHが4.6以上でAwが0.94を超える）では，致死性の毒素を作り耐熱性芽胞を形成するボツリヌス菌が生育する可能性がある。そこで，ボツリヌス菌（z値=10℃）を殺菌対象とし，基準温度Tr=121.1℃でFp値を計算する。このときのFp値を特別にF_0値と呼ぶ。式（7）でz値=10℃，基準温度Tr=121.1℃とすると次の式になる。

$$F_0 = t \times 10^{\frac{Ti-121.1}{10}} \tag{8}$$

殺菌工程中に殺菌時間（t）と殺菌温度（Ti）を測定すれば，式（8）から工程の殺菌効果をF_0値として算出できる。具体的な計算例を次に示す。

（例8）次の（a）から（c）の異なる殺菌工程の殺菌効果を評価する。

(a) 131.1℃で1分間行った殺菌

$$F_0 = t \times 10^{\frac{Ti-121.1}{10}} = 1\,\text{分} \times 10^{\frac{131.1-121.1}{10}} = 1\,\text{分} \times 10^1 = 10\,\text{分}$$

(b) 121.1℃で5分間行った殺菌

$$F_0 = t \times 10^{\frac{Ti-121.1}{10}} = 5\,\text{分} \times 10^{\frac{121.1-121.1}{10}} = 5\,\text{分} \times 10^0 = 5\,\text{分}$$

(c) 111.1℃で20分間行った殺菌

$$F_0 = t \times 10^{\frac{Ti-121.1}{10}} = 20\,\text{分} \times 10^{\frac{111.1-121.1}{10}} = 20\,\text{分} \times 10^{-1} = 2\,\text{分}$$

例8で挙げた3つの殺菌工程は各々殺菌温度と殺菌時間が異なる。そのため，例えば3つの殺菌工程のうちどれに1番強い殺菌効果があったか，温度と時間を見ただけでは判断がつかない。F_0値は，もしその殺菌工程が基準温度121.1℃で行われていたなら，何分相当だったかを計算している。上記例において（b）の殺菌は基準温度で行ったので，殺菌値は殺菌時間に等しくF_0=5分である。（a）の殺菌工程がF_0=10分ということは，131.1℃で1分間の殺菌効果は121.1℃で10分間の殺菌効果に相当するということを示す。（c）の殺菌工程がF_0=2分ということは，111.1℃で20分間の殺菌効果は121.1℃で2分間の殺菌効果に相当するということを示す。F_0値は基準温度121.1℃に揃えた殺菌時間を評価している。上記例で言えば，殺菌値計算によってF_0=10分の（a）の殺菌工程が最も強い殺菌効果を持っていたと判断できるようになる。

ところで，F_0値においてz値はボツリヌス菌の10℃を用いている。低酸性食品で変敗を起こす芽胞形成菌のz値は10℃前後のことが多く，日常的な管理にはF_0値（z=10℃）を用いればよい。ただし，微生物によってz値は異なることも忘れないでおきたい。

3.3 殺菌値計算における基準温度とz値の組み合わせ

F_0値はボツリヌス菌を殺菌対象とした低酸性飲料の殺菌工程管理に用いられ、上述の通り、基準温度121.1℃とz=10℃が用いられる。他方で、飲料によっては殺菌温度域や殺菌対象の微生物が異なる。例えば、90～95℃の殺菌では基準温度93.3℃とz=5℃または8℃、70～90℃の殺菌では基準温度65℃とz=5℃の組み合わせが用いられる[1] [*4, *5]。酵母と耐熱性のない乳酸菌などはz=5℃、無芽胞細菌ではz=8℃程度なのが理由である。なお、殺菌値計算における基準温度とz値の組み合わせを明示するために、Fp値を$F_{93.3℃}^{8℃}$や$F_{65℃}^{5℃}$のように表記する（z値を上付き、基準温度を下付きに表示）。

3.4 殺菌値計算に用いる殺菌温度をどこで測るか

殺菌値Fpを算出するには製品液が何度で加熱されたのかを測定する必要がある。UHT殺菌器の例を用いて考える（図4）。調合タンクから殺菌器に送られた製品液はまずヒーターで速やかに加熱される。図4に示した装置の例では2つヒーターがあり、ヒーター1の設定温度が90℃、ヒーター2の設定温度が143℃である。製品液はヒーターを出たあと温度を高く保ったままホールディングチューブ（全長約24m）を通過する。殺菌値計算においては一般に、ホールディングチューブを製品液が通過する間を殺菌工程として捉える[*6]。ホールディングチューブを出た製品液はクーラー（この装置では2個）にて冷却される。図4には製品液の温度を7箇所で測定した例を示した。ヒーター1と2で加熱された製品液がホールディングチューブを通過し、クーラーから出てくるまでの製品液の温度変化が見て取れる。殺菌値（$F_0=t\times 10^{\frac{Ti-121.1}{10}}$）を計算する際に用いる殺菌温度（Ti）はどこの温度を採用すればよいだろ

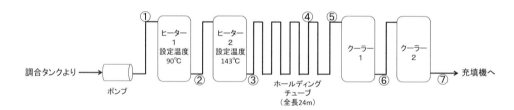

図中の番号	①	②	③	④	⑤	⑥	⑦
測定箇所	ヒーター1手前	ヒーター1出口	ホールディングチューブ入口	ホールディングチューブ途中	ホールディングチューブ出口	クーラー1出口	クーラー2出口
製品液の温度	21.9℃	90.0℃	141.9℃	139.1℃	137.1℃	73.7℃	30.4℃

図4 UHT殺菌機の模式図と殺菌中の製品液の温度分布

研究開発用の小型UHT殺菌機を用い、殺菌中の製品液の温度を測定した。製品液の温度はある時点における測定結果を示したものであり、殺菌中は常に変動している。

[*4] 基準温度が中途半端な数値に見えるが、華氏表示にすると切りの良い数値となっていることがわかる。121.1℃は250°F、93.3℃は200°F、65℃は約150°Fである。

[*5] 上記以外にも、文献2) 3) では規格基準で示された85℃の殺菌温度に対してz値=8℃を用いている。

[*6] ヒーター内部における昇温時の殺菌効果が十分に大きい場合、これを考慮して殺菌値を出す考え方もあるが[7]、十分な専門知識を持って行う必要がある。

うか？図4に例示した数値を用いて F_0 値を試算してみよう。なお，ここでは殺菌時間を0.8分とする。

ホールディングチューブの入り口（図4の③）における製品液の温度を用いると T_i=141.9℃なので，

$$F_0 = 0.8 \text{分} \times 10^{\frac{141.9-121.1}{10}} \approx 96.1 \text{分}$$

ホールディングチューブの出口（図4の⑤）における製品液の温度を用いると T_i=137.1℃なので，

$$F_0 = 0.8 \text{分} \times 10^{\frac{137.1-121.1}{10}} \approx 31.8 \text{分}$$

このように，少しの温度差でも F_0 値に大きな差がつく。もしホールディングチューブ入り口の温度を殺菌工程全体における製品温度としてしまうと，かなりの過大評価となることがわかる。これを避けるため，殺菌温度 T_i はホールディングチューブ出口で測定した製品液の温度を使用する。

3.5 殺菌値計算に用いる殺菌時間をどうやって求めるか

引き続き，熱交換器を例に殺菌時間をどのように求めるかを考える。先に述べたように，製品液が高温で保持されたままホールディングチューブを通過する間を殺菌工程と捉える。したがって殺菌時間は，製品液がホールディングチューブの入り口から出口に至るまでにかかる時間（保持時間）である。保持時間はホールディングチューブの長さを製品液の速さ（流速）で割ればわかる。

$$\text{ホールディングチューブの保持時間（分）} = \frac{\text{ホールディングチューブの長さ（m）}}{\text{製品液の流速（m/分）}} \tag{9}$$

ところが，日常の工程管理で測定しているのは製品液の流量（単位時間に流れる体積）であって，流速（単位時間に進む距離）ではない。そこで，次の関係式を利用する。

流量（m³/分）= 流速（m/分）× ホールディングチューブの断面積（m²）

これを書き換えると，

$$\text{流速（m/分）} = \frac{\text{流量（m}^3\text{/分）}}{\text{ホールディングチューブの断面積（m}^2\text{）}} \tag{10}$$

流量は殺菌工程中に測定した実測値を用い，断面積は配管の仕様からわかるので上式から流速が算出できる。

（例9）長さ24mのホールディングチューブを流れる製品液の流量を測定すると，2.5 L/分であった。また，ホールディングチューブ出口の温度は137.1℃であった。ホールディングチューブの断面積は81.7 mm²（Φ10.2 mm）である。式（10）を用いて流速を求めると次のようになる。

流量=2.5 L/分=2.5×10^{-3} m³/分，断面積=81.7 mm²=81.7×10^{-6} m² なので，

$$\text{流速} = \frac{2.5 \times 10^{-3} \text{（m}^3\text{/分）}}{81.7 \times 10^{-6} \text{（m}^2\text{）}} \approx 30.6 \text{ m/分}$$

さらに，式（9）を用いて保持時間を求めると次のようになる。

$$\text{保持時間} = \frac{24\text{ m}}{30.6\text{ m/分}} \approx 0.8\text{ 分}$$

したがって， $F_0 = t \times 10^{\frac{Ti-121.1}{10}} = 0.8\text{ 分} \times 10^{\frac{137.1-121.1}{10}} \approx 31.8\text{ 分}$

最後に，上記計算は平均流速をもとにしていることを指摘しておく。実際の配管中の液体流動の様子は複雑である[8) 9)]。ホールディングチューブの中を製品液が均一な流速で流れているわけではない。平均流速よりも早く流れる製品液も存在すると考えられ，その場合の保持時間は短くなるので殺菌値もより小さな値となる。配管内の製品液の速度を正確に把握することは困難なため，配管内の製品液が層流であると仮定し，その最大流速を用いる方法が提案されている[10)]。その場合，最大流速＝2×平均流速なので先程の計算例で保持時間は1/2となり，F_0値も半分の15.9分となる。

4　おわりに

本稿では，飲料製造における重要な殺菌手段である加熱殺菌の理論面について，学術的な知見を理解した上で現場に活かせるような記述となるよう努めた。その反面，より深く厳密な専門的議論には踏み込んでいないので，参考文献にも是非あたっていただきたい。また，微生物そのものの話題に触れる余裕もなかったので，参考文献4) 11) 12) を挙げておく。

文　献

1) 松田典彦, 藤原忠：容器詰食品の加熱殺菌（理論および応用）第3版第9刷, 日本缶詰協会. (2013).
2) 一般社団法人全国清涼飲料工業会監修：清涼飲料水のHACCP　衛生管理計画の作成と実践, 中央法規出版. (2015).
3) 一般社団法人全国清涼飲料連合会：清涼飲料水の製造における衛生管理計画手引書, 厚生労働省HACCPの考え方を取り入れた衛生管理のための手引書
　　（https://www.mhlw.go.jp/content/11130500/000398573.pdf）
4) 山本茂貴監修：現場必携　微生物殺菌実用データ集, サイエンスフォーラム. (2005).
5) J.R. Esty and K.F. Meyer: *J. Infect. Dis.*, **31**, 650 (1922).
6) トリビオックス　ラボラトリーズ：ThermoKill Database（加熱殺菌データベース），
　　https://www.tribiox.com/
7) 設楽英夫ほか：化学工業論文集, **17**, 220 (1991).
8) 植田利久, 日本食品工学会編集：食品工学, 57-66, (2012).
9) 戸塚英夫：日本食品工学会誌, **3**, 47 (2002).
10) 戸塚英夫, 社団法人日本缶詰協会編集：缶・びん詰め, レトルト食品, 飲料製造講義Ⅰ（総論編），日本缶詰協会. 638-652, (2002).
11) 渡部一仁ほか編集：微生物胞子－制御と対策－, サイエンスフォーラム. (2011).
12) 宮本敬久監修：清涼飲料水における芽胞菌の危害とその制御, 国際生命科学研究機構. (2011).

第3章 飲料の殺菌技術

第2節

加熱殺菌設備

岩井機械工業株式会社　小久保　雅司

1　はじめに

　殺菌処理は飲料製品中の病原菌，および保存性に悪影響を及ぼす細菌を死滅させる目的で行われる。製品の安全性，保存性確保のために重要な工程である。殺菌方法は加熱殺菌と，薬剤や紫外線などによる冷殺菌の2つに分類されるが，前者は古くから現在に至るまで最も一般的な方法で，殺菌方法の中核となっている。本稿では加熱殺菌に用いられるさまざまな熱交換器の構造・特徴・殺菌事例，および殺菌設備の管理ポイントについて記述する。

2　各種加熱殺菌設備

　液体食品向けの加熱殺菌方式はバッチ式と連続式に大別されるが，処理量の多い飲料設備では専ら連続式が用いられている。連続式殺菌にはさまざまな加熱方式がある。熱交換器を使用して熱媒体で間接的に製品を加熱する方式（間接加熱式），熱媒体と製品を直接接触させて加熱する方式（直接加熱式），ジュール熱やマイクロ波により製品を加熱させる方式などである。これらを単独，またはそれぞれの長所を生かして複数種類組み合わせて殺菌設備として構成する。飲料向けの加熱方式には，熱回収率が高くさまざまな商品を処理できる間接加熱式，熱ダメージが少なくロングラン運転に適した直接加熱式が広く使用されている（図1）。

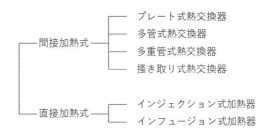

図1　殺菌設備に用いられる主な熱交換器

2.1　プレート式殺菌設備
2.1.1　構造，特徴
　プレート式熱交換器は薄い金属板（プレート）を重ね合わせた構造となっている。1枚おきに高温流体と低温流体を流し，熱交換を行う（図2）。プレートには波形をプレス加工し，乱流を与えて伝熱効率を高めている。波形には平行波形，ヘリンボーン波形などがある（図3）。

前者は間隙保持接点数が少ないため焦げ付きが少なく圧力損失が低い，後者は伝熱係数・耐圧性が高いなどの特徴がある。

プレート式熱交換器は伝熱面積の大きさに比して設置面積が小さく，各種の熱交換器の中で最もコンパクトなタイプである。また，流路の組み換えが容易で能力の変更

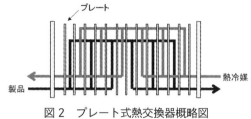

図2　プレート式熱交換器概略図

がし易い。製品と製品の熱交換も可能のため熱回収率が高く，牛乳 UHT 式殺菌設備の場合は93% 程度の高い熱回収ができる。設備費も安価で，最も広く使用されている。

一方で接点部に亀裂・ピンホールが生じやすい，流速が遅く接点部が焦げ付きやすいためロングラン運転に不向き，パッキン接液面積が大きくメンテナンス・着香の点で不利などの短所もある。

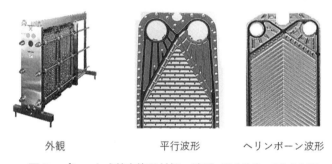

外観　　　　　平行波形　　　ヘリンボーン波形

図3　プレート式熱交換器外観，波形（岩井機械工業株式会社）

2.1.2　処理液

プレート式熱交換器は流路を広げれば高粘度液も流せるが，殺菌設備は流路が長く圧力損失が大きいため，数百 mPa·s までの低粘度液に用いることが一般的である。また固形物や繊維を含んだ製品はそれらが接点部に残留しやすいため，処理できる大きさに限界がある。プレート式熱交換器の代表的な処理液は牛乳，加工乳，乳飲料，ジュース，茶類などである。

2.2　多管式殺菌設備
2.2.1　構造，特徴

多管式熱交換器は熱冷媒を流した外管（シェル）の中に製品を流すための伝熱管（チューブ）を複数通した構造の熱交換器である。一般にシェル＆チューブとも呼ばれている。細いチューブにより流路が並列になっているマルチフロー型と，流路が直列構造となっているシングルフロー型に大別される（図4）。前者はチューブをコルゲート形状にして，より高い伝熱効率を得ることができる。後者はより高粘度製品，大型固形物入り製品に適している。

パッキン点数が少ないためメンテナンス性に優れ，着香が少ない。プレートと異なり接点がないため焦げ付きにくく，ロングラン運転に適している。また製品通液部は単純な配管構造のため液置換性が良い。

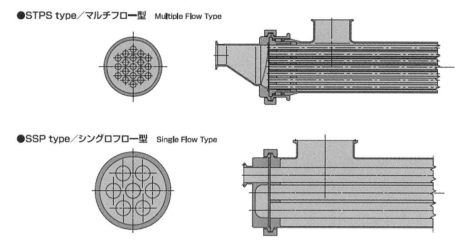

図4　多管式熱交換器断面図（岩井機械工業株式会社）

　熱冷媒を流すためのシェル内を研磨し，デッドレグを小さくするなどしてサニタリ性を高め，製品と製品の熱交換を可能にしたタイプもある。ただしチューブに比べてシェル側の流速が遅く構造が複雑なことから，焦げ付きやすい製品が適さない場合がある。製品どうしの熱交換ができない品種の場合，熱回収は冷却セクションの温水排熱を加熱セクションで再利用することによって行われる。アセプティック飲料向け滅菌設備でこのようにして熱回収した場合，熱回収率は85%程度である。設置面積はプレート式に比べると大きい。

2.2.2　処理液

　処理量の多いロングラン運転を求める製品に適している。着香が少ないためフレーバーを含む製品にも使用されている。メンテナンス性にも優れているため，マルチフロー型は各種飲料製品に広く使われている。

　固形物・繊維入り製品にも使用できる。流せる大きさはチューブのサイズによるので，シングルフロー型はより大型の固形物・繊維に適している。なお長い繊維を含む製品をマルチフロー型に流す場合，入口の管板部のチューブ間で繊維がブリッジを起こすことがあり，CIPを行っても残留するリスクがあるので注意を要する。

　代表的な処理製品はジュース，茶類，スムージー，固形・繊維入り製品などがある。

2.3　多重管式殺菌設備

2.3.1　構造，特徴

　径の異なる配管を多重構造にした熱交換器である。最もシンプルな構造のものとしては熱冷媒を流す外管と製品を流す内管による二重管がある。これは加熱・冷却目的のみならず，殺菌設備保管管の保温用などに用いることもある。高粘度製品を冷却すると内管中心部だけが液走りする現象（中抜け）が生じることがあり，この場合は意図した熱交換ができない。これを解消するため三重以上の構造にした多重管がある。

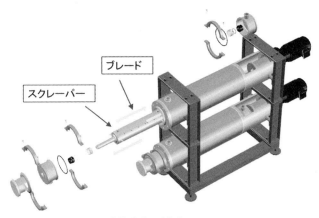

図5 掻き取り式熱交換器構造図（岩井機械工業株式会社）

2.3.2 処理液

代表的な処理製品はフルーツソース，ジャム，固形・繊維入り製品などがある。

2.4 掻き取り式殺菌設備

2.4.1 構造，特徴

掻き取り式熱交換器は二重管式熱交換器の内面をスクレーパーに取り付けられたブレードで数百rpmで掻き取る事により，伝熱係数を向上させ，製品の焦げ付きを防ぐ構造になっている（図5）。固形物入り・高粘度の製品，焦げ付きやすい製品に適しているが，構造が複雑で伝熱面積当たりのコストが高い。少量処理の高付加価値製品に適した熱交換器である。

2.4.2 処理液

ポンプで安定的に送液できる流体であれば処理できるため高粘度製品に対応できる。固形物入り製品にも対応しているが，ブレードによる破損が生じることがあるので注意を要する。

代表的な製品は濃縮原料，ソース，ジャム，フラワーペースト，ねり商品など，液体食品が中心で，飲料製品への適用はほぼない。

2.5 直接加熱式殺菌設備

2.5.1 構造，特徴

直接加熱式は蒸気と製品を直接接触させることにより所定の温度まで加熱する方式である。熱交換器により加熱する間接式熱交換器に比べ，極めて短時間で昇温できるため製品への熱的ダメージが少ない。直接加熱式と間接加熱式であるプレート式熱交換器の高温域の熱履歴を比べると図6のようになる。本例では直接加熱式の80℃以上の領域の滞留時間は，プレート式の1/15程度に収まる。

蒸気が製品への加水となるため，冷却する際には減圧したタンク内に製品を噴射し，加水分を蒸発させる蒸発冷却装置を用いることが一般的である。熱回収率は低いため，製品への加熱影響の少ない低温域（蛋白変性域の75～85℃まで）はプレートなどの間接加熱方式を用いる

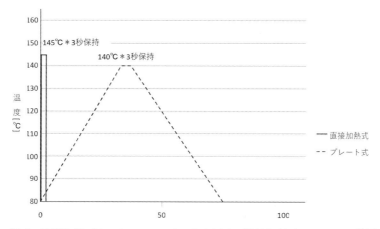

図6 直接加熱（インジェクション式＋蒸発冷却），間接加熱（プレート）の熱履歴比較

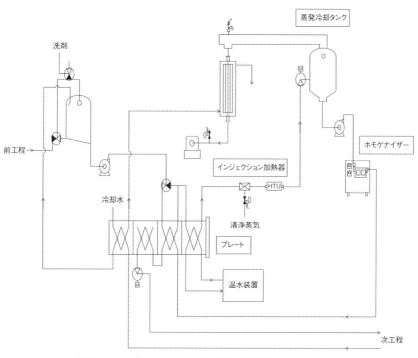

図7 インジェクション式殺菌設備概略フローシート

のが一般的である。殺菌設備としての構成は図7のフローシートのようになる。

　直接加熱式には製品中に蒸気を吹き込むインジェクション式と，蒸気中に製品を噴射するインフュージョン式がある（図8）。インジェクション式は構造がシンプルで小型であるが，蒸気と製品の混合にムラが生じる可能性があり，そのため加熱器出口部の焦げ付きの懸念がある。インフュージョン式はタンク内に飽和蒸気を充満させ，その中に製品を噴射する方式である。インジェクション式に比べて撹拌の少ない緩やかな加熱ができるが，タンクを用いる方式

- 133 -

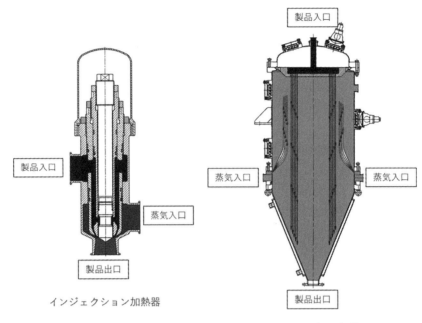

図8 直接加熱器構造図（岩井機械工業株式会社）

であるため設備としては大型になる。

2.5.2 処理液

熱回収率は間接加熱に比べて劣るため，風味を追求する高付加価値製品，間接加熱よりもロングラン運転を求める製品（焦げ付きやすい製品）に用いられる。インジェクション式の場合は高粘度製品・固形物入り製品には対応できない。また蒸発冷却タンクと組み合わせることが多いため香気の揮発があり，それを好まない製品には適さない。

代表的な処理液としては豆乳，植物性クリーム，フラワーペーストなどがある。

3 加熱殺菌設備の管理ポイント

一般の設備同様に，殺菌設備もリスクを分析した上で管理ポイント・管理基準を規定することが求められるため，管理は一様ではない。しかし加熱殺菌設備においてはその目的上，殺菌加熱温度・保持時間（流量）が管理され確実な殺菌が行われていること，二次汚染のないようCIP，SIPなどの工程が管理されていることが必須条件である。また設備が正常に機能するためのメンテナンスも欠かせない。以下に一般に行われている殺菌設備の管理のポイントについて説明する。

3.1 CIP，SIP工程の管理ポイント

①CIPによって確実な洗浄が行われていることを管理するため，CIP時の流量，温度，洗剤濃

度，洗浄時間の管理を行う。これらの適正値は設備導入時に，最も焦げ付きやすい製品などワーストケースで検証し，それを管理基準とする。しかし運転条件が変わったときにも管理基準の適性を再度検証し，過不足があれば管理基準を変更する必要がある。運転条件変更とは例えば以下のような事項である。

・製造品種・殺菌温度の変更，処理量の増加（製造時間の延長）
・洗剤種類の変更

②洗剤の種類によってはステンレスの腐食，ガスケット・パッキンの劣化を招くことがある。それらの材質選定は処理製品のみならず，使用洗剤にも適性を持ったものを選定する必要がある。

③CIP終了後には異物捕捉用のフィルターの点検を行う。ガスケット・パッキンの破片などが捕捉されていたら，上流に遡って異物発生源を特定し処置を行う。

④センサー取付部など，設備には配管のデッドレグがある。SIPには熱水殺菌と蒸気殺菌があるが，特に蒸気殺菌においてはデッドレグがコールドポイントとなりやすい。デッドレグを最小とし，ドレン溜まりの発生個所は避けるよう配管を構成する。かつ設備導入時に表面温度計によりSIPでデッドレグが所定の温度まで上がることを確認し，機器殺菌の確実性を担保する必要がある。

3.2 プロセス運転の管理ポイント

①殺菌部の保持管は放熱による温度低下を少なくするため保温する。また殺菌温度は殺菌部出口，保持管出口の両方の温度管理を行う。保持管出口温度は連続式の記録計によって記録されている必要がある。

②殺菌温度同様に殺菌保持時間も重要な管理ポイントである。殺菌設備系内の流量が上振れすると保持部の通過時間，即ち殺菌保持時間が短縮されるため，意図した殺菌効果を確保できない。このため流量監視は重要な管理ポイントである。

なお配管内の流速は均一ではない。配管中心の流速は管内平均流速よりも速くなるため，保持管を平均流速から計算した長さで設置すると中心部の流体は所定の時間を保持できない。この速度差は乱流，層流で異なるため，流体粘度・流速からレイノルズ数を計算した上で保持管の設計を行う必要がある（図9）。

③殺菌出口温度・保持管出口温度が基準値を逸脱したときには次工程への送液を停止するディバージョンバルブが作動しなければならない。この動作を担保するための日常管理が必要となる。しかし製造開始前に意図的に温度低下をすると，その後に再SIPが必要となり，実運

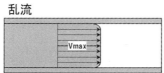
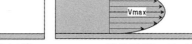

図9　保持管内の流速分布

用上著しく不都合である。このためこの管理手法は一様ではない。一例としては次のようなものがある。

　（例）当日の生産終了後に水運転でディバージョンバルブをフォワード状態にする → 温度低下を起こす → ディバージョンバルブが正常に動作することを確認する。

④チルド流通製品においては殺菌後の微生物増殖を防ぐため，冷却温度が管理基準以下となっているか管理する必要がある。

⑤製品・温水が100℃以上となる設備では沸騰抑制圧の管理がポイントとなる。運転圧力が殺菌温度の飽和蒸気圧を下回ると設備内で沸騰が起こり，殺菌温度低下，流量変動を起こすことがある。このため加熱する媒体温度の飽和蒸気圧以上の圧力がかけられていることを監視する必要がある。

⑥熱交換器ではピンホールにより熱冷媒の製品への混入，未殺菌製品の殺菌済製品への混入（クロスコンタミネーション）がリスクとなる。このため製品側圧力＞熱冷媒圧力，殺菌済製品圧力＞未殺菌製品圧力となるよう，安全背圧の管理を行う。安全背圧の目安は0.03MPa程度である。

⑦殺菌設備を安定的に運転するため，熱冷媒の流量・圧力の変動がないよう管理する。熱冷媒の変動は殺菌温度低下や冷却温度不足の原因となるほか，プレートなど熱交換器の早期劣化を招く原因となる。

⑧プロセス運転後，CIPを行う前に異物捕捉用のフィルターの点検を行う。ガスケット・パッキンの破片などが捕捉されていたら，上流に遡って異物発生源を特定し処置を行う。

3.3　メンテナンス

①殺菌温度，殺菌流量など，重点管理ポイントの計装機器は測定データ監視の妥当性を担保するため，定期的な校正を行う。校正は対象の計装ループ全体で行う必要がある。例えば殺菌保持管出口温度であれば，測温抵抗体，温度計測表示器，温度記録計など，測定・監視機器全体のループでの校正を行う。

②ガスケット・パッキン類など消耗品は劣化の進行度合いに応じて行うのが理想であるが，部品個々でメンテナンス周期が変わるため，一般的には時間基準での定期メンテナンスが基本となる。ただし同一の設備内でも，高温部の消耗品は交換周期を早めるなど，運転条件に応じて計画・実施する。温度帯に応じたプレート式熱交換器の交換推奨時間を表1に示す。実際には製品物性，洗剤種類などによっても劣化の進行速度は異なる。

③プレート式熱交換器は板厚が薄く接点部に亀裂，ピンホールが生じやすいため，浸透探傷試験による点検を行う。点検後の組付けにおいては序列間違いがないようプレート仕様書と現物の照合を行う。

④熱交換器が圧力容器に該当する場合は法規に基づく検査が必要となる（ボイラー及び圧力容器安全規

表1　プレートガスケット交換周期目安
（岩井機械工業株式会社）

ガスケット材質：EPDM，HNBR，
1日10H稼働した場合

温度範囲	推奨交換周期
140～145℃	2000～3000H
130～140℃	3000～4000H
100～130℃	4000～6000H
100℃未満	6000～9000H

則)。圧力容器の種別に応じて性能検査，自主検査を行わなければならない(表2)。

・性能検査：登録性能検査機関（ボイラー協会等）による本体の外観検査，安全弁の検査等
・自主検査：本体の損傷や，締付ボルトの磨耗等の外観目視検査

表2　圧力容器検査周期

圧力容器	自主検査	性能検査
第一種圧力容器	1ヵ月毎	1年毎
第二種圧力容器	1年毎	無し
小型圧力容器	1年毎	無し

第3章 飲料の殺菌技術

第3節

交流高電界殺菌法

サッポロホールディングス株式会社　井上　孝司

1　交流高電界殺菌法の原理と特徴

　交流高電界殺菌法とは，電気抵抗を持つ食品に一対以上の金属の電極を介して，その電極間に交流電源で電圧を印加すると食品内部を流れる電流とそれに逆らう電気抵抗により食品自身が自己発熱することを利用したジュール加熱（オーミック加熱）と高電界の印加によって微生物細胞内外の電位差でクーロン力が生じることを利用した電気穿孔（エレクトロポレーション）などによる微生物損傷の相乗効果によって，液状食品中の微生物を1秒以内の極短時間で殺菌できる技術である。

　具体的にはジュール加熱とは材料の両端に電圧（V）を印加した場合に材料内部に生じた電気勾配を，小さくしようとする力に従って電気を運ぶキャリアーの移動がおこる。このときに食品では，キャリアーが＋，－イオンであることや食品に含まれる成分の構造や不純物などにより電気抵抗（R）が生じる。この電気抵抗により運動エネルギーが熱エネルギー（P）に変換され，材料に流れる電流（I）とR，Vから下記により計算される法則である。

$$P = I^2 R = V^2 / R$$

　また，細胞の電気穿孔とは，細胞の種類や大きさにかかわらず，細胞1個当たり1V以上の電位差が与えられた場合，細胞膜の絶縁破壊が生じ，細胞膜に局所的な電気機械的な不安定性のために穴が開く現象を指し，細胞が死滅することが報告されている[1]。図1にジュール加熱および細胞の電気穿孔を示す。さらに，図2に交流高電界の殺菌モデルを示す。

　交流高電界殺菌の特徴としては，従来の加熱のみの殺菌に比べ電気機械的な殺菌作用も併せて微生物に損傷させ高い殺菌効果

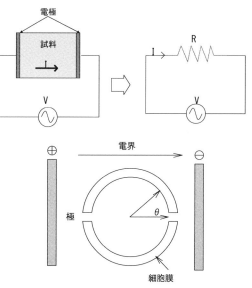

図1　ジュール加熱と電気穿孔
図上：ジュール加熱，図下：電気穿孔

第3章　飲料の殺菌技術

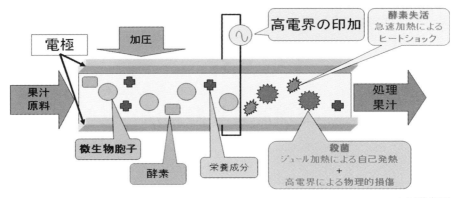

図2　交流高電界殺菌のメカニズム

＊口絵参照

を得ることができるため，従来の加熱殺菌のみの処理と比べると殺菌温度の低下や殺菌保持時間の短縮化の目的を達成することができる。それに伴い食品中に含まれる栄養成分や香りや色調および機能性成分などの減少や変化を抑制し，食品が本来有するおいしさを保持できる技術である。

　一方，狭い電極間を0.1秒以内といった極短時間に食品を昇温させ殺菌するため，被殺菌対象として大きな不溶性の固形物を含有する食品やジャムなどの粘度の高い食品および電気抵抗の小さい食品に対しては交流高電界殺菌に不向きなものとして例示できる。上記の理由として，固形物を含有する食品では1cm以下の電極間に通液するために固形物の最大直径が電極間距離に制約を受ける場合がある。また，粘度の高い食品では0.1秒以内に目的の温度にまで加熱（昇温）させるため，粘度が高くなると電極通過時の温度分布の偏差が大きくなり電極近傍の液体が高温になるなどの問題が生じる。図3に食塩水をモデルとした電極内部のシミュレーションとしてCFD解析した結果を示す。

　図3からもわかるように，125℃まで加熱すると電極出口での電極近傍と中心部で約15℃の温度差が生じる[2]。これは電極近傍と電極中心部で流速が異なることに起因し，粘度の高い液状食品になればなるほどこの流速差が大きくなり，電極内の通過時間に差が生じる。これにより，電極出口の電極近傍と中心部の温度差も大きくなる。このことが電極内部でスパークの発生などを誘発する。最後に電気抵抗の小さい食品では，交流高電界処理時に高い印加電界強度を得ることができず電気的な殺菌効果の作用を受けることができないためである。

2　交流高電界処理による芽胞菌に対する殺菌効果とその特性

2.1　Bacillus subtilis 胞子の交流高電界処理の殺菌特性

　食塩水をモデル食品として用いて Bacillus subtilis（B. subtilis）胞子の交流高電界の殺菌特性の解明を行った結果を図4に示す。115℃の同じ温度で比較した場合，印加電界強度が高くなるに従い殺菌効果は高くなる。また，材料中を流れる電流は，印加電界強度のように殺菌効果に影響を与えなかった[3]。さらに図5に処理温度の違いによる殺菌効果を示す。5kV/cm程

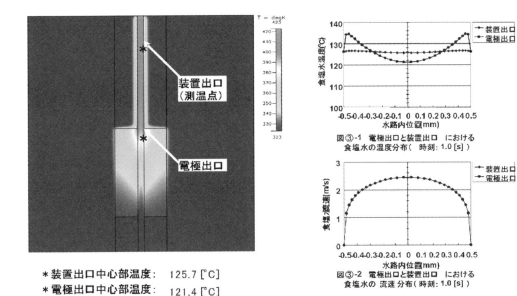

* 装置出口中心部温度： 125.7 [℃]
* 電極出口中心部温度： 121.4 [℃]

＊口絵参照

図3　CFDによるシミュレーション

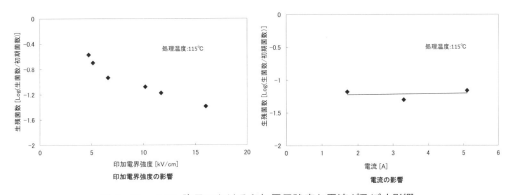

図4　B. subtilis 胞子における印加電界強度と電流が及ぼす影響

度と 10kV/cm 程度の約2倍の印加電界強度を変化させても、殺菌が開始される温度に変化が認められず、各温度での殺菌効果として印加電界強度が高い方が高い殺菌効果を示した。

次に、図6に115℃での処理時の電極内部の圧力が及ぼす影響について示す。電極内部の圧力として 0.4〜0.95MPa まで変化させた場合に、内部圧力が高くなるに従い殺菌効果が上昇し、0.6MPa 以上で安定的に殺菌できる[3]。これは、CFDによるシミュレーション結果から得られた電極近傍の温度が中心部に比べ高くなるため低い圧力の場合では電極近傍で沸点を超えることで気泡が発生し、発生した気泡が電流の流れを妨げるため安定的な通電処理を行うことができずに殺菌作用が低下したことが原因と考えられる。また、0.6MPa 以上に圧力を高くすることで電極内部の気泡発生を抑制し、B. subtilis 胞子を安定的に殺菌できるようになったと考えている。

第3章 飲料の殺菌技術

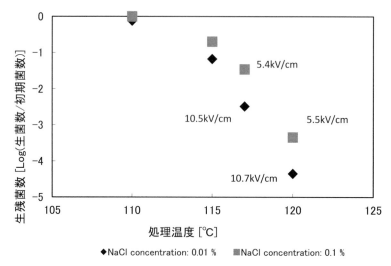

図5 *B. subtilis* 胞子における殺菌温度と電界強度の影響

2.2 各種微生物胞子の交流高電界殺菌効果

耐熱性微生物胞子としては,食品中の変敗の原因となる中温性の耐熱性菌 *Bacillus cereus* 胞子（*B. cereus*）と高温性の耐熱性菌である *Geobacillus stearothermophilus*（*G. stearothermophilus*）および耐熱性好酸性菌として *Alicyclobacillus acidoterrestris*（*A. acidoterrestris*）と *Alicyclobacillus acidocaldarius*（*A. acidocaldarius*）の表1

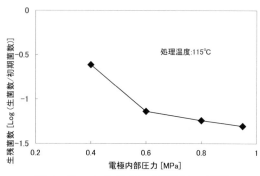

図6 *B. subtilis* 胞子の処理圧力の影響

に各温度に対する殺菌効果と表2に印加電界強度を変化させた場合に各種微生物胞子が死滅を開始する温度を示す。なお,印加電界強度として約2倍の印加電界強度を変化させている。

表1のように交流高電界による殺菌として,微生物毎に殺菌される温度が異なり,文献等の一般的に報告されている芽胞の耐熱性と相関するように交流高電界の処理温度も芽胞の耐熱性が高くなるに従い,高く設定する必要が生じる。また,表2より,微生物の殺菌が始まる温度は,印加電界強度を変えても変化せず微生物毎に殺菌が開始する温度が異なるため[3],対象とする微生物芽胞を用いて交流高電界よる殺菌特性データを取得し,殺菌条件を求める必要がある。

表1 各種微生物胞子の殺菌温度

microorganism	処理温度[℃]											
	103	107	110	113	115	117	120	125	130	140	145	148
B. cereus	×	△	○									
A. acidoterrestris	×	×	△	○								
B. subtilis					×	△	○					
A. acidocaldarius							×	△	○			
G. stearothermophilus									×	×	△	○

×:殺菌できない、△:10E2〜3程度の殺菌、○:10E4以上の殺菌

表2 各種微生物胞子の殺菌開始温度

microorganism	F-value [min]※	殺菌開始温度 [°C]	
		電界強度 高	電界強度 低
B. cereus	0.0065	97	98
A. acidoterrestris	0.0150	105	105
B. subtilis	0.0800	113	114
A. acidocaldarius	0.1000	118	118
G. stearothermophilus	14.0000	133	133

※文献等によるF値

2.3 交流高電界殺菌と従来加熱殺菌との殺菌効果の比較

　A. acidoterrestris 胞子を用いた場合での交流高電界殺菌の比較を行った結果を図7に示す。殺菌温度の逆数を横軸にプロットし，芽胞の生残菌数を縦軸にプロットしたアレニウスプロットによる死滅速度を求めた。結果として従来の加熱処理と比べ交流高電界処理の方が約30倍速い速度で A. acidoterrestris 胞子を殺菌できる[4]。これは，A. acidoterrestris 胞子を対象に殺菌を考えた場合に約1/30の時間で従来の加熱のみの殺菌と同等な殺菌効果を得ることが可能となる。

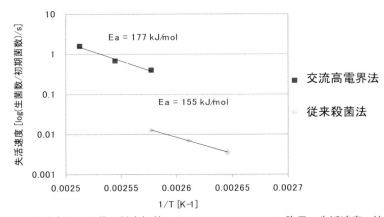

図7　交流高電界殺菌と従来加熱による A. acidoterrestris 胞子の失活速度の比較

3　交流高電界殺菌装置と管理ポイント

　交流高電界の殺菌装置の構成は，材料を連続的に送るポンプ部，高周波の交流を発生させる交流電源部，交流電界を材料に印加する電極部，発熱した被処理物を冷却する冷却部，および処理系内を一定圧力に保持する保圧部と必要に応じて材料の熱劣化がおこらない程度まで予備加熱する加熱部からなる。基本プロセスの構成図を図8に示す。基本的な装置構成として一般的なUHT殺菌のような連続加熱式の殺菌システムに交流高電界処理を行うための電極部と電極部に電界を印加するための電源を組み込んだ装置構成である。熱交換器としてプレート式やチューブラ式などの食品の熱交換に使用することができるものであれば使用可能である。

第3章　飲料の殺菌技術

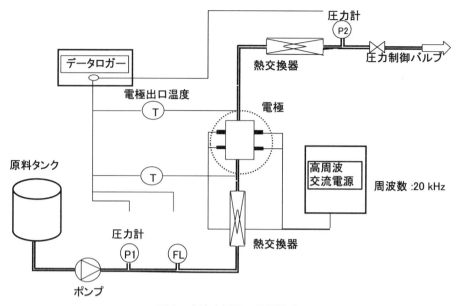

図8　交流高電界の装置構成

　さらに，用いる高周波としては使用する電極を腐食させ難い周波数として20kHzとし，電極材質としてチタニウム製の並行平板電極を選定している。これにより100%オレンジジュースを27時間連続運転した時の電極表面の状態を観察した結果，電極表面は腐食等の発生はなく，電極表面全体に酸化チタニウム層が形成されていた。20kHzの高周波でチタニウム製の金属を使用することで，食品製造に必要な連続運転とその耐久性を保持できる仕様になると考えている。

　また，本技術の特徴として，電極の通過時間（加熱時間）が0.1秒以内と短時間であるため，昇温速度が，実際には1000℃/s程度となる。極めて短時間で処理が完了し，昇温速度が速いことから，小さな流速の変動やポンプの脈流の発生が処理温度の大きなブレに繋がる。そのため，脈流を発生させない工程上の工夫や無脈流ポンプ等の選定が必要である。

　また，工程管理のポイントとして，従来の連続式加熱式の殺菌システムのモニタリング項目に加え印加する電圧や被殺菌物の電気伝導度もしくは電流値を稼働時に監視することが必要になる。さらに，処理中の電極のスパークの発生を防ぐことを目的に送液する流速や電極内の圧力を監視することが好ましい。

4　交流高電界の適応事例とその他殺菌以外への応用

4.1　交流高電界殺菌の適応事例

　交流高電界殺菌技術として，2014年よりポッカサッポロフード＆ビバレッジ株式会社が製造販売を実施している120ml，300ml，450mlのポッカレモン100と2016年より協同乳業株式会社が製造販売している200ml，500ml，1000mlの農協牛乳に使用されている。

　ポッカレモンに関しては，食品の品質劣化の要因である製造工程中の酸素や使用する原料水

中に含まれる酸素を可能な限り除去しながら交流高電界殺菌によってポッカレモン 100 を製造している。本ラインで製造された製品の効果として，図 9 に色調および加熱臭に対する影響および図 10 に還元型ビタミン C に及ぼす影響を示す。従来の加熱のみの殺菌に比べレモンの変色（褐変）を約 2/5 に，変化臭の発生を約 1/8 に抑制でき，機能性成分であるビタミン C を殺菌直後から製品の保存中でも多く残存させることができフレッシュなレモンジュースの提供ができることが報告されている[5]。

一方，牛乳においては加熱臭の発生や牛乳中のタンパクの変性が抑えられ，牛乳本来の香りやすっきりとした味わいの牛乳が提供できることが報告されている[6]。

4.2 交流高電界技術の殺菌以外への応用の可能性

交流高電界技術の殺菌以外への応用として食品中に含まれる酵素の失活へも応用可能である。ここでは，柑橘果汁でパルプの安定性に影響を与える酵素であるペクチンエステラーゼの交流高電界処理による失活についても解説する。柑橘果汁中に多く含まれるペクチンは保存中に果実中に存在したペクチンエステラーゼによって分解されるため，混濁（パルプ）の沈殿が

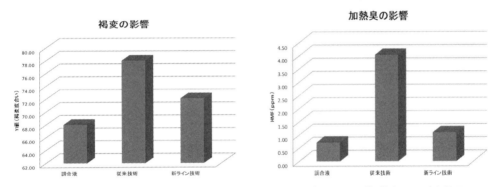

図 9 従来技術と交流高電界ラインで製造した場合での色調および加熱臭に及ぼす効果

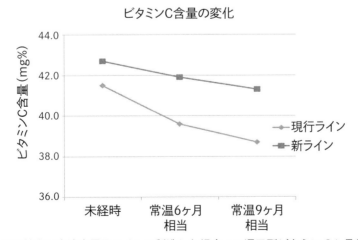

図 10 従来技術と交流高電界ラインで製造した場合での還元型ビタミン C に及ぼす影響

生じることで品質が低下するという問題を発生させる[7]。このため果汁を含む加工食品では本酵素が残存しないように製造する必要があり，本酵素活性を有しない原料等を用いてジュース等の食品を製造している。

そこで筆者らは，代表的な柑橘であるレモンを用いてペクチンエステラーゼ活性が交流高電界処理によりどのような影響を与えるのかを明らかにしてきた。具体的には，非加熱のレモン果汁を用いて交流高電界と同じ温度で電子レンジ加熱した場合および温浴中で加熱した場合の残存するペクチンエステラーゼ活性を検討した結果を図11に示す。処理時間および冷却までの保持時間が交流高電界処理の方が極めて短いにも関わらず残存する酵素活性が，電子レンジ加熱や温浴加熱とほぼ同程度であった。これは，交流高電界で処理することで効率的に酵素を失活させることができ，酵素失活時の品質劣化の抑制にも応用可能であることが示唆される。なお，交流高電界処理による酵素失活は，電気的な作用による酵素失活ではなく，電子レンジや温浴加熱に比べ交流高電界処理は昇温速度が速く加熱時間が短いことが効率的な酵素失活に寄与していることを明らかにしている[8]。

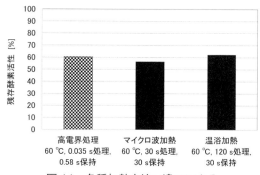

図11　各種加熱方法の違いによるペクチンエステラーゼの残存活性の比較

5　おわりに

食品の製造にとって最も大事なことは安心・安全を確立し，お客様へ安心・安全な商品をお届けすることである。とりわけ食品においては，微生物的な安全性を確保することが最重要であることはいうまでもない。一方，液状食品では内用液pHや保存温度により食品衛生法で加熱殺菌の基準が定められているため，基準以上の殺菌処理が製造販売を行ううえで必要不可欠である。本交流高電界技術は，加熱を伴う処理であるため食品衛生法に定められた基準を満たしながら，お客様の求める食品が本来有するおいしさを保持しながら高品質で安全な食品を提供できる技術の1つと考えている。

文　献

1) U. Zimmermann and R. Benz.: *J. Membrane Biology*, **53**, 33, (1980).
2) 植村邦彦, 小林功, 井上孝司, 中嶋光敏：食総研報, **71**, 21, (2007).
3) 井上孝司, 河原（青山）優美子, 池田成一郎, 土方祥一, 五十部誠一郎, 植村邦彦：日本食品工学会誌, Vol.8, 3, 123, (2007).
4) K. Uemura, I. Kobayashi and T. Inoue: *Food Sci. Technol. Res.*, **15**, 3, 211 (2009).
5) 井上孝司, 大澤直樹, 平光正典：生物と化学, Vol.53, 5, 1 (2015).

6) https://www.meito.co.jp/nokyo-milk/
7) 三浦洋ら：最新果汁・果実飲料事典，（社）果汁協会監修，朝倉書店．p46, 92,（1997）．
8) 井上孝司，河原（青山）優美子，池田成一郎，五十部誠一郎，植村邦彦：日本食品科学工学会誌，Vol.54, 4, 195（2007）．

第3章 飲料の殺菌技術

第4節

低加圧二酸化炭素マイクロバブル殺菌法

日本獣医生命科学大学　小林　史幸

1 はじめに

　液体食品の殺菌は加熱殺菌が一般的であるが，多くの非加熱殺菌技術が研究・開発されている。その中で，加圧二酸化炭素（超臨界二酸化炭素）を利用した殺菌が開発され[1]，国内においても1990年代から研究が始まり[2,3]，今日まで続いている。筆者も長年，超臨界二酸化炭素を用いた殺菌の研究を行ったが，食品を殺菌した際の香気の損失および高圧に伴う装置コストの高価格化・装置部品の劣化を懸念していた。そこで，マイクロバブル技術を利用することで臨界圧力よりも低い圧力下で効率的に二酸化炭素を利用できる低加圧二酸化炭素マイクロバブル（CO_2MB）殺菌法を考案した[4,5]。

　本稿では，CO_2MB装置の概要，CO_2MBによる飲料殺菌事例ならびにCO_2MBによる殺菌メカニズム解明の現状について解説する。

2 低加圧二酸化炭素マイクロバブル装置

　CO_2MB装置の概略図を図1に示す。まず，混合槽内に殺菌対象溶液を入れ，ヘッドスペースにCO_2を入れて目的の圧力まで加圧し，CO_2MBを循環ポンプにより試料を循環させつつCO_2をMB発生装置を介して供給することにより発生させる。試料中のCO_2MBが飽和に達した時点で定量ポンプにより試料を加温処理槽（コイル状配管）に送液し，背圧弁から回収する。場合によっては，加温処理槽の後に冷却処理槽（コイル状配管）を設けて，試料を冷却して回収する。

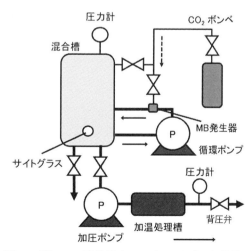

図1　低加圧二酸化炭素マイクロバブル殺菌装置の概略図

第3章 飲料の殺菌技術

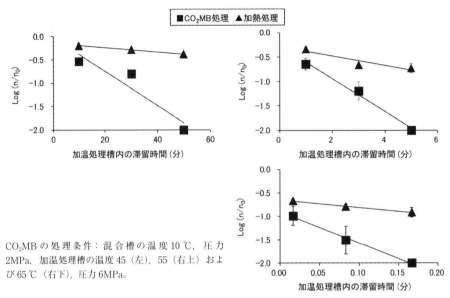

CO_2MB の処理条件：混合槽の温度 10 ℃，圧力 2MPa，加温処理槽の温度 45（左），55（右上）および 65 ℃（右下），圧力 6MPa。

図2 CO_2MB および加熱処理による生酒中の α-グルコシダーゼの失活

3 飲料の殺菌事例

3.1 清 酒[6]

発酵を終えた後の清酒中には火落菌と呼ばれる乳酸菌および麹が生産する酵素が残存し，品質低下を招くため，通常，清酒は 65 ℃ で 3 分程度の加熱処理を施している。しかしながら，この熱により少なからず生酒本来の新鮮な香味が損なわれる。そこで，CO_2MB を用いて生酒の殺菌および酵素失活を行った。生酒中の火落菌は素早く死滅したため，α-グルコシダーゼを指標として最適処理条件を検討した。その結果，生酒中のα-グルコシダーゼは CO_2MB の加温処理槽の温度 45，55，65 および 75 ℃ において 50 分，5 分，10 秒および 1 秒以内にそれぞれ失活した（図2，75 ℃ は 1 秒以内に失活したためデータなし）。これらの CO_2MB 処理清酒の官能評

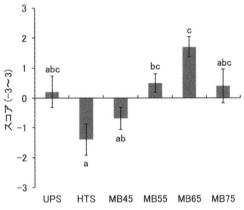

図3 CO_2MB 処理清酒の官能評価

CO_2MB の処理条件：混合槽の温度 10 ℃，圧力 2MPa，加温処理槽の温度 45，55，65 および 75 ℃，圧力 6MPa。
UPS：生酒，HTS：65 ℃ で 3 分間加熱処理した清酒，MB45，MB55，MB65 および MB75：加温処理槽の温度 45 ℃ で 50 分間，55 ℃ で 5 分間，65 ℃ で 10 秒間および 75 ℃ で 1 秒間 CO_2MB 処理した清酒。
官能評価は 10 名のパネリスト（22～61 歳，男女比 1：1）により，7段階評価法（3：非常に良い～-3：非常に悪い）を用いて実施した。
異なる英小文字は Turkey-Kramer 法における有意差を示す（$p > 0.01$）。

価の結果，65 ℃ で CO_2MB 処理した清酒の香味が最も優れていることが明らかとなった（図3）。この条件をもとに，旭酒造株式会社に連続式 CO_2MB 装置を導入し，2016 年から CO_2MB 処理した清酒 "獺祭早田" の製造・販売を行っている。

第4節　低加圧二酸化炭素マイクロバブル殺菌法

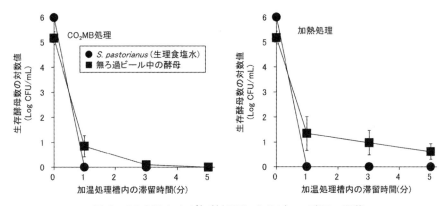

図4　CO₂MB および加熱処理によるビール酵母の殺菌

CO₂MB の処理条件：混合槽の温度5℃，圧力2MPa，加温処理槽の温度50℃，圧力4MPa。加熱処理の温度：80℃。

3.2　ビール[7]

　ビールは通常，ろ過により醗酵に用いた酵母や固形分を取り除いているが，近年，クラフトビールのような独特な香味を持つビールが酵母が残存した状態で出回っている。しかしながら，このようなビールは酵母が生きているため常温での流通・貯蔵はできない。そこで，CO₂MB を用いて無ろ過ビール中の酵母を殺菌し，品質評価を行った。その結果，CO₂MB により生理食塩水中のビール酵母（*Saccharomyces pastorianus*）および無ろ過ビール中の酵母は共に，50℃の加温処理槽内の滞留時間1分以内に著しく減少した（図4）。無ろ過ビール中の酵母は50℃で5分間の CO₂MB により殺菌可能であり，加熱により同程度の殺菌効果を得るためには80℃必要であった。この CO₂MB ビールの官能評価を行った結果，加熱処理ビールよりも新鮮さが残ったが，苦味が低下した（図5）。苦味を表す苦味価は CO₂MB 処理ビール

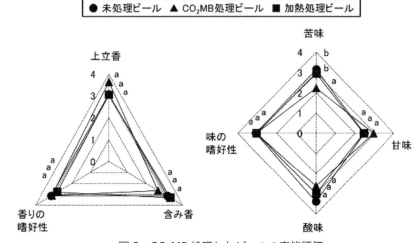

図5　CO₂MB 処理したビールの官能評価

CO₂MB の処理条件：混合槽の温度5℃，圧力2MPa，加温処理槽の温度50℃，圧力4MPa，滞留時間5分。
加熱処理の処理条件：温度80℃および滞留時間5分。
官能評価は22名のパネリストにより，5段階評価法（4：非常に良い〜0：非常に悪い）を用いて実施した。
異なる英小文字は Turkey-Kramer 法における有意差を示す（p＞0.01）。

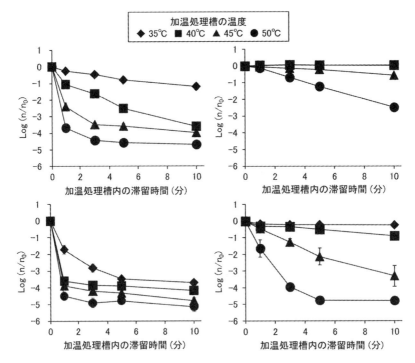

図6　CO_2MBによる生理食塩水(右)およびUHT乳(左)に懸濁した*E. coli*の殺菌

CO_2MBの処理条件：混合槽の温度10℃，圧力1（上）および2MPa（下），加温処理槽の温度35, 40, 45および50℃，圧力4MPa。

で有意に減少しており，この現象はイソフムロンなどの苦味物質がMBに吸着し，ビールから取り除かれたと示唆した。

3.3　牛　乳[8)]

牛乳の殺菌は食品衛生法により加熱殺菌しか認められていないが，CO_2MBの殺菌効果が牛乳のような高タンパク質・高脂質飲料に対してどのような影響を受けるかを検討した。まず，生理食塩水および市販の超高温短時間殺菌（UHT）乳に大腸菌（*Escherichia coli*）を添加してCO_2MBの

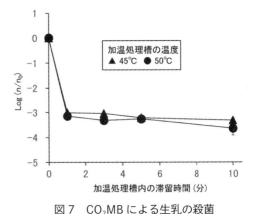

図7　CO_2MBによる生乳の殺菌

CO_2MBの処理条件：混合槽の温度10℃，圧力2MPa，加温処理槽の温度45および50℃，圧力4MPa。

殺菌効果を比較すると，明らかにUHT乳中で殺菌効果が低下した（図6）。よって，UHT乳中のタンパク質や脂質などの成分はCO_2MBの殺菌効果を減少させることが認められた。さらに，CO_2MBにより生乳中の一般細菌数は，処理直後に速やかに減少したが，その後はほとんど変わらなかった（図7）。また，CO_2MB処理後の牛乳中にはダマ状の凝集物が見られ，タンパク質が不溶化したと示唆した。

4 殺菌メカニズム解析の現状

4.1 殺菌効果[8)-13)]

CO$_2$MBの殺菌効果は処理条件（温度，圧力および処理時間）および溶液の組成（アルコール濃度，緩衝液の濃度・成分およびpH）に影響を受けることが明らかとなった。また，これまでに *E.coli*, *S. cerevisiae*, *S. pastorianus*, 火落菌 (*Lactobacillus fructivorans*)，ヨーグルトスターター用乳酸菌 (*L. delbruckii* subsp. *lactis*), *Micrococcus luteus*, フザリウム菌 (*Fusarium oxysporum* f.sp. *melonis*) の胞子および軟腐病菌 (*Pectobacterium carotovorum* subsp. *carotovorum*) に対するCO$_2$MBの殺菌効果を確認している。

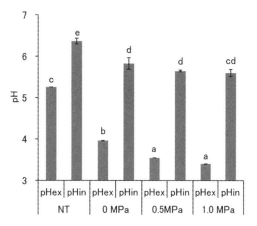

図8　10℃の混合槽のみを用いてCO$_2$MB処理したS. pastorianusの細胞内外のpH

異なる英小文字はTurkey-Kramer法における有意差を示す（p>0.01）。NT：未処理，pHex：細胞外pH（溶液のpH），pHin：細胞内pH。

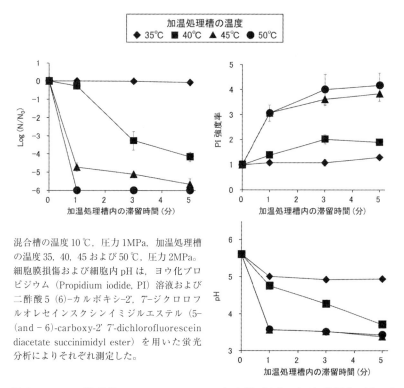

混合槽の温度10℃，圧力1MPa，加温処理槽の温度35，40，45および50℃，圧力2MPa。細胞膜損傷および細胞内pHは，ヨウ化プロピジウム（Propidium iodide, PI）溶液および二酢酸5 (6)-カルボキシ-2′, 7′-ジクロロフルオレセインスクシンイミジルエステル（5-(and－6)-carboxy-2′ 7′-dichlorofluorescein diacetate succinimidyl ester）を用いた蛍光分析によりそれぞれ測定した。

図9　CO$_2$MB処理後のS. pastorianusの生存数（左），細胞膜損傷（右上）および細胞内pH（右下）CO$_2$MBの処理条件

4.2 細胞膜損傷および細胞内酸性化[14)15)]

10℃の混合槽のみでCO_2MB処理した S. pastorianus の細胞内pHはほとんど減少しないが（図8），加温処理槽で加温することにより殺菌効果，細胞膜損傷および細胞内酸性化は有意に生じた（図9）。しかしながら，S. pastorianus の細胞内酸性化はCO_2MBの有無に関わらず45℃への加温により生じた（図10）。さらに，異なるpHの緩衝液に懸濁したS. pastorianus のCO_2MB処理後の生存数は，至適培地で測定するとpH低下に伴い減少したが，最小培地で測定するとほとんど変わらなかった（図11）。よって，S. pastorianus の細胞膜流動性は加温および溶存CO_2に影響を受け，細胞内へH^+およびCO_2を浸透させることが示唆された。

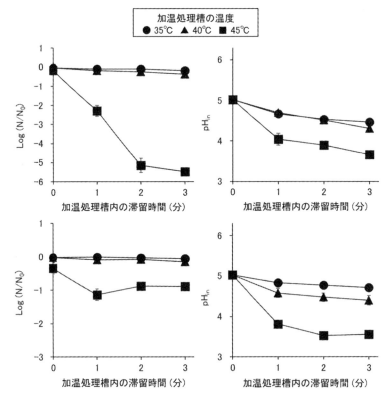

図10　pH3の緩衝液に懸濁したS. pastorianus のCO_2MB（上）および加温処理後（下）の生菌数（左）および細胞内pH（右）

CO_2MBの処理条件：混合槽の温度10℃，圧力1MPa，加温処理槽の温度35，40および45℃，圧力2MPa。
細胞内pHは図9と同様の方法で測定した。

5　おわりに

CO_2MBは従来の加熱処理よりも短時間で殺菌可能となることで熱による食品品質の低下を防ぐことが期待できるが，従来よりも強力なタンパク質の変性を引き起こすことから（これがCO_2MBの酵素失活効果），CO_2MBを用いる際には処理条件や飲料の種類などを検討する必要

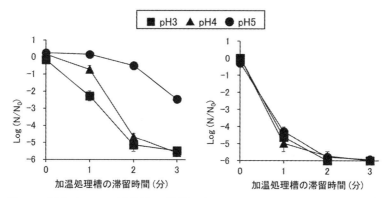

図11 異なるpHの緩衝液に懸濁したS. pastorianusのCO$_2$MB処理後の生菌数
左：至適培地（YM培地）で測定　右：最小培地（YNB培地）で測定
CO$_2$MBの処理条件：混合槽の温度10℃，圧力1MPa，加温処理槽の温度45℃，圧力2MPa。

がある。また，CO$_2$MBの殺菌メカニズムについてはまだ解明途中であり，今後の研究動向によってはさらなる発展が期待できる。

文　献

1) D. Fraser: *Nature*, **167**, 33 (1951).
2) K. Nakamura, A. Enomoto, H. Fukushima, K. Nagai and M. Hakoda: *BBB*, **58**, 1297 (1994).
3) 筬島豊：食品機械装置, **6**, 47 (2000).
4) 早田保義, 小林史幸：特許第5131625号.
5) 早田保義, 小林史幸：特許第5716258号.
6) F. Kobayashi, H. Ikeura, S. Odake and H. Sakurai: *J. Agric. Food Chem.*, **62** (48), 11722 (2014).
7) F. Kobayashi and S. Odake: *Food Bioprocess Technol.*, **8** (8), 1690 (2015).
8) F. Kobayashi, S. Odake, T. Miura and R. Akuzawa: *LWT – Food Sci. Technol.*, **71**, 221 (2016).
9) F. Kobayashi, H. Ikeura, S. Odake and Y. Hayata: *Innovative Food Sci. Emerging Technol.*, **18**, 108 (2013).
10) F. Kobayashi, M. Sugiura, H. Ikeura, K. Sato, S. Odake and Y. Hayata: *Sci. Hortic.*, **164** (17), 596 (2013).
11) F. Kobayashi, H. Ikeura, S. Odake and Y. Hayata: *LWT – Food Sci. Technol.*, **56** (2), 543 (2014).
12) F. Kobayashi, M. Sugiura, H. Ikeura, M. Sato, S. Odake and M. Tamaki: *Food Cont.*, **46**, 35 (2014).
13) F. Kobayashi and S. Odake: *Biotechnol. Prog.*, **34** (1), 282 (2018).
14) F. Kobayashi and S. Odake: *Food Cont.*, **71**, 365 (2017).
15) F. Kobayashi and S. Odake: *Biochem. Eng. J.*, **134**, 88 (2018).

第3章　飲料の殺菌技術

第5節

高圧殺菌法

国立研究開発法人農業・食品産業技術総合研究機構　山本　和貴
国立研究開発法人農業・食品産業技術総合研究機構　中浦　嘉子

1　食品高圧加工の概要

　食品加工には、熱的（thermal）・非熱的（nonthermal）の加工があり、非熱的加工の1つが、食品高圧加工（high pressure food processing）[1]である。高圧加工には、爆破、衝撃波等により極短時間で高圧力を印加する動的高圧加工（high dynamic pressure processing）と、徐々に圧縮した後に高圧力を比較的長く印加する静的高圧加工（high static pressure processing）とがある。後者のうち、水を圧力媒体とし、食品産業界で実用化されている技術は、高静水圧加工（high hydrostatic pressure processing）と呼ばれる。高圧加工を簡略的に「HPP（high pressure processing）」と呼ぶこともあるが、衝撃波による食品加工技術[2]と高静水圧加工との区別が必要である。

　食品高圧加工は、実用化提言[3]以降、1990年の高圧加工ジャム[4]の実用化を契機として発展し、加工技術として成熟しつつある。熱加工技術と比べると、未解明な現象が多いため、期待も高いが、解決すべき課題も多い。高圧加工は熱加工を代替するものではなく、その特徴を理解して活用する技術である。

　基礎および応用の両面から着目されてきた食品高圧加工の特徴は、均一かつ瞬時の圧力伝達、ウイルス・微生物の不活性化、栄養・香気・色素の各成分損耗抑制、食品高分子（澱粉、蛋白質等）の変性、液体含浸および気泡分散の促進、貝類・甲殻類の開脱殻等である[1]。とりわけ、農畜水産物の鮮度低下を抑えつつ安全性を確保する微生物不活性化が着目され、特に、細菌の不活性化[5]が産業的に重要である。世界的にも、果汁、ココナッツウォーター等の飲料の高圧加工品が、肉加工品と並んで、高圧加工食品市場での地位を不動のものとしている[6]。

2　留意すべき物理的因子

　食品高圧加工に特徴的な物理的因子として、圧力伝達、密度最大化、断熱圧縮・膨張に注意する必要がある。

2.1 圧力伝達

熱伝達は，熱伝導率に支配され，熱伝導率が高ければ早く，低ければ遅く熱が伝わる。熱容量（比熱）が大きければ，温まりにくく冷めにくい。特に水は，熱容量が約 4 J/g/K であり，蛋白質・脂質の約 2 J/g/K，炭水化物の約 1 J/g/K よりも高いため，食品成分の中でも温まりにくい。また，対象の形状，空隙の分散状態，熱伝導率の異なる成分の組成および分散程度にも影響される。

一方，圧力伝達は，圧縮率に支配される。食品中の空気，つまり空隙は，圧縮率が食品成分よりも遥かに高いので，その分散程度も影響する。食品においては，熱伝達と比べると，圧縮は極めて速いので，熱はゆっくり，圧力はほぼ瞬時に伝わるとも言える。それ故に，熱加工における加熱・冷却が不均一である一方で，圧力加工または高圧加工はほぼ均一である。「ほぼ」というのは，後述する断熱圧縮加熱および断熱膨張冷却に起因する不均一性による。

2.2 密度最大化

熱処理では，温度が高い程分子運動が活発になり，密度が低下するが，高圧処理では，分子運動が抑制されつつ，圧縮により密度が最大となり，生体高分子の巨視的・微視的な物理的変化が起こりうる。

巨視的には，気体の溶解が代表的である。気泡分散系においては，圧縮すると気体は液体に溶解して気泡が消失し，均一化する。例えば，PETボトル飲料内のヘッドスペースガスは，圧縮開始時に液体に溶解して消失し，ボトル内が均一な状態になってから高圧装置内の圧力が上昇し始める。ヘッドスペースガスが多すぎると，容器の変形・破損に繋がることもあり，しかも，圧縮に時間がかかるのみならず，高圧装置容器に高い充填率で食品容器を投入できなくなる問題があるので，最適化が必要である。

一方，微視的には，圧縮により，分子運動が制約を受けつつ，分子と分子との間にある空隙を埋めるように分子は詰め込まれる。特に蛋白質のような巨大分子では，分子内水素結合等が切れ，分子内の空隙が，各種分子により埋められ，元の立体構造が崩れ，変性が起こる。

2.3 断熱圧縮による加熱・断熱膨張による冷却

昇圧および減圧の際には，それぞれ断熱圧縮および断熱膨張による加熱および冷却がある。製品への断熱圧縮による加熱は，初発温度が高い程大きく，低温では約 2 ℃/100 MPa の温度上昇率が，約 80 ℃以上では 5 ℃/100 MPa になるとされる。昇圧速度にも依存するが，600 MPa まで加圧すると，10 ℃の初発温度が最高で 30 ℃前後に到達し，その後は容器への放熱と，減圧時の断熱膨張による冷却とで，再び 10 ℃近傍に戻る。製品の温度管理上，熱による食品の劣化を最小限にするためにも，高圧処理を実施する際には，循環恒温水等で冷却することが重要である。装置を低温室に設置して加工することもできる。また，圧縮率は，エタノール等では水より高いので，同じ昇圧速度で加圧しても，エタノール等の圧縮には時間がより必要であるし，断熱圧縮加熱がより顕著である点にも注意が必要である。さらに，圧縮率が大きい空気の混入による温度上昇が懸念されるが，食品は一般に含水率が高いので，上述のように，空気は加圧時に食品中の水に溶け込み，温度変化への寄与が著しく減少する。よって，

食品高圧加工における空気混入は，断熱圧縮による熱の発生よりはむしろ，圧縮時間の増加による加工処理回数の減少が問題となる。安く大量に作ることを使命とする食品加工においては，空気の混入は避けるのが賢明である。包装の仕方にもよるが，混入空気の食品との接触面積が小さい場合には，気体が食品に溶け込みつつも，包装容器に影響を及ぼす場合があることも考慮する必要がある。

3 留意すべき化学的因子

食品安全性を確保するためには，上述の物理的な各因子が関与することを踏まえ，化学的な側面から一般化可能な原則を把握する必要がある。物理的因子と化学的因子とは密接に関連しているため，密度最大化による水和促進および断熱圧縮・膨張しやすい分子種に注意しつつ，化学反応抑制，分子クラウディング，蛋白質変性，膜における変化，DNAの構造変化について，高圧力が及ぼす影響を把握する必要がある。

非熱的操作の高圧処理では，処理圧力600 MPaでの高圧処理が一般的であり，細菌，真菌類等の微生物の他に，ウイルスも不活性化できる。高圧処理による微生物またはウイルスの不活性化に影響する因子としては，蛋白質変性および細胞膜損傷がある。細菌細胞内外の化学反応が抑制されつつも，細胞内の生体高分子内／間に水分子，金属イオン等が浸入し，水和が促進され，蛋白質の解離・変性，脂質の相転移，DNAの構造変化等が誘導される。また，膜内外の成分均衡も崩れる。これら変化を1つの契機として，微生物細胞の活性が低下すると考える。

3.1 化学反応

熱的操作により食品を加熱すると，分子運動が活発になり，化学反応が促進され，色素，香気に関与する加熱生成物が生じたり，分子結合が切れて有用成分が失われたりする等，さまざまな化学反応が起きる。加熱生成物は，Maillard（マイヤール）反応により，独特な風味および色合いの元となり，時として，不快な加熱臭の原因になる。また，活発な分子運動の結果として，蛋白質のような巨大分子では，分子内・分子間の水素結合等が切断され，元の立体構造が崩れて変性が起こる。

一方，非熱的操作である高圧処理では，分子運動が抑制され，多くの化学反応は促進されないため，新鮮な風味の低下を最小とした加工ができる。

3.2 分子クラウディング

高圧処理では，物理的因子としての密度の視点が極めて重要であることから，分子クラウディング[7]の影響を考慮しなければならない。

生化学実験で取り扱う生体分子の濃度は，1〜10 mg/ml程度の希薄系であるが，細胞内は，DNA，蛋白質等のさまざまな分子および構造体が密に詰め込まれた濃厚系で，300〜400 mg/mlに達するとされる。この濃厚状態が，分子クラウディング（molecular crowding）である。細胞内では，生体分子の占有体積が大幅に減少して活量が増加する一方で，分子の運動・構造

が制約を受ける。それ故，希薄系では影響が少ない弱い相互作用でも，細胞内では重要な役割を担いうる。活量が増加していても，分子拡散速度が低下し，生体分子の結合反応・化学反応の速度が低下する可能性もある。特に，濃厚液体系での微生物不活性化を目的とする場合には，多くのモデル実験系で採用されている希薄液体系での結果と異なりうることに注意が必要である。

3.3 蛋白質変性
　熱処理では，分子運動の活発化による蛋白質の解離・変性があり，高次構造が破壊され，最終的にはランダムコイルになる。このような蛋白質の解離・変性により，酵素不活性化，受容体機能不全がある。過度な加熱では，分子の切断を想定することもある。
　高圧処理においては，密度最大化による水和が重要である。蛋白質内または蛋白質間の疎水/静電相互作用は，圧力感受性が高く，三次構造または四次構造が破壊されて変性するとされるが，この効果は蛋白質の種類に依存する。化学反応が抑制されるので，活発な分子運動による分子断片化は促進されないと考えられる。また，蛋白質の変性は，熱変性，高圧変性のいずれでも，単純系では可逆とされるが，複雑系である食品では，変性後に各種成分と相互作用することで，不可逆となりうる[8]。

3.4 膜における変化
　細菌等の生体膜を構成するリン脂質は，圧力が高い程，相転移温度が上昇する傾向があり[9]，高圧下ではリン脂質膜は安定化すると考えられる。一方，常圧から高圧領域にまで加圧すると，細胞質は圧縮されて若干小さくなり，それを取り巻く膜は，分子間隙が最小化して密になると考えられる。減圧時には，細胞膜が損傷を受けることがある。また，死菌では，細胞膜透過性のない蛍光試薬が損傷した膜を透過して細胞内に達するので，細胞膜透過性があり生細胞および死細胞の両者を染色する蛍光試薬と併用することにより，膜損傷の程度が調べられる[10]。

3.5 DNAの構造変化
　細胞中で，DNAは標準的（canonical）な二重鎖構造以外に，非標準的（noncanonical）構造として三重・四重鎖構造を形成する[11]。この非標準的構造の形成により，遺伝子の転写制御が行われることがある。希薄系では標準的な二重鎖構造が安定であっても，細胞内の分子クラウディング状態では，非標準的構造が安定になりうる。また，分子クラウディング状態にあっても，高圧処理によって，DNAの非標準的構造が壊れて，標準的構造の二重鎖に戻りうる。この他にも，DNAもしくはRNAと制御蛋白質との相互作用，DNA・RNA合成に関与する酵素の高次構造破壊等，高圧処理によって，遺伝子発現制御に影響があることにも着目すべきである。

3.6 酸化ストレス
　酸素存在下で細菌を高圧処理すると，損傷した膜に存在する酸化酵素（oxidase）によって

活性酸素種が生成するため，酸化ストレスとなる[12]。活性酸素消去能がある物質として，ピルビン酸，カタラーゼ，α-ケトグルタル酸等が知られるが，例えば，ピルビン酸は，致死的不活性化効果を抑制し，高圧損傷菌の回復を促進する[10]。

4 留意すべき微生物学的因子

4.1 微生物・ウイルスの高圧不活性化

　食品高圧加工で生物的リスクを十分に低減するためには，原料への付着物の除去・洗浄，装置・器具の消毒等に十分に配慮した上で，清浄原料を密封包装し，高圧加工で殺菌する。

　生物的リスクの危害要因としての微生物，特に細菌の高圧不活性化の研究は，最も歴史が長く，食品高圧加工が実用化して以降，飛躍的に進展した。細菌には，病原性細菌および腐敗細菌があるが，いずれもが殺菌対象であり，特に病原性細菌についての研究事例が多い。一方，黴（カビ），酵母については，品質劣化に関与するものの，黴毒生産等による健康被害に直ちに繋がる事例が少ないため，研究報告も細菌と比べると大幅に少なく，知見が限られている。

　微生物またはウイルスの高圧不活性化の評価において，注意すべきことは，その効果が，生物種，細胞の形状・状態，食品マトリックス，検出手法，装置，その他の影響を受けるということである。

　微生物・ウイルスの高圧不活性化での耐圧性は，およそ，芽胞＞グラム陽性菌＞グラム陰性菌・酵母・黴の順に高く，これは，熱処理における傾向と類似している[13]。細菌形状においては，棒状の桿菌が圧力に最も弱く，球菌が最も強い傾向[14]もあり，確かに *Staphylococcus aureus*（黄色ブドウ球菌；グラム陽性）の耐圧性は高い[15]。細菌の状態については，定常期の方が，対数増殖期の細胞よりも，耐圧性が高い[16]。また，これらを含む食品マトリックスに糖質，蛋白質等が多く含まれると，微生物は不活化し難い傾向があり，これら以外にも，pH，水分活性，浸透圧等の影響を受ける。また，高圧処理装置の圧力校正，容器形状および容器内試料設置位置，水以外の圧力媒体の利用等，異なる実験系で得られたデータの直接比較には注意が必要である。

4.2 高圧損傷

　健常な細菌（健常菌）へのストレスが強いと死菌となり，そうでなければ損傷菌となる。損傷菌は，損傷程度に応じて，軽度損傷菌（亜致死的損傷菌）および重度損傷菌（致死的損傷菌）となり，「準安定または不安定な状態」にある中度損傷菌が，軽度損傷菌に回復する，または，さらに損傷して重度損傷菌となり死滅する考え方（図1）[17]があるが，さらなる研究により，損傷菌の状態を精査する必要がある。次亜塩素酸，超音波，両性界面活性剤，電子線等の処理と，熱処理とを，逐次または同時に組み合わせた時に，健常菌が軽度損傷菌または重度損傷菌を経て死滅する過程は，調べられているが[18]，高圧処理によっても損傷菌は発生する。例えば，8 logCFU/ml 程度の大腸菌を高圧処理（500〜600 MPa，25℃，10分間）すると，処理後には検出できなくなるが，その後異なる保存温度で静置する間に，回復したり，死滅したりすることが示されている[19]。また，牛乳に接種したリステリア属菌は，高圧処理

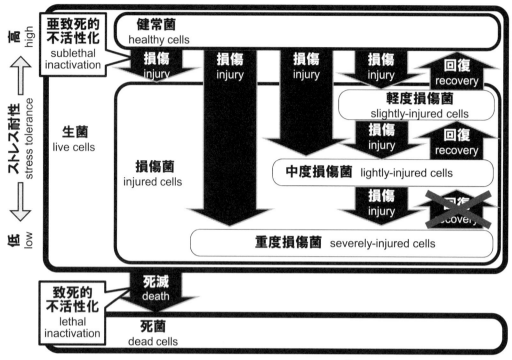

図1 健常菌,損傷菌,死菌の考え方[17]

(550 MPa, 25 ℃, 5 分間) 後には検出されないが,異なる保存温度で静置する間に,やはり回復したり死滅したりする。37 ℃,40 ℃,45 ℃,50 ℃と保存温度が高い程,それぞれ 4 時間,3 時間,1 時間,5 分間以上,静置すれば死滅し,それより短い静置時間では回復しうる[20]。

損傷菌の検出では,選択培地と非選択培地との両方で平板培養法により計数し,その差を議論することが多い。ストレスが高い選択培地には健常菌しか生えないが,栄養豊富な非選択培地には健常菌に加えて,弱っている損傷菌も生えると考えられている。高圧損傷菌も同様に検出することができるが,37 ℃で培養すると死滅して検出できないこともあるので[10)19)20)],25 ℃での長時間培養,ピルビン酸添加による酸化ストレス軽減[10]等を活用して,損傷菌を見逃さないような配慮が必要である。また,高圧損傷菌は,コロニー数の変化で調べることもできるが,コロニーの数のみならず,大きさの不均一性および増殖遅延による出現の遅さにも注意する必要がある[10]。高圧損傷菌は,蛍光染色後にフローサイトメトリーで検出することもできる[10]。

4.3 低温高圧処理による食品加工

世界の食品高圧加工では,5 ℃近傍で 600 MPa を課す低温高圧処理(あるいは単に「高圧処理」)が趨勢である。圧力保持が 3～5 分間であっても,十分な微生物不活性化効果が期待できる。

600 MPa での高圧処理により,生物,特に微生物の細胞の活性が低下し,致死的に不活性化

すると細胞死が誘導されると考えられている。特に，酵素・受容体として機能することがある蛋白質は，熱処理では失活しても，高圧処理ではその限りではない点に注意が必要である。また，細胞の構成成分は，蛋白質のみならず，DNA，脂質，糖質等のその他成分であるので，細胞活性低下に関与する生体成分に関する要因は，蛋白質自体の変性だけではなく，蛋白質と他成分との相互作用の変化，他成分の変性も考慮する必要がある。また，高圧処理では，成分変性，成分間相互作用変化以外にも，細胞膜等の損傷も示唆されている。

600 MPa での高圧処理では，有害細菌の他に，腐敗菌も不活性化の対象である。いずれも，その菌種・菌株によって耐圧性が異なる。例えば，腸管出血性大腸菌の耐圧性は，菌株によって大きく異なる[21]。

低温高圧処理して微生物を制御し，絞りたての生ジュースのようでありながら1ヵ月前後の賞味期限を保証した高圧加工ジュースは，欧米，韓国，台湾等，国外の市場で伸びている。日本への輸入を希望する企業，国内生産を目論む企業も現れているが，高圧加工ジュースが，食品衛生法「食品，添加物等の規格基準」（昭和34年12月28日　厚生省告示第370号）における清涼飲料水製造基準を満たすためには，熱殺菌との同等性を示して個別認可を得る必要がある。しかしながら，殺菌効果の同等性証明には，対象微生物の種類，その低減菌数等，必要条件の提示が不可欠であるが，それが文書化されていないため，個別に当局担当者に相談しなければならない問題がある。国際食品規格委員会（Codex Alimentarius Commission）による高圧処理ジュースの国際規格は存在しない（2019年時点）ため，今後，科学的知見に則った非関税障壁のない公正な貿易を促進する視点に立ち，高圧加工等の加熱加工以外による殺菌技術についての議論が必要であろう。

4.4　中高圧処理による静菌

100～300 MPa での中高圧処理は，日本で発展している。100 MPa 程度の中高圧下では，雑菌は死なずとも増殖が抑制されるので，つまり静菌されるので，酵素活性を抑制する食塩の添加量を下げることができる。この原理を利用して，塩無添加での魚醤促成製造法[22]が提案され，無塩醬油の製造が実現した。酵母による醱酵がないため独特の香気に欠けるが，高級醬油を少量添加した減塩醬油として商品化した。同様の酵素反応促進による商品開発の進展は顕著であり，健康食品・化粧品として豚の胎盤を効率的に酵素分解して得たプラセンタエキスのみならず，スッポンエキス，ニンニクエキス等の各種エキス利用製品が実用化されている[23]。

4.5　高圧処理・中高圧処理による芽胞の不活性化

細菌の芽胞（胞子）は，1 GPa での高圧処理後も生残しうる[24]。一方，急速減圧による水の衝撃波（伝播速度：約1,500 m/s）であれば，耐熱性細菌芽胞を物理的に破壊することができるが[25]，実用的とは言い難い。一方，高温処理と高圧処理とを組み合わせる芽胞殺菌法として，2009年に米国で認可された圧力補助熱処理法（PATP, pressure-assisted thermal process；または圧力補助熱滅菌法：PATS, pressure-assisted thermal sterilization）がある。予熱したスープ，マッシュポテト等の低酸性食品（low-acid foods: pH 4.6 以上＆水分活性＞0.85；米国FDA定義）を，500～700 MPa に加圧する過程での断熱圧縮加熱を活用し，従来からの加熱温度

第3章 飲料の殺菌技術

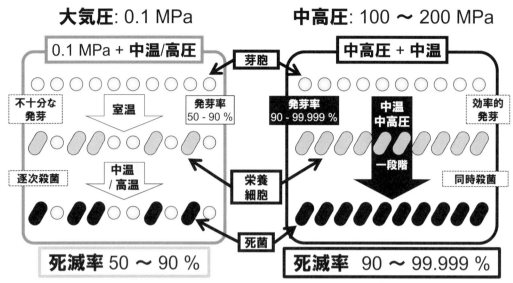

図2 中温中高圧処理による自滅的発芽誘導殺菌[29]

(90〜121℃）への到達時間を短縮することで，品質劣化を抑制し，長期保存を可能とする[26]。

一方，高圧処理では，処理圧力に応じて，100〜200 MPa近傍での芽胞の生理的発芽と，400〜600 MPa近傍での非生理的発芽との2種類の発芽を誘導することができる[27]。生理的発芽は，圧力によりアミノ酸，糖類と同様に発芽レセプターが刺激されて開始する。非生理的発芽では，圧力によりジピコリン酸と共にカルシウム等の金属イオンの放出が誘導される。また，200 MPa以上で処理した場合は，生理的発芽と非生理的発芽とが複合的に働き，さらに，処理圧力が高くなると非生理的発芽のみが働くようになり，発芽誘導効果が低くなる。発芽誘導により，コルテックスの加水分解，低分子量酸可溶性蛋白質の分解が進み，芽胞の耐熱性が低下する。つまり，熱および圧力により芽胞の不活性化が達成できる。

中高圧処理による生理的発芽誘導を利用して，細菌芽胞を効率的に自滅させることもできる（自滅的発芽）。100〜200 MPaで60℃以上の中高温をかけつつ処理することにより，生理的発芽と同時に熱死滅が可能であり，例えば，100 MPa，65℃，30分間の処理で，*Bacillus subtilis*168株の芽胞を4桁以上死滅させることができる[28]。中温中高圧処理による自滅的発芽誘導殺菌法[29]（図2）では，栄養細胞が死滅する比較的低い温度でも，芽胞の殺菌が可能な場合がある。一方，芽胞形成能が欠失した枯草菌株の栄養細胞を高圧処理すると，300 MPa以上の高圧処理で顕著に不活性化し，増殖開始が遅れるとともに，100 mM以上のKClまたはNaClが存在すると高圧処理後に溶菌する[30]。

4.6 細菌以外への効果：真菌類（黴，酵母）・ウイルス・寄生虫

黴については，たとえば，果実・果実加工品を汚染しうる*Byssochlamys nivea*の子嚢胞子を，ブドウ果汁（水分活性0.97）およびビルベリージャム（同0.84）に接種し，700 MPa，70℃，30分間の高圧処理を施し，ブドウ果汁で4 log，ビルベリージャムで1 log未満の不活

性化効果が報告されている[31]。不活性化効果の違いは，食品マトリックスの影響と考えられる。

酵母については，例えば，栄養細胞または子嚢胞子の各状態にある *Zygosaccharomyces bailii* を，各種果汁に接種して，300 MPa，25 ℃，5 分間の実用的条件での処理を施した報告がある[32]。栄養細胞では 5 log が不活性化する一方で，子嚢胞子では 1 log 未満しか不活性化しない。これは，上述の細胞の形状または状態による差異と考えられる。

食中毒の原因となるウイルスにはさまざまあるが，特に問題となるのは，ノロウイルスおよび A 型肝炎ウイルスである。ほとんどのヒトウイルス，動物ウイルスは，タバコモザイクウイルスよりも高圧力に弱い。食品高圧加工が実用化して以降，ウイルスの高圧不活性化の報告は増えている[33]。

寄生虫による食中毒件数が年々増加する傾向がある。食中毒の原因となるアニサキスは，第三期幼虫であるが，培養できないため，多数捕獲して殺滅実験に供する必要がある。200 MPa，0～15 ℃，10 分間の処理でアニサキスは全滅し，120 MPa 以上 10 分間以上の処理ではほとんどのアニサキスが死滅すること，繰り返し処理が有効なこと等が，明らかにされている[34]。アニサキスは，熱処理（60 ℃で数秒，70 ℃で瞬時）または冷凍処理（−20 ℃で 24 時間以上）で死滅するが，それぞれ熱変性による食品の品質劣化，冷凍処理に必要な長時間にわたる処理が課題である。品質劣化を抑えて短時間で済む高圧処理は，加減圧時の組織破壊に配慮すれば，寄生虫殺滅に使える可能性がある。

食品高圧加工による微生物・ウイルスの不活性化過程には，未解明な点が多い。物理的・化学的因子を踏まえて，生物，特に微生物のそれぞれの属間差，種間差に注意しつつ，マトリックスとなる食品の特性（pH，成分組成等）毎に不活性化の程度を精査する必要がある。

文　献

1) K. Yamamoto：*Biosci. Biotechnol. Biochem.*, **81**, 672（2017）.
2) 下嶋賢ら：日本食品工学会誌, **16**, 297（2015）.
3) 林力丸：食品と開発, **22**, 55–62（1987）.
4) K. Kimura *et al.*: *Biosci. Biotechnol. Biochem.*, **58**, 1386（1994）.
5) 山本和貴ら：日本食品科学工学会誌, **65**（3），154（2018）.
6) E. Rughbeer: 食品と容器, **58**, 214（2017）.
7) 中野修一，杉本直己：生物物理, **46**（267），251（2006）.
8) 大前英司：食品と容器, **58**（7），404（2017）.
9) 松木均：食品と容器, **58**（2），78（2017）.
10) K. Kimura *et al.*; *J. Biosci. Bioeng.*, **123**, 698（2017）.
11) 高橋俊太郎，杉本直己：高圧力の科学と技術, **25**（2），116（2015）.
12) A. Aertsen *et al.*: *Appl. Environ. Microbiol.*, **71**, 2226（2005）.
13) H. Daryaei *et al.*: "High Pressure Processing of Foods," ed. by V.M. Balasubramaniam, G.V. Barbosa-Cánovas, H.L.M. Lelieved, Springer, New York, pp. 271（2016）.
14) H. Ludwig and C. Schreck: "High Pressure Research in the Biosciences and Biotechnology," ed. by K. Heremans, Leuven University Press, Leuven, pp.221（1997）.

15) G. Cebrián *et al.*: *Frontiers Microbiol.*, **7** (734), 1 (2016).
16) B. M. Mackey *et al.*: *Food Biotechnol.*, **9**, 1 (1995).
17) 山本和貴：食品と容器, **58** (9), 530 (2017).
18) 土戸哲明, 坂元 仁：食品工業, **55**, 45 (2012).
19) S. Koseki and K. Yamamoto: *Int. J. Food Microbiol.*, **110**, 108 (2006).
20) S. Koseki *et al.*: *Food Microbiol.*, **25**, 288 (2008).
21) H. Alpas *et al.*: *Appl. Environ. Microbiol.*, **65**, 4248 (1999).
22) 岡﨑尚ら：食品と容器, **48** (9), 508 (2007).
23) 森川篤史：食品と容器, **57** (2), 82 (2016).
24) J.C. Cheftel: "High Pressure and Biotechnology," ed. by C. Balny, R. Hayashi, K. Heremans, and P. Masson, Vol. 224, INSERM and John Libbey, Paris, pp. 195–209 (1992).
25) I. Hayakawa *et al.*: *J. Food Sci.*, **63**, 371 (1998).
26) H. Daryaei *et al.*: *Food Control*, 59, 234 (2016).
27) 森松和也：食品と容器, **57** (3), 155 (2016).
28) K. Yamamoto *et al.*: Book of Abstracts, 8th International Conference on High Pressure Bioscience and Biotechnology, Nantes, France, 15–18 July, p. 73 (2014).
29) 山本和貴：FFIジャーナル, **221** (4), 291 (2016).
30) K. Inaoka *et al.*: *Biosci. Biotechnol. Biochem.*, **81** (6), 1235 (2017).
31) P. Butz *et al.*: *LWT – Food Sci. Technol.*, **29**, 404 (1996).
32) J. Raso *et al.*: *J. Food Sci.*, 63, 1042 (1998).
33) A. E. H. Shearer *et al.*: "High Pressure Processing of Foods," ed. by V.M. Balasubramaniam, G.V. Barbosa-Cánovas, H.L.M. Lelieved, Springer, New York, pp. 295 (2016).
34) A.D. Molina-García and P.D. Sanz: *J. Food Prot.*, **65**, 383 (2002).

第3章　飲料の殺菌技術

第6節

ろ過技術

日本ポール株式会社　橋本　佳久　　日本ポール株式会社　佐藤　仁美

1　序　論

　ろ過は飲料製造工場のさまざまな工程で使用されており，製品の品質維持という目的において重要な役割を担っている。

　前節で挙げられた殺菌技術とろ過技術を比較した際に異なる点として，非加熱処理のため製品の品質に与える影響が小さいことが挙げられる。一方，製品の性状に合ったフィルターを選定し，適切な管理運用を行わなければ早期目詰まりによるランニングコストの増加や漏れなどによる微生物汚染など，品質事故のリスクが高まる。そこで本稿では滅菌/微生物管理フィルターについて主に解説した上で，完全性試験によるフィルター性能のモニタリング方法や管理運用方法，トラブル事例について解説する。

2　ろ過の定義

　ろ過とは「多孔質ろ材に流体を通過させることにより，流体から粒子を除去するプロセス」と定義される。多孔質ろ材とは，砂や珪藻土の層，ろ紙，不織布，多孔質メンブレンなどが挙げられ，多数の孔と流路を形成する素材と言い換えることもできる。また，ろ過はろ過対象物の大きさによって粗ろ過，精密ろ過，限外ろ過，逆浸透などと呼び分けられる。

3　飲料製造におけるろ過の利点

　飲料製造工場においてろ過は，製品ろ過，製造用水（ユーティリティー水）ろ過，蒸気や空気のろ過など，製造工程全般で多岐にわたり使用されている。特に，飲料製造における微生物管理では，非加熱でろ過滅菌/除菌することにより，熱に弱い製品の成分等を維持しつつ，製品の安全性を脅かす危害要因を安全レベルに除去/低減することができる。したがって，ろ過は製品の安全性と品質を両立させる重要な役割を果たしている。

表1 ろ過の目的とフィルターの種類

目的とフィルターの種類		ろ過対象物	ろ過精度の表記方法
微粒子の除去	除粒子フィルター	異物などの粒子除去を目的としたフィルター。一般的に1〜100μm	公称ろ過精度 定格ろ過精度
微生物の除去	微生物管理フィルター	特定の微生物(酵母,乳酸菌,大腸菌など)を目標管理レベルまで除去するフィルター。一般的に0.45μm, 0.65μmなど表記される	指標菌の除去性能 (Tr値, LRV)
	滅菌フィルター	加熱殺菌に代わりろ過により液体を非加熱滅菌するフィルター。一般的に0.2μmと表記される	

4 ろ過の目的とフィルターの種類

飲料製品中の異物の種類(微粒子,微生物,その他)によってろ過に最適なフィルターの種類は異なる(表1)。

ろ過の対象物が個体粒子や濁りなど,微粒子に由来する場合(一般的に粒子径が1〜100μm),これらを除去して製品を清澄化するには主に除粒子フィルターが用いられる。また,酵母や乳酸菌などの特定の微生物を目標管理値レベルまで除去することが目的の場合,微生物管理用フィルター(除菌フィルターとも呼ばれる)が用いられる。最終工程においてろ過により製品を非加熱滅菌する場合,滅菌フィルターが用いられる[1]。

5 フィルターの性能

食品・飲料製造において一般的にフィルターに求められる基本的な性能は主に以下のものがある。
①ろ過精度
②ろ過寿命(フィルター交換までの処理量または使用期間)
③耐熱性/耐薬品性
④低抽出性(食品適合性)

ここでは滅菌/微生物管理フィルターの微生物の除去性能(ろ過精度)とその評価法について説明する。

5.1 滅菌/微生物管理フィルターのろ過精度

フィルターの性能を表す用語にろ過精度があり,一般にフィルターにより分離できる粒子の径を意味する[2]。滅菌/微生物管理フィルターのろ過精度はカタログ上では0.2μmや0.45μmなど孔径で表記されているが,市販されているほとんどのフィルターではこの数字は後述するバクテリアチャレンジ試験において使用される指標菌の種類に応じて便宜的につけられているものであり,実際の膜の孔のサイズに基づいてはいない。実際の膜の孔は捕捉する菌のサイズ

より大きく，かつ不定形であり，捕捉は金網のような定型の穴のサイズによるふるい分けではなく，ろ材内部の流路を通過する過程でろ材の壁面に衝突して捕捉される。したがってフィルターによる菌の除去は確率的であり，滅菌／微生物管理フィルターのろ過精度は前述の孔径表記に加え，バクテリアチャレンジ試験の指標菌の種類，およびろ過前とろ過後の菌数の比（Tr値またはLRV）で表記される。

5.2 Tr値とLRVの定義

Tr値（Titer reduction：菌数減少比）とは，菌を含む流体をフィルターでろ過したときにおける，フィルターの有効ろ過面積あたりのフィルターに流した菌数とフィルター下流側に通過した菌数の比である。

$$\text{Tr値} = \frac{\text{フィルター1次側のチャレンジ菌数}(CFU/cm^2)}{\text{フィルター2次側の通過菌数}(CFU/cm^2)}$$

LRV（Logarithmic Reduction Value）はTr値の常用対数と定義される。

$$LRV = \log \frac{\text{フィルター1次側のチャレンジ菌数}(CFU/cm^2)}{\text{フィルター2次側の通過菌数}(CFU/cm^2)}$$

Tr値，LRVは定義されたろ過条件下において，フィルターが微生物をどの程度の菌数負荷まで漏洩せずに捕捉できるかを示したものであり，フィルターの微生物捕捉性能を定量的に示すのに適している（表2）。

表2 LRV，Tr値と除去率の比較

LRV	Tr値(Titer reduction)	除去率(%)
1	10	90
2	10^2 (100)	99
3	10^3 (1,000)	99.9
4	10^4 (10,000)	99.99
5	10^5 (100,000)	99.999
6	10^6 (1,000,000)	99.9999
7	10^7 (10,000,000)	99.99999
8	10^8 (100,000,000)	99.999999
9	10^9 (1,000,000,000)	99.9999999

5.3 バクテリアチャレンジ試験

バクテリアチャレンジ試験は，実際にフィルターに対して微生物（指標菌と呼ばれる特定の菌）を高濃度に含む液を通液し，ろ過前後の菌数を比較して除去性能を評価する試験方法である。滅菌グレードの0.2μmフィルターについてはASTM F838-83およびFDAガイダンスに滅菌フィルターの定義が示されており，指標菌である *Brevundimonas diminuta* ATCC19146を評価試験フィルターの有効ろ過面積$1cm^2$あたり10^7CFU（個）以上チャレンジ（ろ過）して，その際にフィルター2次側のろ液が無菌となるもの（LRV=7）を，滅菌フィルターと定義されている[3]。

一方，微生物管理グレード（0.45μm以上）のフィルターについてはその定義が明確化されていないため，各メーカーとも滅菌グレードに準じたバクテリアチャレンジ試験を実施しているが，使用する指標菌の種類や基準となる菌数低減率の値は異なってくる。そのため，異なるメーカー間の微生物管理フィルターの除菌能力を比較する際には注意が必要である（表3）。

表3　滅菌/微生物管理フィルターの用途別の指標菌の例

グレード	主なアプリケーション	指標菌の例
0.2μm (滅菌フィルター)	ミネラルウォーター 製造用の無菌水	*Brevundimonas diminuta*
0.45μm (微生物管理フィルター)	清涼飲料水中の好酸性耐熱芽胞菌除去 ワイン，日本酒の微生物除去	*Serratia marcescens*
0.65μm (微生物管理フィルター)	ビールの微生物除去	*Lactobacillus brevis* *Oenococcus oeni*

6　ろ過除菌/滅菌の管理・モニタリング

6.1　完全性試験とは

　平成23年4月に厚生労働省発出の事務連絡「無菌操作法による無菌医薬品の製造に関する指針」によると，完全性試験とは「物理的欠陥をもたず，定められた捕捉性能をもつことを非破壊的な方法により確認する試験をいう。」と定義されている[4]。

　前述のバクテリアチャレンジ試験は破壊検査に相当し，フィルターの性能を確認する上ではもっとも確実な試験法である。しかしながら試験後のフィルターを製造に使用することはできないため，実ラインにおけるフィルターを使用前に汚すことや壊すことなく微生物除去性能を確認する「非破壊試験」として完全性試験が考案された。この完全性試験は，フィルターのバクテリアチャレンジ試験結果との相関を持たせることによって，フィルターが定められた微生物除去性能を維持しているかどうかを判定することが可能となる。実際の製造においては，製品のろ過前と終了後に完全性試験を実施し，フィルターが所定の基準値を満たして合格することを確認することで製品が適切に除菌/滅菌されていることをモニタリングできる。

6.2　完全性試験の種類

　現在，JISに規定のある完全性試験には，以下の2原理，3種類の試験方法がある[5)6]。
　①バブルポイント試験
　②拡散流量試験
　　・フォワードフロー試験
　　・プレッシャーホールド試験
この他，気体用フィルターに使用される疎水性膜の試験法としてウォーターイントルージョン試験がある。

6.3　基本原理/バブルポイント試験

　ろ材（多孔質膜）を水または有機溶媒で湿潤させ，全ての孔が液体で満たされた状態にしておき，膜の一方から気体により圧力をかける。孔内部の液体は圧力を受けて変形しながらも，表面張力により液膜として保持されているが，徐々に圧力を上げていくとろ材の中でもっとも直径の大きい孔の液膜が最初に破れ，ろ材の反対側から連続気泡または気体の流出として通過が

確認できる。この最初に液膜が破れて気体が流出する気体圧力はバブルポイント圧と呼ばれ、概念的には孔の直径（d）とバブルポイント圧の間には図1の式に示す関係がある。

この関係式からは、孔の直径（d）とバブルポイント圧が反比例の関係であり、孔径が小さいほど液膜を破るのに必要なバブルポイント圧は高くなることがわかる。

これにより、フィルターメーカーが製品に固有のバブルポイント圧の基準値を開示している場合には、試験するフィルター個体に基準より大きな孔（破損など）が存在しているかどうかバブルポイント試験で判断することができる。

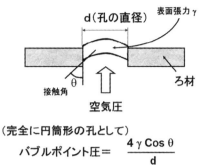

図1　バブルポイント試験の原理

6.4　拡散流量試験

バブルポイント試験は液膜が破れて空気がフィルター2次側に流出した判定を目視的に行うことが多いため、測定者により結果にバラつきが出やすいという欠点があることから、人為的な不安定要素をなくすことのできる拡散流量試験が開発された。

拡散流量試験は、バブルポイント試験と同じく、フィルターのろ材（膜）を液体で湿潤させ、フィルター上流側から規定の空気圧をかける試験法である。バブルポイント試験と異なる点は、バブルポイント試験では空気圧を徐々に上げていくが、拡散流量試験では圧力は一定でフィルター下流側に流出する空気流量を計測する点である。

試験の空気圧はバブルポイント圧よりやや低い圧で行われる。このときフィルターに破損がなければ膜内部のすべての孔の液膜は破れずに維持されているが、空気は圧力により液体中に溶解する性質があるため、フィルター上流側の空気が液膜に溶解し、反対に下流側で液膜から大気に放出されることで、フィルター前後の圧力差により液膜を介した微量な空気の移動（拡散）が起こる。

この拡散による空気の流出量は非常に微量であるが、もし膜に菌を通過させるような大きな孔や亀裂が発生していた場合、その部分の液膜は通常のバブルポイント圧よりも低い圧で破れ、大流量の空気の通過が発生する。（図2）

したがって、所定の微生物除去性能を発揮できない破損などがあるフィルターは、本試験ではメーカーから提供される試験基準値となる拡散流量を上回り、異常ありと判定される。

拡散流量試験には主に2つの測定法があり、直接拡散流量を測るものと圧力降下により間接的に測るものがある。

6.4.1　直接測定する方法

フィルターを通過する拡散流量を直接測定する試験法を弊社では「フォワードフロー試験」と呼んでいる。フィルターは製造ラインに装着された状態、またはオフラインで、水などで湿潤したのち、図3のような試験系で測定を行う。

図2　左：拡散による空気の移動　　右：膜に破損がある場合

測定はフィルター下流から出てくる空気量を手動で測ることもできるが，実際の日常の測定では自動測定機を使用するのが一般的である。

6.4.2　圧力降下による間接測定

拡散空気流量を測定する方法は，前述の直接測定の他に，圧力降下を測定する方法がある。

これはハウジング内のフィルター上流側を規定の試験圧力で加圧した後，圧力供給を止めて密閉状態にしたまま，圧力の低下速度を測定するものである。フィルター上流側の加圧された空気はフィルターの液膜の通過でのみ外部に出ることができるため，圧力の低下速度は拡散流量に比例する。したがって，直接測定と間接測定法（圧力降下法）は原理や精度は同じであるが，1つのハウジングと多本数のフィルターが入っている系には本方法が向いている。

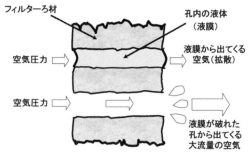

図3　自動測定機による直接測定

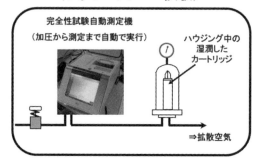

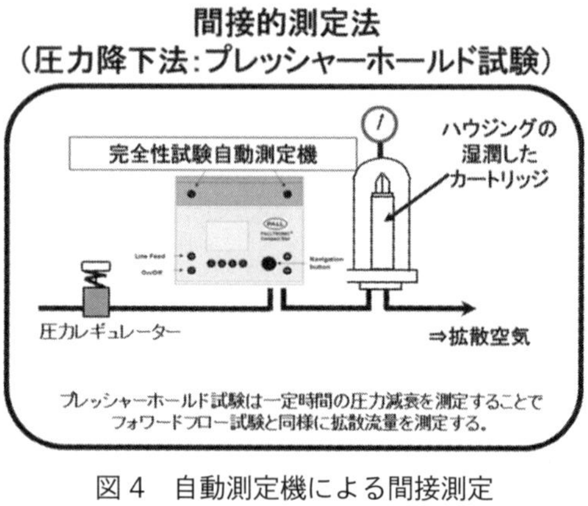

図4　自動測定機による間接測定

弊社では圧力降下法による測定を「プレッシャーホールド試験」または「プレッシャーディケイ試験」と呼んでおり，直接測定法と同様に専用の自動測定機が一般に使用される（図4）。

6.5　ウォーターイントルージョン試験

エア滅菌用フィルターはそのろ材にPTFEがよく使用されるが，これは非常に強い疎水性を

持つため，水による膜の湿潤ができない。このため，膜を水で湿潤させることなく完全性試験ができるウォーターイントルージョン試験が開発された。

疎水性フィルターをフィルターハウジングに装着し，ハウジング1次側の空間を純水で満たすと，疎水性膜は水を弾いて孔内部に侵入・湿潤させないため，膜の上流側（ハウジング内部のフィルターより上流側）に水が表面張力で保持される。この状態でフィルター上流から規定の空気圧をかけると，保持されている水の液膜表面から蒸発により極微量に2次側への水蒸気の移動が起こる。仮に膜に破損による大きな孔が存在すると，拡散流量試験同様に液膜の破れと下流側への水の流出が発生する。したがってフィルター上流から下流側に通過する水の流量を専用の自動測定機で測定し，既定の基準値と比較することによってフィルターがその性能を維持しているかどうか判定することができる（図5）。

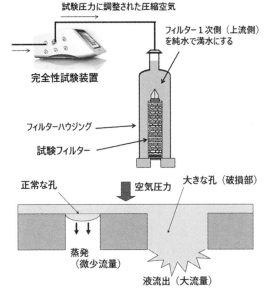

図5 ウォーターイントルージョン試験による気体用フィルターの完全性試験

6.6 完全性試験と微生物捕捉性能との相関

一般的に，完全性試験の測定値とバクテリアチャレンジ試験によるフィルターの微生物除去性能は相関づけられており，現場で使用するフィルターがカタログに記載されている微生物除去性能を満たしているかを判定する完全性試験の基準値（合否判定値）も，これを基に決められている。メーカーが提示する基準値は次の手順で決められる。

①多数の試験フィルターの完全性試験を行う。
②各試験フィルターに指標菌を懸濁した試験液を通液し，フィルター2次側に通過してきた菌の数を計測する（バクテリアチャレンジ試験）。
③各試験フィルターの完全性試験の測定値と菌通過の有無を比較する。
2次側に菌が通過した（ろ液中から菌が検出された）フィルターの完全性試験測定値の中でもっとも数値の小さいものを選択する（図6）。
④選択された試験フィルターの完全性試験

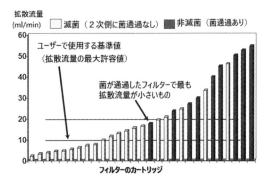

図6 完全性試験の測定結果とバクテリアチャレンジ試験の結果より基準値を設定

測定値が実験上の滅菌（菌通過なし）と非滅菌（菌通過あり）の閾値となる。
⑤実際の現場で使用する基準値は，上記の閾値に一定の安全係数をかけて，より厳しくした数値を設定する。

6.7 完全性試験不合格の場合の対応

完全性試験が不合格だった場合，フィルターの破損を疑う前に確認すべき項目が複数ある。フィルター破損以外にも，その他要因による"見かけ上の不合格"であることが少なくないためである。図7に試験結果が不合格であった場合の原因追究のフローチャートの例を示す。

見かけ上の不合格が発生する原因としてまず疑われるのはバルブや継手の漏れ，そして膜の湿潤不十分である。特に液体用フィルターの湿潤不十分は見かけ上の不合格の原因としてもっとも疑われる要素である。フィルターが十分に湿潤していない場合，膜内部には液膜がない孔が存在することになり，膜が破損していないにもかかわらず大流量の空気が通過して見かけ上の不合格が発生する。

6.8 完全性試験に影響を与える外部要因

実際のフィルターの膜やフィルターアッセンブリーの破損以外にも完全性試験の測定値に影響を与え，誤判定を引き起こす可能性のある要因は以下のものがある。試験で不合格となった場合や，完全性試験を実施する環境を構築する際にはこれらを基に対応されたい。

(1) 試験温度

完全性試験は気体の拡散流量や液体の蒸発を測定するため，試験系内部の温度変化には敏感であり，試験中は試験液および周囲の温度が定められた範囲であることが求められる。また，試験中の温度変化は規定範囲（弊社では±1℃以内）に抑える必要があるため，試験環境の空調などには注意が必要である。

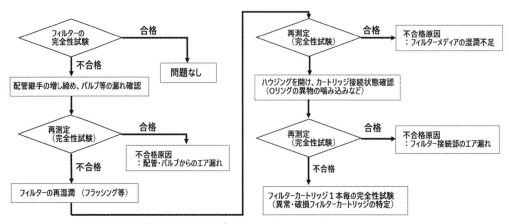

図7　完全性試験不合格が発生した際の原因究明フローチャート

(2) ラインの漏れ

試験系の配管・継手・チューブ等に漏れが存在すると，そのリーク量が測定値に上乗せされ結果的に誤判定になる可能性がある。試験開始時には継ぎ手の緩みがないことを確認する必要がある。

(3) フィルターカートリッジの湿潤方法

湿潤方法には，フィルターをハウジングに装着したままインラインで通水または水槽に浸漬などの方法がある。フィルターの膜の素材により濡れ易さに差があるため，事前に推奨する湿潤条件をメーカーに確認されたい。以下に湿潤方法の例を挙げる。

① 試験液中にフィルターを一定時間沈めて浸漬
② 製造ラインにフィルターを装着した状態で通水（所定のライン圧力と時間実施）
③ アスピレーターなどで下流側から吸引

(4) 膜表面の汚れ

使用済のフィルターを測定する場合，親水性膜にポリフェノールなどの成分や，疎水性膜に鉄錆などの異物が付着すると，親水性や疎水性が損なわれて正しく測定できない可能性がある。このようなケースが疑われる場合には，有機溶媒などを試験液として使用する必要が出てくるので，メーカーと相談されたい。

7 フィルターアッセンブリーの蒸気滅菌

生産ラインにおける微生物除去工程においてフィルターカートリッジを含めたろ過装置内の蒸気滅菌は重要であるが，高温・高圧の蒸気を用いることから，ラインの構造や操作手順を誤るとフィルター破損などのトラブルが発生し，求められる性能が得られないリスクがある。ここでは蒸気滅菌を行うフィルターアッセンブリーの設置や操作上の注意点について述べる[7]。

7.1 ドレン弁，ベント弁の設置

蒸気滅菌を行うフィルターハウジングには，ハウジング内でスチームが凝縮した水が溜まらないようにドレン抜き用の弁，またはハウジング内に最初にある空気を排出するためのベント弁の設置が必要である。特にドレン弁からの凝縮水の排出がスムーズに行われないとハウジング内のフィルターが高温の凝縮水に浸かり，破損の原因となる。

7.2 ハウジングの設置の向き

ハウジングの上下の向きは内部のフィルターの開口部（カートリッジの出口側）が下向きになるようにする（図8）。開口部を上向きに設置すると，蒸気滅菌時にフィルターカートリッジの内側に凝縮水が溜まり，破損につながる恐れがある。

7.3 スチームフィルターの設置

蒸気滅菌に使用するスチームは錆やゴミなどの異物を含んでいないことが望ましい。これらの異物が蒸気に乗ってライン中に持ち込まれると、フィルターの早期目詰まりが発生する。

そのため、蒸気ライン中には高温に耐えられる金属製除粒子フィルター（5～10μm）を設置することが推奨される。

7.4 滅菌中の温度・差圧管理

滅菌/微生物管理フィルターカートリッジは樹脂製のため、蒸気滅菌の高温下では強度が非常に低くなる。一般的に蒸気滅菌は121～140℃程度で行われるが、滅菌中の温度が上がりすぎないようにライン圧力を監視すると同時に、フィルター前後の差圧もメーカーの推奨する差圧上限を超えないように管理する必要がある（弊社フィルターでは0.02MPa以下を推奨）。

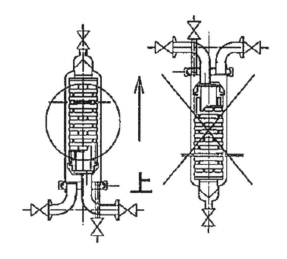

図8　フィルターハウジングの設置方向

7.5 滅菌終了操作とフィルターの空気冷却

所定の滅菌時間が過ぎたら、直ちに蒸気圧力よりも若干高め（0.02～0.03MPa程度）の圧縮空気をフィルター上流側または、フィルター上流・下流より導入し、速やかにハウジングおよびライン内部の蒸気を排出しながら、蒸気の供給を停止する。これは蒸気がフィルターの膜表面で凝縮して膜の孔内部で液膜を形成すると、フィルター2次側が陰圧になり外部の汚染された空気が入り込むコンタミネーションを防ぐためである。

その後、圧縮空気をラインに流し続けて、フィルターアッセンブリー全体の温度が40℃以下になるまで冷却する。フィルターカートリッジが高温の状態で冷水を流して冷却することは、まだカートリッジが柔らかい状態で差圧が発生すると破損や変形が生じるため行ってはならない。

8　フィルター運用管理とトラブル

フィルター運用管理方法は、製造方法や製造条件に応じて適切に設定する必要がある。滅菌/微生物管理フィルターは耐差圧や流体適合性、滅菌条件や耐久時間などが決められているため、その基準に沿って使用する必要がある。フィルターが適切に管理運用されなかった場合、フィルターの破損や微生物増殖による品質汚染などさまざまな危害が発生しうる。

フィルターが破損する主な原因として、フィルターの耐差圧や耐熱条件を超える運用が挙げられる。次いで2次側からの逆圧、不適切な環境下での部材劣化などが挙げられる。ここでは、具体的な事例について紹介する。

8.1 蒸気滅菌によるフィルターの変形・破損

蒸気滅菌した水用滅菌フィルターで製品ろ過を実施し,生産終了後の完全性試験で不合格が発生。フィルターの状態を確認するためハウジングを開けたところ,フィルターカートリッジの変形・破損が見られた(図9)。

[原　因]
蒸気滅菌中の差圧が過大になったことによる変形と見られる。

[対　策]
蒸気滅菌中の差圧確認やバルブの開閉手順等をマニュアル化する。

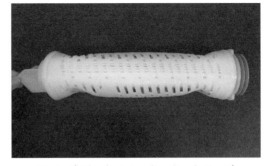

図9　変形したフィルターカートリッジ

8.2 高温環境下でのフィルターの溶解

使用後の気体用滅菌フィルターの状態を確認したところ,カートリッジ全体が溶解した状態であった(図10)。

[原　因]
蒸気供給ラインの減圧弁の故障により,高圧高温の蒸気で滅菌してしまった。

[対　策]
減圧弁等の機器を定期的に点検する。
蒸気滅菌中のライン圧力を管理する。

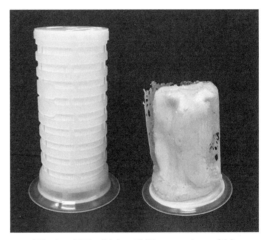

図10　新品(左),破損フィルター(右)

8.3 蒸気用フィルターの破損

蒸気用フィルターの定期交換の際,ステンレス製フィルターエレメントが割れているのが確認された(図11)。

[原　因]
錆などによる目詰まりで差圧が耐差圧を超えてしまった。

[対　策]

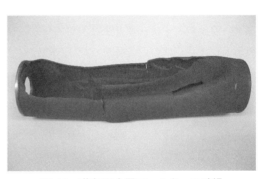

図11　蒸気用金属フィルターの破損

フィルター前後に圧力計を設置し,耐差圧を超えないように管理する。ユーティリティ水用フィルターやエア用,蒸気用フィルターはフィルター前後に圧力計を設置しないケースが散見されるが,適切な差圧管理が必須である。

第 3 章　飲料の殺菌技術

8.4 フィルターの構成部材の劣化

タンクベントに設置されていた気体用滅菌フィルターを交換時に状態観察したところ，フィルタープリーツのサポート材（ポリプロピレン製）が劣化して粉状になっていた（図12）。

［原　因］

薬剤と熱による酸化劣化と考えられる。ポリプロピレンは樹脂製フィルターの構造部材によく使用されるが，酸化劣化によるトラブルが稀に発生する。このケースではタンクの洗浄時に薬剤がミストとなって上部に設置されているフィルターに付着し，その後蒸気滅菌によって薬剤が酸化促進剤として作用しポリプロピレンの酸化が発生した可能性が高い。

［対　策］

タンクからベントフィルター間の配管中にバルブを設置し，タンク洗浄中は遮断する。

9　総　括

以上，フィルターによるろ過滅菌および除菌，フィルターの管理方法とトラブル事例および注意点について解説した。ろ過による微生物管理は多くのメリットがある反面，管理方法を誤ると製品の品質事故にもつながりかねないことから，ここで述べた内容を参考に製造工程に即した最適な管理方法を構築されたい。

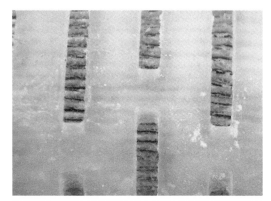
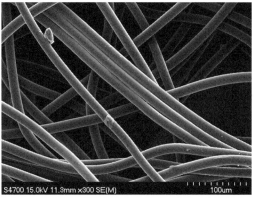
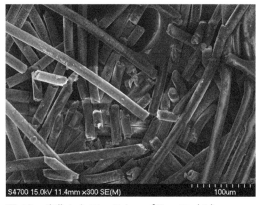

図12　劣化したフィルタープリーツ（上）
　　　正常なサポート材（中）
　　　劣化して繊維が切断されたサポート材（下）

文　献
1 ）日本ポール株式会社：フィルターの基礎 JTR-030 REV.A
2 ）松本幹治：ユーザーのためのフィルターガイドブック -糸巻き・不織布等編-, 日本液体清澄化技術工業会（LFPI），6（2004）.
3 ）FDA Guidance for Industry: Sterile Drug Products Produced By Aseptic Processing – Current Good

Manufacturing Practice, September (2004).
4) 厚生労働省:「無菌操作法による無菌医薬品の製造に関する指針」の改訂について（医薬品食品局監視指導・麻薬対策課事務連絡, 平成 23 年 4 月 20 日), 10 (2011).
5) JIS K 3832:精密ろ過膜エレメント及びモジュールのバブルポイント試験方法, (1990).
6) JIS K 3833:精密ろ過膜エレメント及びモジュールの拡散流量試験方法, (1990).
7) 日本ポール株式会社:ポールフィルターアッセンブリーの滅菌方法 JTR-077

第4章　飲料容器の機能と用途

第1節　飲料容器の最新動向
第2節　PETボトル
第3節　缶詰飲料向け金属缶（飲料缶）
第4節　飲料用紙容器に求められる機能
第5節　ガラスびん
第6節　キャップ

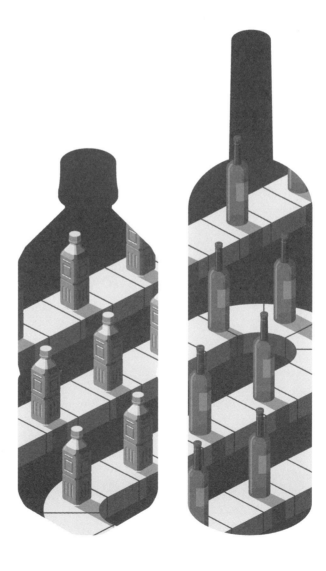

第4章　飲料容器の機能と用途

第1節

飲料容器の最新動向

株式会社ティーベイインターナショナル　松田　晃一

1　概　要

　本稿で扱う飲料容器は一般に Ready To Drink（RTD）と呼ばれる飲料，つまり，びんの王冠や缶の蓋，紙容器の密封部，ペットボトルのキャップなどの密封部分を開封すれば直ちに飲用できる製品に使用されている容器を扱う。

　中味を保護するために飲料容器に求められる特性としては
① 　物理的特性：破損，変形，熱，加湿，異臭
② 　化学的特性：酸化，紫外線による光劣化，酸やアルカリ
③ 　人為的特性：悪戯
④ 　生物的特性：微生物による腐敗，虫など
がある。

　昨今，容器メーカーの技術開発によりそれぞれの素材がおのおのの長所を生かし，欠点を補うための技術開発も相当，進展している。たとえばガラスびんであれば割れやすいとか，PETボトルではガスバリア性が低いとかいった短所があったものの，近年では相当なレベルで改善され，高機能を有した容器を使用した飲料が実際に上市されている。以下にその例を紹介する。

2　飲料容器の特性改善の例

2.1　耐衝撃性の改善

　ガラスびんは飲料の保存に適した容器として古くから使用されてきた。その透明性や高いガスバリア性といった特徴がある。一方で，短所として耐衝撃性の低い点が古

図1　軽量びん
（キリンビール　ホームページ
https://www.kirin.co.jp/csv/eco/special/recycle/glass02.html）

図2　超軽量一般びん

（東洋ガラス　ホームページ　https://www.toyo-glass.co.jp/glass/superlight/）

くからあったが，近年，特にリターナブルのガラスびんなどではスズなどの酸化被膜をベースとするコーティング技術の発達により，耐衝撃性が大幅に改善されたガラスびんの流通量も多くなっている（図1，図2）。

2.2　PETボトルのガスバリア性

　プラスチックであるPETボトルについてはその数多くの利便性に反してガスバリア性の低さが短所の1つである。このガスバリア性を改善したPETボトル容器として，ガスを遮断する機能を有するパッシブバリアである多層，マルチレイヤーやコーティング，酸素を吸収するアクティブバリア素材である酸素吸収剤（スカベンジャーなど）がある。飲料の中味成分，特に酸化に弱い緑茶類などでは酸化防止剤としてアスコルビン酸を添加する場合も多いが，その酸味のため，添加量は限定されたものになる。こういった酸化に弱い飲料では，その賞味期限が中味酸化によって決定されている場合も多い。また，炭酸飲料でもやはり中味炭酸ガスのPETボトル容器からの逸散が課題であり，その賞味期限も清涼飲料としての規格基準（20℃で1atm以上）を維持することが最低限の条件となっている（表1）。また，紙容器ではアルミ蒸着の素材が多用されている。

　図3に多層PETボトルとして通常のボトルと多層（ナイロンMX-D6）を使用したボトルの中味のアスコルビン酸の酸化のレベルを比較したデータを示す。

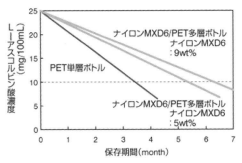

図3　パッシブバリアの例

（ナイロンMXD6／PET多層およびブレンドボトル［MXナイロン］）
（三菱ガス化学ホームページ
（https://www.mgc.co.jp/products/ac/nmxd6/blendfilm/bottle.html）

表1　清涼飲料水の製造（殺菌）基準

	製造基準		保存基準
殺菌を要しないもの	二酸化炭素圧力が20℃1.0 kgf/cm² 以上で，植物又は動物の組織成分を含まないもの		なし
殺菌を要するもの	pH 4.0 未満	中心温度を65℃で10分間，又は同等以上	なし
	pH 4.0～4.6 未満	中心温度を85℃で30分間，又は同等以上	
	pH 4.6 以上で水分活性が0.94を超えるもの	中心温度を85℃で30分間，又は同等以上	10℃以下
		120℃，4分間，又は同等以上発育しうる微生物を死滅させるのに十分な効力を有する方法	なし

（出典：食品衛生法　厚生省告示第213号（1986））

3　飲料の販売量

3.1　清涼飲料の中味別の販売量

清涼飲料の中味別の販売量を図4にその伸び率を図5に示す。

その伸び率でみるとミネラルウオーター類（ペットボトル＋サーバーなど）の伸びがCAGRで4.2%と最も高くなっている（CAGR＝Compound Annual Growth Rate は複利計算によって求めた成長率のこと）

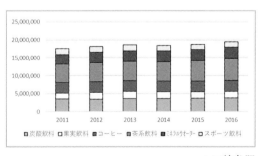

＊口絵参照

図4　清涼飲料の中味別販売量[1]
（2011～2016年）

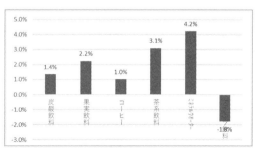

図5　清涼飲料の中味別伸び率[1]
（2011～2016年）

3.2 飲料販売量，容器ごとの動向

ここで飲料の容器ごとの販売トレンドに着目してみる。

清涼飲料の容器別の販売量およびシェアを図6に示す。清涼飲料の販売量は基本，景気の動向とはあまり関係がなく，また，日本の総人口は2011年から減少しているものの，ここ5

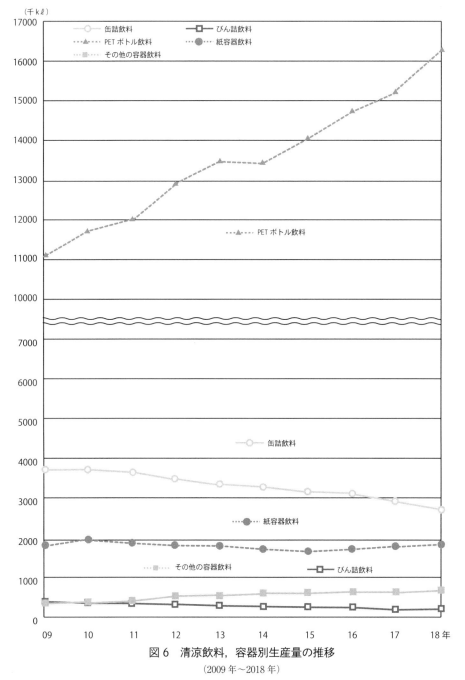

図6 清涼飲料，容器別生産量の推移
(2009年〜2018年)
(一般社団法人全国清涼飲料連合会 「2019年版 清涼飲料水関係資料」)

年間,清涼飲料の販売量は全体として増加している(2011年〜2016年の伸び率CAGR＝2.19％,)(図7)。

図6を見てもわかるとおり,PETボトルは全体に占める割合も大きく,さらに増加している。これらベースのデータをもとにさらに容器別の伸び率を算出した(図8)。結果,ペットボトルがCAGR＝4.3％,構成比では2011年の65.3％から2016年の72.0％へと増加している。

この理由として,①PETボトルの利便性 ②毎年のように猛暑日が続き,夏場の水分補給のため手軽なRTDの需要が増えた ③水道水にかわってPETボトルのミネラルウォーターを飲む人が増えた,災害時の備蓄用にペットボトルのミネラルウオーターを購入する人が増えた,などが考えられる。

一方,酒類業界は人口減と若者などの酒類離れなどのせいか,市場は減少傾向である(CAGR＝－0.7％)。中味別ではビール系酒類(ビール＋発泡酒＋新ジャンル)が60％近くを占め(図9),ビール系酒類の容器別構成比は缶が67.7％と最も多くなっている(図10)。

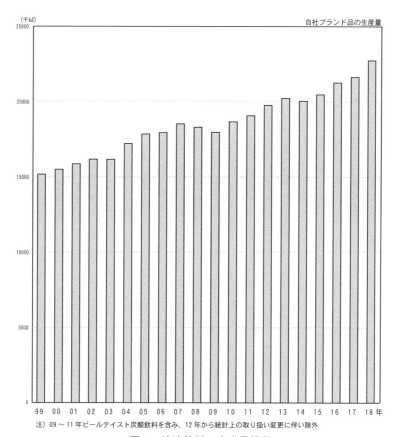

図7 清涼飲料の生産量推移
(2009年〜2018年)
(一般社団法人全国清涼飲料連合会 「2019年版 清涼飲料水関係資料」)

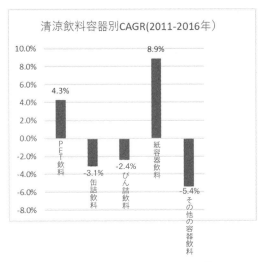

図8 清涼飲料，容器別伸び率[1]

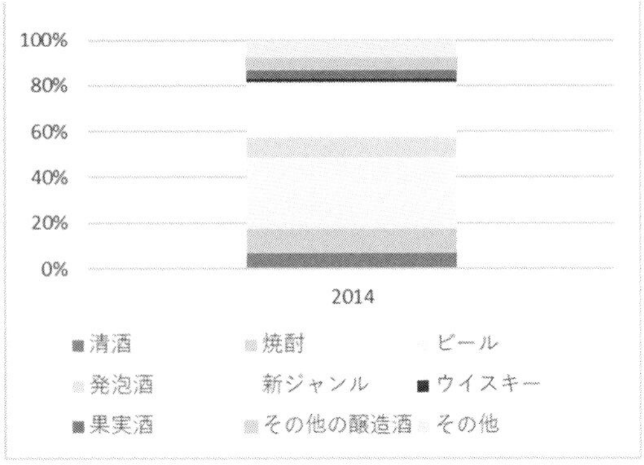

図9 酒類，中味別構成比（2014年）[1]

＊口絵参照

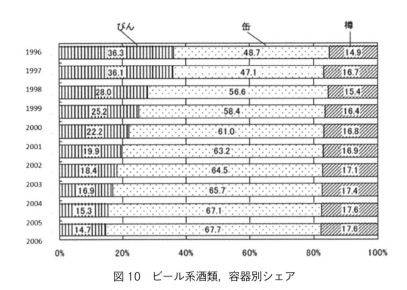

図10 ビール系酒類，容器別シェア

3.3 新商品の発売数と飲料容器

このような清涼飲料の量の拡大と同様に新商品の発売数も多く，年間，1400SKU以上もある（図11 SKU＝Stock Keeping Unit）。消費者調査の結果ではコンビニ店頭に行くまでは具体的にどの清涼飲料を決めずに店舗に寄り，棚に陳列してある商品の中味の予測やラベルやボトルデザインで選ぶ消費が者が多いこともその理由である。

4 環境面から見た飲料容器

食品や飲料容器においてはその製造，中味充填，流通，販売，消費，回収の全ての工程において環境に対する影響を考慮することもたいへん重要である。3Rの推進による環境負荷低減

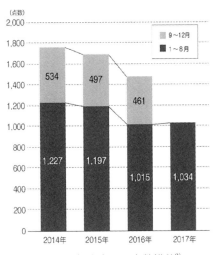

図11　新発売品の点数推移[2]

は重要な考え方であり，持続可能性の高い（サステナブル）社会の実現に向け，飲料業界も過去，懸命に取り組んできた。飲料容器が原料から製造されて消費され，最終的にリサイクルや廃棄処分されるまで，トータルで環境に与えた負荷を数値化して，環境負荷を低減するための活動に結びつけようとする取り組みがあり，その1つがLCA（Life Cycle Assessment）である。1969年に米コカ・コーラ社がミッドウェスト研究所（現フランクリン研究所）に委託して行ったリターナブルびんと飲料缶の環境負荷評価がLCAの基礎を築いたとされる。

　影響評価とは，「さまざまな環境負荷（二酸化炭素などの温室効果ガス，窒素酸化物などの大気汚染物質，油などの水質汚濁物質）を，環境影響に換算することである」と定義されており，ここでは環境負荷評価の一例として各飲料容器の炭酸ガスの排出量を考えてみる。データは「平成16年度（2004年）容器包装ライフ・サイクル・アセスメントに係る 調査事業 報告書」から引用する。近年の飲料容器の形態となってから飲料容器について横断的に環境負荷を調査した事例はこの例しかなく，大学教授，環境省，一般企業などが多数参加して網羅的に採取されたデータである。この資料から各飲料容器ごとの製造，輸送，販売，使用，廃棄，再利用の各工程における炭酸ガスの排出量を図12に抜粋した。その結果，紙容器（屋根型紙容器（1000 mℓ））が最も炭酸ガス排出量が少なくなっていることがわかった。紙は材料として林業という第一産業でえられた原料を主体としており，軽量で比較的丈夫であるということもこの結果に影響しているものと思われる。

　この調査結果は飲料容器というものにフォーカスした，たいへん貴重なデータであると思う。社会的にはこのような調査が定期的におこわれることを望むが，2004年以降は実施されていない。その理由は，たとえば，アルミ缶のデータはこの当時のアルミ缶のリサイクル率，81.8％で計算した結果であり，また，ペットボトルのデータについては耐熱ペットボトルのみの評価になっている。アルミ缶のリサイクル率は2016年で92.4％，アルミ缶のCAN to CAN率は62.8%，また，アルミ缶やペットボトルの軽量化も相当なレベルで進んでおり，近年のように変化の激しい時代においてはできれば最新のデータがほしいものである。

第4章　飲料容器の機能と用途

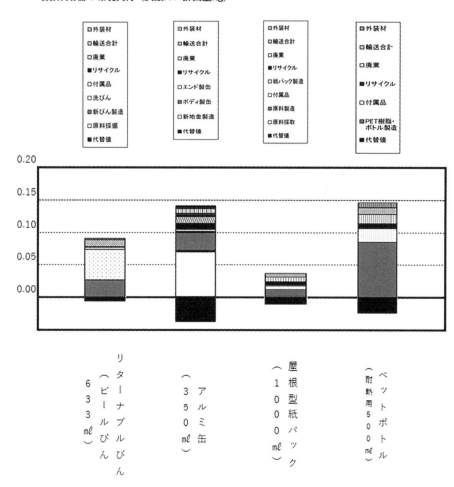

図12　各飲料容器の環境負荷（炭酸ガス排出量 kg）[1]

　このようにわずか数年で飲料容器をとりまく環境は大きく変化し続けている。飲料容器の選択は消費者の側の視点（利便性，価格，処分のしやすさ，環境に対する意識など）で選ばれることが多く，環境への配慮のみを強調しても難しい側面もある。むしろ，同じ容器の枠内で環境負荷を下げるための方法や技術について建設的な議論を行うことが重要と思う。例えば，アルミ缶や耐熱ペットボトルの炭酸ガス排出量では図12の■の部分が削減できるわけで，リサイクル以外にも他の方法も含め，3R推進による環境負荷低減を容器サプライヤー，飲料メーカー，輸送業，消費者などがバリューチェーンを横断して取り組み，心がけることが必要であることは言うまでもないと思う。それぞれのステークホルダーが飲料容器の利便性の享受を受ける中，環境に対しては各々が自分の立場でそれを少しでも補おうとする姿勢，態度，具体的なアクションが必要と思う。日本は容器回収率や回収した再利用飲料容器の品質などでも世界でもトップレベルの実績を誇る。しかし，名目GDP540兆円の経済大国が環境に与える影響

は大きく，次世代に今の地球環境をなるべく損傷なく引き渡して行く上においては，基本である3R推進の立場はもちろんのこと，さらに環境負荷低減効果に期待できる施策や技術開発を世界に先駆けて取り組んでいく必要があると思う。

文献
1) 松田晃一：おもしろサイエンス「飲料容器の科学」，日刊工業新聞社（2018）．
2) ビバリッジジャパン：Beverage Japan, No. 429（2017.10）．

第4章 飲料容器の機能と用途

第2節

PETボトル

東洋製罐株式会社 吉川 雅之

1 PETボトルの歴史

　PETボトルの歴史は金属缶やガラスびんより比較的浅く，日本では小型PETボトルの流通が始まった1996年以降，飛躍的にPETボトル飲料の消費量が増加し，現在に至っている。PETボトルの歴史について，概略を下記に示す。

　1950年代；英ICI社，米DuPont社により，PET樹脂が工業化され，主に繊維用途に使用されていた[1]。

① 1970年代；米国で飲料用途（炭酸ボトル）として使用，日本では食品用途（醤油）として使用開始された。

② 1982年；清涼飲料用容器として認可された（厚生省告示20号）。

③ 1996年；小型PETボトルの販売が本格化した。

④ 1997年；容器包装リサイクル法が施行された。

⑤ 2000年頃以降のトピック；
・PETボトルの冬期ホット販売が始まり，バリアPETボトル（多層ボトル，蒸着ボトルなど）が導入された。
・省資源の観点から，PETボトルの軽量化（リデュース）が進んだ。
・回収PETボトルをリサイクルし，再びPETボトルを製造するBtoB（ボトルtoボトル）リサイクルが始まった。
・石油資源代替の観点からバイオマス由来のPET材料の開発が進み，一部のPETボトルで実用化されている。

　今後，国内外の動向（SDGs，政府方針，業界方針）から環境配慮・資源循環の気運が高まっており，PETボトルの持続可能性について検討が進められている。

2 PETボトルの材料特性

　PETボトルと他の素材（金属，ガラス，ポリオレフィン）容器を比較した場合，PETボトルの素材の利点として，金属容器と比べて
・透明で中味が見える

・加工しやすい

ガラス容器と比べて

　　・耐衝撃性に優れ，落としても割れにくい

　　・容器自体が軽い

ポリオレフィン容器（ポリエチレン，ポリプロピレン）と比べて

　　・ガスバリア性が高く，内容物の保存性に優れている

　　・機械強度に優れ，容器の変形や破損が起こりにくい

　　・回収，再利用システムが構築されている

などが挙げられる。

　PETとは，ポリエチレンテレフタレート（Poly Ethylene Terephthalate）の各頭文字をとった略称で，熱可塑性プラスチックの結晶性ポリエステルに分類される。

熱可塑性樹脂

　　結晶性…PET，ポリエチレン，ポリプロピレンなど

　　非晶性…ポリカーボネートなど

　　熱硬化性樹脂…エポキシ樹脂など

　「熱可塑性」とは，熱を加えると軟らかくなる性質のことで，ガラス転移温度（Tg; glass transition temperature，PETの場合，77℃前後）を超えると，分子鎖セグメントが運動することでゴム状態となる。さらに温度を加えて融点（PETの場合，255℃前後）を超えると溶融状態となる。

　高分子鎖が規則的に配列する「結晶性」の性質を利用し，加熱処理による球晶（耐熱PETボトルの飲み口，不透明）生成や延伸加工による配向結晶（PETボトルの胴部，透明）化など，加工技術により容器としての耐熱性や強度を付与している。

　PET樹脂は，主にテレフタル酸とエチレングリコールのエステル化，重縮合反応により製造される高分子ポリマーである（図1）。

　炭酸・アセプボトル用途のPET樹脂では，イソフタル酸などの共重合成分を少量加えることで，分子の規則性を変化させ，ボトル胴部の曇り（結晶化による白化）を抑制するなどの効果を得ている。

　PET樹脂の分子量は，IV（Intrinsic Viscosity，固有粘度，極限粘度）の指標で表され，樹脂の成形性（溶融粘度など）やボトルの強度特性などに影響する。

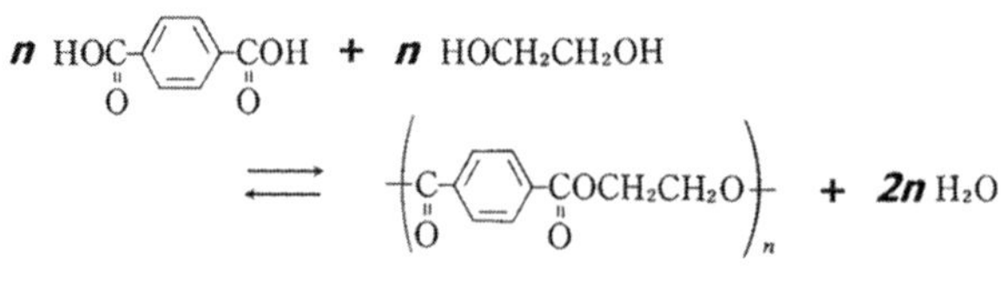

図1　PETの重合反応式（簡略）

3 PETボトルの種類と特徴

PETボトルは内容物の充填（殺菌）条件に応じて，主に下記の4種類に分類される。

① 耐熱PETボトル（図2）

熱殺菌が必要な内容物に使用される。

充填温度：（例）85℃　⇒　密封後，パストライザー加熱殺菌75℃　5分

② 耐圧PETボトル（図3）

炭酸ガス入り飲料用途に使用される。

充填温度：（例）5℃　⇒　密封後，結露防止のためウォーマー処理40℃

③ 耐熱圧PETボトル（図4）

炭酸ガス入り且つ熱殺菌が必要な内容物に使用される。

充填温度：（例）5℃　⇒　密封後，パストライザー加熱殺菌65℃ 10分

④ アセプティックPETボトル（図5）

無菌充填（aseptic充填：内容物および容器を充填前に殺菌処理）用途に使用される。

充填温度：（例）常温（菌管理された環境）

図2　耐熱PETボトル

図3　耐圧PETボトル

図4　耐熱圧PETボトル

図5　アセプティックPETボトル

表1　PETボトルの種類と適用用途

ボトル種類	充填温度	後殺菌条件	内容品
耐圧	5～10℃	なし	コーラ、サイダー　など 炭酸飲料
耐熱圧	5～10℃	65℃10分	乳性・果汁入　など 微炭酸飲料
耐熱	85～91℃	75～85℃ 5分	茶
アセプティック	20～30℃（常温）	なし	コーヒー、果汁 スポーツドリンク　など

　また，PETボトルの種類別用途は，表1の通りである。

　耐熱ボトル（ガラス転移温度以上での高温充填）や耐熱圧ボトル（ガラス転移温度付近での後シャワー殺菌）においては，口部の熱変形を抑制しキャップ密封性能を確保するため，おもにボトル口部の熱結晶化処理が施されている。耐熱ボトルでは，高温充填された内容物が冷却された後，容器内が減圧状態になる際の容器変形を防ぐ目的で，減圧吸収機構を有するボトル胴部パネルや底部の形状が適用されている。

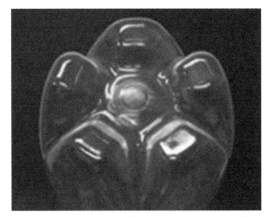

図6　耐圧ボトルの底部写真（ペタロイド形状）

　炭酸ガスを含む内容液を充填し密封すると，容器内圧力が高くなる。このため，炭酸飲料用の耐圧ボトルや耐熱圧ボトルは，内圧による変形や破損に耐えられるように胴部や底部の形状に工夫がされている。底部は，耐圧性と自立性を両立させるため，足部と谷部からなるペタロイド形状が使用されている（図6）。

4　PETボトルの成形方法

　PETボトルは，主にコールドパリソン法で成形される。

［コールドパリソン法］

①乾燥させたPET樹脂のペレットを射出成形により，試験管形状のプリフォーム（パリソンとも呼ぶ）を製造する。

②プリフォームをブロー延伸成形し，PETボトルが完成する。

　各工程について，以下に説明する。

4.1 プリフォーム射出成形

(1) 材料乾燥工程

PET材料ペレットを乾燥させる（推奨含水率50ppm以下）。乾燥が不十分でペレット中に水分が多く含まれている場合，溶融工程で加水分解により分子鎖が切断され，分子量低下，成形不良の原因となる。

(2) 溶融混練，計量，射出充填工程

射出成形機のシリンダ（加熱筒）内でPET材料ペレットを融点 T_m 以上の温度（260〜300℃程度）にて溶融し，スクリューで混練させる。シリンダの温度設定が高すぎるとPETの熱分解や熱劣化が起こり，逆に温度が低すぎると可塑化不足による成形不良（プリフォームの白化など）の原因となるため，適正な可塑化条件を設定することが重要となる。溶融混練したPET樹脂をプランジャーにて計量・射出し，金型内に流し込む。この工程では，射出速度や圧力（射出圧力，保圧，背圧）などを適正に設定することが重要となる。

(3) 金型内冷却，製品取り出し工程

5〜25℃程度に温調された金型内に射出充填された溶融PET樹脂は，急速に冷却され，プリフォーム形状に固化し，ガラス転移温度 T_g 以下で金型から取り出される。金型の製品形状や温度，射出成形条件などにより成形加工歪みが残留し，製品の寸法安定性や機能特性に影響を及ぼす場合がある。

(4) 口部結晶化工程（耐熱用途のみ）

耐熱PETボトルでは，内容物を高温充填する際の寸法変化を防ぐため，口部を加熱し球晶を生成させ，耐熱性を高めている。

4.2 ブロー延伸成形

プリフォーム胴部をガラス転移温度 T_g 以上の温度に再加熱する。ブロー金型内でプリフォームに高圧エアーを吹き込み，最終ボトル製品の形状に成形する。適正なボトルの製品寸法や肉厚分布，強度特性を確保するため，プリフォーム温度分布やブローエアーなどの条件設定が重要となる。PET樹脂は一定の延伸倍率以上で配向結晶が生成する。熱結晶化により生成した球晶とは異なり，ブロー成形されたPETボトル胴部の配向結晶は，可視光線が透過するために透明で，高い機能特性を発揮する。

耐熱PETボトルでは，ブロー金型温度を高温（130〜160℃程度）に設定することで，ボトル胴部の結晶化度を向上させながら，非晶領域の歪みを緩和させるヒートセット効果（熱固定）により，耐熱性を高めている。

2000年代中盤以降，アセプティック充填の普及に伴い，充填工程の直前でブロー成形しボトル供給するインラインブロー成形システムが増加している。アセプボトルは耐熱ボトルよりも比較的成形し易く，海外製ブロー成形機（Sidel，KHS，Krones社など）を導入し，プリフォームを調達することで運用可能であり，以下の利点が挙げられる。

①調達物流コスト，CO_2 排出量の抑制（輸送効率；プリフォーム＞空ボトル）
②ボトル軽量化の促進（空ボトルでの強度や剛性の基準を引き下げ可能）

　アセプボトルだけでなく耐熱ボトルの充填工程に隣接したオンサイト耐熱ブロー成形システムも実用化されている。従来の空ボトルでの運用では，保管時の吸湿によってボトルの耐熱性や強度低下の懸念があるが，オンサイト成形ではブロー成形直後に高温充填されるため，耐熱ボトルにおいても軽量化促進の一助となっている。

5　PETボトルの高機能化と自主設計ガイドライン

　金属やガラス素材と比べて，PETなどプラスチック素材は，気体や液体の遮断性が劣る。一般的にプラスチック容器の遮断性について，大容量よりも小容量の方が（ボトルの表面積と内容積の関係から），ボトル肉厚が厚いよりも薄い方が，ガス透過の影響を受けやすいといえる。

　市場で流通しているPETボトル製品は，特別なバリア機能を付与していない通常のPETボトルが大半を占めるが，なかには，下記のような目的でバリアPETボトルが採用されている例がある。

①外部から侵入する酸素から内容物を保護する。
・ワインや果汁飲料など酸素に敏感な内容物（風味，色相，特定成分量など）の保持
・冬場のホット販売商品の酸化劣化防止
②内容物の成分が容器外部へ透過するのを防ぐ。
・炭酸飲料のガス抜け防止
・水分透過による内容量減少を抑制
③容器外部からの水分の侵入を防ぐ。
・油製品，乾燥固形物などの品質保持

　容器内に侵入してくる酸素を酸化反応により積極的に吸収するバリア機構を「アクティブバリア」と称する。一方，ガス透過性の低い物質の膜などにより物理的にガスバリア性能を高める手法を「パッシブバリア」と称する。

　バリアPETボトルは，構造上の観点から，多層（積層）PETボトル，ブレンドPETボトル，コーティングPETボトルの3種類に大別することができる。

5.1　多層（積層）バリアPETボトル

　プリフォームを成形する際に，共射出成形機を使用して，多層構造（2種3層，3種5層など）のPETボトルを製造する。バリア層の材料としては，PETに比べガス透過度が低いMXD6ナイロン（ポリメタキシリレンアジパミド）などが使用される。バリア層材料の選定にあたっては，ガス透過性だけでなく，主材PETとの射出成形時の温度域や溶融粘度のマッチング，ブロー成形時の延伸特性，外観（透明性），リサイクル適性（粉砕した際，PETと分離可能か）などを考慮する必要がある。バリア層に酸素吸収機構（被酸化物質＋酸化触媒など）を付与することで，酸素バリア性能を高めることができる。欧米では多層構造の酸素吸収

PETボトルでビール用途（炭酸＋酸素バリア）での販売例がある。

5.2 ブレンドバリアPETボトル

プリフォームを成形する際に，主材PETにバリア材料を直接添加して，バリア性能を有する単層PETボトルを製造する。バリア材料としては，MXD6ナイロンやポリエン系などの被酸化物質に遷移金属塩を酸化触媒として微量添加する例がある。ブレンド成形は，通常の単層PETプリフォーム成形用の射出成形機にバリア材の添加設備を導入するだけで実施可能であることが利点として挙げられる。

一方で，バリア材成分が内容物に直接接触する構造であることから，食品安全衛生の観点や，リサイクル工程でPETと物理的に分離不可であるなどの懸念点があり，これらを考慮したバリア材添加量の範囲内で使用する必要がある。

5.3 コーティングバリアPETボトル

ブロー延伸成形したPETボトルの内表面に，シリカ（酸化ケイ素），DLC（ダイヤモンドライクカーボン），などのバリア性の高い無機膜を蒸着させたバリアPETボトルの特徴について説明する。内面蒸着バリアボトルは，次のような工程で製造される。
①ボトル内を真空引きする。
②蒸着膜を形成するための特殊ガスを充填する。
③（高周波やマイクロ波などを用いて）ボトル内部のガスをプラズマ化してボトル内表面に数十nm程度の厚さの蒸着膜を形成させる。これら無機系の蒸着バリアボトルは，水分バリア性能にも優れており，ガラス容器からPETボトルへの切り替えにも適用されている。

内面蒸着技術以外にも，ボトル外面にガスバリア性の高い有機系塗料（無機系フィラーを含む例もある）を塗布し，バリア膜を形成させる手法も開発されており，設備面や品質面などの技術的難易度が高いのが現状だが，今後の技術進歩が期待されている。

5.4 紫外線バリア

ボトル外部から透過する紫外線による内容物の劣化を抑制することを目的とし，ベンゾフェノン系，サリチル酸誘導体，ベンゾトリアゾール系などの化合物（吸収波長領域300～400 nm）をプリフォームの射出成形時にマスターバッチなどを使用し極微量添加する方法がある。

5.5 指定PETボトルの自主設計ガイドライン

複数の業界団体より構成されるPETボトルリサイクル推進協議会が定める「指定PETボトルの自主設計ガイドライン」は，使用後の再処理，衛生性を含めた再利用適性に優れた容器とするために，使用するボトル，ラベル（印刷・接着剤等を含む），キャップ等について規定した自主設計ガイドラインであり，3R（Reduce, Reuse, Recycle）に貢献できるPETボトルづくりの指針を示している。ボトル本体，キャップ，ラベルなどの原則基準として，下記の内容が明記されている[2]。

［ボトル（抜粋）］
・PET単体とする
・着色はしない
・ベースカップを使用しない
・ボトル本体への直接印刷は行わない

［ラベル（抜粋）］
・ポリ塩化ビニルを使用しない
・再生処理の比重・風選・洗浄で分離可能な材質・厚さであること
・ラベル印刷インキは，PETボトルに移行しないこと

［キャップ（抜粋）］
・アルミキャップは使用しない
・ポリ塩化ビニルを使用しない
・比重1.0未満のポリエチレンまたはポリプロピレンを主材とする

　原則基準への適合性が不明な場合は，再処理・再利用時に影響が予想されるため，当該ガイドラインに示す材料評価基準に則して評価しなければならない。前述した高機能性付与PETボトルは，上記ガイドラインの基準を満たす範囲で容器設計され，市場流通される。

文　献
1）湯木和男：飽和ポリエステル樹脂ハンドブック，P.6　日刊工業新聞社．(1989).
2）PETボトルリサイクル推進協議会：指定PETボトルの自主設計ガイドライン（2018年1月改定）.

第4章 飲料容器の機能と用途

第3節

缶詰飲料向け金属缶（飲料缶）

東洋製罐株式会社　土谷　展生

1　飲料缶の概要

　食品を密封した後に加熱殺菌する手法と、ぶりき製の金属缶（Tin Canister）を組み合わせた食品缶詰の特許が英国で取得されたのは 1810 年である[1]。その後 1890 年代後半になって、現代の高速で製造される缶詰の基本技術、即ち外周にゴム製シーリング材が塗布された蓋を、二重巻締によって缶胴に接合するサニタリー缶技術が米国で確立された[2]。

　国内で果実飲料が金属缶に充填され、缶詰飲料として上市されたのは、さらに半世紀以上を経た 1954 年[3]のことであるが、その後缶詰飲料は安全かつ利便性の高い飲料の提供形態として社会に浸透し、今日に至る。

　金属缶では、金属本来の性質や金属を加工して獲得される特性から、以下のような特徴が実現されており、長年にわたり使用され続けている理由となっている。

①気体、液体、光が遮断でき、常温での食品の保存や流通に極めて有効である。
②熱伝導性が高く、殺菌、冷却の効率が高い。
③多様な成形加工が高精度、高速、常温で可能であり、多品種、低コスト生産ができる。
④容器剛性が高く大量積載でき、輸送効率が高い。
⑤金属特有の光沢を有した外観が商品価値向上に利用できる。
⑥マテリアルリサイクルに適している。

　一方、金属には反応性が高く、腐食や発錆、変色等を生じやすいという一面があるが、適切なコーティングを施すことで対処できる。また、紙やプラスチックに比較して比重が大きいという特性があるが、金属缶の中でも飲料缶と呼ばれる缶詰飲料用途に特化した容器は、市場規模が大きく大量に利用されることもあり、省資源や省エネルギーを目指した軽量化の検討や、合理的な製造工程の開発が活発に続けられている分野となっている。

2　缶詰飲料の市場動向

　図1に、飲料を含めた食品缶詰用金属缶の国内生産数推移を示す。近年になって飲料は、缶詰という食品包装形態の中の9割以上の数量を占める状況にある。1996 年に清涼飲料向け小容量 PET ボトルの自主規制が解除されており、飲料缶の生産数はこの年にピークを迎えた

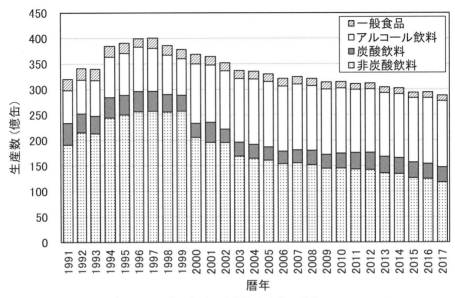

図1 国内における食品缶詰用金属缶生産数の推移（東洋製罐調べ）

後，減少傾向となっている。

飲料の種類別では，非炭酸飲料が減少傾向，炭酸飲料が横這いであるが，アルコール飲料ではRTD（Ready to Drink）と呼ばれる調製済アルコール飲料の市場拡大が続いており，増加傾向にある。

2017年の飲料を含めた食品缶詰用金属缶の国内生産数は約288億缶であり，そのうち飲料缶は約277億缶であった。種類別では，非炭酸飲料向けが約118億缶（飲料缶の42%），炭酸飲料向けが約30億缶（飲料缶の11%），アルコール飲料向けが約130億缶（飲料缶の47%）の構成であった。

3 飲料缶の分類と規格

3.1 SOT缶とリシール缶（ボトル缶）

缶詰飲料では，蓋に穴を開けることが飲用の基本手段とされてきた。当初は穴を開けるための別体器具が必要であったため，これを使わずとも簡単に開口できるイージーオープン機能が求められた。この機能が備わった蓋は1960年代に米国で使用され始め，1965年には国内にも導入された。しかし当時の蓋はプルタブを引っ張り，蓋パネルの一部を切り取って開口するもので，切り取られた部分が環境に散乱する結果となり，各国で社会問題化した。この問題への解答として，蓋中央部に取り付けられたタブを引き起こして蓋パネルを押し下げて開口した後，タブを邪魔にならない位置まで戻して飲用するタイプのアルミニウム合金（以下アルミと略す）製イージーオープン蓋が開発され，1990年代初頭から国内でも普及し始めた。この蓋は開口後もタブが蓋に残ったままとなることから，ステイオンタブ蓋やSOT蓋と呼ばれ，現在も広く利用されている。その後，後述するリシール缶が登場したことで，SOT蓋が使用さ

れている飲料缶は SOT 缶と呼ばれ，区別されている。

2000 年になって，ねじ加工とカール加工を施して口部を設けた金属ボトルに飲料を充填し，飲用の際は巻締められたスクリューキャップを回して開栓する方式の金属容器が登場し，リシール缶やボトル缶と呼ばれる。リシール缶では金属缶のもつ内容物保護性や耐レトルト殺菌性に加え，簡易な開栓性やリシール性が実現されている。当初ビールや炭酸飲料が口径 28mm のアルミリシール缶に充填されて上市された。その後，口径 38mm のアルミリシール缶も設定され，果汁，コーヒー系飲料，清酒など多彩な飲料製品に適用されている。2004 年には打検による内圧検査が可能なスチール製のリシール缶も登場し，コーヒー系飲料やスープ飲料等に使用されている。図 2 に SOT 缶とリシール缶の例を示す。

図 2　SOT 缶（左）とリシール缶（右）

3.2　構造および製造方法による分類

金属缶は構造上の特徴から，図 3 に示すように 3 ピース缶（スリーピース缶）と 2 ピース缶（ツーピース缶）に分類される。3 ピース缶は筒状の缶胴と 2 枚の蓋の

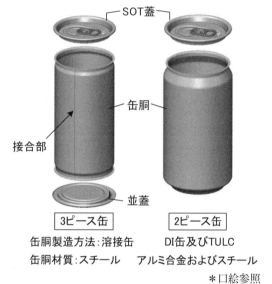

図 3　飲料缶の構造および製造方法による分類

3 点で構成される金属缶であり，2 ピース缶は底と側壁が一体となった缶胴と 1 枚の蓋の 2 点で構成される金属缶である。飲料缶について製造方法も踏まえた分類を行うと，今日の国内の飲料缶では 3 ピース構成の溶接缶，2 ピース構成の DI 缶と TULC の合計 3 種の製造方法が使用されている。

これら製造方法は，全てリシール缶登場以前に利用されていた，いわば SOT 缶向けの技術であるが，リシール缶もこれらの技術に口部成形技術を組み合わせて派生したものである。

3.3　JIS 規格

飲料を含めた食品缶詰に使用される金属缶の仕様に関し，日本産業規格 JIS Z 1751「食品缶詰用金属缶の仕様」が制定されている。これは，国際規格との整合性を考慮しつつも国内市場に合った金属缶を規格化し，各方面の利便性を向上させることを目的に整備されたもので，オープントップ缶（缶の一方の口が充填後に二重巻締される缶）を対象に，品質，構造，種

類・寸法および内容積，測定方法，材料，検査，製品の呼び方といった項目が規格化されており，飲料缶では主に SOT 缶が対象となる。飲料缶の寸法および内容積については，3 ピース缶で 10 種（内径として 3 区分），2 ピース缶で 8 種（内径として 2 区分）の合計 18 種が規格化されている（2016 年版）。国内流通の SOT 缶製品については，本規格に準じたものが多くを占めるが，近年では製品の多様化に伴い，規格とは異なる製品も見受けられるようになっている。

4 飲料缶の製造工程

4.1 3 ピース缶（溶接缶）の製造工程

3 ピース缶では，金属薄板を丸めて端部を接合した中空円筒が缶胴となり，今日製造されている飲料向け 3 ピース缶のほぼ全ては，Soudronic 社開発の WIMA 法によって端部が接合される溶接缶である。これは偏平に潰された銅線を中間電極とし，電極ロールや缶胴と同期して走行させて連続的に溶接を実施するものである。溶接缶の製造工程概略を図 4 に示す。

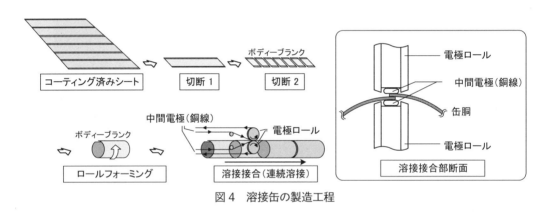

図 4　溶接缶の製造工程

溶接という端部接合方法に対しては，ぶりき等の錫被覆スチール材が好適であるが，飲料向けの溶接缶ではコーティングが施されることが前提となるため，錫量を大幅に削減した LTS（Low Tin-Coated Steel）や TNS（Tin Nickel-Coated Steel）といった，飲料向け溶接缶用に最適化されたスチール材が使用されている。コーティングには塗料がオーブンで焼き付けられた仕様の他，ポリエステルフィルムが貼り付けられた仕様もある。溶接接合された缶胴には，直後に溶接部分を被覆するコーティングが内外面に施され，次いで両側の開口端部にネック加工，フランジ加工が実施され（図 5），缶胴と蓋が二重巻締によって接合できる状態となる。3 ピース缶には 2 枚の蓋が使用されるが，通常は先に SOT 蓋が製缶工程で二重巻締接合されて充填時の底となり，開口機能を持たない並蓋が充填工程で密封の際に二重巻締される。

3 ピース缶ではスチール材の厚みがほぼそのまま缶胴の厚みとなり，その剛性を生かして基本的に陰圧缶として使用されている。陰圧缶とは容器内圧が外界より低い缶詰であり，内容物が加熱された状態で充填密封された缶詰飲料を，常温に戻すことで実現される。陰圧缶では，缶詰の密封や殺菌状態の保証に有効な打検による内圧検査が適用でき，ミルク入り飲料など低

酸性の缶詰飲料に多用されている。

4.2 2ピース缶の製造工程

2ピース缶の成形は、金属板に絞り加工を施して底と側壁を有する円形カップを成形し、これをさらに1回または複数回の再

図5 ネック加工（左）およびフランジ加工（右）

絞りによって、目的の径に縮径しながら側壁を高く成形する、絞り再絞り（Draw and Redraw）工程が基本となる。飲料用の2ピース缶ではさらに、側壁の厚みを薄く加工して缶の高さ成分を増加させる加工法が組み合わされる。

一般の食品とは異なり、飲料では炭酸飲料やビールのように含有する炭酸ガスの作用によって密封後に缶詰内の圧力が外界より高くなる製品が数多く存在し、陽圧缶と呼ばれる。陽圧缶では缶詰の形状保持に内圧を利用することができるため、側壁はごく薄く成形され、対して缶底は比較的厚めで内圧に耐える形状に加工された金属缶が、軽量で合理的な構造となる。このような陽圧缶に適した構造の実現には、成形時に側壁の薄肉加工と底部への耐圧形状の付与が可能な2ピース缶が適している。

2ピース飲料缶の製造方法としては、金属素材へのプレコート有無、潤滑方式などの組み合わせによって、DI缶とTULCの2種が存在する。

4.2.1 DI缶の製造工程

DI缶は、アルミ製ビール缶として1960年代に米国で使用が開始された2ピース缶である。金属コイルから絞り成形された浅めのカップに対して、ボディーメーカーと呼ばれる成形加工装置を使用して、冷却剤を噴霧しながら再絞りとしごき加工による側壁薄肉化および底部加工を実施し、続いて潤滑剤や冷却剤を洗浄する工程を経て素缶を得るプロセスとなっている。絞りしごきを意味するDraw and Ironingに由来してDI缶と呼ばれる。洗浄後の素缶には順次、外面印刷、内面スプレー塗装、ネックおよびフランジ加工が施されて完成となる（図6）。金属材としてはアルミとスチール（ぶりき）が使用可能であるが、今日製造されているDI缶は殆どがアルミ製の陽圧缶で、DI缶に適した3004合金や3104合金が使用されている。

4.2.2 TULCの製造工程

TULC（Toyo Ultimate Can）は、材料、生産プロセスを根本から見直し、環境性能を飛躍的に高めた2ピース缶であり、1992年に上市された。内外面にポリエステル樹脂をプレコートした金属材を使用することで、冷却剤を使用しないドライ成形が可能となり、洗浄が不要で水を使用しない、シンプルな工程で基本成形が完了することを特徴としている（図7）。

側壁薄肉化の手法に関しては、ストレッチドローアンドアイアニングと呼ばれる複合的な加工法を使用する場合と、DI缶と同等のしごき加工を冷却剤の噴霧なしに実施する場合とがある。その後に続く工程は、印刷およびネック、フランジ加工で、プレコート材を使用していることからDI缶のような内面スプレー塗装の必要はない。スチールとアルミの両方の金属素材が使用可能であり、スチール材としては有機皮膜との密着性に特に優れたTFS（Tin Free

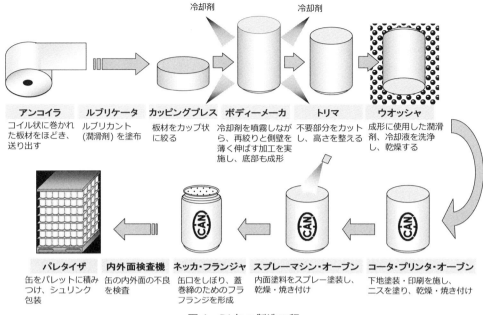

図6　DI缶の製造工程

Steel）が，アルミ材としてはアルミDI缶と同様に3004合金や3104合金が使用されている。また，TULCは側壁の薄肉化加工度合いにより，陰圧缶と陽圧缶の両方を製造できる2ピース缶であることも特徴である。TULC陰圧缶はスチール材で実現されており，打検による内圧検査が可能である。

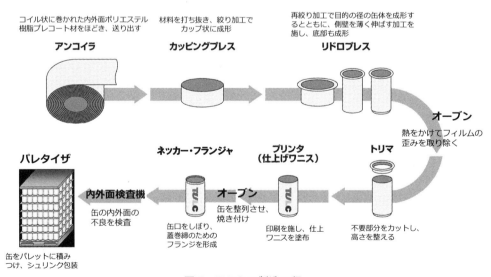

図7　TULCの製造工程

図8 高精度な内圧検査に対応した2ピース陽圧缶
左：業界最軽量スチール缶（打検可能な185グラム TULC 低陽圧缶）
右：出荷前ケース検査システムに対応した陽圧アルミリシール缶

4.2.3 高精度な内圧検査に対応した2ピース陽圧缶

2ピース陽圧缶では，陰圧缶より軽量な缶が実現できる。そのため炭酸ガスを含まない飲料に対しても陽圧缶化が検討され，液体窒素を内容物と同時に密封することで達成されている。当初は微生物が成育しにくい果実飲料等に適用されたが，充填工程における衛生管理技術の向上や，陽圧缶に対応した内圧センシング技術の向上をもって，近年ではミルク入り飲料などの低酸性飲料も陽圧缶で製品化されている。

関連して，陽圧缶での高精度かつ高効率の内圧検査を実現する方法が検討された結果，液体窒素ミスト充填システムとの組み合わせによる，スチール飲料缶としては業界最軽量となる打検可能な低陽圧 TULC[4] や，渦電流式変位センサーによる出荷前ケース検査システム[5] に対応した陽圧アルミリシール缶などが開発されており，これらはその製造工程において特徴的な缶底形状に加工されている（図8）。

4.3 蓋の製造工程

4.3.1 SOT 蓋の製造工程

SOT 蓋では，なるべく小さな力で開口できることが求められ，アルミ材が使用されている。内外面にコーティングが施されたアルミ材をプレス加工し，カール加工された外周にシーリング材となる液状ゴムを塗布・乾燥して蓋の基本形とした後，専用のプレス装置で開口機能に関する加工およびタブの取り付けを実施して完成となる（図9）。

SOT 蓋にも陰圧用と陽圧用の区別があり，形状，材質が最適化されているが，材質でいえば陰圧用 SOT 蓋には耐食性に優れた 5021 合金などが，陽圧用 SOT 蓋にはより高強度の 5182 合金などが使用されている。

4.3.2 並蓋の製造工程

3ピース缶に使用される並蓋は，打検による内圧検査に適したスチール製がほとんどである。TFS など塗膜密着性に優れたスチール材の内外面にコーティングを施した材料を使用し，プレス加工，カール加工，外周へのシーリング材塗布および乾燥工程を経て完成となる。また，後述する3ピース缶タイプのリシール缶にも，底材として並蓋が使用されている。陽圧仕様の3ピースタイプアルミリシール缶には，耐圧形状を有するアルミ製の並蓋が使用されている。

第4章 飲料容器の機能と用途

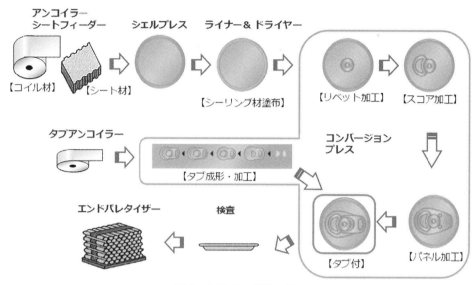

図9　SOT蓋の製造工程

4.4. リシール缶の製造工程

　リシール缶は，2ピース飲料缶の工程に準じて成形されたアルミ素缶に対して口部成形工程を施したものが多い。アルミ素缶は，DI缶のように成形後に洗浄してからスプレー塗装で内面コーティング皮膜を設けているものと，両面プレコート材の適用によって洗浄工程やスプレー塗装工程を不要としているものとがある。

　口部成形には2種の方法があり，素缶の開口部側にネック加工，ネジ加工，カール加工を実施して口部を形成する2ピースタイプ（図10）と，素缶の底側をすぼめる加工の後に穴を開けて口部を形成し，一旦上下とも開口した状態の缶体を形成する3ピースタイプ（図11）に

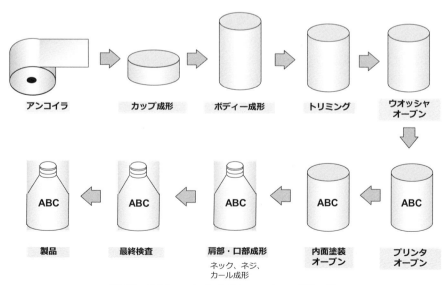

図10　2ピースタイプ リシール缶の成形工程

- 208 -

第 3 節　缶詰飲料向け金属缶（飲料缶）

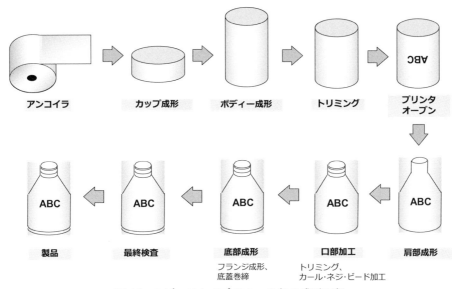

図 11　3 ピースタイプ リシール缶の成形工程

分けられる。

　他にスチール製のリシール缶も存在し，基本的にアルミ製のリシール缶は陽圧缶として，スチール製のリシール缶は陰圧缶として使用されている。スチール製の陰圧リシール缶は，打検による内圧検査が可能である。

5　内容物特性，殺菌方式と飲料缶の仕様

　金属材料には腐食や錆，変色といった現象を生じやすいという一面がある。飲料缶の内面では内容物による缶体金属の腐食を防止する必要があり，外面では主に殺菌時の高温湿潤環境から缶体金属を保護する必要があることから，飲料缶の金属材料は基本的に内面，外面とも有機材料によってコーティングされ，保護されている。

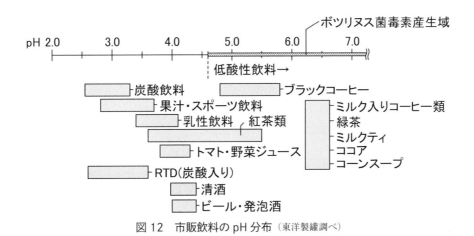

図 12　市販飲料の pH 分布（東洋製罐調べ）

− 209 −

市販飲料で測定されたpH分布を図12に示す。飲料のpHは缶内面への腐食性や，殺菌方式の選択に関連する指標であり，市販飲料では概ね3弱から7弱の範囲に分布している。

一般にpHが低い飲料ほど腐食性は強く，炭酸飲料やRTDでは内面コーティングに対する金属被覆性の要求は高度となる。一方，レトルト殺菌によって製造されることが多い低酸性飲料の腐食性は，塩分の多い飲料などを除いて比較的弱いものが多いが，コーティング材にはレトルト殺菌時の高温湿潤環境への耐性が必要とされる。このように，飲料缶では対象内容物のpH分布が広範囲なため，耐食性上要求される内面コーティングの性能は一律ではない。外面コーティングに関しても，低酸性飲料で実施されるレトルト殺菌をはじめとしてさまざまな殺菌環境が想定され，要求性能は一律ではない。このため，飲料缶では要求性能を区分し，最適な仕様を選定するようになっている場合がある。最適な仕様は内容物の特性や殺菌条件に依存し，通常は容器メーカーとの情報交換の上で選定される。

6 飲料缶の加飾

6.1 印刷加飾

市販の缶詰飲料には，印刷加飾が施されている場合が殆どである。印刷加飾によって消費者に対して文字や画像で必要な情報を伝達すると共に，製品をアピールするためのアイキャッチ性が付与される。飲料缶へ適用される印刷方式は缶種によって異なり，**表1**のような組み合わせが用いられ，基本的に金属という硬質の素材へ印刷する場合は，ゴム製のブランケットを介してインキを転移させるオフセット印刷が適用されている。印刷されたインキの上には，仕上げワニスと呼ばれる透明のコーティング皮膜が設けられる。この皮膜によってインキが保護されると共に，缶の外面に適切な耐擦過性や滑り性が付与される。

近年の飲料缶における印刷加飾技術の進展としては，グラビア印刷済みのポリエステルフィルムを貼り付ける方式の拡大が挙げられる。この方式は1990年代に溶接缶で使用が開始されたもので，グラビア印刷の持つ階調性や濃度感が利用できると共に，3ピース缶胴の薄板化の障害となっていた金属シートへの印刷工程を回避できることから，容器の軽量化にも貢献した[6]。2ピース缶においてもTULCラベル缶など，図13に示すような工程でグラビア印刷済みのポリエステルフィルムを缶胴側壁に貼り付ける技術が2000年代から使用されている。最近では金属蒸着フィルムを使用した鏡面表現など，従来にはなかった加飾技術も利用できるよ

表1 飲料缶に使用される印刷加飾方式

構成分類	缶種	加飾形態	印刷対象	印刷方式
3ピース缶	溶接缶	金属シートへの印刷	塗装済み金属シート	平版オフセット（単色印刷，逐次重ね）
		金属シートへの印刷済フィルム貼付	ポリエステルフィルム	グラビア（単色印刷，逐次重ね）
2ピース缶	DI缶，TULC	缶体への曲面印刷	缶側壁	凸版オフセット（多色一括印刷）
				水なし平版オフセット（多色一括印刷）
	TULC	缶体への印刷済フィルム貼付	ポリエステルフィルム	グラビア（単色印刷，逐次重ね）

うになっている。

また、2ピース缶胴への直接印刷の分野では、従来の樹脂製凸版を使用した方式に加え、写真調の再現やグラデーションの表現に優れた水なし平版を使用した印刷の採用例が増加している。同じデザインを、水なし平版と樹脂製凸版を使用して2ピース缶側壁に印刷した際の再現の違いを図14に示す。

さらに近年では、通常の光沢表面ではなくマット調表面となる仕上げワニスや、発泡インキによるざらざらとした部分凹凸表現、仕上げワニスをはじくインキを使用したウェット調の凹凸表現など、視覚だけではなく触覚にも訴えるような印刷加飾の採用も進んでいる。

6.2 形状加飾

飲料缶の側壁に対し、缶体金属や内外面コーティングへのダメージを抑制しつつ凹凸加工を実施する技術が発展したことにより、形状によって製品を特徴づけることが可能になっている。陰圧缶では、側壁へ付与する形状によっては容器剛性が増し、薄肉化による軽量化が実現されている場合もある（図15）。印刷内容と形状加飾の位置を合わせ、加飾効果をさらに高める技術も利用されている。

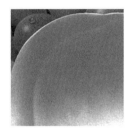

＊口絵参照

図13 2ピース缶側壁への印刷済フィルム貼付工程の例（TULCラベル缶）

水なし平版　　　　　樹脂製凸版

＊口絵参照

図14 2ピース缶胴へのフルーツ画像の印刷例

図15 陰圧缶の薄肉軽量化に寄与する形状加飾の例

7 飲料缶の環境適合性

1970年代に缶詰飲料の普及に伴って空き缶散乱が社会問題化したが、1973年には現在のアルミ缶リサイクル協会とスチール缶リサイクル協会のそれぞれの前身団体が発足し、缶の再資源化についての啓蒙活動が活発に継続された。その結果、近年ではアルミ缶、スチール缶とも国内のリサイクル率は90%を越えるまでになり[7)8)]、飲料缶はそれ自身が低エネルギーで利用できる金属資源とも言える状況になっている。飲料缶は環境適合性が高く、持続性に優れた容器として、今後も活躍することが期待できる。

文　献

1) 日本製缶協会：50年史, pp.26-33 (2009).
2) 例えば, M. Ams: SHEET METAL CAN, U.S. Patent 570591 (1896).
3) 社団法人日本包装技術協会：包装の歴史 復刻・増補版, pp.146-149 (2008).
4) 新日鐵住金株式会社, 東洋製罐株式会社：プレスリリース 業界最軽量となるスチール缶の開発について (2018).
5) 村瀬健, 森健司：缶詰時報, **97** (2), 101 (2018).
6) 社団法人日本鉄鋼協会：わが国における缶用表面処理鋼板の技術史, pp.129-158 (1998).
7) アルミ缶リサイクル協会：2018年（平成30年）度飲料用アルミ缶のリサイクル率（再利用率）について (2019).
8) スチール缶リサイクル協会：スチール缶リサイクル年次レポート2018 (2018).

第4章 飲料容器の機能と用途

第4節

飲料用紙容器に求められる機能

日本製紙株式会社　田中　淳

1　はじめに

約100年前に軽くて割れない容器として生まれた牛乳の屋根型紙容器（ゲーブルトップ型）は，現在でもその形状をほとんど変えずに液体用紙容器として使われ続けている（図1）。まさに人々の生活に深く関わってきた容器といえる。また世界的な環境問題への取り組みがされている中でも，その容器としての役目，機能が再注目されている。

本稿では，屋根型紙容器を紙容器の代表例として，紙容器に求められる機能，紙容器を構成する技術要素の視点から紹介する

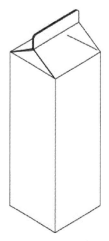

図1　屋根型紙容器

2　紙容器の原材料

紙容器の基材は紙であり，重量比換算すると約90％は紙である。その紙の原料は再生可能な循環型資源である木材，木質原料から作られている（図2）。現在流通している多くの紙容器は，適切な管理をされた森林にて伐採され，森林認証（PEFC：ピーイーエフシーやFSC：エフエスシー）といわれる仕組みで管理，流通された木材原料の原紙を使用している。紙容器用の原紙供給量の多いフィンランドの森林では，1本の木材を伐採したら7本植林するといった施策により森林資源は増えている。紙容器は循環型資源を使用し，これまでもこれから

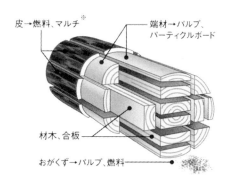

※マルチ……木の根元など，土が乾かないように覆う木の葉，小枝，わら，木の皮などのこと。

＊口絵参照

図2　紙に使われる木材の部分

樹種	種類	特徴	電子顕微鏡写真
針葉樹	マツ、スギ、ヒノキ、ダグラスファー、ヘムロック、スプルース、パイン	長繊維 強度を重視する	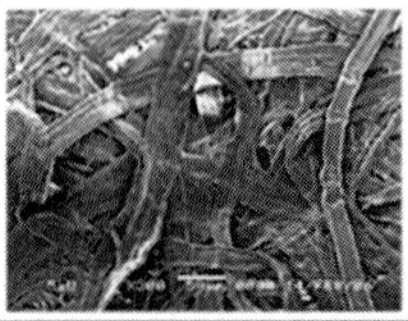
広葉樹	ブナ、カバ、ナラ シラカバ（バーチ）、ユーカリ	短繊維 平滑を重視する	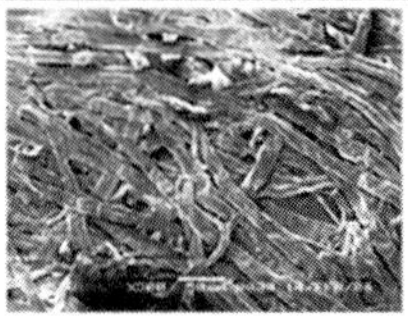

図3　樹種の特徴

も持続可能な資源を活用した容器である。

　紙容器原紙の原料としての木材は特に北米や北欧に生育する針葉樹，広葉樹が使われるが，いわゆる建築建材として適さない加工後に残った端材，間伐材などが原紙の主原材料となる。集められたそれらの木材，端材は製紙工場にてチップと呼ばれる細かい破片に加工され，さらに煮溶かされ機械的，化学的処理を経て漂白されて紙の原料，パルプとなる。

　紙を作る工程，抄紙では連続して流れるメッシュスクリーンの上に水に溶かされたパルプを落とし，ロールとロールの間を通過させて脱水，さらに乾燥，ロールで圧延して紙を作る。紙容器の原紙では材料の特質を生かして原紙自体が，3層でできており，中間層には繊維長の長い丈夫な針葉樹のパルプ，表裏面には繊維長の短い平滑性の良い広葉樹のパルプが使用されている（図3）。材木樹種としての針葉樹は繊維が長く抄紙工程で絡み合うことで強度を作り出している。

　抄紙機には黒点などの異物を検知して排除する設備を使用しているものの，木質の原材料を使用しているため，原紙の中には黒色の樹皮も含まれてしまうことがある。実際の製品として原紙に混入した場合は異物として問題視されることがあるが，健康上の安全性には全く問題がない。

　容器として内容物を保護する。それが容器の基本的な役目である。紙容器用の原紙に求められる性能のひとつとして強度がある。ここでいう紙容器の強度とは容器として容器製造工程，充填工程，流通工程，消費されるまでの耐久性であり，原紙としては折り曲げに対する剛度や引っ張り強度，また紙層間に対する内部繊維結合強度となる。一般的に紙の折り曲げ剛度は厚みに依存するが，容器としての加工適性は厚みが増すと折り曲げる等の加工が難しくなってくるため，紙容器用の原紙は容器サイズ，容量に合わせて，その厚みや仕様を決めている。広く流通している1000mlの牛乳用屋根型紙容器原紙の坪量（面積当たりの紙重量）は約 $300g/m^2$ であるが，欧州ではさらに軽量が進んでいて $300g/m^2$ を切っている。

3 紙容器の層構成

3.1 耐水性

次に紙容器に必要な性能として耐水性が挙げられる。紙容器が誕生した初期は，耐水性を得るためにパラフィンろうが使用された。容器として成形した後，溶かしたろうに浸して表面に耐水性を持たせた。その後，耐水性付与とヒートシール性を持ったポリエチレン樹脂がパラフィンろうに代わって使われるようになった。熱可塑性樹脂であるポリエチレンは人体に無害で安全性が高く，紙容器以外の容器でも汎用的に使用されている。紙容器の内容物と直接接する最内層にはLDPE（低密度ポリエチレン）が使われ，充填機のシール工程ではこの層のポリエチレン樹脂を加熱し，圧着シールして液体を密閉する役目を果たしている。ポリエチレン樹脂自体は水蒸気バリア性を持っているが，酸素バリア性は持っていないため，オレンジジュースなどの果汁製品では酸化低減目的で酸素バリアを重ね合わせた原紙を使用する。

紙パック包材の製造工程のひとつである押し出しラミネーション工程は次のように行われる。原料のポリエチレン樹脂は，粒状のペレットで，高温で制御された押し出しスクリューの中を徐々に移送，加温しながら溶融され，Tダイと呼ばれるノズルからカーテン状に吐出される。溶融したポリエチレン樹脂は，ロールで送り出される原紙の上に裏表コーティングされ，チルロールで冷却されて紙パック用の包材となる。チルロールの表面はセミマットと呼ばれる微細な凹凸がある艶消しタイプのもの，これは充填機や搬送コンベアでの通機を考慮して，外面ポリエチレン樹脂層の摩擦抵抗が低減するような仕様となっている。デザイン性や質感を重視し，美粧性を要求する場合は外面に光沢があるミラー調のチルロールを使用することもあるが，充填機の部品との密着性が高まり滑りにくくなって通機トラブルとなるケースも少なくない。

紙パック用原紙の組み合わせでもっとも汎用的な層構成は，牛乳用の仕様で原紙が表裏ポリエチレンでサンドイッチされた層構成のもので，内容物と接触する接液面のポリエチレン樹脂の方が若干厚めにしてある。グラフィックの印刷は外面となるポリエチレン樹脂層上に施される（図4）。

充填物と接する最内面のポリエチレン層は，ジュースの浸透性や，シール耐性を考慮して厚みを変えてある。牛乳が標準だとすると，ジュース用のカートンでは最内面の厚みが増してある。

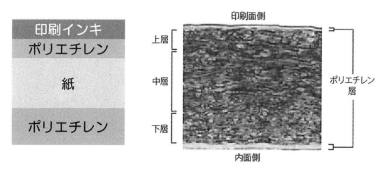

図4　紙パックの基本的な層構成と断面顕微鏡写真

3.2 酸素バリア性

毎日，充填し配送される牛乳は日配（にっぱい）ものと呼ばれ，冷蔵温度10℃以下で流通され7〜14日間程度で消費される。牛乳以外の充填物，例えばオレンジジュースなどは酸化を防ぐため酸素バリア性を向上させるために酸素や光を遮断するアルミ箔，酸素バリア性を持つEVOH樹脂やナイロン樹脂を最内層と紙の間に挟み込んで用いている。オレンジジュースは一定時間以上保存すると酸化し茶褐色に変色し，香気成分も減少してしまう。そのため酸素バリア性を有する包材を使用する場合が多い。緑茶などの茶類も香気成分が吸着や酸化によって変化するため，バリア包材が使用される（図5）。

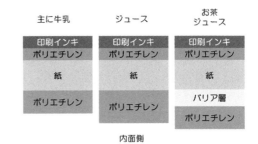

図5　さまざまな紙パックの層構成

当初，酸素バリア包材は内容物の酸化を防ぐために開発され採用されたが，コンビニエンスストアに陳列される時に，店内で調理されるおでんなどの匂いが酸素バリアを有する紙パックでは影響がなかったことから，販売流通過程における外環境からの影響を少なくするためバリア包材を採用した例も増えた。

無菌充填用の紙容器では，アルミ箔を積層した包材構成を使用する。酸素と光もほぼ100%遮断することから，無菌環境下で充填したこの紙容器では常温での長期保存が可能となる。リサイクル性の観点からアルミ箔の代わりに樹脂系の酸素バリアフィルムを使用する場合もあり，用途やコストに合わせた包材層構成を使う。

3.3 遮光性

紙パックには遮光性があり，牛乳を紫外線から保護する。蛍光灯にも含まれる紫外線は牛乳成分中のビタミンDに影響を与える。印刷されていない無地の紙パック用原紙だけでも全光線透過度は70%超を遮ることができるが，合わせて遮光効果の高い印刷色である黒を使うことで遮光性はアップする。ただし全面黒印刷では，パッケージとしての訴求力がなくなるため黒印刷の上に白印刷で隠蔽し印刷適性を付与した遮光性パッケージも存在する。

他のガラス，樹脂製容器と比較しても，紙容器は遮光性が高く，日本の流通，販売，消費段階において紫外線（直射日光，蛍光灯）を浴びて成分劣化するケースは非常に少ないと思われる。IDF（国際酪農連盟）の推奨値では牛乳の場合，波長400nmで透過率≦2%以下，500nmで透過率≦8%以下となっており，現行の屋根型紙容器が印刷なしの場合でも十分な遮光性を持っているといえる。

4　容器包装としての順法性

紙容器の原紙メーカーは，米国FDAの原紙規格に準拠し，原紙に使用する薬剤などの添加物は，21CFRPart178に間接食品添加物として認可されている物質を使用している。また，食品接触面にラミネートしているポリエチレンはポリオレフィン等衛生協議会自主基準に準じた

樹脂を使用している。牛乳の容器包装としては，（一社）日本乳容器・機器協会の自主基準「乳等の容器に関する自主基準」（平成27年7月改定）で乳等容器包装の材質および衛生規格を規定し，乳業会社のHACCP手法による衛生管理に対応すべく容器包装の製造施設および製造工程の衛生管理を定めている。また食品衛生法「乳及び乳製品の成分規格等に関する省令昭和26年12月27日厚生省令第52号」に準拠した原材料の規格および製造方法の基準に沿っている。

5 底辺サイズと容量

屋根型紙容器の標準底辺サイズは約70mm角。これはアメリカのクオートサイズ934ml牛乳瓶を配達する木箱のサイズから合わせられたもの。つまり当時すでに存在した流通形態であった木箱を変更せずにガラス瓶を紙容器に変えたものからきている。最初は配達時に割れてしまうガラス瓶がなんとかならないかと考えられ1915年にアメリカで特許として登録された。屋根型の紙容器の基本構造はマチつき紙袋のようなガセット折りである（図6）。

図6 発明当時の紙パック

底辺サイズを固定し，高さを変えることによってさまざまな容量バリエーションがある。日本では底辺70mm角であれば250ml，500ml，1000mlが標準容量とされている。底辺サイズ70mm角の他には，学校牛乳で使われるミニサイズ55〜57mm角やハーフガロンサイズ95mm角などがあり，最近では65mm角などライフスタイルに合わせた多彩な容量サイズが市場に出ている。

6 紙パックの製造工程

紙パックは連続的にロール原紙に印刷をして，折り目となる罫線を入れ，容器ひとつのサイズに相当する大きさに打ち抜かれる。その後の工程として，筒状に貼り合わせる工程がある。この貼り工程には内容物の浸透を防ぐために端面の一部を薄く削り取り筒状に貼り合わせるスカイブ技術も使われる（図7）。貼り合わせにはフレーム（火炎）を使用して高速に搬送されるフラットな状態の紙パック表面のポリエチレン樹脂の一部を炙り溶融して筒状に圧着する（図8）。筒状にされた後は，折り畳まれて

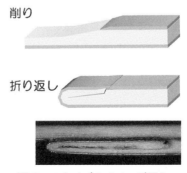

図7 スカイブのイメージ図と断面写真

クラフト包装や段ボールに入れられて出荷する。紙パックの工場は食品容器を製造する設備としての安全性や，衛生性に配慮されて運営されている（図8）。

7　端面とボトム仕様

紙パックの端面すなわちポリエチレンで覆われていない部分の原紙カット面は，削って折り返すスカイブ技術で内容物と接しないように折り返すことで，原紙そのものへの浸透を防ぐ方法で実現している。比較的浸透の少ない牛乳では，スタンダードボトムを採用するが，消費期限の延長でよりハイスペックな仕様としてボトムパネルの一部に切込みを入れて折り返したショートJボトム（Japaneseボトム）などがある。また完全に端面をなくすように折り込まれたS1ボトムは日本で発明されアセプティック容器にも使用されている。海外にもライセンス供与されていて，今でも使われ続けている。発明当時醤油を充填する際に浸透性が強く，原紙に浸透する問題があったため，内容物が紙に触れないように考案された折り方で醤油（しょうゆ）のSから命名された（図9）。

8　輸送効率

紙パックは折り畳まれた状態で乳業メーカー，飲料メーカーに納められるため積載効率が良い。例えば折り畳まれた紙パック400枚はミカン箱程度の大きさで運ぶことができる。充填すれば400リッター分の飲料が運べる容器になる。1リッター紙パックの容器重量は約30gしかなく，ガラス製の瓶と比較して圧倒的に軽く，かさばらずに輸送できるのが特徴である。

9　流　通

紙パックは充填してシールされた後はクレートと呼ばれるプラスチック製の箱で流通される。クレートは3x4　計12本の1リッター容量の紙パックが収まるサイズで，何段にもスタッキングして積まれる。クレートは繰り返し使用されるため強度が強い。また洗浄して使われるのでクレートの隅に水が残らないよう排水性も考慮してある。

紙パックは陳列棚に屋根部を上にして縦に並んで販売されるのが普通だが，最近ではクレー

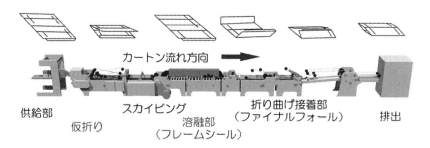

図8　フレームシーラー　炎で表面のポリエチレンを溶かして筒状にシールする装置

第4節　飲料用紙容器に求められる機能

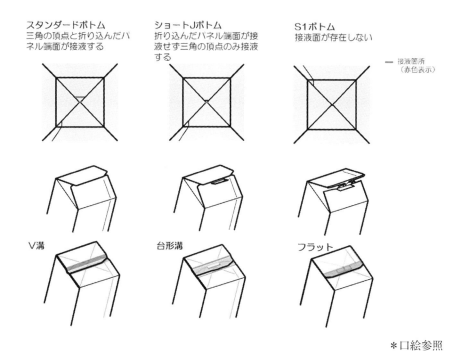

図9　さまざまなボトムの仕様
＊口絵参照

トごと横にして販売されたり，紙パックを何段にも横積みしていたり，想定以上の荷重をかけられている。紙パックは紙パックであり，適正な扱いをしなければ漏れてしまうこともある。

10　印　刷

　印刷はポリエチレン樹脂の上に行うが，現在の印刷方式の主流はUVオフセット印刷である。CMYKとインクジェットプリンターのように分解された色を重ね合わせて得られる。紫外線を照射すると硬化するインキが使用されており，デザインの再現性の他に流通段階で求められる耐摩耗性に優れている。他の印刷方式としてグラビア印刷，フレキソ印刷もある。ひと昔前はこのフレキソ印刷と呼ばれる方式でスタンプのように転写するものが多かったが，写真のようなデザインが好まれるようになりオフセット印刷に変わった。最近ではフレキソ印刷技術も向上し，オフセット印刷と遜色のない品質が得られるようになった。印刷インキについては，食品に直接接触しないことが前提となっており。UV硬化型オフセットインキ，グラビアインキなどは印刷インキ工業連合会が定めた（印刷インキに関する自主規制（NL規制））のネガティブリストに収載された物質は，使用していない。

11　グラフィックデザイン印刷

　容器に必要な機能にグラフィック印刷がある。パッケージの内容物がどのような商品なのか，賞味期限，栄養素の情報，原材料の情報はもちろんのこと，消費者が買いたくなるような

デザインにする必要がある。屋根型紙容器は陳列棚に整列されて販売されることが多い。ほぼ規格に近い形状の中でさまざまなデザインの工夫が詰め込まれ、四角柱形状の屋根型紙容器は正面だけでなく、屋根部の斜め面にもデザインがされている。フレーバーの違うものでは色違いにしてみたり、シリーズデザインで統一感を持たせるなど各社デザイナーが、腕を競い合っている。日本では、しずる感のある充填物の製品写真を多用したデザインが好まれるが、ヨーロッパでは製品イメージをシンプルな構成で見せるデザインが多く、アジアは鮮やかな原色を使ったヴィヴィッドな色づかいのパッケージが主流で、それぞれの国によってデザインのトレンドが異なり、陳列棚を眺めるだけでも楽しい（図10）。

12 ユニバーサルデザイン

牛乳用の代表容器として屋根型紙容器は多くの方々に使用される。しかしながら視覚障害者の方には容器の内容物が、牛乳なのかそれ以外の飲料なのかは判別できない。過去に農水省が実施した実態調査により視覚障害者が、内容物が判別できないことに不便を感じているという調査結果をうけ、業界団体や行政が協力し、検討を続け、2001年から紙パックの牛乳には開け口と反対側のトップシール部に半円形の「切欠き」がつけられるようになった。任意表示ではあるものの、この切欠きは日本ではJIS規格（日本工業規格　高齢者・障害者配慮設計指針-包装・容器）となりほとんどの乳業メーカーの販売する牛乳につけられている。

13 開封性

どんな容器にでもいえると思うが、紙容器は流通において漏れず、開封する時は開けやすくしなければならないという相反する課題を持っている。屋根型紙容器ではそれを実現するために内容物と接触しない部分のヒートシール面に抗シール性を持ったシリコン系インクのパターン印刷（アブパターンと呼ばれる）を包材に施し、それに加えて充填機での容器のトップシー

＊口絵参照

図10　北欧のチルド製品棚　屋根型紙容器

ル部を電気熱風ヒーターによる選択加熱にすることによって，最適なシール状態を作り出している。充填する工場の現場では，どちらかといえば流通上漏れないシール性を重視する設定を求め，消費者よりの視点では開けやすいものを求めるため，飲料メーカー各社の条件設定は必ずしも同一ではない。また無菌充填などの場合，開封性の他に無菌性を重視するためシール強度を上げることが多い。具体的にはトップシール温度設定を上げる，風量を上げる等によりヒートシール層であるポリエチレン層の溶融を促進し冷却することで，強固なシールを得ている。

　開封性に関して日本以外の国では，屋根型紙容器に樹脂製口栓をつけた容器が主流になっている。容器のシール性そのものは容器が確保し，開封，注ぐ機能は口栓が担う。日本にもその流れは着実にきており，ここ2～3年で口栓つきで発売される製品の種類が大幅に増えている。口栓つきの容器は子供からお年寄りまで開封しやすく，開封後も冷蔵庫で横倒し可能で，注ぎ口に直接触れることなく注ぐことができて衛生的である。この樹脂製口栓との組み合わせにより，紙容器はさらに環境的にも機能的な容器としても認知され始めている。

第4章　飲料容器の機能と用途

第5節

ガラスびん

石塚硝子株式会社　岡田　浩一郎

1　はじめに

　ガラスは私たちの生活に欠かせない素材の1つである。現在では容器や食器，構造材だけでなく，電子機器などの分野にも広がっている。ここでは食品包装容器としてのガラスびんについて述べる。

　ガラスが初めて作られた時期は各種文献によると，およそ紀元前3,000年頃と見受けられる。発祥の地はエジプトやメソポタミアで，中世にはステンドグラスやイタリアのベネチアン・グラスなどの装飾品として広がっていったようである。

　日本でも弥生時代に中国（漢）から伝わったとの説があり，古墳時代には勾玉などの祈りの象徴としての作品が普及していった。生活用品としても普及していったがその後縮小，一度途切れてしまう。再びガラスの製造方法が日本に伝播したのは1570年代，オランダ人技術者によるものと言われている。ただし，まだ手工業の状態であり包装容器としてガラスびんが定着してきたのは明治初期に製びん事業が起こり，大正時代に自動製びん機による大量生産が可能になってからである。この頃からガラスびんは缶とともに包装容器の二大勢力を築いてきた。

　最近2年間（2017年，18年）のガラスびんの出荷量は表1に示す通り110万トン程度であるが，2018年は2017年より約6万トン減少している。その中で嗜好性の高い化粧びん，透明性および高級感が求められるウィスキーおよびその他の洋雑酒びんは伸長している。また化学的安定性および保存性が必要とされる薬びんは微減（99.6％）に留まっている。古くからびんの特性を生かして包装容器として広く利用されているが，ここで110万トンレベルの出荷量に至るまでの変動を振り返ってみる。

2　ガラスびんの密封について

　明治20年（1887年）には日本で初めてビールびんの製造が開始された。この頃からビール会社が相次いで設立されていくが，びん口を密封する手段はコルクであった。明治25年（1892年）イギリスのペインターによって発明された，コルクを嵌め込んだ王冠を明治33年（1900年）にビールびんに採用した。びんの成形方法が「人工吹き」のためびん寸法のばらつきがあり炭酸ガスが漏れるという問題もあったが，前述の自動製びん機の導入による品質の安定もあり，大正に入ってからは王冠はビールの栓として主流になった。また内圧がかかる飲料用のボ

第4章 飲料容器の機能と用途

表1 品種別ガラスびんの出荷量 (重量ベース)

品種	2017年 出荷量(トン)		2018年 出荷量(トン)	18年/17年
薬びん(薬用のみ)	41,074	⇒	40,900	99.6%
小びんドリンク	214,685	⇒	219,127	102.1%
化粧品びん	18,549	⇒	21,153	114.0%
食料びん	158,631	⇒	155,025	97.7%
調味料びん	147,049	⇒	126,674	86.1%
牛乳びん	12,616	⇒	11,599	91.9%
清酒びん(1.8L)	55,727	⇒	52,629	94.4%
清酒びん(中小)	131,231	⇒	123,049	93.8%
ビールびん	46,978	⇒	39,029	83.1%
ウィスキーびん	40,265	⇒	41,859	104.0%
焼酎びん	33,030	⇒	29,804	90.2%
その他洋酒雑酒びん	57,891	⇒	58,829	101.6%
飲料ドリンクびん	106,199	⇒	103,914	97.8%
飲料水びん	118,477	⇒	96,566	81.5%
その他	81	⇒	101	124.7%
合計	1,182,483	⇒	1,120,258	94.7%

(酒類食品統計月報 2019(令和元)年 5・6月号より)

トルにも広く普及していった（コカ・コーラも1900年から王冠を使用している）。

　明治の初頭から各種洋酒びんも多く輸入されるようになり，使い終わった空きびんを買い集めて売る商売（びん商）が生まれた。ビールびんもびん商でリターナブルびんとして取り扱われ現在の「3R」の1つ，リユースびんとして環境に貢献している。ビールびんと並んでリユースびんの優等生である一升びんも，ビールびんに王冠が採用された時期と同じくして1901年から量産されるようになった。一升びんの王冠は戦前までは使用されていたが，昭和30年代半ば頃から現在の冠頭・替栓が使用され始めた。一升びんと同様，さまざまな飲料や調味料にも王冠は広く利用されている。

　もう1つのリユースびんの優等生として牛乳びんがあるが，ブリキ缶に加えてガラスびんが初めて使用されたのは明治22年（1889年）。明治32年（1899年）には紙やコルクに加えて王冠もびん口を密封する手段として採用されている。しかし現在のような広口（一般的な大きさ：外径45Φ，中段径33Φ，内径29Φ）になった経緯は以下の通りである。

　①昭和33年に乳等省令で口内径は26mm以上に定められた。
　②中段径はキャップメーカーの紙栓の大きさから設定された。

　口内径は大きい方が洗びんし易いことから決まった寸法であり，リユース前提で考えられている。また中段径の設定はあるキャップメーカーの社長が統一し，全国の牛乳メーカーが賛同したことによるものである。

　以上は，2018年7月13日（金）NHKの『チコちゃんに叱られる！』で放送済のため多くの日本国民が知っている内容かもしれない。因みにこの時のテーマは「びん牛乳を飲むときに

腰に手を当てるのは牛乳びんだから（飲み口が大きいから）」だった。また最近は宅配されている牛乳の大半はガラスびんであるが，密封性が高く，開け易く，また再栓機能もあるポリキャップが採用されている（ポリキャップは倒しても中味がこぼれなくなっている）。

びんとキャップとの組合わせは密封性に関わる問題である。王冠およびポリキャップのほかにも，耐圧性能を持つアルミ製トップサイドPP（Pilfer Proof）キャップ，ティアオフキャップおよびツイストオフキャップ等は昭和30年代頃から普及しており，リンプルキャップおよびマキシキャップはその後である。さまざまなキャップ機能に対してびん形状の変化も広がりが生まれ生産も拡大していった。

3　ガラスびんの特性について

びんは密封性の機能向上だけでなくいろいろな特性を持って大量生産を続けてきた。
①透明である。（内容物を外から確認できる。）
　　●牛乳びんについては乳等省令で透明びんが義務付けられている。
②化学的安定性（酸，アルカリなどの耐薬品性）が最も優れている。
　　●医薬品，化粧品など幅広く使用されている。
③無味無臭で食品香味の保存性に優れている。
　　●保存容器および何年も熟成させるワインびんで使用されている。
　　●空気や水分を通さず耐通気性が非常に高い。
④リターナブルびんとしてリユースに優れており環境負荷を低減できる。
　　●原料や生産エネルギーの節約になる。
⑤ワンウエイびんは軽量化してリデュース（原料節約）にも貢献。
⑥成形性が良く自由な形状の容器が成形できる。
　　●リサイクルしてカレットの使用量を増やせばガラスの溶解エネルギーを削減できリターナブルびん同様，環境負荷を低減できる。

びんは以上のような特性を兼ね備えており大正時代からの大量生産以降，1990年には最大の出荷量255.7万トンに達したが，以降は軽量で割れないPETボトルの普及によりびんの出荷量は減少していった。1996年には全国清涼飲料工業会が小型PETボトルの発売の自主規制を廃止したこともあってびんの出荷量は著しく減少した。図1に示すように重量ベースで2017年は1990年の出荷量の46.2％となった（図2では1990年と2018年の清涼飲料水の生産量における容器別シェアを比較しておりPETが21.8％→74.7％へ拡大している）。一方，数量ベースでのびんの出荷量は2017年は1990年に比較して56.6％となっている。これはワンウェイびんの軽量化およびリターナブルびんでも軽量化の成形技術が進み，出荷数量より出荷重量の減少が大きくなったと考えられる。同じ出荷本数であった場合は出荷重量は軽減されることになりリデュースに貢献したことになる。

第4章 飲料容器の機能と用途

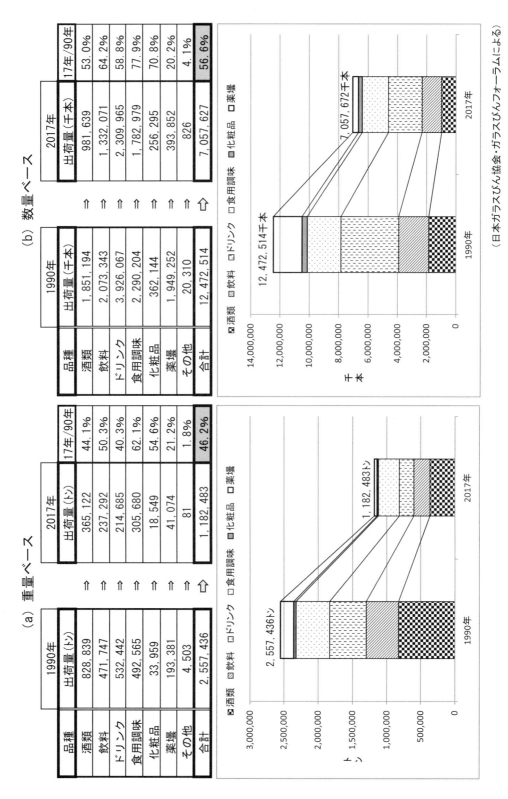

図1 品種別ガラスびんの出荷量

(日本ガラスびん協会・ガラスびんフォーラムによる)

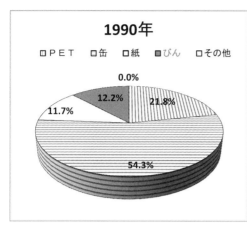
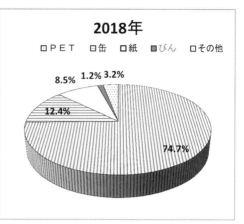

図2 清涼飲料容器別シェア

4 リターナブルびんの軽量化について

　前項でリターナブルびんでも軽量化されていると述べたが，1956年の計量法の施行にともない設定された特殊容器（ある高さまで液体商品を満たした場合，正しい量が確保されるように製造された透明または半透明の容器）は使用が広範囲にわたっており，軽量化による仕様変更の影響が各充填工程において確認できない。よってリターナブルびんでも軽量化が可能となるのはある特定ユーザーとの共同開発になる。その開発事例を2つ紹介しておきたい。

　弊社では明治乳業㈱（現㈱明治）と200mlびんにおいて2004年に182g→140gと42gの軽量化を実施。また日本ミルクコミュニティ㈱とは5年後の2009年に200mlびんにおいて189g→140gに49gの軽量化を実施した（容量も200ml→180mlへ変更）（図3）。両製品とも軽量化しても市場での衝撃に耐えられるよう，びんに樹脂コーティングを施して強度劣化を防

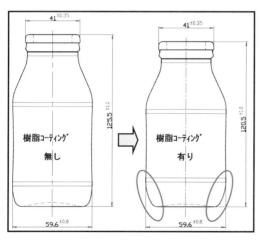
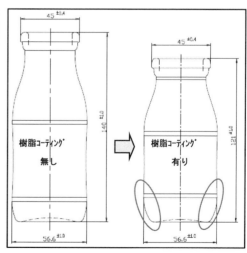

(a)明治　200mlびん　　　　　　(b)日本ミルクコミュニティ　180mlびん

図3　リターナブルびんの軽量化事例

止した。軽量化によりびんの初期強度は重量びんよりは低めであるが，樹脂コーティングによる傷付き防止効果によってびんの強度低下は抑制され，2回程度のリターナブル使用で樹脂コーティングびんの強度は重量びんと同等，もしくは高めに維持される。その後の耐久性も樹脂コーティングびんの方が3倍程度見込まれている。

　樹脂コーティングは強度劣化を防止する効果はあるが，びんの初期強度を上げる効果はない。よって当該軽量化におけるびん強度を上げる対策として底スソ形状（楕円囲み部）を変更した。

　①下コンタクトポイント（びん同士が当たる箇所）を上げて衝撃を緩和させる。
　　●下側で当たるとびん底のガラスの塊同士が当たる状態になりガラスが欠け易くなる。
　②底部を丸めて機械衝撃の発生応力を低下させる。

　以上，底スソ部の形状変更は強度UPには効果的であるが同時にびんは転倒し易くなる。軽量化におけるびん強度と形状変更における充填工程の干渉箇所有無の確認は必要不可欠である。当該びんの強度UP対策の形状変更は，耐圧（内圧品）および耐熱（減圧品）でも有効な形状修正方法である。なお，樹脂コーティングについては2004年から実施と既述したが開発については㈱明治と約4年の歳月をかけて完成に至ったものである。そもそもは傷（スカッフ）を目立ちにくくすることが主要な目的であった。

　もう1つのリターナブルびん軽量化開発事例はサントリービジネスエキスパート㈱（現サントリーMONOZUKURIエキスパート㈱）と2016年に200mlびんの軽量化を実施したことである。この軽量化では1種類のびんではなく4形状（300g～400g）のびんを245gに統一化した。

　2011年から具体的な形状検討を開始して2012年6月に1回目の見本吹を実施，繰り返しの強度評価を実施して2016年から充填が開始された（図4）。

　6種類の製品には内圧品および減圧品もあるため，耐内圧力強度およびウォータハンマー強度の2つの強度評価を実施する必要があった。耐内圧力強度はびん外面の加傷によって低下してくるため従来通りのAGR社のラインシミュレーター試験機（回転テーブル上で一定時間，一定数量のびんを回してびん外面を加傷する機械）で市場流通における強度劣化シミュレーションが可能である。しかしウォータハンマー強度はいつ，どのような状況で発生するか把握

(a) びん形状は同一（印刷が3種類あり）　　　　　　(b) 統一びん形状
図4　サントリーのリターナブルびんの軽量化事例

が難しい真空泡（キャビティー）によって，びん底スソ部内面が加傷され強度が低下してくるため，強度劣化シミュレーションが困難であった。弊社では2011年に東洋ガラス㈱から購入したウォータハンマー試験機を用いて適切な強度劣化シミュレーション条件を設定した。この試験条件に従って実施した繰り返し試験によって当該製品は内圧品・減圧品兼用可能なリターナブルびんとして市場流通に問題のない事を確認した。

一方，びん形状による対策は先に述べた牛乳びん同様，重要な部分は底スソ部の形状設定であり，解析を重ねて形状を設定した（統一びん形状の楕円囲み部分）。底スソ部の形状変更は機械衝撃強度UPだけでなく，耐内圧力強度およびウォータハンマー強度UPにも繋がる。しかしびんが転倒し易くなる方向であるため，充填ラインの工程確認は牛乳びん同様必要である。加えて当該製品の場合，びんが一本化になりびんの作り分けや回収後の選別が省力化できる反面，印刷びんがラベル仕様に変更になることによってラベラー設備の事前確認が必要であった。びん強度の確認だけでなくリターナブルびんの新製品開発においては，充填工程から市場の状況把握まで確認作業が必要である。

以上の2つの新製品開発は軽量化（リデュース）とリターナブル（リユース）を同時に進めた事例である。原料節約の一方で，リユースによるCO_2排出を削減し，環境負荷は低減される。またリターナブルによる表面傷（見栄え）が限界を超えたと判断されたらリサイクルして新びんに戻すことができる。びんのリサイクルにおいては素材の品質劣化が少ないため，何度でもガラスびんに再生することができる。ガラスびんの2017年のリサイクル率は70％程度（ボトルtoボトル）であり，アルミ缶67％（缶to缶）およびスチール缶75％（缶to缶）と同等である。

今後もびんの開発はびん強度を追及し，かつユーザーとの共同体制，相互理解を深め環境負荷の低減へ貢献していきたいと考えている。

(編集部注：本文中の各企業名に記載されている「○○○㈱様」という表現は「○○○㈱」に統一した。)

第4章　飲料容器の機能と用途

第6節

キャップ

日本クロージャー株式会社　加沢　康　　日本クロージャー株式会社　佐藤　浩

　包装容器を取り巻く社会的環境は，常にその時代を反映し変化を続けており，クロージャー（キャップ）もその影響を受けながら進化を続けている。近年の動きとしては環境負荷低減に配慮した製品が強く求められている。

1　キャップの機能

　容器包装詰め飲料はその品種が年々増大し，特に清涼飲料は販売，流通形態もベンダーコンビニの冷温棚陳列，ホットウォーマー販売，チルド流通等と多種多様となっている。キャップの基本機能はパッケージングラインから製品の賞味期限まで内容物を保護することと容易に開封できることであるが，そのほかにもさまざまな機能が求められている。

(1) 密封性
　キャップの最も重要な基本性能は，容器に詰められた内容物を完全に密封することである。充填条件，充填後処理条件，内容物，流通形態あるいはコスト面からさまざまな方法，シール機構が採用されている。

(2) イージーオープン性
　キャップを開栓するときに，容易に開けることのできる機能である。従来から開けやすさのための工夫は続けられてきたが，最近では高齢者や手が不自由な方でも容易に開栓できるユニバーサルデザインへの配慮も求められるようになっている。

(3) タンパーエビデント（TE）性
　キャップが一度開栓されると元の状態に復元できないようにその痕跡が残る機能で，内容物が充填されてから使用者（消費者）が使用するまでキャップが開栓されていないことを保証するものである。P. P. キャップやPETボトル用樹脂キャップでは，開栓時にブリッジが破断してタンパーエビデントバンド部が本体より切り離される方法が一般的に採用されている。

(4) リシール性

一度開栓して内容物を使用した後，再び容器を密封することができる機能である。これは内容物を何回かに分けて使用する場合に必要な機能であり，リシール後においても携帯するときなど使用目的に応じた密封性能が求められる。

(5) 耐ブローオフ性

炭酸飲料の開栓時や一度開栓されたジュースなどが変敗して容器内の圧力が異常に上昇した場合に，開栓途中でキャップが飛ぶ事故を防ぐ機能である。

(6) ベント性

一度開栓され飲用された後に，内容液が変敗して容器内の圧力が異常に上昇した場合などに，保管中の容器破壊や開栓途中のキャップ飛びなどを起こさぬよう，一定の圧力以上になると容器内のガスを逃がす機能である。

(7) 分別性

容器を廃棄する時，材料ごとに分別できるようにキャップを容器から簡単に取り外せる機能である。

(8) 衛生性

飲料食品向け容器に使用される場合は，使用される材料が衛生的に問題のないこと，すなわち人体に害を与えない材料を選択しなければならない。厚生労働省告示第370号の「器具及び容器包装」や乳および乳製品の成分規格等に関する省令等の規格基準があるほか，内容物や使用材料関連団体の自主規格などもある。さらに国外での使用の際は当該国の規格基準にも配慮する必要がある。

なお，新しい動きとして，食品に使用する合成樹脂製の器具・容器包装にポジティブリスト制度が導入されることが決定している。

2 PETボトル用樹脂キャップ（タンパーエビデントバンド付きスクリューキャップ）

いたずら防止機能としてタンパーエビデントバンドが付加されたPETボトル飲料用の樹脂製スクリューキャップのこと。本格導入が開始された1994年以降，社会的なもしくは個別の要求によりさまざまな機能が付与できるようになってきている。密封材と本体が別材料で構成された2ピースキャップからキャップ本体だけで構成された1ピースキャップにすること，さらに肉薄化や形状簡略するなど，近年では容器や装飾ラベルと同様に軽量化が進んでいる。

適合するPETボトルとの組み合わせにより，さまざまな内容物と充填処理条件に対応している。以下に代表的な充填条件別キャップを挙げる（図1）。

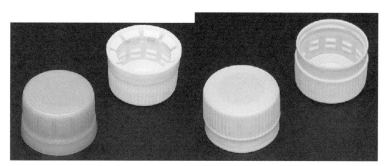

図1　タンパーエビデントバンド付きスクリューキャップ

2.1　炭酸飲料用キャップ

炭酸飲料には，内容物を充填，キャッピングし後処理を必要としない非加熱炭酸飲料と果汁入りなど加熱殺菌が必要な熱処理を伴う炭酸飲料がある。キャップはその処理条件に応じた性能が要求される。

2.1.1　非加熱炭酸飲料用キャップ

非加熱炭酸飲料やアセプティックにより充填されるものについては，内容物の充填工程を通じてPETボトル口部に影響する熱がかからないため，ボトル口部自体は耐熱性能を有していない。そのため，夏場の高い気温での保管や高ガスボリューム内容物への対応からキャップには高い密封性が求められる。

2.1.2　加熱処理炭酸飲料用キャップ

キャッピング後に加熱殺菌が必要な炭酸飲料については，使用されるボトルとキャップ共に耐圧性および耐熱性の両方の性能が求められる。加熱殺菌時にボトル内圧が上昇するため，製品のガスボリュームは比較的低い条件と制限がある。

2.2　非炭酸飲料用キャップ

非炭酸飲料は日本国内のPETボトル飲料の大きな部分を占めている。加熱した飲料を直接容器に充填し，容器とキャップを同時に殺菌するホットパック充填方式，内容物，容器，キャップをあらかじめ薬剤で殺菌して無菌室内で充填殺菌を行うアセプティック充填方式がある。その他，殺菌には薬剤を使用せず高熱水などで殺菌する充填システム，ホットパックにおいても内容液次第で中温と呼ばれる温度帯で充填するシステムも一部で採用されている。

2.2.1　ホットパック充填用飲料用キャップ

ホットパック充填はPETボトルと共にキャップにも高い耐熱性能が要求される。キャッピング後の転倒殺菌によるキャップ内面殺菌，および殺菌を補う目的としてシャワー装置による後熱殺菌をする方式が一般的にとられている。その樹脂にとっては過酷な高熱によりボトル口部との嵌合が変化することに配慮し最適な開栓トルクが得られるように設計されている。自主設計上使用可能な材料の内，耐熱性が高いポリプロピレンが使用されることが多い。

2.2.2 アセプティック充填用非炭酸飲料用キャップ

アセプティック充填ではキャッピング前の殺菌工程の後には，キャップには特段の耐熱および耐圧によるストレスがかからない。よって，配慮すべき点としては薬液等殺菌水による未殺菌部分が発生せず，殺菌後に薬液の残留がし難い形状であること，薬剤や熱により性能が損なわれないことである。材料としては滑り性の良いポリエチレンが使用されることが多い。

3 PETボトル用キャップそのほかの動き

3.1 キャップのショートハイト化

日本国内においては汎用28mm径ボトル用キャップのショートハイト化は進まず，ほぼ従来ハイトのまま，軽量化されたものが使用されている。なお，ボトルノズルハイトについては従来のまま，口部，胴部の軽量化で環境負荷低減や包材のコストダウンに対応している。理由として，震災，風水害時のBCPに関連した包材提供不足対応や設備投資効果を考慮されている。

3.2 環境負荷低減材料キャップ

環境負荷低減のため，生物由来樹脂を使用したキャップが一部のPETボトル飲料に採用されている（図2）。

4 その他の樹脂キャップ

PETボトル用樹脂キャップ以外の飲料用キャップについてそのいくつかを紹介する。

4.1 乳飲料用キャップ
4.1.1 ガラスびん用乳飲料キャップ（図3）

乳等省令の1群に適合した打栓式のキャップが一般的で，タンパーエビデント性を持ったサイドスコアーキャップや飲み口部の衛生性に配慮したキャップ部へのシュリンクフィルムと合わせて使用されるタンパーエビデント性がないキャップもある。

図2　バイオマス材料キャップ

4.1.2 PETボトル用乳飲料キャップ

機能性ヨーグルト飲料向けに小型PET容器が多く使用されている。25mmや28mm口径ボトルが採用されており，低温充填やその後のチルド流通に適した形態のTE性機能付きスクリューキャップが採用されている。ガラスびん用打栓式キャップを使用した牛乳も一部市場展開されている。

図3　ガラスびん用打栓式牛乳キャップ

4.2 スパウト（注ぎ口，飲み口）付きパウチ用キャップ（図4）

パウチ容器は，廃棄時の減容効果から市場を拡大してきているパッケージである。特にスパウト付きのパウチは飲みやすさ（注ぎやすさ）やリシール性などの利便性から飲料や食品の分野で採用例が増加している。スパウト付きパウチ用のキャップはタンパーエビデントバンド付きのスクリューキャップが一般的で，スパウトと共に常温充填からホットパック，レトルトと幅広い充填条件に対応すべく品揃えがされている。近年においては，外周を握りやすくしたり，子供の誤飲を防止するための外周リング付きにするなど，安全性と使いやすさのための付加機能も求められている。

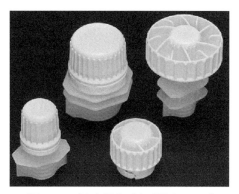

図4　スパウト付きパウチ用キャップ

4.3 紙容器用キャップ

これまで幅広く使われてきたゲーブルトップ型紙容器やブリック（レンガ型）タイプの紙容器において，リシールできる，注ぎ易さなどからキャップ付きとするものが増えてきている。そのほとんどが単純なスクリュウキャップ（図5）であるが，タンパーエビデントバンド付きキャップやワンアクションで開封できるものもあり，キャップのバリエーションも増えつつある。

図5　紙容器用スクリュウキャップ

5　金属キャップ

5.1 王　冠

王冠はティンフリースチール，またはブリキを素材とし，コスト優位性と安定した密封性，高速生産性を兼ね備えた優れたクロージャーと言える。しかし，開栓するためには栓抜きを必

第4章　飲料容器の機能と用途

図6　王冠

図7　マキシ-P

要とするなどキャップの多様化の中で流通数量は激減した。

　現在使用されているものの内径は26.6mmと26.75mm, 高さに関しては6.5mmをスタンダード王冠, 5.97mmをインターメディエイト王冠と分類している。シール材は樹脂モールドタイプが使用されている（図6）。

5.2　マキシ，リンプルキャップ

　アルミニウムシェルにスコアを刻設し，開封はスコアに沿ってキャップの一部を切り裂いて行う。機構上リシール性はないが，卓越したタンパーエビデント性とイージーオープン性とを同時に兼ね備えている。スコアの位置と形状により，天面を引裂くタイプのマキシキャップ，側面を裂くタイプのリンプルキャップなどがある。

　アルミニウムシェルに樹脂製のタブを接合した複合リングプルキャップ（マキシ-P）は従来のリングプルキャップに比べて開栓性に優れ，タブ材をカラー化することで意匠性にも優れている（図7）。

5.3　P. P. キャップ

　キャップが開栓される時にキャップの裾部に付いているブリッジが破断され，開封した証拠が残る機能（Pilfer Proof性）を持ったキャップである（図8）。多様な品揃えで耐圧，耐熱などさまざまな充填条件での密封性に加え，イージーオープン性，リシール性をバランス良く備えているため，飲料，食品，医薬品など幅広い分野で使用されている。

　密封のためのシール材としては，内容物やキャップサイズにより，樹脂モールドタイプや発泡パッキングなどが選択される。使用できる容器もガラスびん，ボトル缶，など幅広いが，PETボトル用はリサイクル適合性により樹脂スクリューキャップに変更された。

図8　P. P. キャップ

6 密封性確保の管理ポイント

6.1 PETボトル用樹脂キャップの管理ポイント

6.1.1 キャッピングの機構

　PETボトル用樹脂キャップのキャッピングはスクリューオン方式が採られており，キャップを回転させてボトルにネジを係合させることで巻き締めを行う。キャッピングする重要な部品としてキャッピングヘッドセットがあるが，ヘッドの型式はクラッチ式のメカニカルタイプのキャッパーと電気制御式のサーボモーターキャッパーに分類される（図9）。

6.1.2 キャッピングの管理

　キャッピングにおいては，密封性を確保するために十分にキャップを巻き締めなければならない。ただし，キャップを開栓し易くするためにはその後処理条件なども考慮した，より綿密な締め付けトルクのコントロールも重要である。

　巻き締めに影響を与えるとして，巻き締めに必要なキャッピングマシンのトルク値，ヘッドの回転スピードもその慣性により影響を及ぼす。PETボトル用樹脂キャップはその樹脂特有な性質により，巻き締め時の温度により巻き締め易さが変化する。よって，温度が一定になるように配慮する事により，より安定的なキャッピングが得られる。

　ボトル回転止め方式がボトルネックリングに対して下から上に向かった爪（縦爪方式）によるものであれば，上からの抑え力であるトップロードの管理も必要となる。

(1) メカニカルキャッピングヘッドセット

　メカニカルタイプの代表的なものは内蔵された磁石による磁力の干渉力によって，キャップ

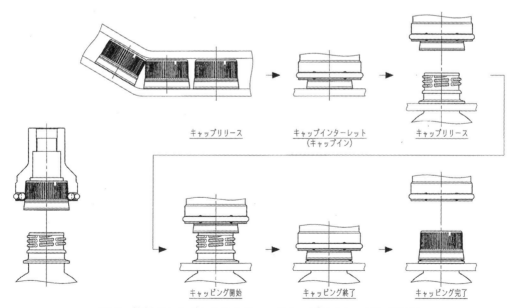

図9　飲料ペットボトルスクリューキャップのキャッピング工程

をチャッキングしている箇所のクラッチが，一定のトルクがかかった際に外れるものである。適切な設定のためには調整後のクラッチが外れる静的なトルク（スタティックトルク）を測定する事が肝要である。キャッピング時の回転スピードにより慣性による巻き締め力が変化してしまうため，低速運転と高速運転時の締め付け力バランスを考慮する必要がある。

(2) サーボモーター式キャッピングヘッドセット

サーボモーター式では締め付けるモータートルク設定値を直接コントローラーに入力することで簡単に可変できる。なお，サーボモーター方式はキャップを締め付ける工程において段階的に締め付け力やスピードを変えられる事はもちろん，さまざまな閾値を与える事により一定のキャッピング不良の検知および排出が可能であり，安定性に優れる。

6.1.3 巻き締め品の管理

キャッピングされた製品が正しく巻き締められているかを確認するため次の項目を管理する。キャップメーカーより入手したキャッピング標準に従う。

(1) 巻き締め角度の測定

円形分度器を使用して，巻き締め角度（キャップのネジがボトルのネジと係合している角度）が得られているかを測定する。巻き締め角度が接触角度から得られた標準値を下回ると密封性に不具合を生じるおそれがある。

(2) 開栓トルク値の測定

巻き締められたキャップの開栓トルク値をトルクメーターで測定し，適正な開栓トルク値にあることを確認する。

(3) 外観

正常に巻き締められているか，以下の点を確認する。
- 斜め被りではないこと
- ブリッジ切れが標準値内にあること
- 変形のないこと

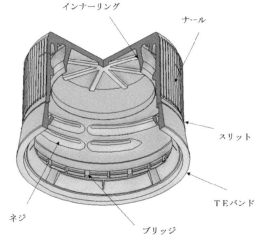

図10 タンパーエビデントバンド付きスクリューキャップの各部名称

6.2 P.P. キャップの管理ポイント
6.2.1 キャッピング機構

P. P. キャップのキャッピングはロールオン式が採られている。原理は図11に示すとおり。プレッシャーブロックでキャップ天面に一定の圧力をかけ，シーリング材をボトル口に食い込ませると同時にスレッドローラーによってキャップ側面部にボトル口ネジに沿ったネジを成形する。また，スカートローラーによりキャップスカート部がボトル口のロッキングリング部

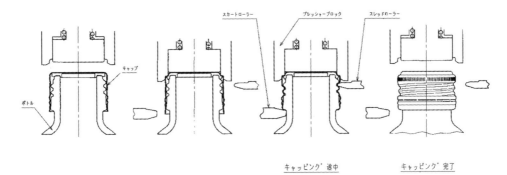

図11 P. P. キャップのキャッピング工程

(カブラ部) に巻き込まれる。また，炭酸飲料製品については，プレッシャーブロックでキャップ肩部を絞り，サイドシールを成形する事により密封性を向上させている。

6.2.2 キャッピングマシンの管理
(1) トップロード
　キャップのシーリング材を圧縮して密封性および開栓性に多大な影響を及ぼす。高過ぎるとシーリング材が切れ，また低過ぎると密封性を損なう要因となる。

(2) スレッドローラー
　キャップのネジ部分を成形する部品。ネジ深さが浅過ぎると密封性が保てなかったり空転が発生する要因となり，ネジ深さが深過ぎるとネジ切れの要因となる。適正な高さ，サイド圧及びセット径の調整が重要である。

(3) スカートローラー
　キャップのスカート部を成形する部品。スカートの巻き締めが弱いとキャップのブリッジが切れず開栓する要因となり，強いとキャップのブリッジの破断およびボトルのカブラ破損や変形要因となる。適正な高さ，サイド圧およびセット径の調整が重要である。

6.2.3 巻き締め品の管理
　キャッピングされた製品が正しく巻き締められているかを確認するため，次の項目を管理する。キャップメーカーより入手したキャッピング標準に従う。

(1) ネジ深さの測定
　キャップメーカー推奨のネジ深さ測定ゲージで，キャップ別に定められた位置のネジ谷深さを測定し，標準値内のネジ深さにキャップが成形されているか確認する。

(2) 絞り深さの測定（ボトル缶用キャップ，びん用耐圧製品用キャップ）
　キャップメーカー推奨の絞り深さ測定ゲージで，キャップのアルミニウム材圧延方向の2箇

所を測定し，標準値内の絞り深さに成形されているかを測定する。

(3) 開栓トルク値の測定

巻き締められたキャップの開栓トルク値をトルクメーターで測定し，適正な開栓トルク値にあることを確認する。

(4) 外観チェック

正常に巻き締められているか，以下の点を確認する。

　　・ブリッジ切れが標準内にあること
　　・スプリット（縦スコア）切れがないこと
　　・ネジ切れのないこと
　　・スカート部の巻き込み不良がないこと
　　・絞り箇所の破れがないこと（肩絞りタイプ）
　　・斜め被りのないこと

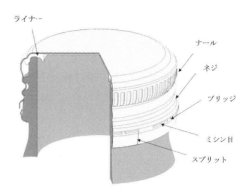

図12　P.P.キャップの各部名称

第5章　充填・密封技術の実際

　　第1節　飲料充填技術の実際
　　第2節　PETボトルの充填・密封技術
　　第3節　金属缶の充填・密封技術
　　第4節　ガラスビン容器の充填技術
　　第5節　紙容器成形充填機のしくみ
　　第6節　飲料用パウチ（スパウトパウチ）容器と取付・密封技術

第5章 充填・密封技術の実際

第1節

飲料充填技術の実際

株式会社ティーベイインターナショナル　松田　晃一

1　充填の流れと分類

　本章以降の各容器ごとの充填の項目に進む前に本稿では飲料充填の基礎につき，解説する。飲料の充填の工程としては図1のような工程図がある。

1.1　飲料の性状の違いによる製造プロセスおよびフィラーの違い

　殺菌設備やフィラー設備の選定を考える際，飲料の性状を考えることが重要である。たとえば，図1の最も左側にあるように，コーンスープのような高粘度でトウモロコシの粒子などがある飲料では，高粘度＆粒状物質に対応した特殊なフィラーが必要になる。また，炭酸飲料フィラーでは非炭酸飲料に比べてはるかに耐圧仕様の大きなフィラーが必要となり，これら3種類の飲料の性状に応じたフィラーは全く別設備となり，兼用はかなり難しい。飲料充填時の中身性状による分類は以下の通り。

①高粘度飲料
②非炭酸（ノンガス）飲料
③炭酸飲料

1.2　飲料充填時のシール状態

　飲料充填時の状態には大別して2つの状態があり，飲料容器とフィラーがシール状態（密着状態）で充填する方式と開放系で充填する方式である。後者の開放系の例ではPETボトルのミネラルウオーター充填やガラスびんへの牛乳充填の例などがある。多くの飲料容器では容器の形状が宅配用の牛乳びんやコップのような広口である場合を除き，飲用や注ぎだしに適したようにボトルネック形状になっている場合が多い。このいわばボトルネックの形状が充填時の飲料速度に大きな影響を与える。便宜上，ボトルネック度を

　　　ボトルネック度＝飲料容器の最太部内径（mm）÷口部内径（mm）

と定義した場合，ボトルネック度の小さい容器として飲料缶や牛乳びん，ボトルネック度の大きい容器としてビールびん，一升びんなどがある（図2）。
　製品液の飲料容器への充填の際，基本的なことであるが，製品液が容器内に流入する単位時

第5章 充填・密封技術の実際

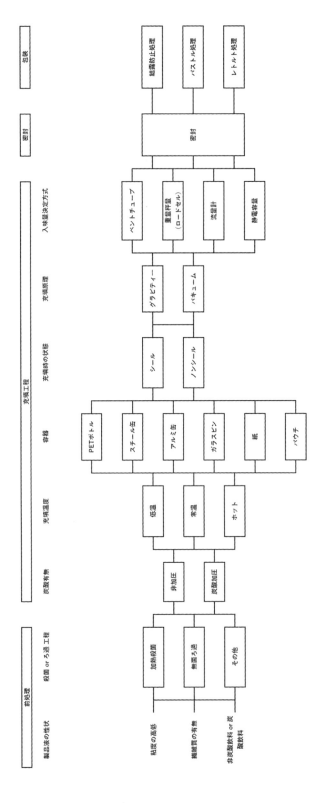

図1 飲料製造工程フローダイヤグラム

間当たりの流量（充填流量）と製品液と入れ替わって容器の外へ排出される空気の流量（ベントガス流量）がバランスしていないと充填工程は正常に進行しない。これは家庭で空のPETボトルにお茶などをやかんから注ぐ際の様子を想像してみれば，容易に理解できる現象である。また，この現象は飲料充填の高速化を想定する際にも重要な要素となる（図3）。

ボトルネック度—小　　ボトルネック度—大

図2　容器形状の違いによるボトルネック度の違い

本稿では，読者により実践的な説明として，以降，フィラーと飲料容器がシール状態（密着状態）にある場合について解説する。

1.3　充填の方法

少し特殊な例としてワインなどの充填にバキュームフィリングを採用する場合がある。これは容器とフィリングバルブが密着した後，意図的に容器内を脱気しながら，他方，製品液を容器内に供給するもので高速充填や容器内でのエアー残存量を低減する目的で開発されたものである。ここではこのような方式ではなく，製品液を最も一般的な自然落下による方式（重力を利用したグラビティー充填方式）で充填する方式について説明する。

1.4　メカニック方式（機械式）フィラー

図4は三菱重工社（現在の三菱重工機械システム㈱，以降"MHI社"）のフィラーの歴史である。MHI社の飲料機械部門は1950年代から国内ではいち早く，国産の飲料充てん用のフィラーの開発に取組み，ガラスびん，缶，PETボトルの主要な飲料容器のフィラーとその高速化，高度化に取り組んできた。現在はガラスびんの需要の少ない時代ではあるが，1970年代のガラスびん対応のFFシリーズの技術はPETボトル用フィラーへと伝承されている。また，缶フィラーにおいては1980年代までのFK ⇒ FKD ⇒ FKFのシリーズの形で進歩発展してき

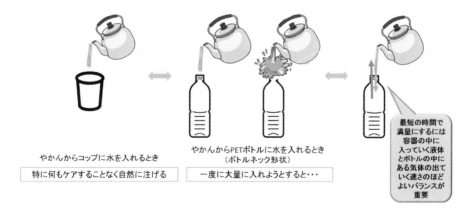

やかんからコップに水を入れるとき　　やかんからPETボトルに水を入れるとき（ボトルネック形状）
特に何もケアすることなく自然に注げる　　一度に大量に入れようとすると…

最短の時間で満量にするには容器の中に入っていく液体とボトルの中にある気体の出ていく速さのほどよいバランスが重要

図3　ベントガスの抜けと製品液流量の関係を想像できる例

第5章 充填・密封技術の実際

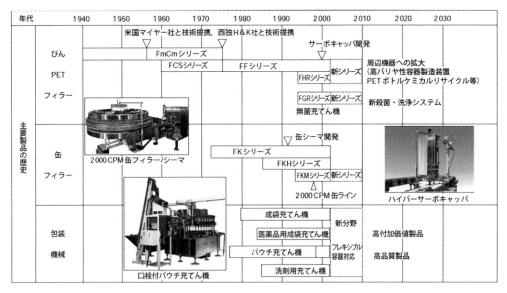

図4　三菱重工機械システム㈱，飲料フィラーの歴史

た。主としてメカ方式（機械式）のフィラーでは充てんバルブ（以降，"フィリングバルブ"）において，後述するグラビティ方式で製品液の落下面積の増大をはかることで高速化に対応してきた。メカニックフィラーの基本構造は図5のとおりである。以降，炭酸用フィラーの例で説明する。

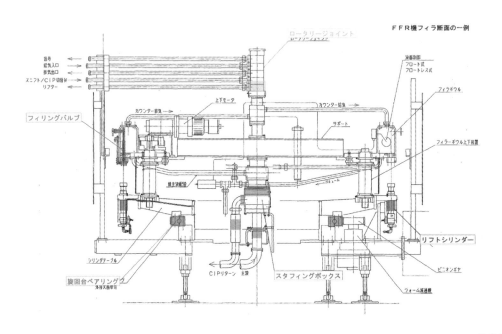

＊口絵参照

図5　フィラー基本構造（MHI社カタログ）

- 246 -

1.5 飲料充填
1.5.1 飲料充填のプロセスと原理
(1) 製品液，炭酸ガスの導入と導出経路

フィラー構造はおおまかに説明すると製品液（CIP液），炭酸ガス導入経路の入りの経路，出の経路で基本，4本の配管がフィラー回転体本体部分の上部分にあるロータリージョイント経由でフィラーボウルと呼ばれる製品液のバッファー部分へと導入される経路の構成となっている。フィラーボウルはフィラー全周を網羅し，このフィラーボウル下部にフィリングバルブが必要数配置されている。飲料のフィラーでは一度，フィラーボウルに供給された製品液を回収するラインとしてフィラー回転体中央，下部にリターン経路を有するものもある。

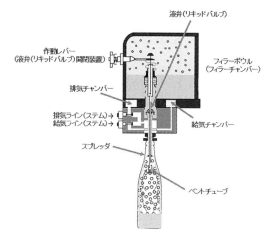

*口絵参照

図6 フィリングバルブ構造（炭酸飲料）

(2) フィリングバルブとフィラーボウルの構造

ここではメカ式の炭酸飲料用グラビティーフィラーのバルブの構造を説明する。メカ式のフィラーではフィリングバルブの液弁（製品液の供給と停止を担っているバルブで以降，"リキッドバルブ"）を含む上方のパーツがフィラーボウル内に浸漬された状態になっている。その構成は上方から作動レバー，リキッドバルブ，給気チャンバー，排気チャンバー，スプレッダ，ベントチューブの構成である（図6）。

(3) 充填開始（図7の①）

対象がビールの場合，非常に酸化に弱いため，ガラスびんではフィリングバルブとびんが密着後（シーリング後），ダブルプリエバキュエーション（2回脱気&2回炭酸ガス吸気）を行うが，缶やPETボトルは，炭酸飲料の場合は空容器内に炭酸ガスを供給する。その後，エレクトロラッチがフィラー外周から動作して，作動レバーをチルトすることでチャージングバルブが開となり，フィラーボウルから炭酸ガスが空容器内に供給される。空容器とフィラーボウルが同一圧力になれば重力により空容器内に飲料液の落下がはじまる。非炭酸飲料では炭酸ガスの供給を行うことなく，容器内も製品液を供給する経路も大気圧であることから，リキッドバルブを開とすれば重力により容器内に製品液の落下がはじまる。

(4) 充填&終了（図7の②〜③）

飲料液の液面が充填の進行とともに上昇し，ベントチューブと呼ばれるガラスびん内の気体をフィラーボウルへ逃がすチューブをこの炭酸飲料液面が塞ぐことによって充填が終了し，その後，フィラー外周にとりつけられたクローザーカムにより作動レバーが充てん前の状態に戻る。

第5章 充填・密封技術の実際

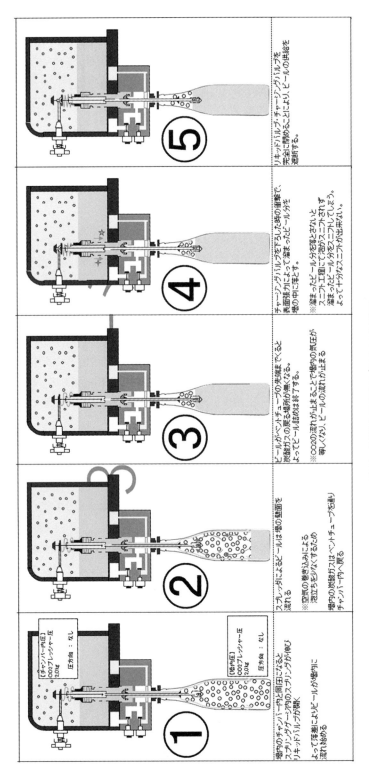

図7 炭酸飲料充填プロセスの詳細

(5) スニフト(図7の④)

炭酸飲料の充てんが完了したばかりのガラスびん内の圧力はほぼフィラーボウル内の圧力(0.1〜0.3 Mpa)と同じであり、この状態でいきなり大気開放すると大気との圧力差により、炭酸飲料液面付近から飲料液に溶存していた炭酸ガスが急激に気化し、フィラーから打栓機(以降、"クラウナー")に到達する前に多量の吹こぼれを発生する。そのため、フィラー外周にとりつけられたスニフトカムによりスニフトステムが押され、スニフトと呼ばれる工程でガラスびん内の圧力を徐々に開放し、大気と同圧にすることで、吹こぼれを防いでいる。

(6) 安定化(図7の⑤)

炭酸飲料液面の揺動などを鎮静化する目的でさらに静置する時間を設けている。

これらダブルプリエバキュエーション工程と充てん工程をフィラーの中心角に従って図示すると図8のとおりとなる。

以上、最も工程の複雑なビールの充填について説明したが、清涼飲料のコーラや炭酸水などではダブルプリエバのない形、さらに非炭酸飲料では炭酸ガスの供給がない形でのプロセスを想定すれば非炭酸飲料の充填も基本的には重力による同じ充填原理となる。

1.5.2 飲料充填のスピード

飲料充填のスピード充填の律速(ボトルネック)となっている要因とは何だろうか?ビール

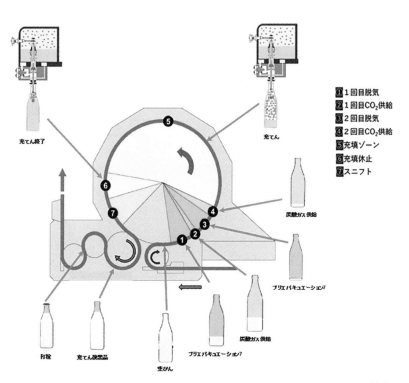

＊口絵参照

図8 フィラー中心角配分と各工程 (ガラスびんビール)[1]

第5章 充填・密封技術の実際

のような炭酸ガスを多量に含有し、しかも、きわめて泡立ちやすい飲料は高速充填が最も困難な飲料である。これについて泡まつ形成の点から詳細に調査した文献（「細管内における泡まつの流動抵抗の研究」（三菱重工技報　Vol28 No1 抜粋））を用いて飲料スピードを規定している要因について説明する。

(1) 1本立て試験用バルブでのテストから得られる知見

まずは図9の試験装置を設定する。ガラスびんの上方に実機フィラーボウルを想定したフィラタンクを設置し、この中に充てん液を張る。タンク下部から液ラインとベントラインをもつフィリングバルブを施工し、実機と同様にフィラタンクからガスを供給し、重力により充てん液をガラスびんに充てんする。

この装置で充てん試験を行い、横軸に充てん時間（秒）、縦軸に充てん流速（mℓ/秒）をとると充てん中の流量変化のグラフは図10のとおりとなる。充てん開始直後、空ガラスびんへの流速（ml/秒）は短時間で一気に最高速に達し、その後しばらくは一定流速となる（第1充てん）。飲料液面の上昇とともにボトルの内径が小さくなる部位付近で急激に流速（ml/秒）が低下し、やがて低流速で一定となる（第2充てん）。最終的に飲料液面がベントチューブを塞ぐことで充てんが終了する。このように飲料液の充填は第1充てんと第2充てんにより構成され、第1充てんでは比較的大きな流速が得られているのに対して、第2充てんは流速が極端に低下しているのがわかる（図11）。第2充てんで流速が極端に低下するのは、ガラスびんの内壁と上昇する液面の上部に生成した泡まつとの間

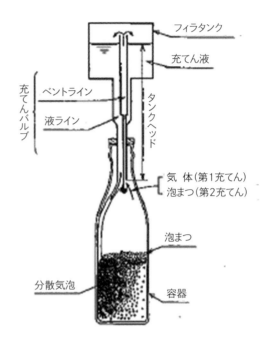

図9　「細管内における泡まつの流動抵抗の研究」における試験用1本立てバルブの構造[1]
（充てん液が液ラインから容器へ流入することに伴い、容器内の気体はベントラインを通ってフィラタンクへ流入する）

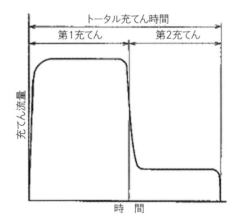

図10　充てん中の流量変化の概念図
ベントラインを気体が流れる第1充てんから泡まつが流れる第2充てんへの流量低下が著しい

に生じる摩擦力によって液面の上昇速度が低下することによるものと考えられる。炭酸飲料では特にこの泡まつにより流量が低下する。

(2) ベントチューブ内径と充てんスピード

図12はワインを用いての試験であり、横軸にベントラインの内径（mm）を小さい方から大きい方へ変化させていったとき、縦軸のトータルの充てん時間（秒）がどのように変化するかを測定したグラフである。ベントチューブの内径が小さすぎる（5mm以下程度）と、ベントガスの排出が律速となり、逆にベントチューブの内径が大きすぎる（6.5mm以上程度）と飲料液の流入が律速となり、最速充てん時間にはならない。したがって、ベントチューブの内径（断面積）と飲料液の導入経路の断面積には最適な比率が存在することがわかる。

(3) フィラー、タンクヘッドと充てん時間の関係

図13は図9の1本立て実験装置でワインを充填する際、そのタンク内ヘッド（フィラーボウル内での飲料液の液深）を400mm～600mmまでの間でのトータル充てん時間を計測した結果である。タンクヘッドを400mmから50mmピッチで増やしていった結果、タンクヘッドの大きい方が充てんスピードが速くなることがわかる。

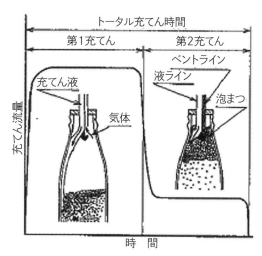

図11 第1充てんと第2充てん[1]

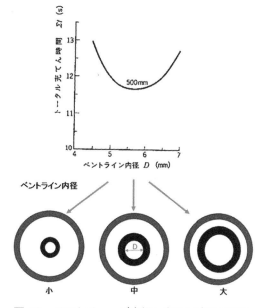

図12 ベントチューブ内径と充てん時間の関係

重力による充てんを考えれば、当然、タンクヘッドが大きい方が充てんスピードが速くなることは直感的に理解でき、理論的にはベルヌーイの定理により導き出される。一見、難しく見えるかもしれないが、ベルヌーイの定理は流体におけるエネルギー保存の法則であり、相変化の前後で

　　（流体の位置エネルギー）＋（流体の運動エネルギー）＋
　　（移動中の配管抵抗などによるエネルギー損失）＝一定

を式に現しただけのものである。そのため，流体の仮想的な重心の位置が高い方が位置エネルギーが大きく（フィラーチャンバーの液面），移動により流体の運動エネルギーに変換されたときにもそのエネルギー，$1/2v^2$が大きくなることは自明である（図14）。

1.6　メカトロフィラー
1.6.1　メカトロフィラー（メカトロはメカニック（機械式）とエレクトロニック（電気式）の合成語）の出現

上記においてグラビティー方式のフィラーを中心に，その充填原理と充填スピードについて解説した。このように1990年代以前のメカニック方式（機械式）フィラーは，フィリングバルブの製品液導入に必要な流路確保に必要な液弁（リキッドバルブ）やベントガスの排気に必要な経路の確保をフィラー周辺に配置したカムやエレクトロラッチと呼ばれる摺動シリンダーの動作により制御するタイプであった。こういったフィラーではフィラー本体である回転部や周辺に電子制御を行う部品類は一切，搭載することなく，対応してきた。

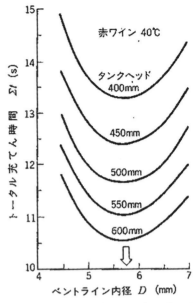

図13　タンクヘッドとトータル充てん時間の関係[1]

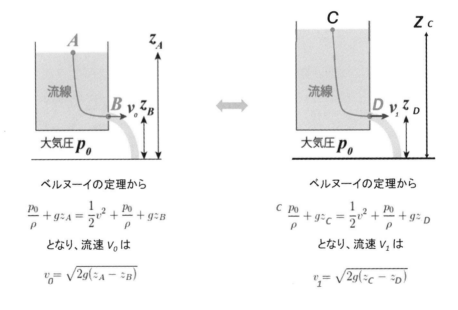

図14　ベルヌーイの定理による液深の違いに伴う飲料流速の違い
（J Sciencer "ベルヌーイの定理：トリチェリの定理　理研細胞シグナル動態研究グループ　安井真人）

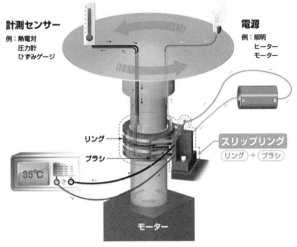

図15　スリップリング（回転体への電力供給の例）
（㈱東測　ホームページ　http://www.tosoku.jp/slipring.html）

　1980年後半になるとこういったある意味，純機械式のフィラーからフィラー回転体に外部から動力電源をスリップリングと呼ばれる部品（図15）と非接触の光リンク方式により，フィラー外部の盤との間で電子情報を通信できるフィラーが開発されることになった。こういった電子制御式のフィラーはメカトロフィラーと呼ばれ，フィリングバルブ1つづつの充てん量を電子制御により測定＆制御することで，より入味精度の高いフィラーの実現を可能にした（MHI社FKMシリーズなど）。メカトロフィラーでは非回転部から回転部への電力供給にスリップリング，電気情報の伝達交信に非接触の光リンク方式が採用されている場合が多い。初期のMHI社メカトロフィラーFKMでは充てん量の計測をタービンメーター（羽根車方式）で行っていたが，その後，電磁流量計を採用することで製品液が最終，容器内に導入＆落下する経路において突起物の全くない構造が実現された。この製品液の層流化によって，後述するスプレッダレスバルブの導入による高速化，高入味精度化が実現されることになった。スプレッダレスバルブでは高速充てん時の障害となる泡まつ（充てん時に発生する泡）を相当量，低減することが可能になりフィラー高速化に大きく寄与したと言える。

1.6.2 フィラー，今後の展望

　このように数多くの技術的な変遷を経て発展してきたフィラーであるが，重要なことは現在でも最新鋭のメカトロフィラーのみが活躍しているだけではない点にある。飲料会社，パッカーの品質面の要求レベルと初期投資額の大小などによっては，最新鋭のメカトロフィラーだけではなく，旧式のメカ式フィラーの型式の多くが今もまだ，現役機種であることである。メカトロフィラーは確かに多くの点で旧式のフィラーの性能を上回るものであるが，一方で旧式の飲料フィラーが飲料会社，パッカーの要望に応じてトータルのコストパフォーマンスで優れ

2 重要充填管理項目

2.1 フィリングの3要素＋炭酸飲料充填

フィリングの3要素とは品質管理上，工程管理上の観点から以下の3つを言う。
（1）入味量
（2）異物混入防止，微生物混入防止
（3）O_2ピックアップ（オーツーピックアップ）

フィリング3要素は主としてフィラーの性能の良否が如実に発現する項目であるが，充填時の製品液の状態，たとえば，温度や炭酸の有無なども影響し，フィラーの比較評価にはこれら要素も考慮した上で判断することが重要である。

(1) 入味量

入味量は消費者にとって最も関心の高い品質上の条件である。酒類を除く飲料ではその下限が計量法により規定されており，また，酒類ではその上限が酒税法で「酒類を重量により詰口する場合の取扱い」として規定されている。そのため，飲料フィラーにおいては充填した製品の入味精度が最重要であり，多くの場合，充填製品の入味量の標準偏差（量または容器内における液面の高さ）の大小で判断される。一般的には入味量の標準偏差は小さいほど，上下限オーバーによる製品廃棄の数が少なくて済み，フィラーの性能を判断するひとつの目安となる。

①計量法における下限値

計量法第12条～14条では，「特定商品」（政令で定める商品）の計量は「量目公差」（政令で定める誤差）を超えて不足しないように行わなくてはならないと規定されている。飲料は特定対象商品に指定されており，入味の下限値（**表1**）は量目公差の表（一），（三）に準拠しなくてはならない。

《量目不適正（不足）と過量について》
https://www.city.hachioji.tokyo.jp/kurashi/life/005/001/012/p007226_d/fil/ryoumokukousa.pdf#search=%27%E9%87%8F%E7%9B%AE%E5%85%AC%E5%B7%AE+%E7%89%B9%E5%AE%9A%E7%89%A9%E8%B3%AA%E3%81%A8%E3%81%AF%27

この表からわかるとおり，たとえば，・内容量 180gの缶コーヒーの場合，上記の「100g（ml）を超え500g（ml）以下」に該当するため，「表記量の2％」が適用され，180g×2％＝3.6g すなわち，180－3.6＝176.4g が下限となる。

・内容量 500mlのPETボトル飲料の場合，「500g（ml）を超え1kg（ml）以下」に該当するため，「10g（ml）」が適用され，500ml-10ml＝490mlが下限となる。

表1 特定商品計量の「量目公差」
(表(一),(三))

表記量	量目公差
5g (ml) 以上　50g (ml) 以下	表記量の4％
50g (ml) を超え　100g (ml) 以下	2g (ml)
100g (ml) を超え　500g (ml) 以下	表記量の2％
500g (ml) を超え　1kg (l) 以下	10g (ml)
1kg (l) を超えたもの	表記量の1％

〈対象特定商品〉
肉，米，茶，菓子，調味料，飲料，穀類，牛乳および魚卵類（いくら，すじこ等）等

表2 過量の基準

表記量	量目公差
5g (ml) 以上　50g (ml) 以下	5g (ml)
50g (ml) を超え　300g (ml) 以下	表記量の10％
300g (ml) を超え　1kg (l) 以下	30g (ml)
1kg (l) を超えたもの	表記量の3％

② 過　量

　計量法第10条では，商売等（取引・証明）で計量する際には「正確に計量する」ことを義務付けており，著しく不正確な計量については指導や勧告等の対象になる（表2）。たとえば，内容量 500ml の PET ボトル飲料の場合，「300g（ml）を超え 1kg（ml）以下」に該当するため，過量は「30g（ml）」が適用され，500ml＋30ml＝530ml が過量となる。

③酒類における過量（増量詰の規定）

　酒税法第30条の2「移出に係る酒類についての課税標準及び税額の申告」においては「11 酒類を詰口する場合の増量詰の取扱い」として以下の規定がある。

　「酒類を重量又は容量により詰口する場合には，正確に計量させるものとし，計量の結果，1容器の詰口数量が，当該容器の詰口表示量を超えて増量詰されている場合において，当該増量詰分が表示量の1パーセントに相当する重量又は容量（その容量が5ミリリットル未満のときは，5ミリリットルとする。）の範囲内であるときは，当該増量詰分については，強いて移出数量に算入させる必要はないものとして取り扱う。この場合において，容量2リットル以下の容器詰品については，1容器当たりの増量詰量が上記に定める重量又は容量を超えるときであっても，それらの容器100個に対する増量詰量が上記に定める重量又は容量の範囲内であるときは，上記の場合と同様に取り扱っても差し支えない。」

　この規定に従えば　たとえば，日本酒一升びんでは製品としての一升びんの容量として，1800 ml ÷比重×1.01 以下（ml）である必要がある。ただし，この規定は製品100本の測定値において成り立てばよいことになる。

(2) 異物混入防止，微生物混入防止

　食品衛生法第6条では食品への異物混入を禁じている。

　「食品衛生法第6条（不衛生食品等の販売等の禁止）

　次に掲げる食品又は添加物は，これを販売し（不特定又は多数の者に授与する販売以外の場合を含む。以下同じ。），又は販売の用に供するために，採取し，製造し，輸入し，加工し，使用し，調理し，貯蔵し，若しくは陳列してはならない。

一 腐敗し，若しくは変敗したもの又は未熟であるもの。ただし，一般に人の健康を損なうおそれがなく飲食に適すると認められているものは，この限りでない。
二 有毒な若しくは有害な物質が含まれ，若しくは付着し，又はこれらの疑いのあるもの。ただし，人の健康を損なうおそれがない場合として厚生労働大臣が定める場合においては，この限りでない。
三 病原微生物により汚染され，又その疑いがあり，人の健康を損なうおそれがあるもの。
四 不潔，異物の混入又は添加その他の事由により，人の健康を損なうおそれがあるもの。
　また，微生物については食品の病原菌の汚染を禁じており，一般細菌では100CFU/ml，以下ならびに大腸菌では検出されないこと．」としている（表3）。

表3　清涼飲料水の製造基準

第1欄	第2欄	第3欄
一般細菌	1mlの検水で形成される集落数が100以下であること。	標準寒天培地法
大腸菌群	検出されないこと。	乳糖ブイヨン－ブリリアントグリーン乳糖胆汁ブイヨン培地法

　それではフィラー周辺部でこういった異物混入，微生物混入の危険の高い部位はどこであろうか？まず，食品，飲用製造において良好な微生物レベルの維持には以下に要素を分けて考える必要がある。
①原料水や原料，および加熱殺菌後の製品液の微生物レベル
②加熱殺菌後の設備の微生物レベル
③フィラーおよびフィラー周辺と密封設備（缶シーマー，キャッパー，クラウナーなど）の微生物レベル
このうち，ここでは上記③について説明する。
　フィラー周辺で異物混入，微生物混入のリスクの最も高い部位は飲料容器が薬剤などの殺菌を受け，無菌水などによるリンシングを受けてから，製品液が充填される前の空容器の状態（フィラー前）とフィラー後の充填が完了してから密封機へ到達して密封されるまでの間である。いわゆるフィラー周辺での微生物の飛び込みである（図16）。こういったフィラー周辺での微生物の飛び込みや上記の①②の対応については統一的で完全な手法はなく，設備ごと，製造工程ごとに異なり，日々の地道なサニテーションや微生物検査結果の兆候管理でその事故のリスクを低減することが重要である。

(3) O_2 ピックアップ
　製品としての飲料が市場に存在している間，常に酸化反応は進行しており，酸化に弱い飲料では製品液由来の溶存酸素やフィラーでの充填時に混入するエアーなどを適切に管理することが重要である。充填の直前の工程で窒素ガスや炭酸ガスを容器に充満させる方法（プレガッシ

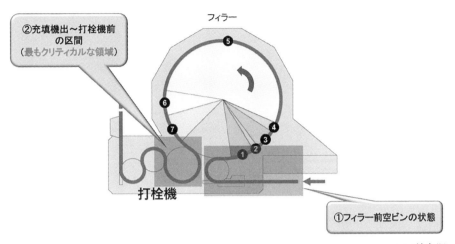

図 16　フィラー前後，微生物の飛び込み混入のリスク[1]

ング）や充填後にビールガラスびんではジェットフォーマーや缶シーマーにおけるアンダーカバーガッサー（図 17）や液体窒素添加などの方法で対応している。

2.2　炭酸飲料の充填
2.2.1　水に対する炭酸ガスの溶解度

炭酸飲料の充填＆密封は非炭酸飲料の充填＆密封に比べて，かなり難易度は高い。その理由は炭酸ガスの液体に対する溶存濃度の温度依存性がきわめて高いことに由来する。図 18 は水に対するガスの溶解濃度を温度に対してプロットしたグラフである。

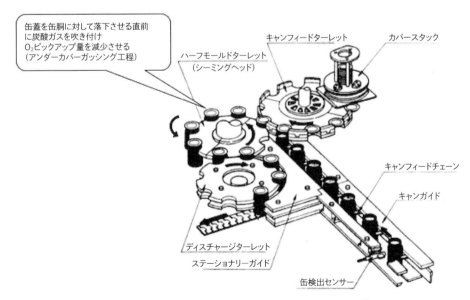

図 17　アンダーカバーガッシング工程（缶シーマー）[1]

第5章 充填・密封技術の実際

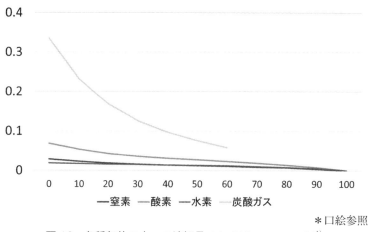

*口絵参照
図18　各種気体の水への溶解量（g）（圧力 1atm，1kg 水）[1]

　ガスの液体への溶解度はヘンリーの法則により，気相中の分圧に比例するが，図18のとおり，炭酸ガスの水への溶解度が幅広い温度帯で他のガスに比べてきわめて大きいことがわかる。これは炭酸ガスが水に対して図19のような化学平衡が成り立ち，気相中の炭酸ガス（図19の左辺の CO_2）が水と接することで化学平衡により，右辺の HCO_3^- へと移行するため，他のガスに比べて極めて大きな溶解度を示すためである。

　0℃付近の水に対する炭酸ガスの溶解度は約0.3g程度であるが，これが40℃付近では0.1gとなり，約3分の1にまで減少する。これはたとえば，コーラの製造中，十分に冷却してコーラの製品液中に溶存させた炭酸ガスが，稼働中，フィラーより下流のトラブルなどで停止し，フィラーチャンバー内のコーラ製品液が温度が上がってしまったときなど，その再開後には溶解度積以上の炭酸ガスが存在した状態でコーラが容器に充填されることになるため，フィラーを出た容器にいったんは充填されたコーラがキャッパーに到達するまでに，いわゆる吹きこぼれを多量に生じて入味量が過小になってしまう現象でよく観察される。

2.2.2　食品衛生法における炭酸飲料の定義

　食品衛生法では表4のとおり，清涼飲料水の製造基準で「二酸化炭素圧力が20℃ 1.0 kg/cm² 以上」と定義されている。

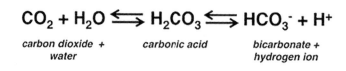

図19　炭酸ガスの水に対する溶解度平衡

表4 清涼飲料水の製造（殺菌）基準

製造基準			保存基準
殺菌を要しないもの	二酸化炭素圧力が20℃1.0 kgf/cm²以上で，植物又は動物の組織成分を含まないもの		なし
殺菌を要するもの	pH 4.0未満	中心温度を65℃で10分間，又は同等以上	なし
	pH 4.0～4.6未満	中心温度を85℃で30分間，又は同等以上	
	pH 4.6以上で水分活性が0.94を超えるもの	中心温度を85℃で30分間，又は同等以上	10℃以下
		120℃，4分間，又は同等以上発育しうる微生物を死滅させるのに十分な効力を有する方法	なし

（出典：食品衛生法　厚生省告示第213号（1986年））

2.2.3 炭酸飲料製造時の平衡圧とガスボリューム

実際の飲料製造時には測定が容易なガスボリューム法が使用されている。これは標準状態において対象となる気体が液体容量と比較してどの程度，溶解しているかを表す指標であり，1ℓの液体に標準状態で1ℓの気体が溶解しているとき，ガスボリュームで1という表現の仕方をする。飲料業界では長年にわたりこのガスボリューム法により，炭酸飲料に溶存している炭酸ガスの量を表現してきた。表5は水温に対する炭酸ガスの平衡圧またはガスボリュームをあらわした表である。この表より，食品衛生法における炭酸飲料の定義は20℃，1atm/cm²はガスボリュームでは1.74に相当することがわかる。

昨今は高濃度の炭酸ガスを差別化の1つとして重要視する清涼飲料製品もあり，その際には充填時の炭酸ガス濃度の制御テクニックがますます重要となっている（表6）。グラビティ方式での充填ではある温度の製品液の平衡圧（図18）よりもわずかに高い圧力でフィラーチャンバー内の炭酸ガス圧（気相）を制御することが，フィラーチャンバー内での製品液への過度な炭酸ガスの溶け込みや逸散をふせぐために重要である。高炭酸飲料ほど，フィラーから密封機へ至る途中での大気圧と製品液中の溶存炭酸ガスの平衡圧差が大きくなるため，吹きこぼれのリスクが高くなる。

2.2.4 ビールの炭酸ガス溶解度

ビールに対する炭酸ガスの平衡圧はビールの中味成分（種々の陽イオン・陰イオンの種類・濃度，エキス分など）により異なり，平衡圧が水ほど単純ではない。一般にはピルスナータイ

第5章　充填・密封技術の実際

表5　炭酸ガス吸収係数表（びん内圧力補正表）(1)

MPa kg/cm² ℃	0.00	0.01	0.02	0.03	0.04	0.05	0.06	0.07	0.08	0.09	0.10	0.11	0.12	0.13	0.14	0.15	0.16	0.17	0.18	0.19	0.20	0.21	0.22	0.23	0.24	0.25
	0.000	0.102	0.204	0.306	0.408	0.510	0.612	0.714	0.816	0.918	1.020	1.122	1.224	1.326	1.428	1.530	1.632	1.734	1.835	1.937	2.039	2.141	2.243	2.345	2.447	2.549
0	1.713	1.882	2.051	2.220	2.389	2.559	2.728	2.897	3.066	3.235	3.404	3.573	3.742	3.911	4.080	4.250	4.419	4.588	4.755	4.924	5.093	5.263	5.432	5.601	5.770	5.939
1	1.646	1.808	1.971	2.133	2.296	2.458	2.621	2.783	2.946	3.108	3.271	3.433	3.596	3.758	3.921	4.083	4.246	4.408	4.569	4.732	4.894	5.057	5.219	5.382	5.544	5.707
2	1.584	1.740	1.897	2.053	2.209	2.366	2.522	2.679	2.835	2.991	3.148	3.304	3.460	3.617	3.773	3.930	4.086	4.242	4.397	4.554	4.710	4.866	5.023	5.179	5.335	5.492
3	1.527	1.678	1.828	1.979	2.130	2.281	2.431	2.582	2.733	2.884	3.034	3.185	3.336	3.487	3.637	3.788	3.939	4.090	4.239	4.390	4.540	4.691	4.842	4.993	5.143	5.294
4	1.473	1.618	1.764	1.909	2.055	2.200	2.345	2.491	2.636	2.782	2.927	3.073	3.218	3.363	3.509	3.654	3.800	3.945	4.089	4.234	4.380	4.525	4.671	4.816	4.962	5.107
5	1.424	1.565	1.705	1.846	1.986	2.127	2.267	2.408	2.549	2.689	2.830	2.970	3.111	3.252	3.392	3.533	3.673	3.814	3.953	4.094	4.234	4.375	4.515	4.656	4.796	4.937
6	1.377	1.513	1.649	1.785	1.921	2.057	2.193	2.329	2.464	2.600	2.736	2.872	3.008	3.144	3.280	3.416	3.552	3.688	3.823	3.958	4.094	4.230	4.366	4.502	4.638	4.774
7	1.331	1.462	1.594	1.725	1.857	1.988	2.119	2.251	2.382	2.514	2.645	2.776	2.908	3.039	3.171	3.302	3.433	3.565	3.695	3.826	3.958	4.089	4.220	4.352	4.483	4.615
8	1.282	1.409	1.535	1.662	1.788	1.915	2.041	2.168	2.294	2.421	2.548	2.674	2.801	2.927	3.054	3.180	3.307	3.434	3.559	3.685	3.812	3.938	4.065	4.192	4.318	4.445
9	1.237	1.359	1.481	1.603	1.725	1.848	1.970	2.092	2.214	2.336	2.458	2.580	2.702	2.825	2.947	3.069	3.191	3.313	3.434	3.556	3.678	3.800	3.922	4.044	4.167	4.289
10	1.194	1.312	1.430	1.548	1.665	1.783	1.901	2.019	2.137	2.255	2.373	2.491	2.608	2.726	2.844	2.962	3.080	3.198	3.315	3.432	3.550	3.668	3.786	3.904	4.022	4.140
11	1.154	1.268	1.382	1.496	1.610	1.724	1.838	1.951	2.065	2.179	2.293	2.407	2.521	2.635	2.749	2.863	2.977	3.091	3.203	3.317	3.431	3.545	3.659	3.773	3.887	4.001
12	1.117	1.227	1.338	1.448	1.558	1.668	1.779	1.889	1.999	2.109	2.220	2.330	2.440	2.551	2.661	2.771	2.881	2.992	3.101	3.211	3.321	3.432	3.542	3.652	3.762	3.873
13	1.083	1.190	1.297	1.404	1.511	1.618	1.724	1.831	1.938	2.045	2.152	2.259	2.366	2.473	2.580	2.687	2.794	2.901	3.006	3.113	3.220	3.327	3.434	3.541	3.648	3.755
14	1.050	1.154	1.257	1.361	1.465	1.568	1.672	1.776	1.879	1.983	2.087	2.190	2.294	2.398	2.501	2.605	2.708	2.812	2.915	3.018	3.122	3.226	3.329	3.433	3.537	3.640
15	1.019	1.120	1.220	1.321	1.421	1.522	1.623	1.723	1.824	1.924	2.025	2.126	2.226	2.327	2.427	2.528	2.629	2.729	2.829	2.929	3.030	3.131	3.231	3.332	3.432	3.533
16	0.985	1.082	1.179	1.277	1.374	1.471	1.568	1.666	1.763	1.860	1.957	2.055	2.152	2.249	2.346	2.444	2.541	2.638	2.734	2.832	2.929	3.026	3.123	3.221	3.318	3.415
17	0.956	1.050	1.145	1.239	1.334	1.428	1.522	1.617	1.711	1.805	1.900	1.994	2.089	2.183	2.277	2.372	2.466	2.560	2.654	2.748	2.843	2.937	3.031	3.126	3.220	3.314
18	0.928	1.020	1.111	1.203	1.294	1.386	1.478	1.569	1.661	1.753	1.844	1.936	2.027	2.119	2.211	2.302	2.394	2.485	2.576	2.668	2.759	2.851	2.943	3.034	3.126	3.217
19	0.902	0.991	1.080	1.169	1.258	1.347	1.436	1.525	1.614	1.703	1.792	1.881	1.971	2.060	2.149	2.238	2.327	2.416	2.504	2.593	2.682	2.771	2.860	2.949	3.038	3.127
20	0.878	0.965	1.051	1.138	1.225	1.311	1.398	1.485	1.571	1.658	1.745	1.831	1.918	2.005	2.091	2.178	2.265	2.351	2.437	2.524	2.611	2.697	2.784	2.871	2.957	3.044
21	0.854	0.938	1.023	1.107	1.191	1.276	1.360	1.444	1.528	1.613	1.697	1.781	1.866	1.950	2.034	2.119	2.203	2.287	2.371	2.455	2.539	2.624	2.708	2.792	2.877	2.961
22	0.829	0.911	0.993	1.075	1.156	1.238	1.320	1.402	1.484	1.566	1.647	1.729	1.811	1.893	1.975	2.057	2.138	2.220	2.301	2.383	2.465	2.547	2.629	2.710	2.792	2.874
23	0.804	0.883	0.963	1.042	1.121	1.201	1.280	1.360	1.439	1.518	1.598	1.677	1.756	1.836	1.915	1.995	2.074	2.153	2.232	2.311	2.391	2.470	2.549	2.629	2.708	2.787
24	0.781	0.858	0.935	1.012	1.089	1.167	1.244	1.321	1.398	1.475	1.552	1.629	1.706	1.783	1.860	1.938	2.015	2.092	2.168	2.245	2.322	2.399	2.476	2.554	2.631	2.708
25	0.759	0.834	0.909	0.984	1.059	1.134	1.209	1.283	1.358	1.433	1.508	1.583	1.658	1.733	1.808	1.883	1.958	2.033	2.107	2.182	2.257	2.332	2.407	2.482	2.557	2.631

炭酸ガス吸収係数表の見方
(1) 炭酸ガス吸収係数表とは、ガス容（gas volume）をいう。
(2) この表をびん内圧力補正表としてしようとするには、たとえば、びん内圧力が液温10℃で0.30MPaならば、たての0.30MPaの線と横の10℃の線の交点を見ると4.729のガス容が得られ、これを標準温度20℃に直すには、20℃の予選上背、4.729に最も近い値を探すと、4.691と4.778の中間に位置することがわかる。ここで、縦線でピン内圧力を求めると0.445MPaが得られる。

- 260 -

表5 炭酸ガス吸収係数表（びん内圧力補正表）(2)

MPa kg/cm² ℃	0.26	0.27	0.28	0.29	0.30	0.31	0.32	0.33	0.34	0.35	0.36	0.37	0.38	0.39	0.40	0.41	0.42	0.43	0.44	0.45	0.46	0.47	0.48	0.49	0.50
	2.651	2.753	2.855	2.957	3.059	3.161	3.263	3.365	3.467	3.569	3.671	3.773	3.875	3.977	4.079	4.181	4.283	4.385	4.487	4.589	4.691	4.793	4.895	4.997	5.099
0	6.108	6.277	6.446	6.615	6.785	6.954	7.123	7.292	7.461	7.630	7.799	7.968	8.137	8.307	8.476	8.645	8.814	8.983	9.152	9.321	9.490	9.659	9.828	9.998	10.167
1	5.869	6.032	6.194	6.357	6.519	6.682	6.844	7.007	7.169	7.332	7.494	7.657	7.819	7.982	8.144	8.307	8.469	8.632	8.794	8.957	9.119	9.282	9.444	9.607	9.769
2	5.648	5.805	5.961	6.117	6.274	6.430	6.586	6.743	6.899	7.055	7.212	7.368	7.525	7.681	7.837	7.994	8.150	8.306	8.463	8.619	8.776	8.932	9.088	9.245	9.401
3	5.445	5.596	5.746	5.897	6.048	6.199	6.349	6.500	6.651	6.802	6.952	7.103	7.254	7.405	7.555	7.706	7.857	8.008	8.158	8.309	8.460	8.611	8.761	8.912	9.063
4	5.252	5.398	5.543	5.689	5.834	5.979	6.125	6.270	6.416	6.561	6.706	6.852	6.997	7.143	7.288	7.434	7.579	7.724	7.870	8.015	8.161	8.306	8.451	8.597	8.742
5	5.078	5.218	5.359	5.499	5.640	5.781	5.921	6.062	6.202	6.343	6.483	6.624	6.765	6.905	7.046	7.186	7.327	7.467	7.608	7.749	7.889	8.030	8.170	8.311	8.451
6	4.910	5.046	5.182	5.318	5.454	5.590	5.726	5.862	5.998	6.133	6.269	6.405	6.541	6.677	6.813	6.949	7.085	7.221	7.357	7.493	7.629	7.765	7.901	8.037	8.173
7	4.746	4.877	5.009	5.140	5.272	5.403	5.534	5.666	5.797	5.929	6.060	6.191	6.323	6.454	6.586	6.717	6.848	6.980	7.111	7.243	7.374	7.505	7.637	7.768	7.900
8	4.571	4.698	4.824	4.951	5.078	5.204	5.331	5.457	5.584	5.710	5.837	5.963	6.090	6.217	6.343	6.470	6.596	6.723	6.849	6.976	7.102	7.229	7.356	7.482	7.609
9	4.411	4.533	4.655	4.777	4.899	5.021	5.144	5.266	5.388	5.510	5.632	5.754	5.876	5.998	6.120	6.243	6.365	6.487	6.609	6.731	6.853	6.975	7.097	7.220	7.342
10	4.258	4.375	4.493	4.611	4.729	4.847	4.965	5.083	5.200	5.318	5.436	5.554	5.672	5.790	5.908	6.026	6.143	6.261	6.379	6.497	6.615	6.733	6.851	6.969	7.086
11	4.115	4.229	4.343	4.457	4.571	4.684	4.798	4.912	5.026	5.140	5.254	5.368	5.482	5.596	5.710	5.824	5.938	6.052	6.165	6.279	6.393	6.507	6.621	6.735	6.849
12	3.983	4.093	4.203	4.314	4.424	4.534	4.645	4.755	4.865	4.975	5.086	5.196	5.306	5.416	5.527	5.637	5.747	5.858	5.968	6.078	6.188	6.299	6.409	6.519	6.629
13	3.862	3.969	4.076	4.182	4.289	4.396	4.503	4.610	4.717	4.824	4.931	5.038	5.145	5.252	5.358	5.465	5.572	5.679	5.786	5.893	6.000	6.107	6.214	6.321	6.428
14	3.744	3.848	3.951	4.055	4.159	4.262	4.366	4.470	4.573	4.677	4.781	4.884	4.988	5.092	5.195	5.299	5.403	5.506	5.610	5.713	5.817	5.921	6.024	6.128	6.232
15	3.633	3.734	3.835	3.935	4.036	4.136	4.237	4.338	4.438	4.539	4.639	4.740	4.841	4.941	5.042	5.142	5.243	5.344	5.444	5.545	5.645	5.746	5.847	5.947	6.048
16	3.512	3.610	3.707	3.804	3.901	3.998	4.096	4.193	4.290	4.387	4.485	4.582	4.679	4.776	4.874	4.971	5.068	5.165	5.263	5.360	5.457	5.554	5.652	5.749	5.846
17	3.409	3.503	3.598	3.692	3.786	3.881	3.975	4.069	4.164	4.258	4.353	4.447	4.541	4.636	4.730	4.824	4.919	5.013	5.108	5.202	5.296	5.391	5.485	5.580	5.674
18	3.309	3.401	3.492	3.584	3.675	3.767	3.859	3.950	4.042	4.134	4.225	4.317	4.408	4.500	4.592	4.683	4.775	4.866	4.958	5.050	5.141	5.233	5.324	5.416	5.508
19	3.216	3.305	3.394	3.483	3.572	3.662	3.751	3.840	3.929	4.018	4.107	4.196	4.285	4.374	4.463	4.552	4.641	4.730	4.819	4.908	4.997	5.086	5.175	5.264	5.353
20	3.131	3.217	3.304	3.391	3.477	3.564	3.651	3.737	3.824	3.911	3.997	4.084	4.171	4.258	4.344	4.431	4.518	4.604	4.691	4.778	4.864	4.951	5.038	5.124	5.211
21	3.045	3.129	3.214	3.298	3.382	3.467	3.551	3.635	3.720	3.804	3.888	3.973	4.057	4.141	4.225	4.310	4.394	4.478	4.563	4.647	4.731	4.816	4.900	4.984	5.069
22	2.956	3.038	3.120	3.202	3.283	3.365	3.447	3.529	3.611	3.693	3.774	3.856	3.938	4.020	4.102	4.184	4.265	4.347	4.429	4.511	4.593	4.675	4.756	4.838	4.920
23	2.867	2.946	3.026	3.105	3.184	3.264	3.343	3.422	3.502	3.581	3.661	3.740	3.819	3.899	3.978	4.057	4.137	4.216	4.296	4.375	4.454	4.534	4.613	4.692	4.772
24	2.785	2.862	2.939	3.016	3.093	3.170	3.247	3.325	3.402	3.479	3.556	3.633	3.710	3.787	3.864	3.941	4.018	4.096	4.173	4.250	4.327	4.404	4.481	4.558	4.635
25	2.706	2.781	2.856	2.931	3.006	3.081	3.156	3.231	3.306	3.381	3.456	3.531	3.606	3.680	3.755	3.830	3.905	3.980	4.055	4.130	4.205	4.280	4.355	4.430	4.505

表6　各種飲料のガスボリューム　（きた産業社資料）

名称	炭酸ガスボリューム
ドイツ製スパークリングワインの例	1.5 − 1.8
ファンタオレンジ	1.9 − 2.0
キリン、アサヒなどのラガービール	2.5 − 2.8
（ヘッフェ）バイツェンビール	3.0 − 3.1
コカコーラ	3.7 − 3.8
ペリエ（ミネラルウォーター）	3.8 − 3.9
にごり酒（活性清酒）の例	4.0 − 4.1
フランス製シャンパンの例	5.0 − 5.5

プビールとエールビールタイプ（高エキス，高苦味値（高IBU），高color）では炭酸ガスの平衡圧も異なるため，製造時にはそれぞれのタイプに応じた平衡圧を予め理解した上で充填＆密封することが重要である。また，ビールの場合，ビール香味と炭酸ガス濃度は非常に重要な関係にある。表7は一例として，温度に対してピルスナータイプのビールに溶存する炭酸ガス圧と香味の関係を示す表であり，真ん中のベルト領域が香味評価においてほどよい炭酸ガス圧力とされている。

以上，充填の基本原理と炭酸飲料における炭酸ガスの性質と充填の際の留意点につき解説した。

文　献
1）松田晃一：おもしろサイエンス「飲料容器の科学」，日刊工業新聞社（2018）．

第1節　飲料充填技術の実際

表7　ビールの炭酸ガス圧と香味の関係
(CO2 Volume Chart)

*口絵参照

Beer carbonation guide http://www.glaciertaks.com/carbonation.html
(表中　縦軸は温度　°F＝32+1.800℃，横軸は1Psi＝0.07030695796391 6kg/cm²)

第5章 充填・密封技術の実際

第2節

PETボトルの充填・密封技術

澁谷工業株式会社　BS第一技術本部

1　PETボトル飲料用充填・密封（キャッピング）システムの概要

　飲料用容器としてのPETボトルの伸長は目覚ましく，近年のデーターでは，PETボトルは飲料容器全体の70％以上を占め，最も広く一般的に使用されている飲料容器である。また，リサイクル率も約85％と高い数値を維持しながら，PETボトルの軽量化に伴い，ボトル1本当たりの環境負荷（CO_2排出量）は2004年と2017年を比較すると，30％以上削減されている（全国清涼飲料連合会などの調査データに基づく）。

　このようなPETボトルに対する飲料製品の充填システムとしては，上流側から，ブロー成形機，容器洗浄・殺菌機，フィラ，キャッパなどで構成される一連の統合された機械・システムという形が一般的になっている。

　これを可能としたのはPETボトルをインラインで高速に安定的にブロー成形できるというPET素材の持つ大きな特徴にその要因がある。その特徴により現在では上記のようにブロー成形機からフィラ・キャッパまでのブロック構成の一体化システムが主流となった。ここではフィラ・キャッパにおける充填・密封技術を主体としながら，それら全体を構成する視点も加味して，実際の具体的な機械・システムを説明する。

2　飲料用充填システムに求められる基本機能

　PETボトル飲料用充填システムに求められる基本的な機能としては，多種にわたる飲料製品を，消費者に安全・安心を基本として安定的に供給することであり，そのために必要な条件を達成することである。

　一方，その基本機能としては，一定量の製品液を容器に充填した後，内容物を密閉するために，所定のキャップを決められたトルクで巻き締めすることである。PET容器に飲料を充填・密封するという一見単純なことであるが，そこには製品の品質や安全・安心を第一として，高い生産性や信頼性など，多岐にわたる項目や厳しい条件が求められる。つまり，充填・密封技術というものが，奥深く高度な技術要素を含むものであることに留意する必要がある。

3 充填システムの分類

充填機能とは，所定の容器に，一定量の製品液を計量して充填するものであり，その計量方式によって，レベル規制方式（グラビティー方式），容積計量方式（ピストン方式），重量計測方式（ウェイト方式），流量計測方式（フローメータ方式）などに分類できる。かつては，充填水位レベルを規制するグラビティー方式の充填機が主流であったが，最近では，ガラスびんラインで稀に採用されることがあるものの，PETボトルラインの充填においては，ほとんど採用されなくなった。

また，容積計量方式（ピストン方式）の充填機も食品・調味料やトイレタリー・化粧品などにおいて，製品液の特性上，ピストン方式しか対応できないような特殊な場合に採用されるが，PETボトル飲料用としては非常に少ない。主体となるのは，重量計測方式と流量計測方式であり，それらに関して，以下，具体的に説明していく。

4 飲料用重量計測方式充填システム（ウェイトフィラ）

図1に示すような重量計測方式の充填システム（ウェイトフィラ）は，PETボトル飲料だけでなく，近年では最も広く一般的に利用されている充填システムである。この充填システムは容器の中に充填される製品液の重量を連続的に計測しながら，最終的に所定の充填重量に到達するように，充填バルブの開閉を制御するものである。

この方式が広く活用される背景には，重量計測自体の正確さ（精度の高さ）と充填後の最終製品重量を確認し，定量的に管理できるという信頼性の高さにある。つまり，ウェイトフィラが広く一般的に利用されるようになったのは，充填精度の高さと充填量の信頼性および製品品質の安全性という，充填における必要な要素が高度に達成できることがその大きな理由である。

具体的には，ロードセルを用いて直接的に製品重量を計測していることにより，製品液の性

図1　重量計測方式充填システム

状や温度・気泡などの影響を受けない。そのため製品液の計量に対する精度と信頼性が高い。しかも，充填動作の終了後に，あらためて充填重量を計量して，充填したPETボトルの1本1本が確実に管理規格値に入っているかを確認できるという優れた特徴がある。また，製品が通る接液経路の構造において，摺動シールを排除できるので，C/SIP適性に優れていることや，充填時にボトル口部に非接触で充填可能であるため，ボトル口部への製品液の付着が防止できるという特長がある。このようなウェイトフィラの非接触の口上充填システムは，アセプ充填システムおいて必須の充填システムであり，異物混入リスクを極小化することにも適した充填方式と言える。さらに，製品液種への制約も少ないので，飲料以外でも食品・調味料やトイレタリー製品など多種多様な製品液に対応でき，適応範囲の広さもウェイトフィラの優れた特徴と言える。

一方，重量計測の重要な要素であるロードセルに関しては，飲料の高速・長時間連続生産に対応するために，重量計測性能だけでなく搬送トラブルなどを想定した堅牢な性能が求められる。そのためロードセル部分に，堅牢性の高いロバーバル機能を持つ，ウェイトフィラ専用の計量ユニットが採用されている。それと並行して想定外の過剰な負荷が作用した場合でも，ロードセルの致命的な損傷を回避する機能を備えておく必要がある。図2に充填・計量ユニット部概要図を示す。

これらのことを考慮したことにより，高精度なウェイトフィラでありながら，耐久性や安定性にも優れることが長期間の実稼働で実証されたので，ウェイトフィラが今日のように一般的な充填システムに位置づけられるようになったものと考える。また，このような飲料用のウェイトフィラにおいては，図3に示すようなPETボトルのネックグリップ搬送システムが搭載されている。それにより小容量から大容量までの多品種生産ラインでも，搬送部の型替パーツを排除した高効率で安定した生産が実現されている。

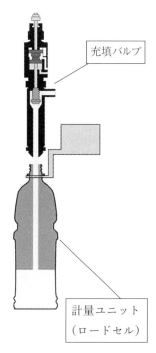

図2　重量計測充填・計量部

図3　ネックグリップ搬送システム

5 飲料用流量計測方式充填システム（フローメータフィラ）

図4に示すフローメータフィラは流量計測方式の充填システムで，PETボトル飲料における炭酸入り製品に対して，一般的に利用されている充填方式である。炭酸入り飲料においては，充填時に予めカウンタプレッシャをかけて，ボトル内の圧力をタンク内圧と同等にして，製品液のGV（ガスボリューム）に適した圧力にする必要がある。そのためPETボトルは，その口部天面を充填バルブと接触密閉してシールする必要があり，前述の重量計測方式は使用できない。

図4　流量計測方式充填システム

流量計測方式の充填システムは，フローメータ（電磁流量計）などを利用して，充填時の製品液の流量を計測・積算して充填量を制御する充填方式である。この方式の特徴としては，炭酸入り飲料を高精度に充填できることであるが，充填バルブが図5に示すようなベントチューブレス方式の充填バルブの場合，基本構造が概ねウェイトフィラと同等であるため，炭酸入り製品と非炭酸製品を兼用可能な充填システムとしても活用できる。特に，非炭酸製品に対しては，ウェイトフィラの充填と同様に，PETボトルの口部天面に非接触で充填が可能である。したがって，PETボトル口部天面への製品液付着が防止可能であり，より衛生的である。

一方，充填時の炭酸入り製品の温度を極力常温付近（15〜20℃）に設定する場合は，充填形態として，ボトル内壁に製品液を沿わせて流下させる形（スワール方式）を採用する方が製品へのショックが少ない。

このように炭酸入り飲料に対する充填システムにおいては，その製品の性状や目的に応じて，充填形態を選択することになる。このフローメータ方式の充填システムは，炭酸・非炭酸兼用のアセプ充填システムにも展開されており，PETボトル飲料製品の多様化にも対応できる重要な充填方式と言える。

6 キャッパとキャッピングシステム

PETボトルに用いられるキャップには
①容器内に充填された内容物を開封するまで確実に保存する
②製造元で密封されたキャップが，一般消費者の手元に渡るまで，開栓されていないことをわかるようにする，すなわち TE (Tamper Evidence：いたずら防止) 性を有する
③安全かつ容易に開栓できる
などの機能が求められる。

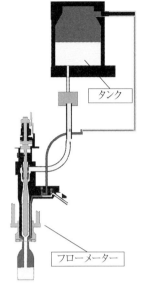

図5　流量計測方式充填部

清涼飲料用の包材がガラスびんからPETボトルへと移り変わった初期には，ガラスびん同様にアルミ製のPP (Pilfer Proof：盗難防止) キャップを使用していたが，小型PETボトルが市場に大量流通される頃には，現在の樹脂製のスクリューキャップが主流に置き替わった。スクリューキャップが使用されるようになった頃のキャッパの仕様はと言うと，機械本体が公転する際に，ギヤで連結された各ヘッドが自転を行い，キャップを巻き締め，その際にキャップ巻き締めトルクを各ヘッドに搭載したクラッチによって規制する機械式のロータリー型スクリューキャッパが大半であった。機械式のキャッパでは，各ヘッドの巻き締めトルク設定に膨大な時間を要すること，あるいはキャッパ本体の回転速度によって，キャップの巻き締め回転速度が変動し，慣性力がキャップに加わり，巻き締めトルクが不安定となる，しいては開栓トルクが不安定になる。これらの課題を解決するキャッパとして，現在では各ヘッドにサーボモータを搭載し，巻き締めトルクおよび巻き締め回転数を制御する，図6に示すようなサーボスクリューキャッパが主流となっている。

キャッパへのキャップ供給については，キャップを一列に整列し裏・表の選別を行うソータから，キャップの外形を規制した搬送シュートを介して，キャッパへ供給する。この間，飲料用のラインでは，紫外線，温水（蒸気含む），過酢酸，過酸化水素などによるキャップ殺菌を行い，密封を行う。

7 ブロー成形機からフィラ・キャッパまでの全体構成

最近のPETボトル用アセプ充填ラインにおける，ブロー成形機，空ボトル検査機，洗浄・殺菌機，フィラ，キャッパのブロック構成システムの一例を図7に示す。プリフォーム供給からブロー成形機，フィラ，キャッパまでを一連の充填システムとして構成することにより機械システムがコンパクトになり，省スペース化，省人化が図れる効果は大きい。このように多数の機械を統合的に制御できるのは近年のサーボモータ制御システム（シンクロシステム）の

第5章 充填・密封技術の実際

図6 サーボスクリューキャッパ概要図

技術進化によるところが大きい。各機械や各搬送ホイールなどがそれぞれ独立した駆動モータを持ちながら，統合的に制御するシンクロシステムは利便性が高く，引き続き，今後も拡張・展開されていくだろう。

一方，これらは電気的な制御であるため，電源系に対するバックアップ装置や停電などによる駆動電源喪失時の安全性に配慮が必要である。

8 アセプ充填システムの登場とフィラ・キャッパの進化

近年のPETボトル飲料の生産ラインは，そのほとんどがアセプ充填システムになってきた。その主な理由としては，製品企画の多様化と製造コストの削減，生産性の向上である。

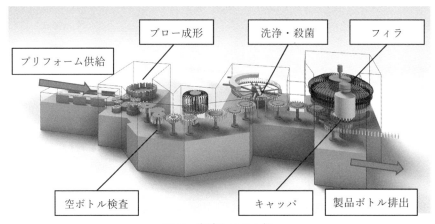

図7 充填システム例

- 270 -

1994年に，PETボトルのミルク入り紅茶製品を製造するアセプ充填システムが登場した時は，中性・低酸性飲料をPETボトルで生産可能となったため，製品企画の拡張と製品の多様化に主眼が置かれていた。その後，アセプ仕様の非耐熱・薄肉PETボトルが登場したことで，ブロー成形機を生産ラインに組み込むことが可能となった。このインラインボトル成形方式のアセプ充填システムの登場以降は，その主眼が生産性の向上と製造コストの削減に移行して，アセプ技術の進化と共に充填システムの機械の構造も進化してきた。具体的な説明は省略するが，フィラ・キャッパを含め，これまでの充填システムの進化の原動力は，このアセプ充填システムの登場によるところが大きい。

9　フィラ・キャッパにおけるアセプ対応技術

　フィラ・キャッパは，充填・密封という基本機能を持った機械であるが，アセプ充填システムの登場により，無菌環境下における充填と密封が必要となり，機械外面の洗浄・殺菌が必須となった。また，それに適するように機械の構成や構造が進化し，洗浄・殺菌後，無菌環境を長時間維持して，連続生産が可能となるように，アセプ環境の維持性能の重要性が高まった。現在，広く使用されているアセプチャンバ（図8に示す充填室空間をステンレス製の隔壁で構成したもの）を例にとると，PAA（過酢酸）やH_2O_2（過酸化水素）による殺菌の後，近年では，150〜200時間の連続生産の実績も確立されてきた。

　一方，PETボトルとキャップの殺菌薬剤としては，H_2O_2が幅広く使用されているが，近年ではボトル殺菌工程に薬剤を使用しない，あるいは水の使用量を低減することが可能な，図9に示すEB（電子線）ボトル殺菌装置を使用したアセプ充填システムも登場し，実生産ラインにおいて，順調に稼働している。

10　製品の多様化への対応

　市場や消費者ニーズの多様化に伴い，PETボトル飲料もそれらに対応して，製品仕様の多様化が進んでおり，その仕様には以下のような一例がある。

図8　アセプチャンバ

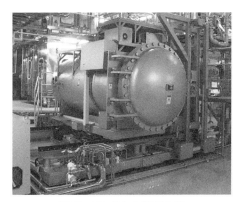

図9　EBボトル殺菌装置

①ボトルの容量や形状
- ボトル容量としては，小容量 190mL～大容量 2.2L までの内容量の細分化
- 商品ごとにアイデンティティーを持たせるためのボトル形状
- 環境に配慮したあるいは，材料コスト低減の軽量，薄肉化ボトル
- ガス飲料対応の底形状（ペタロイド）ボトル

②内容物
- 非炭酸製品，炭酸入り製品
- 果汁入り・固形具材入り製品
- 加温販売用製品

③ボトルの口部サイズ
- 日本国内で最も多く使用されている，Φ28 口径 PCO*1810
- 海外市場で主流となっている，キャップ高さが低い，Φ28 口径 PCO1881
- 風味や香りを味わい易いあるいは固形具材入りでも飲み易い，広口の Φ38 口径

これらに対応するために，複数の PET ボトルやキャップに対して搬送経路を兼用する充填システムや，フィラを2機設置する構成も登場してきており，また，キャッパのチャックなどもワンタッチで着脱できるように機械も進化してきている。

11 おわりに

以上，飲料製造における PET ボトル用の充填・密封技術に関して，最近の実例などを交えて説明した。充填・密封技術はボトリングラインにおける中心的な設備・技術であり，新しい製品の登場や資材としてのボトルやキャップの変化にも対応して，これからも進化を続けるものである。

一方，PET ボトルは容器としての利便性だけでなく，密封の信頼性も高く，アセプ充填システムにおいて高い安全性を確保できることは大きな特長である。また，容器材料としても PET 樹脂という単一素材から構成されており，リサイクル率の高さも相まって，BtoB（使用済の PET ボトルを原料化し，新しい PET ボトルへ再利用すること）も可能な，環境負荷に対する適性にも非常に優れた容器と言える。

市場の求める飲料製品の安全・安心への期待や環境負荷適性の更なる向上のために，PET ボトル飲料のアセプ充填システムの重要性は一層高まっていくものと考える。

＊PCO とは，Plastic Closure Only の略で，その後に続く数値は規格番号を表す。

第5章 充填・密封技術の実際

第3節

金属缶の充填・密封技術

東洋製罐株式会社　西本　英樹
東洋製罐株式会社　渡部　史章　　東洋製罐株式会社　村瀬　健

1 金属缶の充填技術

1.1 容器の洗浄と殺菌

容器メーカーで衛生的に製造された容器は，シュリンク包装やカートン詰めした形態で納品される。しかし，容器は搬送工程で微細なほこり等が付着する場合があるため，水道水や塩素水等による洗浄・殺菌を行う。

1.2 充填工程

充填工程では充填温度・充填量・缶内酸素量・フォーミング（泡立ち）の管理が必要となる。充填温度と充填量は充填後の缶内圧に影響し，缶内酸素量は内容液劣化に影響する。フォーミングは充填量・泡中酸素由来の缶内酸素量・ガスボリューム（炭酸製品の場合）と多岐に影響を及ぼすため，特に注意が必要である。

1.3 充填方法の種類と密封検査手法

1.3.1 陰圧充填

殺菌等を目的として内容液を加熱して充填し，常温での缶内圧が大気圧よりも低くなる充填を陰圧充填という。平面状の缶底部に物理的もしくは電磁力にて衝撃をあたえ，その際に発する音響で缶内圧を判定する打検法にて密封不良の検査をする。

1.3.2 陽圧充填

常温での缶内圧が大気圧よりも高くなる充填を陽圧充填という。陽圧充填には，内容液に溶け込んだ炭酸ガスによって缶内圧が上昇する炭酸飲料充填や，液体窒素を利用する液体窒素充填があるが，ここでは液体窒素充填について以下に詳しく述べる。

(1) 液体窒素充填（図1）

充填時に封入した液体窒素が缶内にて気化することで缶内圧が上昇する。缶内圧に耐えるためにドーム形状の缶底部が採用されているため，打検法は適用できない。そのため，缶胴側面

第5章　充填・密封技術の実際

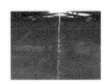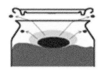

図1　液体窒素充填

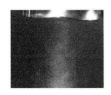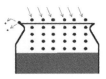

図2　ミスト充填

部の張りの強弱にて缶内圧を判定する触圧法にて密封不良の検査をする。

(2) ミスト充填（図2）

充填時にミスト状の液体窒素を封入することで，通常の液体窒素充填の約半分程度の缶内圧上昇を安定的に得ることができる。平面状の缶底部でも缶内圧に耐えられるため，陰圧充填同様に打検法にて密封不良の検査をする。

2　金属缶の密封技術

金属缶の密封機構の種類は大きく2種類に分類される（表1）。

2.1　二重巻締
2.1.1　二重巻締の原理と三要素

二重巻締とは，缶蓋カールと缶胴フランジを巻き込んだ後，外側から缶胴と缶蓋を圧着し，巻締内部の空隙をシーリングコンパウンドで満たして密封する（図3）。二重巻締は1st巻締と2nd巻締の二段階の工程によって行われる（図4）。

表1　金属缶の密封機構

容器	密封部の形状	密封方法
二重巻締缶		缶蓋カールと缶胴フランジを圧着し，缶蓋カールに塗布されているシーリングコンパウンドにより巻締内部の空隙を満たし密封する。 二重巻締と呼ばれる。
リシール缶		キャップ内面のシール材をカール（缶開口部）に押しつけて圧縮加工し密封する。

― 274 ―

（1st 巻締）

1st シーミングロールがシーミングチャックに近づきながら缶蓋カールと缶胴フランジを巻き込む。

（2nd 巻締）

2nd シーミングロールがシーミングチャックに近づきながら巻締部を圧着して，巻締内部の空隙をシーリングコンパウンドで満たして密封する。

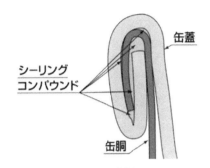

図3　巻締断面

良好な巻締に重要な三要素を図5に示し，それぞれのポイントを述べる。
　①適正なグルーブ（溝）形状を有するシーミングロール図6の適正な圧着力
　②巻締工程中に缶蓋を保持するシーミングチャックの適正な形状と位置
　③巻締工程中に缶胴を保持するリフターの適正な押圧力

また，巻締各部の名称を図7に示す。

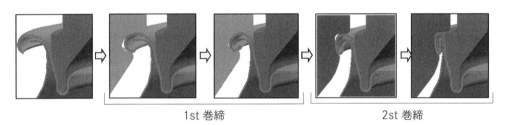

図4　巻締行程

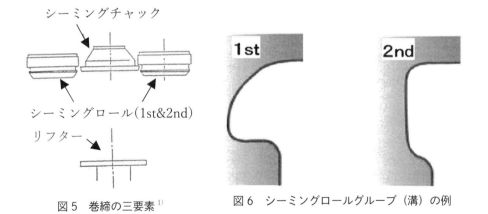

図5　巻締の三要素[1]　　図6　シーミングロールグルーブ（溝）の例

2.1.2　二重巻締寸法に関わる名称（1st 巻締）

1st 巻締の切断面を図8に示す。
- TC（Thickness of Cover）寸法：1st 巻締後の巻締厚み

第5章 充填・密封技術の実際

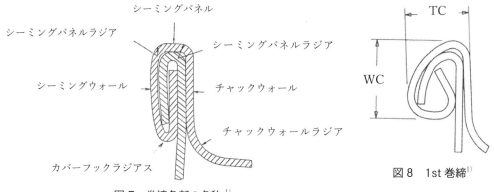

図7 巻締各部の名称[1]

図8 1st 巻締[1]

　TC 寸法は 1st シーミングロールがシーミングチャックに近づく量（寄り量という）を調整することによって適正な状態を得る。
●WC（Width of Cover）寸法：1st 巻締後の巻締幅
　1st シーミングロールのグルーブ（溝）形状により決定されるため，管理できない項目であるが，シーミングロールの誤使用防止やロールグルーブ（溝）の摩耗有無確認に用いる。

2.1.3　二重巻締寸法に関わる名称（2nd 巻締）

　2nd 巻締の切断面を図9に示す。
●T（Seam Thickness）寸法：2nd 巻締後の巻締厚み
　密封性に直接影響する重要項目であるため慎重な判断が必要である。
●W（Width）寸法：2nd 巻締後の巻締幅
　1st & 2nd シーミングロールの寄り調整，リフター押圧力の強弱，缶胴と缶蓋の板厚，シーミングロール高さ，シーミングロール摩耗状態などで変化し，T 寸法が小さくなると W 寸法は大きくなる関係がある

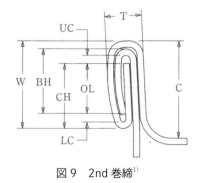

図9 2nd 巻締[1]

●C（Counter Sink Depth）：カウンターシンク
　シーミングパネルからチャックウォールラジアス最深部までの寸法で，シーミングチャック形状やシーミングロールとシーミングチャックの高さ位置関係に依存する。
●CaH（Can Height）：実缶缶高さ（キャンハイト）
　巻締完了後の缶高さで，空缶缶高さ（FiH＝Finished Can Height）より低いもしくは変化がないのが通常である。
●BH（Body Hook）：ボデーフック
　ボデーフックラジアスからボデーフックの先端間の寸法。リフター押圧力の強弱等から影響を受ける。T 寸法同様に密封性に直接影響する重要項目である。

- CH（Cover Hook）：カバーフック

  カバーフックラジアスからカバーフックの先端間の寸法。1st 巻締の巻込み状態により変化し，T 寸法・ボデーフック・カウンターシンクからも影響を受ける。
- OL（Overlap Length）：オーバーラップ

  カバーフックとボデーフックが重なり合った部分の長さ。
- OL%（Percentage Overlap）：オーバーラップパーセント

  巻締内部におけるボデーフック，カバーフックの重なりの割合を表す。図 10 の b に対する a の部分の百分率をいい，次式で表すことができる。

  $$OL\% = \frac{a}{b} \times 100$$
- UC（Upper Clearance）：アッパークリアランス

  ボデーフックラジアス内側とカバーフック先端間の寸法。
- LC（Lower Clearance）：ロワークリアランス

  カバーフックラジアス内側とボデーフック先端間の寸法。ボデーフックから影響を受けるが，大きくても小さくても密封性に影響する。

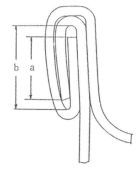

図 10　オーバーラップ関係部分[1]

2.1.4　シーマーのセットアップ

二重巻締を行う機械はシーマーと呼ばれ，缶種・缶型に対応したセットアップが必要である。主なセットアップ項目を下に示す。セットアップ時と生産時では連続運転による機械発熱の影響によって巻締状態が変化する。そのため，通常運転速度にて 30 分程度の暖機運転を実施した後にセットアップおよび巻締状態を確認することが重要である。

- SCH（Seaming Chuck Height）：シーミングチャックハイト　シーミングチャック下面からリフター上面までの距離。
- BPF（Base Plate Force）：ベースプレートフォース　巻締加工を行う際の缶胴把持および所定のボデーフックを得るために巻締加工時に缶を押し上げるリフター押圧力。リフター内部スプリングの圧縮荷重にて調整する。
- VC（Vertical Running Clearance）：バーチカルランニングクリアランス（図 11）シーミングロール上顎部とシーミング

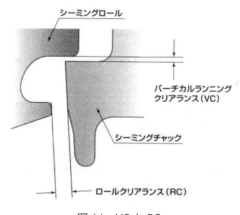

図 11　VC と RC

第5章 充填・密封技術の実際

チャック上端との垂直距離。両者の高さ方向の位置関係が理想的な状態であるかを示す指標である。
● RC（Roll Clearance）：ロールクリアランス（図11）
シーミングロール下顎部とシーミングチャックが最も近づいた位置での両者の距離。TC寸法及びT寸法に直接影響を及ぼす。

2.1.5 二重巻締の検査

巻締検査は，非破壊にて行う外部検査と破壊して行う内部検査に大別される（表2）。外部検査は外部欠陥の観察や，CaH・T寸法・W寸法・C等の巻締の外部寸法を測定することにより，巻締の強さや内部状態を類推するための検査である。一方，内部検査は巻締部をペンチで解体したり，切断して巻締形状の観察や，BH・CH・OL等の巻締内部寸法の測定を行う検査である。

巻締内部の寸法を測定する断面評価では，糸鋸等を利用して巻締部を切断した後に投影機等で投影された断面の状態や各寸法を測定する。1st巻締は，日常生産中は軽視されがちであるが，最終巻締寸法および断面に直接影響するため，定期的に測定評価を行う必要がある。

表2 二重巻締の検査特性項目

検査特性			使用器具
外部検査 （外部測定）	視覚特性	外部欠陥	ルーペ
	計量特性	CaH・T寸法・W寸法・C	ハイトゲージ シーミングマイクロメーター デプスゲージ
内部検査 （内部測定）	視覚特性	内部空隙状態・BH&CH抱合状態・シームタイトネス(CH上のしわのない部分の百分率)	ルーペ
	計量特性	BH・CH・OL・OL%	シーミングマイクロメーター 投影機
耐圧試験			ハンドキャンテスター

2.2 リシール缶の密封技術
2.2.1 密封原理

リシール缶に充填された内容液を長期保存するためには，主に下記4つの性能が必要とされる。
①内容液を外気に触れさせない気密性
②漏洩を防ぐ耐漏洩性
③炭酸飲料等のガスを漏らさない持続耐圧性
④陰圧充填における持続耐減圧性

リシール缶の密封状態模式図を図12に示す。シール材をカール部（缶開口部）に圧着させることにより密封性が発現し，接触界面の密封性はシール長さと圧着力に支配される。炭酸飲

料のガス透過抑制や，シール材を透過する酸素による内容液劣化抑制のためにシール材そのもののガスバリアー性能も重要である。

2.2.2 シーリング

リシール缶の密封はシーリングと呼ばれる。リシール缶は，内面側にシール材が配置されたアルミ製のキャップと，あらかじめネジが成形されたアルミもしくはスチール製の缶胴から構成される。キャップには開栓時に破断するミシン目状のブリッジと呼ばれる箇所が設けられており，Pilfer Proof（盗用防止）の頭文字からPPキャップとも呼ばれる。

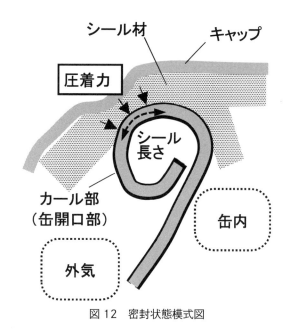

図12　密封状態模式図

シーリングは，プレッシャーブロック・スレッドローラー・スカートローラーによって構成されるシーリングヘッド図13により行われる。シーリングヘッドの各部役割を表3に示す。

プレッシャーブロックでキャップ天面に所定の荷重をかけながらキャップ肩部を絞り成形することで，カール部天面と側面近傍のシール材を圧縮してシールポイントを成形する。その後，スレッドローラーにてキャップ側面に缶ネジに沿ったロッキングポイントを成形，スカートローラーはキャップ裾部を缶のカブラ部に巻き込ませてスカート部を成形し，シーリングは完了する（図14）。

炭酸飲料・窒素充填飲料・レトルト処理飲料など缶内圧が上昇する際にカール部天面のトップシール部が押し上げられ密封性が低下するが，カール部側面のサイドシール部にて密封性を維持することができる。

表3　シーリングヘッド各部役割

プレッシャーブロック	キャップの肩部を絞り成形してシールポイントを成形する部品。プレッシャーブロックにかかる荷重をトップロードといい、トップロードが高すぎるとシール材切れ、低すぎると密封性低下の要因となる。
スレッドローラー	キャップのネジ部を成形する部品。成形荷重が低すぎると空転、高すぎるとネジ切れの要因となる。
スカートローラー	キャップのスカート部を成形する部品。スカートの成形が弱いとキャップ開栓時のブリッジ破断不良、強いとシーリング時のブリッジ破断及び缶のカブラ変形の要因となる。

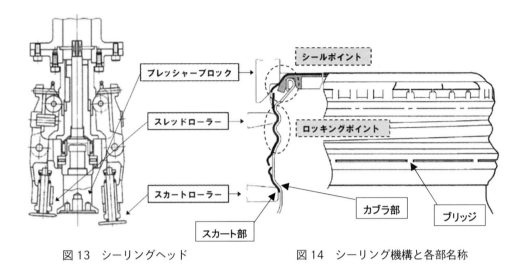

図13 シーリングヘッド　　図14 シーリング機構と各部名称

2.2.3 リシール缶の検査

良好な密封性，開閉栓性，外観性を確保するため，下記が検査項目とされている。

(1) シーリング寸法の測定（ネジ深さ・絞り深さ）

　(i) ネジ深さ

専用ネジ深さゲージで，所定位置のネジ谷深さを測定し，キャップネジ部が所定寸法に成形されているか確認する。

　(ii) 絞り深さ

専用絞り深さゲージで，所定位置の絞り深さを測定し，キャップ肩部が所定寸法に成形されているか確認する。

(2) 開栓トルクの測定（1st・2nd トルク）

トルクメーターで開栓時のトルクを測定し，所定範囲に入っているか確認する。

（1st トルク：開栓時の初動トルク，2nd トルク：ブリッジが破断する時のトルク）

(3) 開栓角度の測定

開栓を始めてからキャップのブリッジが全て切れるまでにキャップが回転した角度を測定し，所定範囲内かを確認する。

(4) リシールトルクの測定

開栓後，再度閉栓する際にかかる抵抗をトルクメーターにて測定。所定の範囲内かを確認する。

(5) 外観検査

ブリッジの破断・ネジ切れ・スカート成形状態等の外観を目視にて確認する。

(6) 耐圧検査

指定内圧未満での液漏れ，キャップ飛びがないこと。

2.3 金属缶の密封における管理手法

生産開始直後と安定時では異なる状態を示すことがあるため，一定時間毎に状態を評価し，管理する必要がある。その原因は，シーマー・キャッパー状態の変化，資材のばらつき，内容液温度のばらつき等で，それぞれが規格内であっても種々条件が重なった場合に状態が変化する場合がある。

日常工程管理で重要なのは，どのような傾向で変化しているのかを把握することであり，このためには得られたデータから傾向を分析する必要がある。決められた範囲内で周期的に変動が繰り返されていれば安定していることを示すが，管理限界に近づく方向へ変化し続ける場合はその原因を探り対策を講じる必要がある。勘や経験だけに頼らず統計的理論を駆使し，客観的に判断することが重要である。

文 献

1) 社団法人日本缶詰協会：缶詰用金属缶と二重巻締【改訂Ⅱ版】，pp.53-117, (1996).

第5章 充填・密封技術の実際

第4節

ガラスビン容器の充填技術

三菱重工機械システム株式会社　安部　貞宏　　三菱重工機械システム株式会社　津尾　篤志

1　序　論

　容器への充填の基本は，飲料と容器内ガスと入れ換えることであり，かつ計量法や酒税法に対応して充填量が正確であることが求められる。さらに，飲料の品質管理の観点からDO（Dissolved Oxygen：溶存O_2ガス）やGV（Gas Volume：含有の溶存CO_2ガス），アルコール度などは，許容範囲に確保することが要求される（飲料の種類によって異なるが）。

　また，充填を制御するフィラ/フィリングバルブ（以下バルブと省略）の構造や充填プロセスは，取り扱う飲料の種類によって異なり，かつ充填量の計量方法によって圧力バランスのメカニズム式（省略：メカ式）と流量計やロードセル等を用いるメカトロ式とに分類される。なお，これらはいずれもガラスビンの充填に適用される。

　充填は水平移動もしくは静止状態の場合もあるが，多量生産を想定すると複数バルブを装着した回転するフィラ（充填機）の中で行うことが一般的である。回転体の中での充填は，遠心力場と言う特異的な環境下で行われるために付随した諸現象があり，それらを含めてのガラスビン（特に断らない限り"容器"と略す）の充填技術を述べる。

2　炭酸飲料とメカ式フィラ/バルブ

2.1　メカ式フィラ/バルブでの充填プロセス

　当社の炭酸飲料用フィラの断面図を図1に示す。

　コンベヤにて供給された容器は，タイミングスクリューにて割り出されて入口スターホイールからフィラチャンバー（以下チャンバーと省略，別名：フィラボウル）の下部に装着のバルブへ送り込まれる。チャンバーの内部は気相部と液相部を有し，取扱いが炭酸飲料（溶存CO_2ガスの含有）のために耐圧構造であり，ドーナツ型もしくはセンタータンク型等の形状をしている（図1は前者の構造）。チャンバーへの飲料の給液は，フィラ中央のロータリジョイントを介して行われ，フロート等にて液位を一定に制御する。飲料が充填された容器はガイドに沿って出口スターホイールへ移送され，クロージャーにて封栓して下流へ送られる。

　代表的なメカ式炭酸飲料用バルブの断面図と充填プロセスを図2に示す。

　飲料の種類によって充填の前工程にガス置換システムが適用されるが，その詳細は4項にて

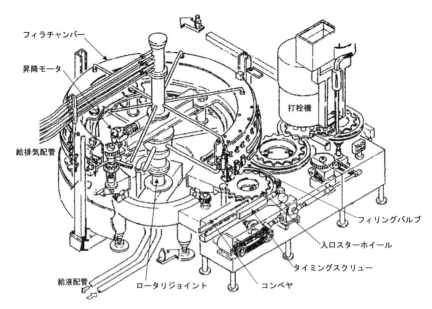

図1　メカ式フィラ断面

記述する。

　フィラでの充填プロセスは，リフトシリンダにて瓶台を上昇させ，容器をセンターリングカップにてガイドしながらバルブへ押し付けシールする。なお，容器の押し付け力は，［瓶口部の面積×カウンタ圧］の引き離し力が作用するため，それ以上となるリフトシリンダの圧力を設定する。

　瓶口のシール後は，充填をグラビティフロー（重力落下）で行うために容器内をチャンバー内（カウンタ圧）と同圧にする（カウンタ工程）。この操作は，チャンバーの外部にあるエレクトロラッチにて作動レバーを回転させ，連動したバルブ上部のチャージングバルブを押し上げ，気相部のガスを中空のリキッドバルブステム-/ベントチューブから容器内へ流出させる。なお，容器内圧力が低い状態では，カウンタ圧＋液面ヘッドと液弁部の面積差の力にて液弁は閉塞した状況を維持する。この機能は，カウンタ工程にて容器が破瓶した際に飲料の流出を防止する機能であり（ガラスは破瓶の可能性），液弁等がフリー（容器がない）状態で常にクローズを維持する。

　液弁開の動作は，昇圧中の容器内圧力がカウンタ圧に近づくとスプリングケージ内のポストスプリング（圧縮）の力が勝り，その力でリキッドバルブステムと付随した液弁が押し上げられて充填が始まる。充填は，液流入に伴ってベントチューブから容器内ガスがチャンバーへリターンすることで継続する。なお，充填を開始したフィラの位置以降にて，カムを用いて作動レバーを中立位置にする。この操作は，充填中の容器が破瓶した際にチャンバーと大気との差圧で液弁とチャージングバルブが閉じ，飲料とガスの流出を防止するためである。

　飲料の容器への流入は，液弁部（サイフォン構造）を経由し，バルブボディの流路からスプレッダにて拡水されて容器内壁に沿って行われる。容器内壁面に沿った流れは容器底及び液面の衝突にて巻込み気泡を発生し，その気泡を液中に浮遊させながら液面が上昇する。

第4節　ガラスビン容器の充填技術

　容器内液面がベントチューブ/ホールへ到達すると，ベントラインの流体が気体から液体となるために急激な充填流量の低下が発生する。しかし，有効ヘッド（図2-H_T）があるため，ベントラインを液が上昇しながら液流入は継続する。液の流入停止は，ベントラインに浸入した液のヘッド：H_Vと有効ヘッド：H_Tが一致した時点である。この充填停止のメカニズムが圧力バランス式である。このようにメカ式バルブでの充填量は，ベントホールの位置すなわち入味線高さで基本的に決まる。

　液流入停止後は，液弁/サイフォン～スプレッダの液が一時的な保持状態から崩れて落下する。この現象をガブ落下といい，ベントホールはその落下液量にて塞がり，巻込み気泡の浮上に伴った液面低下でも気相部に晒されない状況としている。なお，ベントホールが気相部に晒されるとガスがベントホールから抜けて充填量が不安定となるため，充填は巻込み気泡量＜ガブ液量であることが必要となる。

　このガブ落下時間に加え，液中の気泡の上昇およびスニフトでのフォーミング抑制を目的とした安定（ホールド）時間を設けた後に，クローザカムにて作動レバーを操作して液弁を閉じる。スニフト工程はクローザカムにて液弁を押さえ込んだ状態とし，バルブ前面にあるスニフトボタンをカムにて押して容器内のガスを大気に放出する。なお，スニフト開始は，クローザカムにて液弁やチャージングバルブが確実に閉であることが必要であ

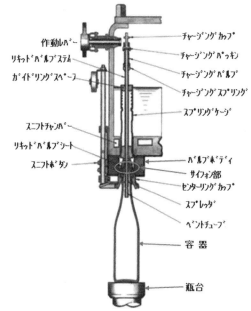

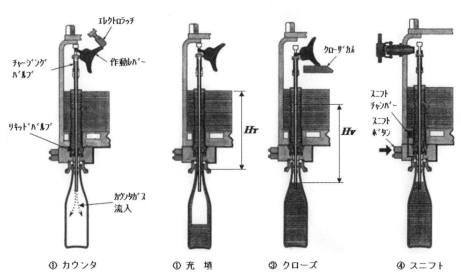

図2　ガス飲料用メカ式バルブの構造と充填プロセス

る（液やガスの漏れがフォーミングを増大させる）。また、ベントラインに浸入した液は、容器内圧力の低下に伴って上方空寸部の膨張（Expansion）で押し出される。この現象をスニフトジェットと称し、フォーミング（クリーミな泡立ち）と密接に関係するために後述する。

2.2 ガラスビンでの充填の諸現象
2.2.1 容器の内形状とスプレッダ位置、充填流量

ガラスビンの製造は一般的にブロー成形法（高圧空気による溶融ガラスの金型への押し付け）であるため、外形が寸法通りに仕上がるものの内形状が成り行きとなって

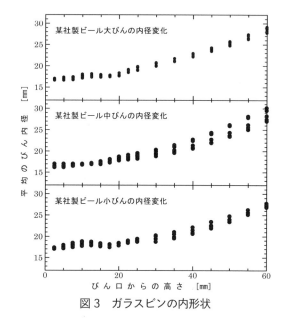
図3　ガラスビンの内形状

いる。特に製造ロット等が異なった場合は、内形状が変化する可能性が高くなる。ただし、計量法や酒税法にて特殊容器と呼ばれている容器は、内容積として保障されている。

メカ式バルブでの充填状況は容器の内形状と密接に関係するため、その調査と充填試験を行って対応することが必要である。ここに代表的な例として、ビール瓶（大、中、小びん）での調査結果を図3に示す。

この結果からわかるように容器の内径は、瓶口部で最も小さくて下方になるほど大きくなるが、さらに下方では一旦小さくなってから次第に大きくなる方向で変化する。この内径が一次的に大きくなるところがカブラと言われるガラスの肉厚の箇所で、製造時での熱収縮によるものと考えられる。

このような瓶内形状に対して安定した充填を行うためには、スプレッダの位置や形状が重要であり、関与する要因の1つとして充填流量が挙げられる。

バルブでの充填流量は、ベルヌーイの式から一般的に次式で表される。

$$Q_L = \frac{A_S}{\sqrt{\zeta_S + \zeta_L \times (A_S/A_L)^2 + \zeta_V \times (A_S/A_V)^2 \times (\rho_G/\rho_L)}} \times \sqrt{2 \times H_T/10} \tag{1}$$

式（1）からわかるように充填流量はスプレッダ部の開口面積で変化するため、スプレッダの位置によって気泡の巻込み等の充填状況が変化することになる。それ故に、最適なスプレッダ位置を選択するためには、上記した容器の内形状に関する情報が重要となる。

2.2.2 充填流量と気泡の巻込み

メカ式バルブは、前述したように充填量を入味線高さで計量しているため、液面のベントホール到達時に気泡が巻込まれていると、その気泡容積に相当する高さ分が減少することなる。このような充填流量と巻込み気泡量の関係は、当社にて水を用いたモデル実験を行ってお

り，その結果を図4に示す。この図から充填流量に対応した巻込み気泡量は，2次曲線的に増加することがわかる。

充填流量に対する巻込み気泡の増加は，充填量の減少以外に入味線高さ精度の悪化やフォーミングの増加に繋がる。なお，ここでのフォーミング現象は，スニフト工程にて内部発生する気泡（CO_2ガスリッチ）を示し，液の流れにて巻き込まれる大きな気泡と区別する。

2.2.3 容器壁とスプレッダ部での挙動

容器とスプレッダ部での隙間諸元は充填流量以外にも適正化が重要で，液弁開時での液流れ初めと充填終了のガブ落下を考えておく必要がある。その状況を図5にて説明する。液弁部がサイフォン構造のために開弁直後の過渡期での流れは，その遠心力でベントチューブ側に偏ったものとなり，スプレッダ部の隙間Sが大きいと瓶壁に沿わずに流下する場合がある（図5①の矢印）。その後，完全に開弁して流れが瓶壁に沿えば正常な充填に移行するが，瓶壁に沿わない状態でベントホールに到達すると，リターンガスと共に液が混入することになり，充填流量が脈動して正常な充填

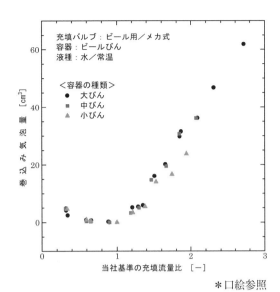

図4 充填流量と巻込み気泡量

＊口絵参照

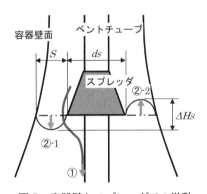

図5 容器壁とスプレッダでの挙動

が不可となる。この状況は片流れ現象と称し，充填流量の低下による充填量不足に至る。また，片流れ現象が発生しなくても容器壁面に沿わない場合は，液流が液面に直接衝突するために巻込み気泡が増加し，同様に充填量不足の不具合が発生する。

一方隙間が狭過ぎる場合は，充填の終了時にてガブ落下しないもしくは落下時間の遅れが発生する。このガブ落下の遅れ現象が発生すると，スニフト工程にてバルブボディ（図2）に設けてあるスニフトボタンを介してガブ内の一部の液が機外に排出され，充填量不足等の不具合が生じる。

ガブ落下現象は，液の表面張力と隙間で生じる保持力に対して，フィラ回転での遠心力等にてバランスを崩すことで生じる。そのメカニズムは，充填が停止した直後でのスプレッダ部の気液界面が図5（隙間の左側をフィラの外，右側を内と表現）の2点鎖線の水平状態であるが，フィラ中心からの距離差と遠心力によって図の左右にてヘッド差：ΔHsが生じる。容器内気相部の圧力は隙間の左右とも同じであるため，外側隙間にて液が落下方向（②-1），内側

隙間にてガスが上昇方向（②-2）の気液界面の曲率を生じる。液の保持力は，気液界面の曲率にて生じる界面力（毛細管現象）であり，ガブ落下を防止する方向に作用する。

このことを数式で表すと下記となる。

液の表面張力と隙間による液の保持力（内と外の合計）は，

$$\Delta P_\sigma = 4 \times 10^{-4} \times \sigma_L / S \tag{2}$$

式（2）での ΔP_σ が左右隙間のヘッド差 ΔH_S（図5）より大きいと，液保持されてガブ落下しないことになる。すなわち，σ_L が大きくて S が狭いほどガブ落下しにくくなるため，当社では実験や経験を通してスプレッダの諸元を選定している。スプレッダ部でのバランスの崩れは遠心力のみではなく，ガラスビンの変形や容器のセンターリング状況での隙間の差からでも起こる。

2.2.4 充填終了後のホールド時間と気泡の浮上速度

充填終了後のホールド時間は，種々の観点から重要な意味を持っている。たとえば，上記したガブ落下の時間であり，巻込まれた気泡の浮上時間や液の安定時間でもある。ここでは気泡の浮上時間を考え，フォーミングと密接に関係する液の安定時間を次項で記述する。

巻込み気泡の浮上時間の必要性は，スニフトでの圧力変化の容積膨張にある。たとえば，液中に浮遊している状態でスニフトすると気泡は，圧力変化の膨張で容積増加するために浮上速度が増加し，気泡ポンプの作用にて液を押し上げてスニフトボタンから液を排出する。このような状況は充填量の欠減やスニフト時間の不足（フォーミングの増加）等に繋がる。気泡の浮上速度は，気泡の大きさや飲料の粘性によって異なり，文献[1]から参考として図6に示す。

2.2.5 スニフトでのフォーミング現象

スニフトにて容器内圧力を大気に開放すると，液中から 1mmφ 前後の細かい気泡が生成/成長して浮上する。この泡の生成状況から，上記での巻込み気泡と区別してフォーミングと称し，その泡をクリーミフォームと言う。なお，この泡が容器から溢れると，巻込み気泡と異なって含有液量が多いために充填量の欠減や瓶口の汚染等の不具合に繋がる。

充填でのフォーミング現象は気泡キャビテーションと言われ，充填中に生成した微細気泡（0.1〜0.2mmφ 以下）が起因する現象である。すなわち，スニフトにて容器内圧力が低下すると飲料中の含有 CO_2 ガス（GV 値）が過飽和となり，微細気泡へ CO_2 ガスが放出した結果が成長となる。仮

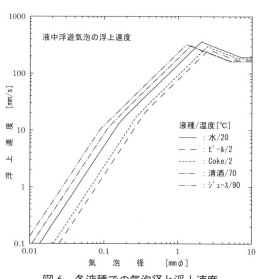

図6 各液種での気泡径と浮上速度

に液中に微細気泡がない場合は、フォーミング現象が発生しない。

このことを明確に示す事象は、炭酸飲料の容器を振とうした際に経験できる。たとえば、容器の振とう直後に開栓すると爆発的に泡が噴出するが、数分静置すれば泡が吹き出すことなく開栓できる。すなわち、容器の振とう操作にて微細気泡が多数生成したため、直後の開栓にて爆発的なフォーミングとなる。しかし、圧力が維持された状態にて静置すると、微細気泡内のCO_2ガスは再溶解して消滅するためにフォーミングしない。

このようにフォーミング現象は、充填中に微細気泡の生成と消滅が行われ、残留したものがスニフトにて成長する。ただし、スニフトにて新たに微細気泡が生成する場合があるが、その状況は後述する。このように生成した微細気泡の挙動は、理論式から定性的に説明できる。

微細気泡の気液界面でのガスの移動速度は、溶存ガスの濃度変化から次式で表される。

$$dC/dt = Kol \times a_L \times (C^* - C) \tag{3}$$

式（3）においてガスの移動は、正ならば吸収（消滅）、負ならば放出（成長）となる。なお、充填中のカウンタ圧を高くしている理由は、生成した微細気泡の周囲圧力をGV値の平衡圧以上（$C^*>C$/不飽和）にして消滅させるためである（数の減少）。また、容器内を大気開放すると周囲圧力がGV値の平衡圧以下（$C^*<C$/過飽和）となるため、微細気泡は成長する。

以上から微細気泡数の消滅にてフォーミングを抑制する要因の1つはカウンタ圧であるが、むやみに高く設定すると別な問題（(3)項）が発生するため、当社ではGV値の平衡圧＋0.1〜0.15MPaを推奨している。また、もう1つの要因はガス分圧（CO_2ガス濃度×カウンタの絶対圧）でわかるように、微細気泡内のCO_2ガス濃度も消滅の大きな要因である。これは、CO_2ガスのヘンリー定数が空気の1/56倍（O_2が1/33倍、N_2が1/68倍/水の場合）であるため、微細気泡内のCO_2ガス濃度（ガス分圧）が高いと消滅速度が増加して残留数が減少する。それ故に、後述する充填前の容器内ガス置換の操作は、フォーミングの抑制に効果がある。

次にスニフトでの微細気泡の成長を促す要因は、第1が上記から飲料のGV値であることが理解できる。また、液温を高くするとヘンリー定数が高くなるため、C^*が小さくなって上記と同様に成長を促進する。これがアンビエント（常温）充填にて、フォーミングが増加する原因である。

さらに、微細気泡が浮遊する深さも成長に寄与する。たとえば、ビールのような泡の安定性の高い飲料で確認できるが、浮上した泡の層を観察すると上層部が小さく、液面に近づくほど大きな構成となっている。すなわち、泡の上層部は浮上時間が短い液面近傍のもので成長度が低く、下層部は底から浮上に時間を掛けて大きく成長した微細気泡である。ここでの詳細な説明は省略するが、筆者らの理論計算によっても微細気泡の成長度合に液中深さが関与することを確認している。

また、フォーミングの多寡は、泡の安定性も考慮しておかなければならない。たとえば、水のように不純物が少ない液体は、成長してクリーミフォームとなっても液面上に浮上すると、直ぐに破泡して泡の形が維持できない。このような飲料の場合は、フォーミング現象を考える必要がない。泡の安定性は、筆者らの調査によると飲料中にタンパク質等の界面活性物質（疎水基と親水基を有する分子構造）を多く含む飲料ほど高くなることが判明している。これは、

第5章 充填・密封技術の実際

石鹸水のように泡の気液界面に飲料中の界面活性物質が吸着するからである。
　以上のように充填でのフォーミング現象は，微細気泡の生成数・消滅・成長及び泡の安定性を考える必要がある。
　次に充填での微細気泡の生成要因を説明する。
　メカ式バルブでの微細気泡の生成要因は，下記の3つが挙げられる。

(1) タネまき
　カウンタ工程において，高圧ガス通路のベントラインに付着液があるため，ガスと共に噴射されてカウンタガスを取り込んだ微細気泡が生成する。この微細気泡の生成状況からタネまきと称している。
　標準の充填条件での付着液程度ではタネまきがフォーミング過多に繋がらないが，チャンバーの液位を高くすると充填終了でのベントライン内の液位も同様に高くなる。その結果，スニフトでのベントライン内の膨張容積が少なくなり，押し出し不足で液が残留することになる。この状態で次の充填を行うと，当然ながらタネまきが増加してフォーミング過多に至る。
　ただし，筆者らの実験によると付着液が水の場合は，タネまきしてもフォーミングに繋がらないことを確認している。この原因は，水の物性/表面張力が大であるために微細な気泡が生成できないか，生成しても直ぐに破泡して消滅すると推定している（水の泡に安定性がない）。このことは，付着液によるフォーミングが過多である場合に，ベントホール近傍を水洗いすることが有効な抑制方法となることを示している。

(2) 巻込み気泡の細分化
　炭酸飲料の充填試験を行うと，巻込み気泡（2.2.2項）と同様に充填流量に伴ってフォーミング量が増加することがわかる。恐らくは，通常の気泡巻込みに伴って，細分化した微細気泡も生成していると推定される。
　この気泡の細分化には飲料物性（表面張力や粘度）が関与するため，GV値以外でも飲料の種類によってフォーミング状況が異なることとなる。

(3) スニフトジェット
　スニフトジェットとは，圧力バランスでベントライン内に浸入した液が，スニフトの圧力低下に伴って押し出される状況がジェット流であることからの命名である（空寸部の膨張）。
　このジェット流が強（速）過ぎると，キャビテーション現象にて微細気泡を生成するためにフォーミング増加に繋がる。それを防止するためにスニフトは，ガス通路に絞りピンを設けて容器内排出ガスの速度を調整している。ただし，スニフトガス通路に多くの液が混入してスニフト時間不足の状況が生じると，容器内圧力が高いまま瓶台が降下（瓶口シールの開放）すると急激な圧力低下となり，強いスニフトジェットが発生するので注意が必要である（残圧スニフト現象）。また，スニフトジェットは，ベントライン内の気相膨張容積を大きくしても強くなるため，(1)項の残留液と同様にチャンバーの液位を標準に保つことが必要である。
　上記の(1)と(2)項での微細気泡の元となるガスを知るため，筆者らがカウンタにHeガ

ス（N_2ガス混入による誤差防止）を用いた充填を行い，発生したクリーミフォーム内のガス組成を分析した。この結果によると十分な精度でHeガスが検出でき，微細気泡中に周囲ガスを取り込んでいることが証明できた。

このことからも，フォーミング抑制に充填前でのガス置換が有効であると言える。

3 メカトロ式フィラ/バルブ

3.1 ガラス瓶とメカトロ式フィラ/バルブ

メカトロ式フィラ/バルブの充填プロセスは，充填量の決定方式が異なってカウンタや充填やスニフトの工程等に制御弁を用いている以外は基本的にメカ式と変わらない。なお，充填量の計量手段としては電磁流量計やロードセルなどが用いられるが，対象飲料によって計量手段が異なる。例えば，ロードセル式は無炭酸飲料（大気圧下での充填）のみに限定されるが，電磁流量計式は炭酸・無炭酸飲料のいずれでも対応可能であるために多様性がある。

ただし，スプレッダレス（ベントチューブレス）であるためにメカ式と比較して下記の有利な点がある。なお，図7に当社の電磁流量計式バルブの断面図を示すが，スプレッダレスとはノズルからの噴流を自由落下させる充填方法である。

①充填量は計量するため，巻込み気泡による減量及び変動の影響がない。また，充填量の設定が外部で可能であるため，容器への多様性が高くなる（メカ式の場合はベントチューブの交換で対応）。

②スプレッダレスであるため，容器内形状による充填流量への影響がない。また，容器内へ挿入する部品がないため，容器の昇降機構（リフトシリンダ）が不要で安定化する。ただし，センターリングカップの昇降装置が必要。

③バルブ内にスプリング等の作動部品がないため，構造がシンプル化して洗浄性が良い。

④バルブ個々に液弁開閉シリンダやカウンタ弁やスニフト弁等にて制御しているため，フィラ周りが簡素化（カム等が不要）すると共に自由に時間制御できる。

⑤ベントチューブレスであるため，フォーミング要因の付着液のタネまきやスニフトジェットがない。

上記にてメカトロ式の利点を列記しているが，ガラス瓶に適用する場合での課題は，定位充填ではなく定量充填にある。す

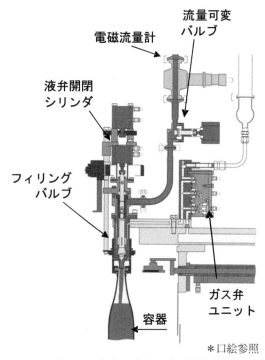

*口絵参照

図7　メカトロ式バルブの断面図

なわち，計量法および酒税法にて規定してある特殊容器への適用が難しい。なお，特殊容器とは，ビール瓶や一升瓶などの「丸正びん」と一般的に呼ばれているガラス瓶で，それぞれ入味線高さで規制されている。

当社にてメカトロ式フィラの特殊容器への適用を考え，某社の市場流通ビール瓶を集めて定量充填した際の入味線高さ（びん底から）のばらつき（σ：標準偏差）を調査した結果が下記である。

　　大びん：2.17mm/中びん：2.04mm/小びん：2.03mm

当社のメカ式バルブでの入味線高さの精度は，σ＝1.0〜1.5mmであることから入味線による管理が困難である。このように特殊容器にて定量充填での入味線高さばらつきが大きくなっている原因は，複数のガラス瓶の製造メーカおよび製造ロットが混在しているからと考えている。

ただし，電磁流量計での充填量の精度はσ＝0.5ml前後であり，十分な精度を有しているため，プライベート瓶（ワンウェイ瓶）での製造に適用している。プライベート瓶の場合は，同一の製造メーカ/製造ロットであることから定量充填での入味線高さのばらつきが小さく安定しているため，入味線管理が可能である。

3.2　スプレッダレス充填での気泡巻込み

スプレッダレス充填のように，液流が液面へ衝突する際の巻込み気泡の実験・研究が文献[2]で示されている。この文献での乱れの定義は次式で表し，乱れが小さいほど巻込み気泡が減少する結果となっている。

$$\varepsilon = \sqrt{\Delta U / U_{ave}} \times 100 \tag{4}$$

筆者らは文献の内容を確認するため，熱線流速計を用いて流速と乱れ度の測定を行うと共に，相対的な比較データとして，一定の高さから落下した際での巻込み気泡の限界流量を調査した。なお，気泡巻込み限界流量とは，静止液面状態にて巻込み気泡がない状態から徐々に流量を増加させ，気泡巻込みが発生する流量を求めたものである。

文献からの乱れ度ε＝1と5％の試算値，およびスプレッダレス式バルブ・モデルおよびスプレッダ・メカ式バルブにおける気泡巻込み限界流量の試験結果を図8に示す。なお，メカ式バルブでの乱れ度は3〜4％が実験で得られている。

この結果からするとスプレッダレス式バルブは，文献値ε＝1％よりも劣るものの5％より気泡巻込み限界流量が良好な状況にある。また，メカ式バルブと比較するとスプレッダ式バルブ・モデルは，巻込み気

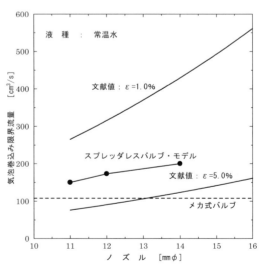

図8　スプレッダレス式バルブおよび文献の気泡巻込み限界流量

泡限界流量の点からかなり有利となっている。

このようにスプレッダレス式バルブの場合は，構造がシンプル（メカ式バルブでのサイフォン部がない）であるために乱れ度も小さくなると考えられ，容器の形状による充填流量への影響を受けにくい故にメカトロ式バルブをスプレッダレス構造としている，ただし，噴流が容器底に衝突する際の気泡巻込みがあるため，その抑制手段として充填流量を低速/高速と可変するバルブも用意している。

4 容器でのガス置換システム

ガス置換のシステムは，主にビール等の炭酸飲料での充填に適用する技術で，飲料充填の前処理プロセスとして容器内の空気（対象は O_2）を CO_2 等の不活性ガスにて置き換えるものである。その目的は，充填中での飲料への O_2 吸収の低減や CO_2 ガスを用いての GV 低下（ドロップ）とフォーミングの抑制にある。ただし，不活性の N_2 ガスを用いる場合は，2.2.5 項で記述したようにヘンリー定数が高いため，GV 低下やフォーミングの抑制効果がないので注意が必要である。また，O_2 吸収でのガス置換システムに関しては，筆者らの論文[3][4]があるために詳細を省略する。

ガス置換システムの分類は，論文より抽出した図9で表される。この中で狭義のガス置換法（ノンシール方式とシール方式）は，大気圧状態にて不活性ガスを吹き込む方法で，缶やPETボトルのような軟弱容器に適用する。また，ガラス瓶のように頑丈な容器は，真空ポンプで負圧にしても変形しないので真空吸引法（Preevacuation/省略：プリエバ）が適用される。なお，試算によるとガス置換率と CO_2 ガスの消費量からすると，真空吸引法が最も効率的である。

また，フォーミング抑制を主体とする場合は，真空ポンプを用いずガラス瓶に陽圧プリエバ法を適用する場合がある。この方法はメカトロ式フィラに適用可能で，容器内にて加圧（カウンタ）と大気開放を複数回繰返すシステムで，当社にて陽圧プリエバ法と命名している。な

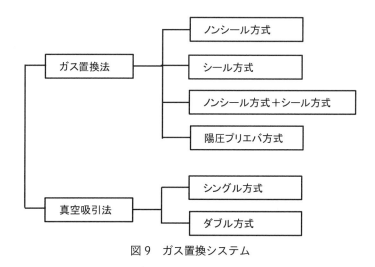

図9 ガス置換システム

お，陽圧プリエバ法の運用は，ガラス瓶のように口部面積が小さい容器では，狭義のガス置換法を用いるとガスの流入/流出にて干渉して置換効率が低下するからである．

5 まとめ

(1) ガラス瓶の内形状は変化に富んでいるため，メカ式バルブでの充填ではスプレッダの位置や径などの諸元を最適に選定することが必要である．
(2) 特に瓶内径が変動する位置にスプレッダを設定すると，巻込み気泡が変化するので入味線高さの精度を悪化させる可能性があるので注意が必要である．
(3) メカ式フィラ/バルブでのチャンバーの設定液位は，炭酸飲料でのフォーミングの増加へ関与するために注意が必要である．
(4) フォーミングの抑制手段としては，容器内を CO_2 ガスで置換することが有効である．
(5) メカトロ式フィラに計量法及び酒税法での特殊容器を適用することは，ガラス瓶の内容積ばらつきが大きいために入味線高さ管理の点から難しい．ただし，プライベート瓶は問題なく適用されている．

記号と単位

A_A：気液相の接触面積 [cm^2]
A_L：液流路の代表面積 [cm^2]
A_S：スプレッダ部の開口面積 [cm^2]
A_V：ベントのガス通路の代表面積 [cm^2]
$a_L = A_A/V_L$：単位液量当りの気液相の接触面積 [cm^{-1}]
C：液相溶解ガスの濃度 [Ncm^3/cm^3]
$C^* = P^*/H$：ガス分圧と平衡な溶解ガス濃度 [Ncm^3/cm^3]
H：溶解ガスのヘンリー定数 [$kPa \cdot cm^3/Ncm^3$]
H_T：有効ヘッド（フィラチャンバー〜スプレッダ部の高さ）[Pa]
Kol：物質移動係数 [cm/s]

P^*：ガス分圧 [kPa]
ΔP_σ：表面張力による液保持力 [Pa]
Q_L：充填流量 [cm^3/s]
S：容器壁面とスプレッダの隙間 [cm]
t：時間 [sec]
U_{ave}：平均流速 [cm/s]
ΔU：流速変動の平均値 [cm/s]
V_L：液容積 [cm^3]
ε：流れの乱れ度 [%]
ζ_L：液流路の圧損係数 [−]
ζ_V：ベントのガス通路の圧損係数 [−]
$\zeta_S = 1$：スプレッダ部の吐出損失 [−]
σ_L：液の表面張力 [N/cm]

文 献

1) 赤川浩爾：気液二相流，コロナ社
2) E.J.Mckeogh and E.M.Elsawy：Air retained in pool by plunging water jet, *Journal of Hydraulics Dvision*, P1577（1980.10）．
3) 安部貞宏，峯元雅樹，中村末茂，村尾和則：ビール充てん中の O_2（酸素）吸収に関する研究，三菱重工技報，Vol.22, No.4,（1985.7）．
4) 安部貞宏，古賀昭彦，山口幸男，田宮世紀：充てん飲料の溶存酸素の低減，三菱重工技報，Vol.27, No.3,（1990.5）．

第5章　充填・密封技術の実際

第5節
紙容器成形充填機のしくみ

日本製紙株式会社　田中　淳

1　はじめに

　本稿では冷蔵流通品の製品を充填するチルド紙容器の充填機の構造，工程について紹介する。1960年代，屋根型紙容器が日本で使われ始めた頃の充填機は容器発祥の地，アメリカで製造され日本へ輸入されたが，やがて国産の充填機が作られてからはほとんどが国産の充填機に置き換わった。いまでは日本の充填機が世界中で使われている。充填機の機能や仕様は長い年月を経て，使用される現場やそれを調整するメンテナンスサービスエンジニアの意見や要望で育てられた。

2　製造システムの違い

　紙容器の製造システムは大別するとチルド製品とアセプティック製品に分けられる。その他ホット充填製品もあるが，ここではチルド製品を充填する充填機を主体に説明する。

2.1　チルド流通製品

　牛乳，ジュースなどのチルド（7～10℃）で流通される製品。消費期限はクリーンエアを搭載した充填機で3日前後～，ESL充填機で14日前後と設定されている場合が多い。海外では冷蔵流通温度4～7℃とさらに低く消費期限は，日本より2倍近く期間が長く設定されている。チルド流通製品の中でもESL（Extended Shelf Life）製品は，チルド充填機に容器殺菌装置（紫外線，過酸化水素等），HEPA（清浄空気）などを装備し，充填環境の衛生性を向上させた充填システムである。

2.2　アセプティック製品

　チルド充填機とは異なり，アセプティック製品は外気と隔離された無菌充填環境下で容器成形前に殺菌し，充填，シールする充填システム。常温流通が可能でゲーブルトップ（屋根型）とレンガ型がある。容器の仕様，形状の他，容器殺菌装置や充填機装置の滅菌方法が異なり，管理方法もチルド製品よりレベルが高くなる。

2.3 ホット充填製品

充填物の充填温度（例 85℃以上，3分間）によって容器内面を殺菌する充填システム。安価に常温流通可能品を提供することが可能で，主に業務用の糖分の多いシロップや高酸性飲料で使用される場合が多い。アルミ積層包材を使用し，充填後にコンベア上で容器を一定時間転倒させ容器内面に高温の充填物を行き渡らせてから，冷却シャワートンネルにて冷却する工程となる。消費期限は1年前後と長い。

2.4 ESL充填システム

ESL は Extended Shelf Life の略で，製品の賞味期限の延長という意味。具体的には，従来のチルド商品に比べて製品に含まれる菌数を減少させ，変質や腐敗に対する耐久力を向上させている商品のことを指す。充填機単体では ESL は実現できない。原料に含まれる菌数を減らすことや，液処理設備，配管，機器洗浄性・殺菌性のレベルを，これまでのものに比べて向上させる必要がある。さらにタンクやバルブなどにはアセプティックレベルの品質を要求することもある。ESL に対応した充填機では，チルド充填機より高いサニタリー性に加え，容器殺菌装置やクリーンエア供給を備えたものが ESL 充填機として認識されている。

3 充填機の構造

3.1 概 要

ビンや缶の充填機はあらかじめ形となっている容器に連続的に充填する。一方で紙パック充填機は，折り畳まれた紙容器を容器の形に成形しながら充填するのが特徴。そのためひとつ1つの工程をこなす間欠運転方式が採用されている。紙パックを成形しシールするには紙パック表面を熱風で加熱，折る，形作る，圧着，冷却，充填，シールといった工程がある（図1，図2）。

3.2 容量サイズ

紙パックの容量サイズは底部の底辺サイズが一定で高さを変更することでさまざまな容量に対応している。充填機では，そのサイズに対応するために，カートンマガジン部のピッカー爪高さ，容器の底部を支えるレールの高さをスライドしてサイズ変更を行う。

3.3 充填機の能力，搬送方式

ボトム成形された容器を充填工程に搬送する手段としてポケットのついたコンベアを使用する。ステンレス製のチェーンに容器の底辺サイズに合わせたステンレス製のポケットが接続された形状で，チェーンをスプロケットで間欠的に回転させて容器を前進させて搬送させる。基本的な組み合わせは，コンベアが1列のシングルラインで，容器を1本ずつ搬送するシングルインデックス。この組み合わせを増やす事で能力を増やすことができる（表1）。

第5節 紙容器成形充填機のしくみ

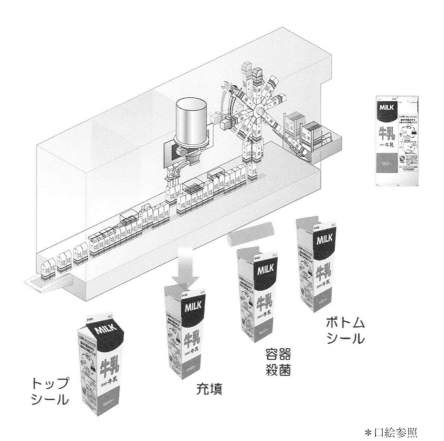

*口絵参照

図1 充填機の概要—容器成形充填機

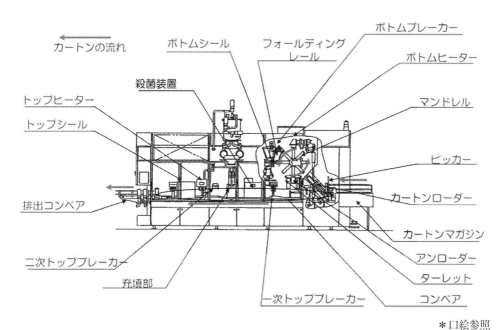

*口絵参照

図2 充填機の構造と各部位名称

表1 充填機の能力 （例）

充填機能力 例	列　数	インデックス数	メーカー規模	内容物
3,000 本/時	シングルライン	シングルインデックス	小規模	牛乳、クリーム、果汁
7,000 本/時	シングルライン	ダブルインデックス	大、中規模	牛乳、果汁
14,000 本/時	ダブルライン	ダブルインデックス	大、中規模	牛乳
24,000 本/時	ダブルライン	トリプルインデックス	大、中規模	学校牛乳（ミニ）

4　充填機の各部位の説明

(1) カートンマガジン

折りたたまれたカートンを積載し供給する部位．それぞれの列にカートンを縦に置き，充填機の供給指示に合わせてカートンの自重やプッシャーにより，少しずつ前に押し出して，次工程のカートンピッカーへ送り出す．

(2) カートンピッカー

折りたたまれたカートンをバキュームカップで吸い付け，マガジンから取り出し，四角形の筒状に開く工程．カートンマガジンからの取り出し口の上下に爪がついており，カートンを筒状に開く．

(3) カートンローダー

ピッカーで四角の筒状に開かれたカートンを，プッシャーでマンドレルへ挿入する工程．プッシャーの駆動は，大きく分けてベルトタイプとスライダータイプがあり，近年は挿入安定性の高いスライダータイプが主流になっている．

(4) マンドレル

ボトム成形をするために，熱溶融（ボトムヒーター），仮折り（ボトムブレーカー），ボトムシール工程，そしてコンベアへ（アンローダー）移送する回転部品で，マンドレルという．四角柱形状にボトム成形するための四角柱ブロックが8本，間欠運転で回転する．以前は胴部には表面に耐腐食加工したアルミブロック，プレスする面はステンレスの部品を組み合わせて使用していたが，最近の機種では溶接加工でステンレスの一体物の部品となっている（図3）．アルミ製のマンドレルは冷却のた

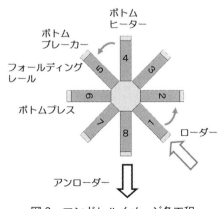

図3　マンドレルイメージ各工程

めの通水経路が設けられているが，適切なメンテナンスを行わないと通水経路が詰まり，マンドレルの温度上昇が発生し，容器表面のポリエチレン表面がくっついてしまう問題があった。新しいステンレス製のマンドレルは中空構造で詰まりが発生せず，溶接により部品接合部の隙間がない構造で，マンドレルの衛生性と冷却効果，メンテナンス性が向上している。

(5) ボトムヒーター

電気ヒーターの熱風によってカートンボトムパネルのポリエチレン表面を溶融する。ヒーターノズルはシールする部分のみを選択的に加熱させるためにパターン化された穴があけられている。カートンがマンドレルによって回転移送されヒーター位置（垂直）に，停止した際，ヒーターが下降し，カートンパネル表面を加熱する。ヒーター停止時や緊急停止時はヒーターOFFと共にカートンから離れ，火災などの二次リスクを防ぐ。

(6) ボトム成形

紙を折り返した部分や貼り合わせの部分には紙の厚みの段差がある。この部分のシールには溶融したポリエチレンが溶け込み密閉するが，確実に段差を潰して液体の通り道を塞ぐ技術としてエンボス，ダム，ステークピンと呼ばれる突起をボトムプレスに設け，局所的に圧力をかけて液体の通過を遮断する。紙容器のシール性を確認するには界面活性剤と染料を混ぜ合わせた浸透液を使用し，成形後のシール性に問題がないかを確認する。

(7) 一次トップブレーカー

屋根部の罫線（折り線）に沿って仮折りする機構。ボトム成形後の容器を所定位置まで押し込む役目も果たす。

(8) 容器殺菌装置

充填機には容器取り扱い上で発生する二次的汚染リスクを低減して保存期間が延長させる工夫をしている。その1つは紙パック内面に作用する殺菌装置である。

(イ) 紫外線殺菌

内面を殺菌する手段はさまざまであるが，もっとも多く使われているのは紫外線による表面殺菌装置である。ボトム成形後の紙パックの上部から照射される紫外線は，直接的また間接的に容器内面で乱反射して殺菌効果を得る。一般的なランプ型紫外線表面殺菌に使用される殺菌波長帯は254nmでUV-C域。蛍光灯の形をした低圧タイプから，高出力タイプのランプが使われるがどちらも目的に合わせて選択される。紫外線は菌のDNAを損傷して菌を死滅させる。照射強度と照射時間の組み合わせで殺菌する。最近ではランプに代わって深紫外線LEDのユニットが採用されている。どちらも紫外線光を利用しているため影になっているところには殺菌効果が減少する，そのため紫外線光照射位置や反射ミラーの曲率などを工夫して殺菌効率を高めている。一般的な紫外線ランプの寿命は1500〜3000Hであるが徐々に照度が減衰するので，管理として定期的に照度測定とランプ交換が必要になる。

(ロ) 過酸化水素殺菌

紫外線の他に使用される容器殺菌装置としては，容器殺菌剤に過酸化水素（H_2O_2）を利用したものがある。過酸化水素は多くの食品包装機械の容器殺菌用途に使われ，食品添加物でもある。具体的には35％濃度の過酸化水素水を熱源によってガス化し容器内に噴霧，一定時間定着させた後，熱風で乾燥し，容器内を殺菌する（図4）。過酸化水素水の濃度はその用途や目的に合わせて低濃度で使用される場合もある。また紫外線との併用によるラジカル反応で殺菌効果が向上するため，低濃度1.0〜2.0％の過酸化水素水と紫外線，熱風を組み合わせた装置も使われる（表2）。日本の食品衛生法では過酸化水素は，最終食品の完成前に過酸化水素を分解し，または除去しなければならないと定義されており，殺菌装置もその規制に合わせた設計となっている。

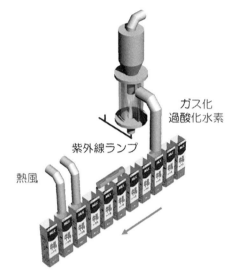

図4　容器殺菌装置イメージ

表2　カートン殺菌装置—構成例

カートン殺菌装置 構成例
ガス化35％H_2O_2
ガス化2％H_2O_2 ＋高圧水銀ランプ ＋熱風乾燥ヒーター
高圧水銀ランプ（1.6kW×1灯式）
噴霧0.1％H_2O_2 ＋低圧UVランプ
低圧紫外線ランプ（100W×3灯式）

＊高圧水銀ランプ（殺菌紫外線波長帯を含む）

（効果　高↑）

(9) 二次トップブレーカー

充填後に再度屋根部の罫線（折り線）に沿って仮折りする機構

(10) トップヒーター

ボトムヒーターと同様に紙パックの内外面表面樹脂の溶融には電気ヒーターで加熱した熱風が使われる。ヒーターノズルには無数の穴が配列され，シールしたい部分を選択的に加熱している。高能力機やバリア包材を通機する充填機ではプレヒーター，メインヒーターと二段階に加熱するタイプもある。

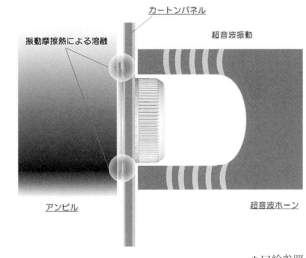

図5　口栓の超音波溶着イメージ

（11）トップシール

トップヒーターで屋根のシール部を溶融した樹脂表面をすばやくシールするには，機械式メカカムのトグルで圧力を得て圧着し，冷却する。一次シールのトップシーラージョウ自体は結露しないよう温度調節された水を循環している。二次トップシールでは，チルド水を使用し短時間での樹脂の固化を助け，強固なシールを得る。

（12）口栓装着装置

樹脂製の口栓を紙容器に装着するには超音波溶着技術が使われている（図5）。口栓のフランジ部にはエナジーダイレクターと呼ばれる凸部があり，ボトム成形後に樹脂製口栓を紙パックの内側から挿入し，パック内面樹脂とフランジ部を挟み込んで超音波振動させ振動による摩擦熱によってこの凸部を溶融し，紙パック内面とシールする。

5　充　填

充填は充填機の工程の中でもっとも時間的に制約があり，充填機の全体能力は充填性能で左右される。充填物を短時間かつ精度よく液跳ねなく行うには，いくつものノウハウが使われている。

5.1　充填するための基本構造

充填は，ピストンにダイヤフラム（ゴム膜）を組み合わせた定量充填方式でおこなわれる。サーボ駆動で動く充填ピストンが「引き動作」に入ると負圧になり，充填タンクにつながった上チャッキ弁が開いて（下チャッキ弁は閉），充填物を充填ピストンに充満させる。次に容器充填タイミングに合わせて充填ピストンが「押し動作」に入ると，正圧になり今度は下チャッ

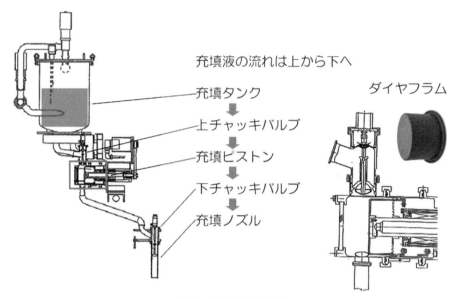

図6 充填部基本構造

キが開き(上チャッキは閉),充填ノズルを介して充填物を容器へ吐出し充填する(図6)。この繰り返しの動作で,容器に充填されるが,安定的に精度よく充填するには,供給される液がエアを噛んでいないことと,充填タンクの液面高さを変化させずに給液制御することが重要である。充填機に供給される配管内の液状態は確認が難しく,配管途中の分岐バルブや合流地点でエア溜りがないかどうか,充填機設置時に十分な確認が必要である。

5.2 充填押上げ機構

充填時に充填物を高いノズル位置から吐出すると泡が発生するので,紙パックを高速で押上

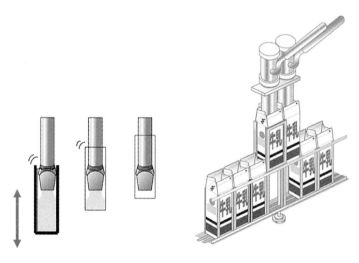

図7 充填部 押上げ機構イメージ

げる工程がある（図7）。コンベアで水平搬送する容器の底部を高速で垂直方向に充填ノズルを押上げる。容器を押し上げる時点では，まだ充填物が入っていない状態なので，高速で押し上げることができる。

　つぎに充填ノズルから吐出するタイミングと液量，さらに容器を押し下げる速度が加わる。容器の昇降タイミングと充填開始終了タイミングがシンクロされて，コンベア停止時間内に充填物の飲料が紙パックに充填される。充填中に容器内面のシールが濡れてしまうとシールができなくなるので，液跳ねや泡立ちも考慮しなければならない。特に充填されコンベアで水平搬送される際は，液揺れを抑制した制御が必要になる。充填直後の充填物には多くのエアを含んでおり，見かけ上嵩が増した状態で，液面が高くなるからだ。

6　クリーンエア

　充填機内は常にHEPAフィルターを通過させたクリーンなエアで陽圧が保たれており，外部からの汚染リスクを低減させている（図8）。充填部がもっとも陽圧値が高くなるように設計されている。工場の環境によってはHEPAフィルターの目詰まりが早く進行してしまうため，差圧値の監視と適切なタイミングでのフィルター交換が必要となる。

7　機器洗浄

7.1　CIP

　前処理設備の上流から充填物が流れてくる配管，充填タンク，充填部はCIP（Clean In Place）定置洗浄される。充填ノズルにはメッシュプレートが組み込んであるため，この部分は生産終了後に分解して手洗浄しなければならない。CIPを実施する前にCIP用のノズル（メッシュのない筒）と交換し，CIPを実施する。充填機側はあらかじめ条件設定された必要

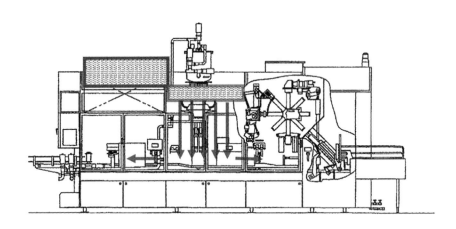

＊口絵参照

図8　充填機内のクリーンエアフローイメージ

第5章 充填・密封技術の実際

流量のCIP送液に合わせて配管経路の各バルブを切替えながら，循環してCIPを行う。

7.2 外部洗浄

充填機には機内手洗浄を補完する目的で泡洗浄する装置がついている。生産終了後に機内上部各所に配置しているスプレーボールノズルから泡洗浄剤が噴射し，機内のステンレス機器壁などに一定時間湿潤，定着させた後，リンス水に切り替えて洗い流すことで，手洗浄を補完する。手洗浄は機械の状態を確認するためにも有効であり，充填機マニュアルに沿った手順や方法で実施することが望ましい。

7.3 チャンバー洗浄

人為的洗浄差異をなくすため開発されたのが，チャンバー式の充填機。マンドレル部を含む機内の全てがチャンバー（隔壁室）で囲まれており，チャンバー内の全てをスプレーノズルによって自動で洗浄することが可能（図9）。アルカリ，酸，そして過酢酸殺菌剤を循環させて洗浄する。これにより，充填機内の環境衛生性を高いレベルで維持できると共に省力化にも貢献している。

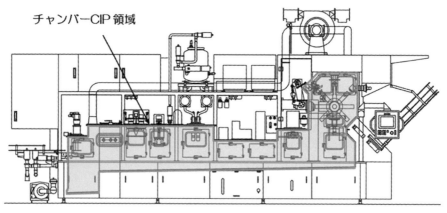

＊口絵参照

図9　チャンバー式充填機のチャンバー洗浄領域

8 保守管理

食品を継続的に安定して加工するためには，設備の状態を把握し，定期的なメンテナンスが重要である。充填機設備の取扱い説明書，マニュアル等には保守管理手順が記載されており参考にすると良い（表3）。

表3 充填機 主要衛生管理点（例）

項　目	内　容
手動洗浄・手動殺菌	製造前に適切な箇所へ，適切な方法で行う。 製造時に発生した機械停止時の対応方法を決めておく。 製造後に適切な箇所へ，適切な方法で行う。
CIP	単独のCIPユニットがない場合でも，流量，アルカリ濃度，アルカリ時間等の適正条件を事前に選定し，日々監視と記録を行う。
製品ラインのガスケット，メンブラン	配管のアライメントが適切か，材質は適切か，締め方は統一されているか，増し締めのタイミングは統一されているか等を決める。また交換頻度を決める。
トップシール	製品のはねなど挟雑物防止，適正シール条件（圧力，温度，時間，冷却）の確保。
二次汚染	例えば殺菌UVランプ用の冷却水漏れでパック内に混入するなど，リスクのある箇所への対応。

第5章 充填・密封技術の実際

第6節
飲料用パウチ（スパウトパウチ）容器と取付・密封技術

大日本印刷株式会社　三上　真一

1 はじめに

　スパウトパウチ容器は，1985年に国内で清涼飲料製品からスタートした。その後ゼリー飲料・アイスクリーム・調味料や，トイレタリー商品などの日用品等の容器に用途を拡大し今日に至っている（図1）。今後，用途拡大や引用シーンの多角化により，ますますの需要増が見込まれている。

　本稿では，スパウトパウチの主用途である飲料用スパウトパウチの容器構造および製造技術等について解説する。

図1　スパウトパウチ形態例

2 DNPスパウト付パウチ「スパウチ」について

　当社では1997年3月に閉塞防止リブ付スパウトを使用した「スパウチ」（DNP商品名）を上市し，飲料用スパウトパウチ市場に参入した（図2）。1998年2月には，インライン取付方式による高速スパウト取付充填システムを完成させるとともに，高速生産での品質を維持するため最新の検査システムを導入した。市場より高い評価を得て，今日に至っている。

図2　スパウトパウチ
（「スパウチ」とはスパウトとパウチを組合せた複合容器）

3 スパウトパウチの特徴

これだけ多くの商品に使用されるスパウトパウチの特徴を列挙すると，
・容器が軽量で高い耐久性を持っている。
・酸素や水蒸気のバリア機能を付与できる。
・遮光性を付与できる。
・再封ができる。
・粘度の高い中身が絞り出すことができる。
・冷凍することができる。
・空容器での輸送効率が高い。
・使用後の廃棄時に嵩張らない。
・使用中に容器を小さくできる。
・形状変更ができる。（デザイン性付与）

などがある。

環境面・使用性・内容物保存性など優れた容器であることが，多くの商品に採用されている要因であろう。

4 飲料用スパウトパウチ市場

表1でスパウトパウチの用途別需要量推移を見てみると，2017年にゼリー飲料・清涼飲料の合計数量が初めて6億袋を超えた。2018年のゼリー飲料・清涼飲料は大手ブランドの新商品発売などもあり，10％以上の増加が見込まれている。2019年以降も，2020年のオリンピック効果及びユーザー層の拡がり，参入企業の増加などから数％程度の増加推移が見込まれる。

表1 スパウトパウチの用途別需要量推移（単位：万袋／年，％）

	2016年		2017年		2018年見込	
	需要量	構成比	需要量	構成比	需要量	構成比
ゼリー飲料	51,900	63.9	54,300	66.9	57,300	64.9
アイスクリーム	11,000	13.5	11,600	14.3	12,000	13.6
清涼飲料	5,800	7.1	5,800	7.1	9,000	10.2
水素水	6,620	8.1	3,300	4.1	3,000	3.4
半固形流動食	2,900	3.6	2,900	3.6	3,100	3.5
薬服用ゼリー	600	0.7	800	1.0	1,200	1.4
アルコール飲料	450	0.6	450	0.6	450	0.5
フルーツソース、調味料	400	0.5	400	0.5	400	0.5
ヨーグルト	300	0.4	300	0.4	300	0.3
その他	1,300	1.6	1,300	1.6	1,500	1.7
合計	81,270	100.0	81,150	100.0	88,250	100.0

（株式会社 日本経済綜合研究センター　液体包装資材シェア辞典 2018年版）

5 スパウトパウチ向け包材

5.1 容器構成について

スパウトパウチはパウチ,スパウト(口栓),キャップの3パーツから構成されており,パウチにスパウトを溶着し,スパウト口部から内容物を充填後,キャップを巻き締め密封する事によりなる液体・粘体用容器である。

パウチとスパウトの溶着部に関しては,フイルムとスパウトをヒートシール方式により溶着・密封する。ヒートシール用熱板形状設計および材質選定・シール条件に関しては,ピンホール・シール強度に十分配慮して検討を行う必要がある。スパウトとキャップの密封性に関しては,プラスチック成形品同士の嵌め合せにより密封することになる。これらの形状設計・材質選定に関しては,成形時の寸法安定性に充填時の温度的要因も加味し,検討を行うことが必要である。さらに飲料用として使用するスパウトパウチには,内容物保存性・商品性(陳列・意匠等)・使用性などに関しても検討を加える必要がある。

5.2 パウチについて

5.2.1 パウチ形態

スパウトパウチの主なパウチ形態はスタンドパウチとガセットパウチがある(表2)。形態は,内容量・売り場・使用環境などにより決定する。内容量が150g以下はスタンドパウチ,それ以上はガセットパウチ(180gが主流)が採用されている事が多い。理由は,あまり内容量が少ない商品にガセットパウチを使用すると,自立陳列した時に商品が小さくなり過ぎてしまう。(例外にアイスクリーム商品で小さいガセットパウチが採用されている。これは自立陳列ではなく平置き陳列となっているためである。)

用途拡大により,栄養分補給など食事代替とは異なる商品が発売されている。栄養分補給用途は食事代替より少ない内容量(70g以下)のニーズが多く,そのニーズ向けに当社ではミニスパウチを提供している(図3)。

5.2.2 パウチに求められる機能

スパウトパウチに求められる機能として,内容物の保存性や貯蔵・輸送性,生活者の使用性,商品性,安全衛生性,機械適正,環境

表2 スパウトパウチ形態リスト

パウチ形態	内容量(g)	パウチ寸法(WxHxDmm)
スタンドパウチ	50	70x110x20
	70	80x110x23
	100	84x130x21
	120	84x130x26
	150	90x140x26
ガセットパウチ	180	80x135x27
	300	84x170x28

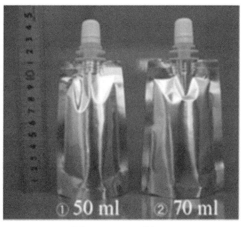

図3 ミニスパウチ

表3 スパウトパウチに求められる機能

区分	必要特性	内容一例
内容物	・ガスバリア性	酸素・水蒸気透過度
	・遮光性	光線透過率
	・臭味性	溶出、残留溶剤量
	・耐熱性	殺菌耐性、ホットパック性
	・耐内容物性	長期保存性
流通	・物理的特性	耐屈曲性、突き刺し強度、衝撃強度、耐摩性、印字性
	・商品性	印刷性、デザイン性、陳列性
	・機械適正	充填性
生活者	・使用性	開封性、断熱性、開栓性、リクローズ性、スクイズ性、廃棄性
	・安全性	衛生性、改ざん防止
環境	・環境配慮	減量、CO_2削減

配慮等がある（表3）。たとえば、ガスバリア性は、パウチ外部から酸素や水蒸気の浸入、内容物の水分や香りや成分等の放出を防ぐ機能であり、ガスバリア性により内容物の

表4 パウチ代表仕様

代表仕様	
アルミ箔仕様	PET／アルミ箔／Ny／LLDPE
透明仕様	透明蒸着PET／Ny／LLDPE

保存性を向上させることができる。また、耐屈曲性や突き刺し強度、衝撃強度等も必要である。とくにスパウトパウチは、冷蔵や冷凍で長期保存されることも多く、さらには使用時に手で握りしめることもあることから、特に物理的特性も重要になっている。

スパウトパウチは、ガスバリア性や物理的特性以外にも表3で示したように多くの機能が必要となっている。これらの多くの機能を付与するために、スパウトパウチは、数枚のフィルムやアルミ箔等を貼り合わせた仕様構成で成り立っている（表4）。代表仕様としては、アルミ箔仕様と透明仕様がある。透明仕様に比べ、アルミ箔仕様の方が、バリア性は高くなるが、中身が見えない、検査で金属探知機が使用できない等の問題がある。また、フィルムよりも体積あたりの重量が多く、さらには、製造時や焼却時に多くの熱を必要とするため、環境面では不利になる。

・PET（ポリエチレンテレフタレートフィルム）：厚みは12μmが一般的である。機械適性や耐熱性が高く基材として使用されている。印刷は、PETフィルムの裏側（内面側）に行われている。裏側に印刷を行うことで、充填や流通時、コスレ等によりインキが脱落することがなくなる。

・アルミ箔：バリア性材料として使用される。厚みは7μmが一般的であるが、経口経管栄養剤等ではピンホールのリスクが小さい9μmが使われることがある。

・Ny（延伸ナイロン（ポリアミド））：突き刺し強度や衝撃強度が優れるフィルムである。先に説明したように、スパウトパウチは、物理的特性が必要なため、Nyフィルムを用いている。厚みは、15μmが一般的であるが、用途によっては、25μmが使われることもある。

・LLDPE（直鎖状低密度ポリエチレンフィルム）：シーラントとして使用されている。厚みは60〜80μmが一般的である。用途によりグレードは異なるが、ボイルやレトルト殺菌、ホットパック品用としては、比較的融点が高く耐熱性の高いグレードが用いられている。

・透明蒸着 PET：PET フィルムの表面に酸化アルミやシリカ等を蒸着したフィルムであり，12μm が一般的である。蒸着というのは，金属や酸化物などを蒸発させて，基材の表面に薄いバリアの膜を形成する方法である。バリア膜自体の厚みは，数百Å程度であり，アルミ箔の 1/100 以下である。アルミ箔に比べるとバリア性は劣るものの，プラスチックフィルムの中では高いバリア性を持つフィルムである。

上記で示した一般仕様以外では，たとえばアイスクリーム用途として，発泡樹脂を使用することで，断熱性を付与させたものや意匠性を目的に不織布を用いたものが存在したり，レトルト包材として，耐熱性を向上させるために，スパウトも最内層も PP 仕様のものも存在したりする。

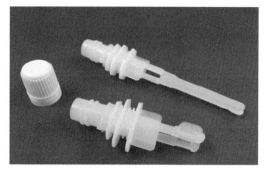

図4　DNP スパウト・キャップ

5.3　成形品について

スパウトパウチに使われる成形品はスパウトとキャップからなる（図4）。スパウト，キャップの材質はいずれも PP もしくは HDPE で，レトルトなどの耐熱性が必要なものは PP，ホットパック殺菌程度であれば HDPE を採用する場合が多い。

5.3.1　スパウト

スパウトは飲み口としての機能の他に，次のような機能がある。
　①キャップによる密封性
　②パウチとのヒートシール性
　③飲用時の中身の吸い出し性
　④充填ラインでの機械適性
これらの機能を満たすためにスパウトは (a) 口部，(b) フランジ部，(c) シール部，(d) 液導部より構成される（図5，図6）。

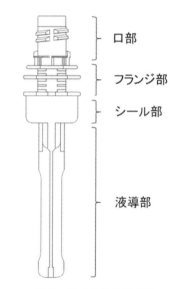

図5　スパウト各部名称

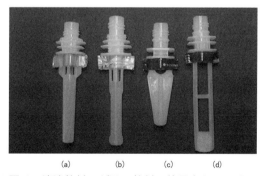

図6　清涼飲料・ゼリー飲料に使用されているスパウト
(a) ストロー形状　(b) 十字リブ形状　(c) 十字リブ形状
(d) H 形状

(a) 口部

口部は飲み口であり、円筒状で口をくわえ易く、また中身を吸い出しやすい寸法となっている。口部の下方にはキャップと螺合するネジが設けられている。ネジが口に当たって飲みにくいことがないようにネジ設計には気を付ける必要がある。また口部の内面にはキャップのインナーリングが入り込み、すり合わせにより密封性を確保する。

(b) フランジ部

フランジ部はパウチの取り付けや内容物の充填、キャッピング、製品の梱包など、機械搬送で使われる部位である。フランジ間をレール搬送させたり、フランジ間で掴みかえたり、グリップしたりすることで、高速でのハンドリングが可能となる。低速機ではフランジが無くてもよいものもある。

(c) シール部

シール部はパウチとのヒートシールを行う部位である。中央が厚く、両脇にかけて徐々に細くなる形状となっている。船の舳先に似ていることから船型と呼ばれることもある。パウチとの確実なシールができるよう形状設計、シール盤とのマッチングが重要となる。

(d) 液導部

液導部は飲用の際、パウチ内の内容物を誘導するとともにパウチの閉塞を防止する役割がある。形状としてはストロー状のものや、十文字のリブ形状からなるものが一般的である。味噌やヨーグルトなど粘度の高い用途には液導部がないものもあるが、ゼリーや清涼飲料では液導部がないとパウチが折れ曲がって閉塞し、中身を吸い出せない状態になることがある。

5.3.2 キャップ

キャップはネジによりスパウトと巻締められ、容器を密封する役割を果たす。キャップのインナーリングとスパウト口内部との摺り合わせにより、密封性を確保する。さらにキャップのコンタクトリングをスパウトの口部天面にくさびのように喰い込ませ、2重で液密を取る手法が一般的である。キャップの下端には改ざん防止のためのピルファープルーフバンドが設けられている。

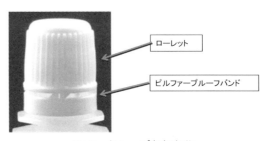

図7　キャップ各部名称

キャップの特徴的な部位として (a) ローレット部、(b) ピルファープルーフバンドがあげられる（図7）。

(a) ローレット部

ローレット部はキャップの巻締めや、キャップの開栓時に使用する部位である。ナールとも呼ばれる。

通常、指が滑らず、痛くない程度の細かいリブが形成される。しかしながらスパウト付きパウチのキャップはそもそも飲み口が細く、キャップのサイズが小さいため、高齢者や子供には開けにくいとされてきた。近年、キャップのあけやすさ向上を意図した形態の

キャップが増えきており，ローレットに指が掛かりやすいように，ローレットの間隔を粗くしたり，ローレットの山を大きくしたものや，キャップを多角形にしたもの，あるいはキャップそのものを大きくしたものが見受けられるようになった。キャップを大きくすればあけやすさは向上するが，意匠的な面や，プラスチック樹脂量が増える，といった課題もある（図8）。

　　(a)　　　　　　　(b)　　　　　　　(c)　　　　　　　(d)　　　　　　　(e)

図8　清涼飲料・ゼリー飲料に使用されているキャップ
(a) 標準的なローレット　(b) 8角形のキャップ　(c) 大きい，目の粗いローレット
(d) 大きいキャップ　(e) 大きいキャップ（2重キャップ）

(b) ピルファープルーフバンド

　ピルファープルーフバンドは改ざん防止のために設けられている。ピルファープルーフバンドが切れていることでキャップが開けられたかどうかがわかるようになっている。タンパープルーフバンド，タンパーエビデンスバンドともいう。ピルファープルーフバンドのタイプは大きく分けて，(A) バンドが切れてキャップ側に残るタイプ，(B) バンドが切れてキャップから分離し，スパウト側に残るタイプからなる。

(A) バンドがキャップ側に残るタイプは開栓時にバンドが横に切れる機構となっている。切れたバンドはキャップ側と太い連結部によってつながっている。バンドが切れたことで改ざんの有無を識別することができる（図9）。

(B) バンドが切れてキャップから分離し，スパウト側に残るタイプは，バンドとキャップが縦の薄肉部でつながっており，開栓時に薄肉部が切れてバンドが下に落ちる機構となっている。PETボトルではなじみの機構である。キャップとバンドとの間に隙間ができる

  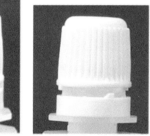
　　(a)開栓前　　　　(b)開栓後　　　　　(a)開栓前　　　　　　(b)開栓後
図9　(A) バンドがキャップ側に残るタイプ　　図10　(B) バンドがキャップから分離し，スパウト側に残るタイプ

ので、改ざんの有無が識別しやすい（図10）。

6 スパウトパウチ製造技術

6.1 スパウトパウチ製造工程

初期のスパウトパウチは、包材コンバーターでパウチにスパウトを取り付けを行い、充填先にスパウトをパウチを取り付けた状態で納入し、そのスパウトパウチを作業員が充填機にセットする方式であった。この方式では、生産性が低く、容器コストも高価であったためコストアップの要因となっていた。その後、充填先にスパウト取付設備を導入し、パウチとスパウトを別々に納入して、インラインでスパウト取付、検査を行い充填機へ自動供給する方式が主流となっている（図11、図12）。

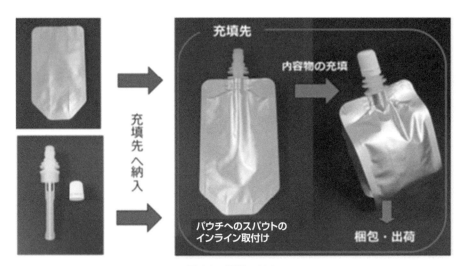

図11　製造の流れ

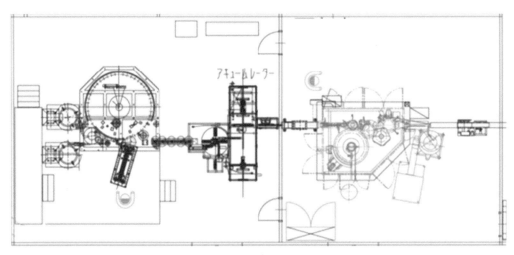

図12　スパウト取付充填システムレイアウト例

第6節 飲料用パウチ（スパウトパウチ）容器と取付・密封技術

【ライン構成例】
　スパウト取付機⇒リーク検査⇒アキュームレーター⇒充填機（パウチ印字・キャッピング）⇒ウエイトチェッカー⇒X線検査装置⇒殺菌冷却機⇒除水機⇒ウエイトチェッカー⇒カートナー⇒ケーサー⇒パレタイザー

6.2 スパウト取付技術

　当社ではスパウトパウチ商品化スタートからインライン取付を採用している。当初は取付能力4,800袋/時でスタートしたが，1998年に当時の業界最速である取付能力9,000袋/時の能力を実用化した。能力アップを実現可能となった大きな要因は，

・パウチとスパウト溶着に最適なヒートシール金具の設計技術
・スパウト取付工程検査技術

があげられる。

　最適なヒートシール金具の設計技術について説明する。スパウトはインジェクション成形方式で製造されるが，成形品の寸法誤差が発生する。スパウトとパウチシール部の漏れ

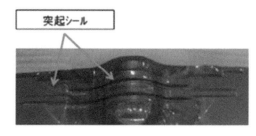
図13　DNPスパウチスパウトシールパターン

図14　スパウトシール脇の3本線

図15　スパウトシール全体に1本線

を完全になくすためには，寸法誤差を吸収する機能をヒートシール金具形状に付与する必要がある。当社では，スパウトシール部分のヒートシール金具形状に凸部を設ける事で，スパウトの寸法誤差を吸収した。

　またガセットパウチではガセット折込部がフイルム4枚となる為，フイルム2枚と4枚の境界部分を，凹凸部を設けたパウチシール金具でシールを行っている（図13）。上記2通りの形状をヒートシール金具に付与する事で，密封シールを実現している（図14，図15，図16，その他スパウトシールパターン）。

　スパウト取付工程では，シール前画像検

図16　スパウトシール脇の1本線

表5　スパウト取付工程の抜取検査および監視内容

確認内容	方式	頻度
外観	目視	1時間×1回
漏れ	浸透液	
容器強度	静圧試験機	
シール強度	引っ張り試験機	
シール温度	表示器	
シール圧力		
シール時間		

6.3 充填技術

飲料用スパウトパウチ商品は，発売されているほとんどの物がホットパック充填方式を採用しており，充填温度は70〜90℃となっている（内容物は酸性飲料）。充填はスパウト口部に充填ノズルを密着して行う密着充填方式が一般的に採用されている。理由として，

- ・高速充填が可能
- ・充填後容器内ヘッドスペースが少ない
- ・スパウトでのハンドリングが可能

などがあげられる。ただし，密着充填で行うと以下の欠点がある。

- ・充填後にスパウト部を洗浄する必要がある
- ・充填ノズル形状が複雑になる

一部のチルド商品では，スパウト口径を大きくし，密着充填ではなくスパウト口部から充填する方式を採用している商品もある。

6.4 キャッピング技術

スパウトパウチ容器用のキャップにはリクローズ機能があるスクリューキャップが採用されている。よって，キャップセットは回転キャッピング方式を採用している。スパウト部を保持するネック搬送方式で容器を搬送し，キャップを巻き締めヘッドにセットした状態で上部からキャップをスパウト口部に下降させる。巻き締め開始時は高速回転で巻き締めを行い，最終位置に近くなると低速回転に速度を変更し，最終位置までキャップを巻き締める。キャップ巻き締め状態の完全性を保証するために，巻き締め機器の速度・トルクのモニタリングとキャップ巻き締め後の外観検査による全数検査を行い対応している。

今後の社会環境から，使用性を向上した開け易いキャップの採用が進む事が考えられる。当社では，キャップ開発のみならず，従来キャップとの兼用可能な設備を考えている。

7 環境対応への今後の展開

近年，温室効果ガスの増大による地球温暖化が問題になっている。また，海洋プラスチック汚染が大きくクローズアップされ，使い捨てプラスチックを中心に，プラスチックの使用量削減が求められている。これらの社会課題に対して，スパウト付きパウチについても環境配慮包材化が求められている。

スパウトパウチは，液体商品に多く使用されているガラス瓶や金属缶などに比べて軽量化できることが多いため，輸送時に発生する温室効果ガスを削減することができる。また，たとえば，スパウトやパウチに使われている樹脂は石油から製造されているが，この樹脂の一部を持続可能な材料である植物由来の樹脂（バイオマス樹脂）に置き換えることで石油使用量を削減

しながらも，ライフサイクル全体での温室効果ガスの排出量を低減させることができる。

今後は，バイオマス度を向上させるだけではなく，PETやNy，PE，とさまざまな材料により構成されている材質を，単一化することによりリサイクル性を向上させるモノマテリアル技術などを用い，再び包装にリサイクルされるような包材に変わっていくと思われる。

8　おわりに

DNPでは，今までに得た技術，経験，ノウハウをもとに，ユーザーの新たな商品開発の一助となるよう取り組んでいる。包装資材では，環境対応材料の使用促進およびバリア性や使用性の向上を行っている。生産設備では，当社無菌技術を生かした無菌スパウチや，生産能力アップによる生産効率向上および，AI，IOTの活用による品質および稼働率向上に取り組んでいる。

第6章　飲料製造設備

株式会社イズミフードマシナリ
杉舩　大亮，住友　尚志

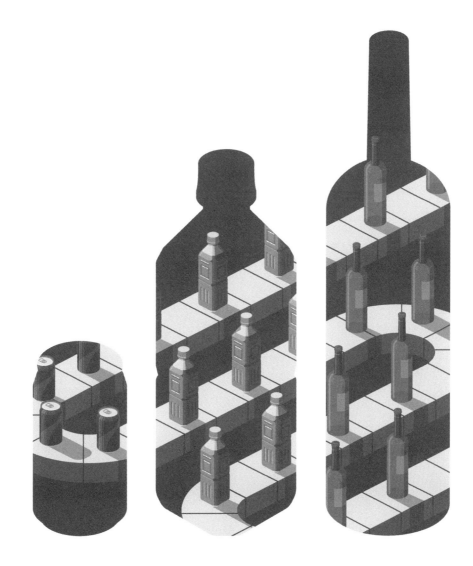

1 飲料の全体製造工程概要

1.1 はじめに

飲料にはお茶やコーヒー，スポーツ飲料，果汁飲料，乳飲料，炭酸飲料，ミネラルウォーターなどがあり，それぞれの製品において製造工程の違いがある。製造工程が異なれば，製造設備も大きく異なる。ここでは，飲料の製品を大まかに分類し，それぞれに対応する製造工程，設備について説明し，製造工程と設備の原理的な部分や特徴，管理ポイントについてなどを説明する。

なお，本稿では主に飲料製造の抽出，溶解，調合，乳化・均質の工程設備について説明することとする。

1.2 各種飲料の製造工程全体

図1に各種飲料の製造工程全体を示した。飲料は大まかにお茶類，コーヒー，乳飲料，スポーツ飲料，果汁飲料，炭酸飲料に分けられる。ミネラルウォーターについてはろ過の工程と除菌または殺菌の工程がメインであり，単純なため，割愛した。なお，図1は各種飲料の一般的な製造工程であり，例えば，殺滅菌工程の後で無菌条件下で調合するケースなどもあり，多種多様な製造工程の組み方がある。

1.2.1 抽出飲料

お茶やコーヒーは抽出飲料のため，抽出の工程があり，お茶とコーヒーで異なる抽出設備とするケースも多々ある。抽出設備については第2項で説明する。お茶やコーヒーは通常，3倍

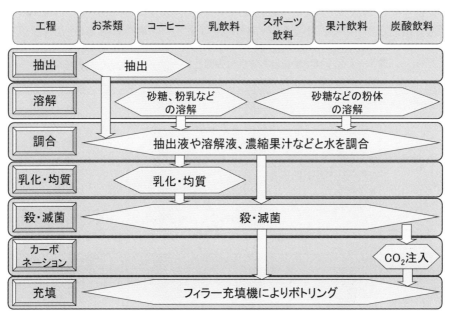

図1 各種飲料の製造工程全体

程度の高濃度で抽出し，次工程の調合設備にて他の調合液と調合しつつ，水で希釈する。他の調合液については主に溶解の工程で溶解設備にて，水にビタミンC，砂糖，粉乳などを溶解して作成する。ただし，砂糖については溶解の工程で溶解設備にて水に溶解されるのではなく，液糖を用いてそのまま調合設備にて調合されることもある。調合設備にて調合された後についてはミルク入り製品（ミルクティー，ミルクコーヒー）以外は殺・滅菌工程で殺滅菌設備にて殺・滅菌処理されるが，ミルク入り製品については乳化・均質装置により乳化・均質後，殺滅菌処理される。

1.2.2 乳飲料

乳飲料については溶解の工程で砂糖や粉乳などを水に溶解し，調合工程にて水で希釈するケースが多い。調合工程の後は乳化・均質装置により乳化・均質後，殺滅菌処理される。

1.2.3 スポーツ飲料，果汁飲料，炭酸飲料

スポーツ飲料，果汁飲料，炭酸飲料については溶解の工程で砂糖などを水に溶解し，調合工程にて水で希釈されるが，調合工程では溶解の工程で作成した溶解液だけではなく，濃縮果汁なども調合工程で混合される。調合工程の後は殺滅菌の工程で殺滅菌設備にて殺滅菌処理される。なお，炭酸飲料については殺滅菌後で炭酸ガスをインジェクションするカーボネーションの工程があり，そこで炭酸飲料となり，フィラー充填機にてボトリングされる。

2 お茶やコーヒーの抽出設備

2.1 お茶やコーヒーの一般的な抽出設備

お茶やコーヒーの抽出設備は一般的にはニーダー方式抽出設備またはドリップ抽出装置方式抽出設備が用いられている。それらの大まかな違いについて表1にまとめた。ニーダー方式

表1 ドリップ抽出装置方式抽出設備とニーダー方式抽出設備の違い

No	項目		ニーダー方式	ドリップ抽出装置方式
1	適応品種例		お茶類	コーヒー、お茶類
2	抽出	可能な方法	浸漬・静置、浸漬・撹拌	ドリップ、浸漬・静置、浸漬・撹拌、浸漬・循環、アロマ回収など
		抽出効率	普通	高い
		お茶の短時間抽出・払出	可能	不可能
		抽出器構造	開放	密閉
		抽出環境	高温高湿	良好
3	粕分離	方法	抽出器反転→粕分離タンク→抽出液受けタンク	下蓋とサイドスクリーン（オプションでお茶専用時）
		分離環境	開放	密閉
4	粕排出	方法	粕分離タンク反転	下蓋を開いて排出
		作業性	簡単	簡単
5	洗浄性	抽出器	手洗浄	CIP
		粕分離機(部)	手洗浄	自動洗浄
		抽出液受けタンク	手洗浄	CIP

では抽出対象物はお茶類のみで，温水に茶葉を投入し，撹拌または静置状態にて浸漬し，抽出する。特に玉露などの緑茶は苦みや渋みの成分が抽出されすぎないよう，短時間での抽出と払出が必要であるが，ニーダー方式ではこれが可能であり，これを重視するケースではお茶の抽出をニーダーにて行う。

一方，ドリップ抽出装置方式では抽出対象物は主にコーヒーとなるが，お茶類の抽出にも用いられるケースも多く，その場合はコーヒーの抽出とお茶の抽出を兼用する。こちらはコーヒーのドリップ抽出とお茶の浸漬抽出，循環抽出，アロマ回収などの多様な抽出方式を採用できる。ニーダーと比較して，短時間での抽出と払出は難しいが，稀にお茶類専用機として用いるケースでは粕分離を下蓋ろ過網だけではなく，抽出器の側壁にもスクリーンを設け（サイドスクリーン），サイドスクリーンも介しての粕分離として，短時間での払出を行うこともある。密閉構造のため，作業環境は良好であり，粕分離部の自動洗浄が可能であり，抽出器本体や受けタンクなどの洗浄はCIP（Cleaning In Place）にて行われる。設備としては欠点が少ないものである。

2.2 ニーダー方式抽出設備

図2にニーダー方式抽出設備概要を示した。ニーダー抽出器は横型の開放タンクで，温水をニーダー抽出器に計量して投入してから茶葉を投入し，撹拌機で撹拌または静置して浸漬抽出する。一定時間浸漬後，ニーダー抽出器が横に転倒し，粕分離タンクに排出され，粕分離タンクで抽出粕と抽出液に分離される。このような方法での払出のため，短時間での払出・粕分離が可能である。粕分離タンクにて分離された抽出液はその真下の抽出液受けタンクにて受けられ，次工程へ冷却して送液される。抽出粕は粕分離終了後，粕分離タンクが転倒し，粕受けタンクに排出される。粕受けタンクに排出された抽出粕はスクリューコンベアなどで粕集積場所へ送られる。この設備の場合は抽出から粕分離まですべて開放系にて行われるため，作業環境が高温高湿となり，かつCIPなどの自動での洗浄が難しく，抽出器本体，粕分離タンク，抽出液受けタンクはすべて手洗浄となるため，オペレーターにかかる負荷が大きい。

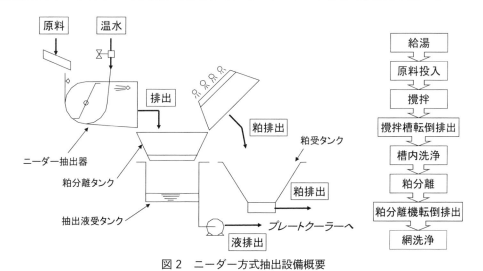

図2 ニーダー方式抽出設備概要

第6章　飲料製造設備

　この設備の場合の管理ポイントとしては抽出している際のニーダー抽出器内の温度やニーダー抽出器に投入する温水の温度，浸漬時間，撹拌時間及び回転数（撹拌の強さ），払出・粕分離時間，抽出液を次工程へ送る際のプレート式熱交換器での冷却温度などとなる。浸漬時間や撹拌時間，払出・粕分離時間については苦みや渋みが抽出されすぎないかどうか？という点で重要なポイントであり，撹拌機の回転数については茶葉を投入したての段階では茶葉が沈みこまないこともあるため，回転数を大きくして茶葉を十分に沈みこませ，その後は回転数を小さくするなり，静止するなりする。当然のこととなるが，原料投入量と温水投入量，抽出液量も管理ポイントであり，抽出液の濃度は屈折光時計（Brix計）にてBrix値を測定・記録され，管理されている。

2.3　ドリップ抽出装置方式抽出設備

　図3にドリップ抽出装置方式抽出設備概要を示した。図3の抽出器本体はろ過網の付いた下蓋が自動で開閉する抽出器であり，例えば，お茶類の場合は温水を計量して投入してから茶葉を投入し，撹拌機で撹拌または静置して浸漬抽出する。一定時間浸漬後，ろ過網下の液出口の配管に付属するバルブが開き，抽出液が抽出液受けタンクに排出される。抽出液は抽出液受けタンクから次工程へ冷却して送液される。抽出液の排出終了後はろ過網の付いた下蓋が開き，抽出粕が粕受けホッパーに排出される。抽出粕排出後は抽出器に付属のスプレーボールから温水が供給され，抽出器本体の直胴部に付着した抽出粕を洗い流し，さらに，下蓋ろ過網の自動洗浄装置にてろ過網が自動洗浄され，バッチ間洗浄が自動で行われる。なお，その日の生産終了後や品種切替時には通常のバッチ間洗浄の後で下蓋を閉じ，CIP洗浄が行われる。排出された抽出粕は粕受けホッパー下のスクリューコンベアなどで粕集積場所へと送られる。

　お茶類の抽出の際の管理ポイントは抽出器に投入する温水の温度や茶葉投入後の抽出器内の温度，浸漬時間，撹拌時間及び回転数（撹拌の強さ），払出・粕分離時間，抽出液を次工程へ

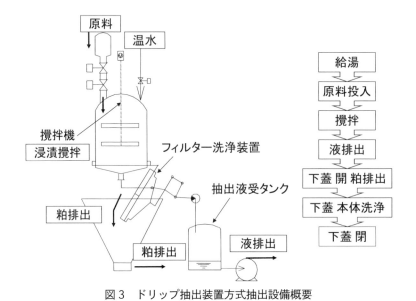

図3　ドリップ抽出装置方式抽出設備概要

送る際のプレート式熱交換器での冷却温度などとなる。合わせて，ニーダー抽出方式の場合と同様に，原料投入量と温水投入量，抽出液量も管理ポイントであり，抽出液の濃度は屈折光度計（Brix計）にて測定・記録され，管理されている。

図3はお茶類の抽出の場合を示しているが，コーヒーの場合はドリップ抽出などが用いられる。その場合はグラインドされたコーヒー豆を投入し，撹拌機がコーヒー豆の投入量などに応じて昇降し，コーヒー豆の層を均等な高さとなるように撹拌羽根でならす。その後，撹拌羽根の上のパイプ状のシャワーノズル（撹拌羽根同様に回転する）により均等にコーヒー豆の層の上からシャワーリングされ，コーヒー豆の層を通過した温水が抽出液となって，ろ過網下に流下し，抽出液として抽出液受けタンクへ排出される。シャワーリングが終了し，かつ，温水が原料層を通過し終わったら，下蓋が開き，抽出粕が排出される。洗浄についてはお茶類の場合と同様に行われる。

コーヒーの抽出の際の管理ポイントは原料投入量に対する撹拌羽根の高さ，シャワーリングされる温水の温度や流量，あるいは，温水の原料層の通過の速さが抽出時間と関係するため，原料の粒度分布や原料投入量（原料層の厚さ）の設定もポイントとなる。特に原料の粒度が細かすぎるケースでは温水が原料層を通過するのに時間がかかるどころか温水が原料層を通過しないことまであり，かつ，原料の粒度が粗すぎると温水が原料層を素通りしてしまい，十分に抽出されないこともあるため，原料の粒度の管理は最重要事項となる。合わせて，お茶類の場合と同様に，原料投入量と温水投入量，抽出液量も管理ポイントであり，抽出液の濃度は屈折光度計（Brix計）にてBrix値を測定・記録され，管理されている。

3 砂糖，粉乳などの溶解設備

3.1 砂糖，粉乳などの一般的な溶解設備

砂糖や粉乳などの粉体は一般的には専用の溶解タンクまたは溶解ポンプと循環タンクの循環系にて高濃度で溶解され，後工程の調合設備に送られる。

図4に一般的な砂糖，粉乳溶解タンクを示した。通常，粉体を溶解するにはせん断をかける必要があるため，せん断できる構造のタービン羽根を1800rpm程度で高速回転させ，粉体を溶解する。タービン羽根は高速回転する上に，タンクの底のほうに位置し，タンクの上にモーターがあるためシャフトが長く，シャフトのブレなどを考慮すると，あまり高い負荷をかけることができない。そのため，タービン羽根はタンクの内径に対して小さな撹拌羽根とする必要があり，粘性液の混

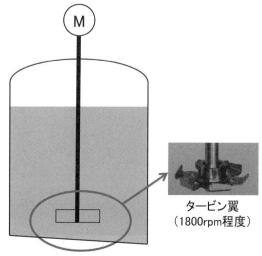

図4　一般的な砂糖，粉乳溶解タンク

合には不向きである。例えば，増粘剤のような少量溶解しただけで液の粘度が大きく上昇する粉体の溶解は難しく，砂糖や粉乳の溶解を行うにしても砂糖の場合は濃度50%程度，粉乳の場合は濃度30%程度にしておかないと，粘度が上昇することもあり，液全体の混合が難しくなり処理が難しい。この設備の管理ポイントとしては仕上り液の濃度または水の投入量と粉体の投入量，撹拌羽根の回転数，溶解時間，溶解温度などである。通常はテスト生産を行った際に上記条件を決定し，本生産では決定した条件通りに処理を行う。洗浄はCIPにて行う。

図5に一般的な粉体溶解ポンプを用いた粉体溶解設備を示した。この設備では循環タンクに水を張り，粉体溶解ポンプを起動して循環しながらホッパーに粉体を投入していき，ポンプにより発生する負圧によりホッパーから粉体が吸い込まれていき，ポンプ内のインペラーにてせん断をかけて粉体を徐々に溶解する。ポンプ内のインペラーは遠心羽根であり，循環送液しながら，インペラーが高速回転することでせん断が加わり，粉体が溶解される。ただし，インペラーは送液と粉体の吸込み性能は高いが，せん断羽根ではないためせん断力は小さく，増粘剤などのダマになりやすい粉体の溶解は難しい。合わせて，ポンプは遠心ポンプのため，増粘剤などの少量溶解しただけで液の粘度が大きく上昇する粉体を溶解すると粘度が高く，循環送液が難しい。砂糖や粉乳の溶解を行うにしても砂糖の場合は濃度50%程度，粉乳の場合は濃度30%程度にしておかないと，粘度が上昇することもあり，循環送液が難しくなり処理が難しい。用途としては図4のタンクと同様であるが，図4ではタンクの上からの粉体原料投入であるのに対し，この設備ではポンプの吸込み口付近のホッパーからの粉体原料投入のため，粉体原料の投入がしやすいところが利点である。この設備の管理ポイントとしては仕上り液の濃度または水の投入量と粉体の投入量，ポンプのインペラーの回転数，溶解時間，溶解温度などである。通常はテスト生産を行った際に上記条件を決定し，本生産では決定した条件通りに処理を行う。洗浄は粉体ホッパーなどの粉専用部分は分解手洗浄必要だが，それ以外はCIPにて行う。ポンプの軸封部には通常，メカニカルシールが使用されているが，それなどの定期的

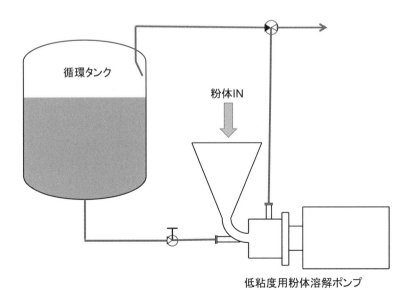

図5　一般的な粉体溶解ポンプを用いた粉体溶解設備

な分解点検が必要になることもある。

3.2 高粘度溶解可能な溶解設備

飲料には稀に増粘剤が配合されているものがあり，その場合は増粘剤の溶解が可能な設備が必要となる。増粘剤の溶解が可能な溶解設備としては高速溶解タンクと連続式溶解ポンプがある。

図6に増粘剤等も溶解可能な高速溶解タンクの例を示した。図6の高速溶解タンクはタンク底中心に1800 rpm程度で回転するディスパー翼とカッターが付属しており，モーターがタンクの下にあり，シャフトがタンクの底からのため，図4の一般的な砂糖，粉乳溶解タンクと比較してシャフトが短い。そのため，負荷が大きくてもシャフトのブレが小さいため，ディスパー翼やカッターの大きさはタンクの内径に対して，図4のタービン翼と比較して大きくすることが可能であり，液量当たりのモーターの大きさも大きく，強力なせん断作用と高粘度混合が可能である。

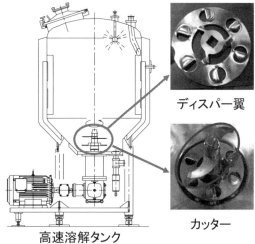

図6 増粘剤等も溶解可能な高速溶解タンクの例

合わせて，図6のディスパー翼は反時計回りに回転し，液を下に強力に吸込む構造のため，吐出量が大きく，タンク内の液全体の混合もしやすい。そのため，増粘剤等も溶解・混合可能である。通常，粉体の溶解だけの場合はディスパー翼のみだが，カッターも付属することで果実などの破砕も可能でスムージーなどの粗破砕にも適用可能である。この設備の管理ポイントとしては仕上り液の濃度または水の投入量と粉体の投入量，ディスパー翼の回転数，溶解時間，溶解温度などである。通常はテスト生産を行った際に上記条件を決定し，本生産では決定した条件通りに処理を行う。洗浄はCIPにて行うが，タンク底の軸封には通常，メカニカルシールが使用されており，それなどの定期的な分解点検が必要になることもある。

図7に連続式溶解ポンプを用いた粉体溶解設備を示した。この設備は増粘剤溶解の専用機であり，増粘剤溶解用溶解ポンプに水を連続的に定量的に供給しながらポンプのインペラーにより発生する負圧によりホッパーから増粘剤を自吸し，ポンプのケーシング内で強力にせん断をかけて溶解液として次工程の調合タンクまたはバッファータンクへと送る。ポンプのインペラーは高速回転するせん断羽根と遠心羽根から構成され，溶解液の吐出能力と強力なせん断力を有している。負圧の発生によるホッパーからの増粘剤の自吸に関しては水の供給流量に対して一気に大量の粉体を吸引してしまうと，粉体が増粘剤のため超高粘度液となってしまい，送液が不可能となるため，ロータリーバルブでの切り出しが必要である。この設備の管理ポイントとしては水の供給流量と粉体の切り出しのロータリーバルブの回転数，ポンプのインペラーの回転数，溶解温度などである。通常はテスト生産を行った際に上記条件を決定し，本生産で

第6章　飲料製造設備

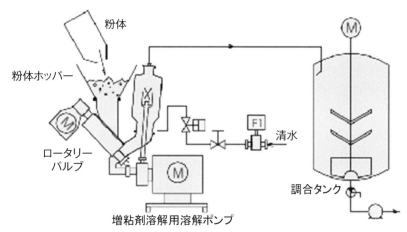

図7　連続式溶解ポンプを用いた粉体溶解設備

は決定した条件通りに処理を行う。図6の高速溶解タンクと比較して，タンクなしでの溶解となるため，設置スペースを少なくでき，粉体の投入もタンクの上からではなく，ホッパーからの投入のため，原料投入しやすいという利点がある。しかし，その反面，溶解濃度が大きく異なる増粘剤と粉乳や砂糖などの溶解を兼用することが難しく，ロータリーバルブを含めた粉体専用ラインの分解手洗浄が必要である。なお，粉体専用ライン以外はすべてCIPにて洗浄を行う。

4　調合設備

　一般的に飲料は低粘度液ばかりであり，前工程で抽出・溶解した液や水との混合がメインのため，調合自体は難しくはない。調合設備としては供給される液の計量をして調合タンクで調合する設備または配管での合流による連続式インラインブレンダーなどがある。

4.1　調合タンク

　図8に一般的な調合タンクを示した。調合タンクは低粘度液液混合の用途のため，パドル翼またはプロペラ翼が用いられ，タンクの内径に対して比較的小さな撹拌羽根として，最大150rpm程度で混合を行う。なお，飲料の調合タンクは生産量が多いため，最大で40000Lもの容量のタンクとなる。そのため，軸の長さが非常に長く，通常，タンク底に撹拌軸の軸受けが設けられており，この部分についてはCIP時に軸受けが液に漬かるようにした上で低速で回転させることで洗浄するも，定期的な点検が必要である。非常に容量の大きいタンクのため，通常，各原料液や希釈水を投入するのにも時間がかかるため，液を投入しながら混合する。その際，ロードセルでタンク内の液量を計量しながら撹拌羽根で液面を叩いてしまう液量時は撹拌を止めるなどの制御を行う。その他，管理ポイントとしては各原料液の液量や撹拌機の液量に応じた回転数，希釈水でのメスアップ終了後の混合の時間などがある。

4.2 インラインブレンダー

図9に連続式インラインブレンダーを示した。図9は2種類の原料液と水を流量制御しながら合流させ，混合するシステムである。飲料の調合は低粘度液液混合のため，混合は簡単であり，配管で合流するなりした程度で十分混合することが可能である。各原料液や希釈水については小容量の加圧タンクから加圧送液されるが，それぞれ，質量流量計で計測しながらコントロールバルブの開度を調整し，流量制御が行われる。合わせて，各加圧タンクの圧力も一定になるよう，エアーの供給を制御する。立上げ時は各加圧タンクの圧力を一定にした後でコントロールバルブの開度をテスト

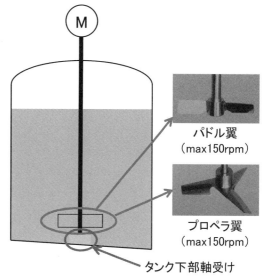

図8　一般的な飲料調合タンク

生産時に初期設定を決めておき，その初期設定にて立ち上げることで混合比率のずれが生じないようにする。このシステムの良い点は大容量のタンクが不要であるため，設備の設置スペースが小さくて済むことである。図9は2種類の原料液と希釈水の3液連続調合のシステムだが，炭酸飲料の場合では1種類の原料液（シロップ）と水の2液連続調合システムとするのが一般的である。また，飲料の調合比率としては希釈水の割合が大きいため，水以外の原料液は事前に小さなタンクで混合しておき，水での希釈を連続式インラインブレンダーにて行うケースもある。

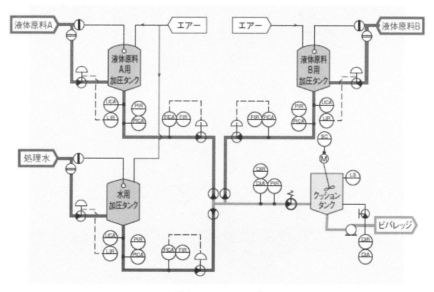

図9　連続式インラインブレンダー

5 乳化・均質装置

古くから牛乳などでは，脂肪分と水分が分離せず乳化・均質化された状態に保たれるように，圧力式乳化均質機（ホモゲナイザー）が使われている。現在では，圧力式乳化均質機・回転式乳化機・超音波式乳化機など多くの方式が存在するようになった。乳化機を食品製造において使用する目的は，大まかには次のようなことが言える。乳化機を用いることで，本来分離する水と油が所定の割合で乳化でき，均一の組成を生み出せる。また，乳化された水と油は分離することなく乳化状態を保ち均質な状態で長時間保存が可能となる。さらに，乳化することで，通常互いに混ざらない成分が乳化状態となり，天然では得られない豊かな風味や優れた栄養バランスをもつ食品を製造できる。液滴を微細化することで，体内への消化吸収の向上，口当たりや食感の改良，色・味・香りの増強や安定化などにも関係する。ここでは，飲料製造において，広く使用されている圧力式乳化均質機について説明する。

図10に圧力式乳化均質機を示した。圧力式乳化均質機の構造は，製品液を一定圧力（高圧）で均質バルブ部へ送液するためのプランジャーポンプ部と，乳化・均質化を行う均質バルブ部からなる。定量性が高く，圧力を任意に設定できることから，送液部はプランジャーポンプを採用している。プランジャーポンプの構造を簡単に述べると，外部原動機（モーター）によりベルトやギヤ減速器を介してクランク軸を駆動し，クランク軸の回転運動を往復運動に変換してプランジャーを往復動させて，製品液を高圧で送液するものである。プランジャーの本数は，3本や5本など一般に複数本存在し，大型の機械（製品処理量が多い機械）ほど本数は多くなる。プランジャーポンプ部が均質バルブ部へ送液する際の圧力（均質バルブ部へ製品液を送り込む際の圧力）を均質圧力という。

均質バルブ部は，圧力式乳化均質機の液出口部に設けられており，図11にその構造例を示

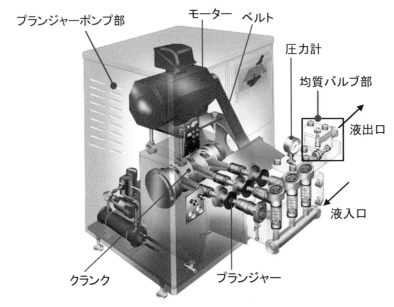

図10 圧力式乳化均質機

した。図11の液入口側はプランジャーポンプ部と繋がっており，プランジャーポンプ部から製品液がこの液入口に送り込まれる。送り込まれた製品液は，均質バルブと均質バルブシートの非常に小さな隙間を通過した後，インパクトリングに衝突し，配管等で次工程へ送られる。この均質バルブ部において，せん断，衝突，キャビテーションなどの作用により液滴が微細化されて乳化均質化状態を得る。均質バルブ部では，均質バルブと均質バルブシートの隙間を調整して，処理の度合を調整する。均質バルブと均質バルブシートの隙間が小さいほど，均質圧力が高くなる。均質バルブ部は，2段式になっているものが一般的で，その場合は図11のような均質バルブ部が圧力式乳化均質機の液出口部に直列に2つ繋がって設けられ，1段目のバルブで所定の液滴径になるよう微細化し，2段目のバルブで再凝集を防止するまたは1段バルブの出口圧力をコントロールする。

　次に，圧力式乳化均質機を運用する場合の管理ポイントをいくつか述べる。均質圧力は，製造運転時必ず管理する。製品液温度は，粘度や乳化成分等の作用に影響し，結果的に乳化・均質化に影響するため，管理する必要がある。一般に飲料製造では，60〜70℃が乳化・均質化の処理温度となることが多い。ただし，製品液温度は，製造ライン全体との兼ね合いもある。圧力式乳化均質機で処理する対象製品液に固形物が含まれる場合は，プランジャーポンプ部や均質バルブ部で詰まりや堆積を引き起こさない大きさや含有量であるか等，確認が必要である。圧力式乳化均質機の液入口の圧力は，適切な値である必要があり，装置仕様により必要な圧力は異なるため，仕様にあわせて入口圧力を管理する。圧力式乳化均質機のCIPでは，製品処理流量で洗浄を行う事が多い。装置洗浄流量（製品処理流量）より製造ライン洗浄流量が大きい場合がほとんどで，圧力式乳化均質機で流量制限されないようにバイパス配管を設けて洗浄を行う。

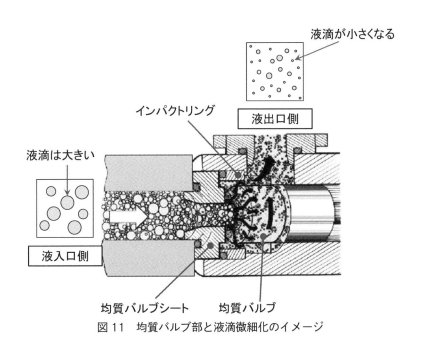

図11　均質バルブ部と液滴微細化のイメージ

6 その他

飲料の製造ラインにおいて、各工程間の液の移送はポンプアップによる配管移送にて行う。ポンプ、バルブ、配管について簡単に紹介する。

6.1 ポンプ

ポンプはサニタリー仕様のポンプが用いられるが、飲料の大半は低粘度で固形物が含まれない液のため、通常は遠心ポンプ（セントリヒューガルポンプ）が用いられる。一部、さのうや果肉、ナタデココなどの固形物入り製品があるが、それらは固形物を崩さずに送液する必要があり、インペラーが高速回転する遠心ポンプではなく、ローター低速回転の容積式ポンプであるロータリーポンプにて送液する。他のケースとしては溶解の工程で高濃度溶解をした際に粘度が多少高くなるため、高濃度溶解液送液にロータリーポンプが用いられたり、殺菌後の製品を受け入れるアセプティックタンク（ACT）以降のラインの払出にはスチームバリヤが可能なロータリーポンプにて払出を行うこともある。これらのポンプはCIPにて洗浄するが、双方とも軸封部にはメカニカルシールを用いているため、定期的に分解点検を行う必要がある。さらに、ロータリーポンプについては定期的に分解手洗浄が必要なケースがある。

6.2 バルブ、配管材

飲料製造設備ではバルブは主にサニタリーバルブが用いられる。サニタリーバルブにはL型バルブやT型バルブ、切替のF型バルブなどがある。配管はISO規格のヘルール継ぎ手の配管が用いられ、内外面バフ研磨品が主に用いられている。これらはCIPにて洗浄されるが、バルブのシートや軸封のパッキン、配管の継ぎ手のパッキンについてはプロセスの温度条件等に応じて定期的に交換が必要となる。

7 おわりに

飲料にはさまざまな種類のものがあり、すべての工程において共通して言えることは製品特性や製造現場の事情等に応じて適切な製造方式や製造設備を選択することが重要という点である。本稿にて飲料製造設備のすべてをカバーできたわけではないが、各飲料製造設備について、大まかにはご理解いただけたようであれば幸いである。

第7章　各種飲料製造の実際と注意点

第1節　ビール
第2節　ラムネ
第3節　野菜飲料における微生物制御
第4節　コーヒー飲料

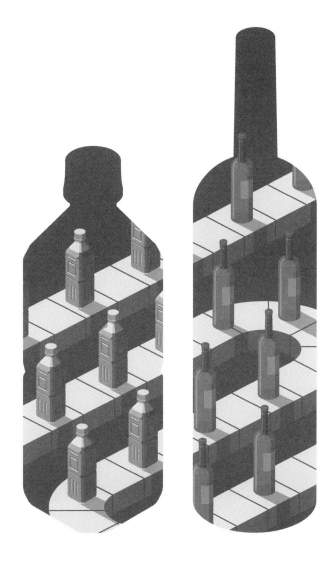

第7章　各種飲料製造の実際と注意点

第1節

ビール

キリンホールディングス株式会社　松井　栄太朗

1 ビールとは

1.1 ビールとは

ビールは果実酒と蜂蜜酒に次いで古い酒といわれている。今から5,000年前にはメソポタミア（現在のイラク）でビールがつくられていたことが記録に残っており，エジプトでも古くからビールつくりが行われていた。一般的には，大麦の麦芽，水，ホップを主原料に副原料（米，コーン，スターチなど）を加えて穀類を発酵させた醸造酒で，以下の特徴を持っている。

①他の酒に比べてアルコール度数が低い
②炭酸ガスを含む
③ホップに由来する独特の香りやほろ苦さがある

1.2 分類

ビールの種類を分類するにはいろいろな方法がある。その中でもごく一般的な分類方法としては，使用する酵母の種類の違いにより分類するものと，ビールの色により，淡色，中等色，濃色とに分類するものがある。ほかにも産地別や，ホップの使い方，使用量による分類方法もある。

1.3 成分と性質，保存管理のポイント

ビールのエキス成分は，その約80％が炭水化物で，残りがタンパク質，アミノ酸，ホップの苦味質，有機酸，無機質などである。これらの成分は微妙なバランスを保ちながら真性溶液[*1]に近い状態でコロイド状[*2]の透明な液となっている。デリケートなので，振動や衝撃，光などの刺激や酸化などでバランスを崩し，味の変化や濁りを起こすこともある。

品質の維持に必要な保存管理のポイントは以下のとおり。

(1) 日光に当てない

直射日光・蛍光灯は日光臭と呼ばれる焦げたような臭いを発生させる。びんが濃い茶色なの

---

*1 物質が分子またはイオンの状態になって，液体中に一様に分散（溶解）したもの
*2 原子あるいは低分子より大きい粒子として物質が分散している状態

は光を避けるためである。
(2) 凍らせない
　品質が低下するだけでなく，液容積増加で容器内の圧力が高まり容器の破損や漏れに繋がる。
(3) 温めない
　保管温度が高くなると品質劣化が早くなる。さらに温度を上げ過ぎると，容器内の圧力が高まり破損する場合もある。
(4) 冷やしすぎない
　長期間，低温の冷蔵庫に入れたままにした場合，寒冷混濁が生じる。
(5) 振動・衝撃を与えない
　急激な振動・衝撃等を与えると，開栓時に泡を噴いたり容器が破損する場合もある。

2　ビールの製造工程

　ビールの製造工程は大きく分けて製麦，仕込，発酵，ろ過，パッケージングの5つに分かれている（図1）。
(1) 製麦工程
　ビール醸造に大麦を使うためには，発芽により酵素力を高め，デンプンが酵素の作用を受けやすくする必要がある。この発芽した状態の大麦を「麦芽」と呼び，麦芽を製造する工程を製麦と呼ぶ。
(2) 仕込工程

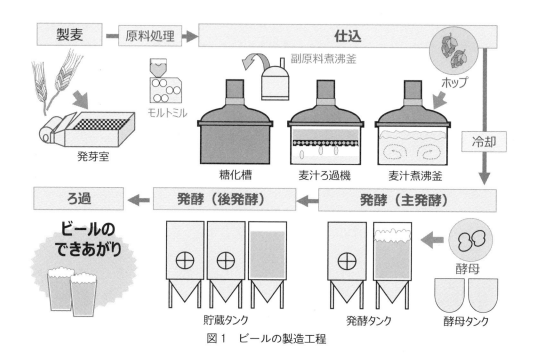

図1　ビールの製造工程

製麦工程で麦芽を糖化（酵素により糖分に分解）し，ろ過，煮沸を経て清澄な麦汁を作る工程。その後のビール品質を決定づける重要な工程である。

(3) 発酵工程

糖を中心としたエキス分を酵母が分解し，アルコールを中心とした成分と炭酸ガスを生成する工程。発酵方法は大きく，上面発酵と下面発酵に分けられる。

(4) ろ過工程

ろ過を行うことにより，酵母や混濁の原因となるタンパク質を除去し，保存安定性，清澄度を向上させる。

(5) パッケージング工程

醸造工程（仕込工程〜ろ過工程）でつくられたビールを品質低下させることなく容器に充填・密封し，必要な表示を行う等，商品として仕上げる。

3 パッケージング工程における管理

3.1 パッケージング工程の役割

パッケージング工程の役割は主に以下の通りである。
①醸造工程でつくられたビールを品質低下させることなく容器に充填する。
②充填後の保存性を確保するために確実に密封する。
③商品としての美観性を損なわないよう仕上げる。
④商品として必要な表示を行う。

ビールに使用される容器は，主としてビールが直接詰められる一次容器と，その容器が流通において効率的に取り扱えるようにすることを主目的として使用される二次容器に大別される。

ビールの一次容器はガラスびん，缶，樽に大別される。

3.2 代表的なパッケージング工程

ビールのびん詰めラインの構成は図2の通りであり，また，ビールの缶詰めライン，樽詰めラインの構成は図3，図4の通りである。

3.3 パッケージング工程の注意点

3.3.1 ビールのハンドリング

ビールはタンパク質，炭水化物を含むコロイド状の透明な液に炭酸ガスが溶解したものであり，移送するうえで注意を要する。ビール移送方法は，タンクの炭酸ガスカウンタープレッシャー差（圧力差）によるものとポンプによる方式がある。
①配管移送中は「もまれた」状態にしない。
②移送中にビール品温が上昇すると，充填工程で噴きやすくなるため，配管長を極力短くしたり，配管を適切な方法で保冷する。
③配管施工面では溜りのない構造とし，周期的な定置洗浄（CIP: Cleaning In Place）および分

第7章　各種飲料製造の実際と注意点

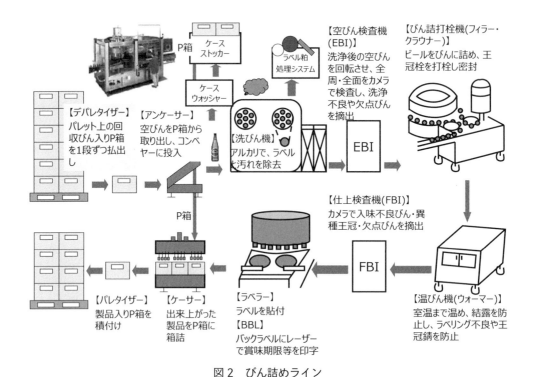

図2　びん詰めライン

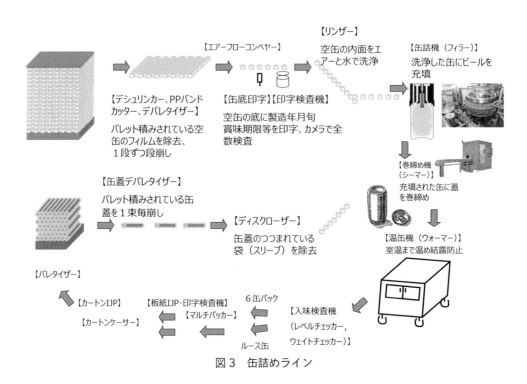

図3　缶詰めライン

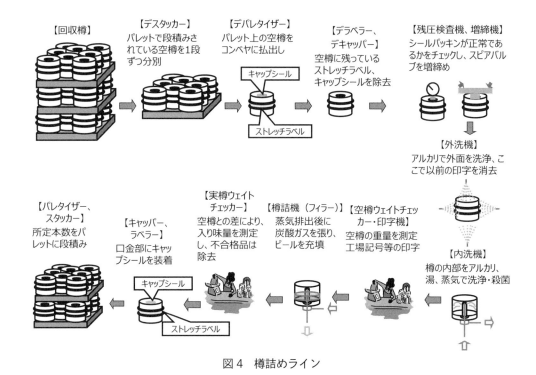

図4 樽詰めライン

解洗浄を行い，常に清潔さを保つ。

④ビールの溶存酸素量の上乗せ対策，噴き対策として，ビールを通す前に予め冷却された脱気冷却水で配管内を置換しておく。

3.3.2 溶存酸素管理

ビールは酸素の影響を多大に受け，容器内の酸素があるレベル以上になると酸化による異臭，いわゆる酸化臭が生成されやすく，また混濁安定性も悪化する。したがって，製品ビール中に含まれる酸素量を極力減らす試みがなされている。ビール容器中の酸素量の増大を防ぐためには，フィラーに移送するビール中の溶存酸素量を醸造工程から管理するのは勿論のこと，充填工程における酸素の上乗せ量を低減させる必要がある。ビール用フィラーでは，容器内を炭酸ガスに極力置換したり，容器内での空気の巻き込み防止のため極力穏やかに充填したりして対応している。

また，充填後にヘッドスペース中に侵入した空気は，炭酸ガスを吹き入れたり，加圧した脱気水を容器内に吹き込んでビールを泡立たせたりすることにより追い出し，速やかに密封される。使用する炭酸ガスの純度，および充填前のビールの溶存酸素量を管理し，フィラーでの上乗せ量を把握しながら運転管理することが重要である。

(1) びん詰機の場合

充填前にびん内の空気を吸い出し（プリエバキュエーション），炭酸ガスを注入する方式が一般的である。この操作を繰り返せばびん内空気は低減する。

(2) 缶詰機の場合

容器の強度からプリエバキュエーションが不可能であり，また開口径が広く置換性がよいため，炭酸ガスを吹き入れて空気を追い出し，置換している。

(3) 樽詰機の場合

充填前に蒸気で樽内面を殺菌するため容器内には空気は少なく，樽内に炭酸ガスカウタープレッシャーをかける程度でそのまま充填してもびん，缶のように充填後に大気開放されることがないため，溶存酸素量の上乗せを抑えられる。

3.3.3 入味管理・欠減管理

ビールの場合，その内容量（入味量）の下限は計量法，上限は酒税法により規制される。

3.3.4 炭酸ガス含有量の管理

ビールの炭酸ガス含有量は商品スペックにより異なるが，一般的に0.35〜0.55重量％である。ビールの炭酸ガス含量は容器への充填，密封工程で若干低下するため，醸造工程であらかじめその低下量を見込んだ調整が望まれる。

3.3.5 微生物管理

近年，生（非加熱処理）ビールが主流となり，厳しい微生物管理が必要となっている。充填前のビールは，十分に洗浄殺菌された密閉系設備で製造され，ろ過工程で微生物を捕捉している。この品質をいかに維持しながら，製品ビールとして完成させるかがパッケージング工程の大きな役割となる。充填工程においてビールが二次汚染されるケースとしては，使用する容器の汚染，充填設備の汚染，充填する雰囲気からの汚染があり，以下のような対策を講じている。

(1) 容器からの汚染対策

①びん，樽のようなリターナブル容器は，洗浄機の運転状態をモニタリングしながら確実に洗浄殺菌する。

②使用する王冠栓についても汚染しないよう取扱いに注意する。

③洗びん機からフィラーまでの搬送中に汚染される可能性があるので，回収びん取扱いゾーンを仕切ったり，洗浄びんコンベアにカバーを施す。

④缶等のワンウェイ容器については，容器メーカー製造から受入れに至るまで異物混入対策を施し，さらに充填前に無菌高圧水または高圧空気でリンシングする。

(2) 充填設備からの汚染対策

①設備自体を洗浄殺菌しやすい構造，洗浄殺菌に耐えうる材質のものとし，湯または洗浄剤を用いて定期的な洗浄殺菌を行う。

②危険個所をあらかじめ定め，一般細菌の拭き取り検査を行い，設備の汚染状況を兆候管理する。

第7章 各種飲料製造の実際と注意点

第2節

ラムネ

鈴木鉱泉株式会社　鈴木　武

1　はじめに

弊社は，大正2（1913）年創業で，ラムネなどの清涼飲料，炭酸飲料の製造・販売，および有名飲料メーカーをはじめとする各社製品の受託製造を行っている。工場内に，4,000本/時間の能力を持つ全自動転倒式ラムネびん詰ラインを備えている（図1）。

本稿では，ラムネの製造工程と容器，特有の注意事項を紹介する。

2　ラムネの製造工程

図1　全自動転倒式ラムネびん詰ライン

ラムネの製造工程について，ビー玉入り密栓容器発売期の「ビー玉密栓360°転倒充填式ラムネ」のフローチャートを図2に，2012年頃より出現した「ビー玉セットキャップ使用サイダー式垂直充填式ラムネ」のフローチャートを図3に示す。

ビー玉密栓360°転倒充填式ラムネは，一次充填で濃縮液を15%，二次充填で炭酸水を85%充填した後で，ビー玉を口ゴムに180°倒立させて落とし込み，直後に180°回転させて正常に戻すことによって，びん内のガス圧力で口ゴムとビー玉を密封する。この方式ではビー玉を転倒落下させる物理的限界があり，充填速度には限度がある（図2）。

ビー玉セットキャップ使用サイダー式垂直充填式ラムネは，びん内空気が真空ポンプ回路で瞬時真空になってから充填液を注入する。その後，打栓機でビー玉セット済みキャップを装着して密封する。360°転倒充填式に比べて，充填速度は大幅にアップしている（図3）。

360°充填式は空気の混入があることから，垂直充填式と比較して，ガス質の官能味に差が生じる。

第7章 各種飲料製造の実際と注意点

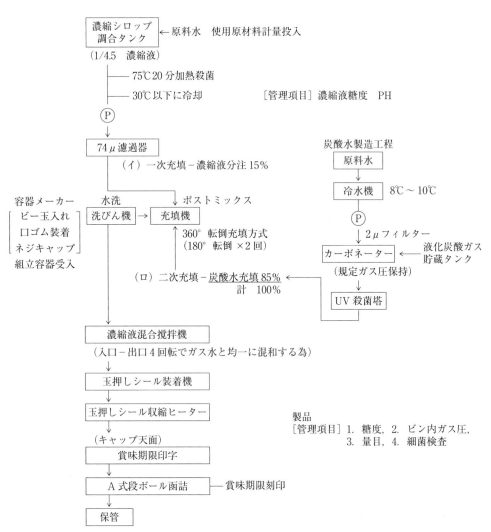

図2 ビー玉密栓360°転倒充填式ラムネの製造工程

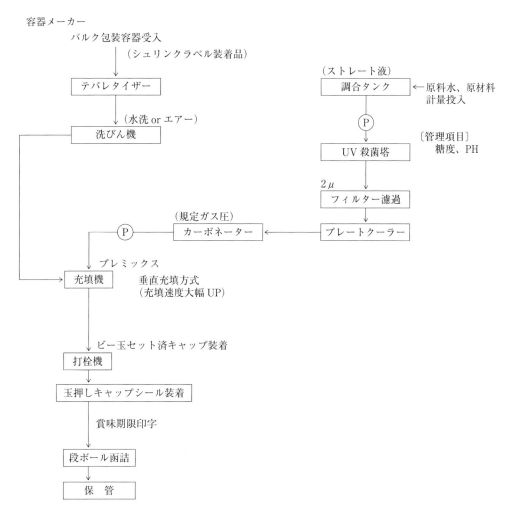

図3 ビー玉セットキャップ使用サイダー式垂直充填式ラムネの製造工程

3 ラムネの容器

「ビー玉密栓360°転倒充填式ラムネ」の容器概要を図4に,「ビー玉セットキャップ使用サイダー式垂直充填式ラムネ」の容器概要を図5に示す。

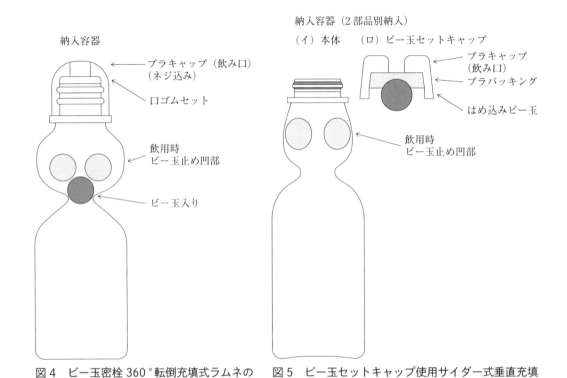

図4 ビー玉密栓360°転倒充填式ラムネの容器

図5 ビー玉セットキャップ使用サイダー式垂直充填式ラムネの容器

4 ラムネ特有の注意点

ラムネは,いずれの製造方式においてもビー玉で各々パッキングに密封しているので,他の炭酸飲料には発生しない玉落ち(開封)の減少が充填後の経過(炭酸ガスの内圧低下など)によって発生することが宿命的にある。

玉落ちをすれば空気が混入して内容物が白濁する現象が起こる。

このため,消費者への注意として,キャップに赤字で「ビー玉を押す前に落ちていたら飲まずに○○にお知らせください」という印刷がされている。ただし,各地の保健所の指示による。

第7章　各種飲料製造の実際と注意点

第3節
野菜飲料における微生物制御

カゴメ株式会社　猪原　悠太郎

1　野菜飲料とは

1.1　野菜飲料の定義

　野菜飲料とは野菜を原料とした飲料製品であり，清涼飲料水の1つである。野菜飲料には大きく2つのカテゴリーが存在している。1つ目はトマトジュース，トマトミックスジュース，にんじんジュースに代表される野菜100％の飲料である。これらは野菜本来の香味を楽しめる商品であり，手軽に野菜を摂取できることも利点である。また，飲料としての定義の視点では「トマト加工品」，「にんじんジュースおよびにんじんミックスジュース」として日本農林規格（JAS規格）がそれぞれ設定されている[1)-3)]。

　2つ目は果実・野菜ミックスジュース，にんじんミックスジュースに代表される野菜果実混合飲料である。これらは，フルーツの甘みや爽やかな酸味で野菜嫌いな人でも楽しめるという特徴がある。飲料の定義の視点では，果実・野菜ミックスジュースはJAS規格にて「果実飲料」として，にんじんミックスジュースは上述の通り「にんじんジュースおよびにんじんミックスジュース」として定義されている。

　野菜飲料の商品形態としては缶，ペットボトル，紙パック等が主流であり，流通温度もドライ・チルド・冷凍と多岐にわたる。

1.2　食品衛生法における野菜飲料のpH区分

　野菜飲料のpHは大きく2パターンに分かれる。トマトジュースのような野菜100％の製品はpH4.0～4.6程度，ニンジンミックスジュースのような野菜・果実ミックス飲料はpH3.5～4.4程度である。清涼飲料水の殺菌条件は食品衛生法（厚生省告示第370号「食品，添加物等の規格基準」）によってpHの領域毎に設定されている（表1）。上述した野菜飲料のpH領域を当てはめると，野菜100％の飲料では「85℃，30分以上」，野菜・果実ミックス飲料では「65℃，10分以上または85℃，30分以上」が食品衛生法により最低限求められる殺菌条件となる。ただし，これらの殺菌条件はあくまでも法律面から最低限遵守する必要がある条件であり，この条件を満たすことで十分な殺菌ができていることではないことはよく理解しておく必要がある。以降の項では，野菜飲料での微生物制御をどのように達成していくかについて工程フローも交えて説明していく。

表1　食品別規格基準（清涼飲料水）

①	pH4.0 未満のものの殺菌にあつては、その中心部の温度を 65℃で10分間 加熱する方法又はこれと同等以上の効力を有する方法で行うこと。
②	pH4.0 以上のもの（pH4.6 以上で、かつ、水分活性が 0.94 を超えるものを除く。）の殺菌にあつては、その中心部の温度を 85℃で 30 分間加熱する方法又はこれと同等以上の効力を有する方法で行うこと。
③	pH4.6 以上で、かつ、水分活性が 0.94 を超えるものの殺菌にあつては、原材料等に由来して当該食品中に存在し、かつ、発育し得る微生物を死滅させるのに十分な効力を有する方法又は②に定める方法で行うこと。

2　野菜飲料の製造工程（トマトジュースの例）

本項ではトマトジュースの製造方法について記載する。

まず原料となるトマトであるが、トマトにはサラダなどにして食べる「生食用トマト」と、ジュースやケチャップなどの原料となる「加工用トマト」がある。トマトジュースに使われるのは「加工用トマト」であり、「生食用トマト」で多く見られるビニールハウスの中で茎を支える支柱と共に栽培する方法とは異なり、露地で栽培される。茎は地を這うように伸び、真夏の太陽をいっぱい受けながら完熟することでリコピンを多く産生する。

加工用トマトを使用して製造されるトマトジュースであるが、製造方法・充填方法・容器においてそれぞれ特徴がある。まず製造方法についてであるが、「加工用トマト」を収穫し、それをジュースにする「ストレートタイプ」と、一度ジュースにしたものを濃縮し（濃縮トマト）、それを希釈する「濃縮還元タイプ」の大きく2種類が存在する。濃縮方法は真空加熱濃縮法や減圧濃縮法等さまざま存在するが、ここでは RO 濃縮法について紹介する。RO 濃縮法は、逆浸透膜を利用した濃縮技術であり濃縮工程では熱を加える必要がないため、トマトの持つ新鮮なフレーバーを保持することができる技術である。

次に充填方法であるが、ドライ流通の野菜飲料ではホットパックと無菌充填の2つが一般的に用いられる。前者は充填時の温度を高温にすることにより容器由来の微生物および充填時の環境由来の微生物を殺菌することが可能である。一方、後者は殺菌済みの容器に無菌ブース内で充填・密封する方法である。

最後に容器であるが、野菜飲料においては缶・PET・紙等が多く用いられている。容器形態により酸素透過度の差があり、内容物への品質に影響を与えるので実現したい品質に合った容器を選定することも非常に重要である。また、容器と充填方法との関係であるが、缶・PETではホットパックが採用されるケースが多い。一方、紙および一部の PET に関しては無菌充填が採用されるケースが多い。ホットパックを採用する際は容器の耐熱性にも留意する必要がある。

以下に「ストレート×ホットパック×PET」のトマトジュースを製造する際の工程フローを記す（図1）。なお、製造工程が類似している濃縮トマトについては、濃縮トマト製造特有の工程のみフロー中に点線で示す。また合わせて野菜飲料製造において重要な工程については詳細も記載する。

第3節 野菜飲料における微生物制御

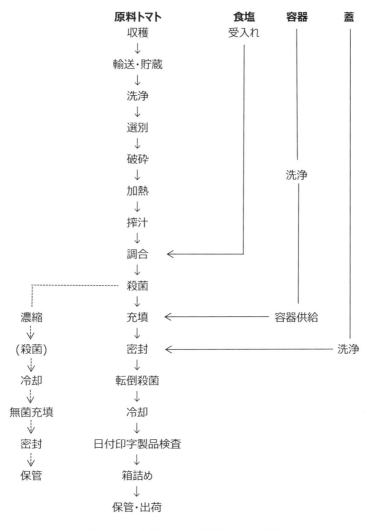

図1 トマトジュースの製造フロー（例）

2.1 収穫

「加工用トマト」は露地栽培で茎が地を這うように生育する。したがって，収穫されたトマトは土壌由来の菌が付着している。特に裂果などにより腐敗した果実には多くの微生物が検出され[4)5)]，内容品質の低下，初発菌数の増大などのさまざまな危害をもたらす。近年では，このような危害を極小化するために，裂果耐性の高いトマトも開発が進んでいる。

2.2 輸送・貯蔵

収穫されたトマトは，工場まで輸送され，トマトジュースやトマト濃縮汁に加工されることになる。輸送・貯蔵中に滞留が生じると，過熟による果実の軟化やカビの発生（モールドカウントの上昇）による品質の低下を起こすことになる。これらの危害を極小化するためには，収穫から24時間以内に加工されることが望ましい。そのために輸送・貯蔵時間の管理を行うこ

とは勿論だが，計画的な収穫の実施が求められる。それ故，近年の品種開発では，上述した耐病性や裂果耐性の高いトマトに加えて同熟性（果実が熟する時期が均一になる特性）を有する品種の開発も進められている。

2.3 洗　浄

トマト表面に付着した土壌および異物（枯れ葉や小石など）に加え，微生物の低減を目的として洗浄が行われる。バブリング（図2）による水洗，あるいはラバーディスク（図3）などによる物理的な洗浄を併用すると洗浄効率が良くなる。洗浄工程で初発菌数を低減することは殺菌時の熱履歴の低減にも繋がり，最終製品の品質にも影響を与える工程である。品質向上に向けてもこの洗浄工程の高度化は重要な意味を持つ。

2.4 選　別

選別工程では，病果，裂果，腐敗果および未熟果など，あるいは洗浄工程で除去しきれなかった夾雑物を排除する。不良果の混入はトマト加工品の品質低下をもたらし，微生物の増殖に繋がるので変敗防止の視点から重要管理点となる。目視で選別するのが主流であるが，画像解析技術の進歩に伴い選別工程の自動化の研究も進められてきている。従来よりも高精度かつ少人数での選別工程の実現が期待される。

2.5 破　砕

洗浄されたトマトはクラッシャーやチョッパーにより破砕あるいは細断される。破砕後のトマトは水分を多く含むため微生物が増殖しやすく，滞留により内容物が変敗する可能性がある。特にトマトシーズンである夏場は，外気温が30℃を超え，微生物の好む温度帯となる。したがって滞留時間および工場内の温度管理は重要となる。また，この工程では装置にトマトが付着しやすく，それに伴い微生物が増殖するので，装置由来の菌汚染防止のため，定期的な洗浄により衛生度を維持する必要がある。例えば12時間に1回程度，装置の洗浄と熱水によ

＊口絵参照
図2　バブリングによる洗浄工程

＊口絵参照
図3　ラバーディスクによる洗浄工程

る滅菌を行うといった対応が必要である。

2.6 加熱・搾汁
　破砕されたトマトは，果実中に含まれる酵素であるペクチナーゼ活性を制御するために加熱される。これによってジュースとしての適正な粘度を制御可能にしている。この加熱工程では通常60℃以上の温度が保持されるが，滞留などによる温度の低下が生じると微生物が増殖し，品質の変化が生じる可能性がある。したがって温度管理が重要である。加熱されたトマトは，パルパー・フィニッシヤー搾汁装置により搾汁が行われる。

2.7 殺　菌
　殺菌工程は原料由来の微生物を制御する重要管理ポイントである。殺菌温度，殺菌時間を初発菌数に応じて設定することは勿論であるが，設定した温度や時間を逸脱していないかをモニタリング可能にすることも重要である。この工程での殺菌が不十分であると大規模な変敗に繋がってしまう。

　殺菌方法として野菜飲料等で多く採用されているのは，UHT（Ultra high temperature）と呼ばれる超高温瞬間殺菌であり，120～150℃で，1～5秒以内の殺菌条件が一般的である。この殺菌方法は牛乳等でも主流となっている。加熱方法としては直接と間接がある。直接加熱法としては「スチームインフュージョン」や「スチームインジェクション」がある。前者は薄膜化した対象物を蒸気で満たされているトンネルを通過させることで殺菌する方法である。後者は対象物の中に直接高温の蒸気を注入し殺菌する方法である。対象物の温度上昇が速く品質に影響を与えにくいことや，蒸気による殺菌であるため対象物が焦げつかないメリットがある一方で，温度が安定しにくいことや熱回収できずランニングコストが高くなるというデメリットも存在する。間接加熱法としては「プレート式」と「チューブラー式」がある。両者とも対象物を伝熱面を介して殺菌（熱媒体は蒸気）する方法である。温度が安定しやすい，熱回収が可能でランニングコストを低減可能というメリットがある一方で，熱交換面への内容物の付着が生じやすく長時間運転では焦げが発生しやすいというデメリットが存在する。

　熱交換器で所定の温度まで加熱された対象物はホールディングチューブにて一定時間設定温度をキープする。ホールディングチューブは一定直径のステンレス製の円形直管であり，チューブの長さを調整することで対象物が受ける熱効果を調整している。また，チューブ内には数ヵ所に突起があり，対象物を乱流させ熱効率を高めるようになっている。チューブ内に粘性のある対象物が流れると，チューブ壁近傍では摩擦で流速が遅くなり，チューブ中央で流速が最大となるような速度分布を生じる。チューブ壁近傍での流速条件を元に殺菌条件を設定してしまうと，流速が速いチューブ中央部で殺菌が不十分になってしまう可能性がある。そこで，最大流速V_{max}と平均流速V_{ave}の比を用いる場合がある。飲食物の流動においてV_{max}/V_{ave}が最大になる場合は，ニュートン流体が層流になる場合で，$V_{max}/V_{ave}=2$とされている。殺菌条件設計においてはワーストケースを想定して$V_{max}/V_{ave}=2$を用いることが多い。ただし，この条件では過殺菌になっている可能性が高く，品質の向上やランニングコストの低減を図るにはチューブ内の流速分布を商品毎に測定する必要がある。

2.8 濃　縮

前述したように濃縮には，真空加熱濃縮法，減圧濃縮法，RO 濃縮法等さまざまな種類がある。野菜飲料・原料の製造においては，一般的には真空加熱濃縮法が用いられる場合が多いが，加熱することにより品質の低下が生じるため，高品質な濃縮品の得られる RO 濃縮法[6)7)]が採用される場合がある。RO 濃縮法は高品質な濃縮品が得られることでは大変優れているが，RO 膜の材質により，通常食品製造工程で用いられる苛性洗浄，熱水洗浄など微生物の除去・滅菌に必要な条件を採用することができず，濃縮中の微生物管理および RO 膜の洗浄条件などに細心の注意が必要となる。使用する RO 膜の使用適正範囲において洗浄・滅菌技術を確立することが必要である。

2.9 充填・密封

トマトジュースは缶・PET・紙パック，トマト濃縮汁は，通常 200kg 程度の大型の容器に充填し，ドラム缶で保管している。缶・PET のトマトジュースの充填はいわゆる無菌ブースの中で行われるわけではない。したがって，少なからず容器および環境由来の微生物の混入可能性がある。そのため，缶・PET 製品に関しては充填後にも容器および環境由来の微生物を殺菌する必要がある。一方，紙および一部の PET に関しては無菌充填が採用される場合がある。これは容器へのダメージが大きく後殺菌工程を採用できないことや，製造コストの低減が理由となっている。

一方，トマト濃縮汁の場合は，冷凍保管されることが多いが，真空加熱濃縮法により製造されたトマト濃縮品は，常温または冷蔵条件下での保管が求められることもある。品質的には冷凍保管が最も良いことは当然であるが，保管・輸送時のコスト面から冷凍を選択することが難しい場合も存在するからである。大型容器への充填には容器資材メーカーから既に γ 線殺菌された無菌のものを使用する。充填方法は，無菌チャンバーに容器の充填口を設置後にチャンバー内で充填口周りの蒸気殺菌を実施する。その後，無菌チャンバー内で規定量を充填し，無菌チャンバー内でキャップまでする仕組みである。この無菌充填においては，ラインの洗浄・滅菌，充填時の無菌性の管理などに十分留意することが必要であり，これらの管理が不十分であるとロット性の変敗が生じることになる。

2.10 転倒殺菌

上述したように缶・PET への充填は無菌的環境で行われるわけでなく，少なからず容器および製造環境からの製品への微生物混入可能性がある。したがって充填・密封後にも容器および環境由来の微生物を制御するために後殺菌が必要である。缶・PET への充填は内容液を通常 80〜90℃程度にしたものを充填するため，容器にはその温度に耐えることが可能な耐熱性が求められる。充填後は熱水シャワー（80℃程度）トンネルを通過させ殺菌する。通常缶・PET への充填の際には蓋裏の部分が最冷点となることが多い（容器の形態，内容物の粘度等によって最冷点は変わるため，事前の検証は必要である）。後殺菌の条件は最冷点での温度チャートを用いて設定することが望ましい。

3 野菜飲料の殺菌に関して

3.1 微生物制御の基本

微生物制御の3原則としては「持ち込まない」,「増やさない」,「殺す」があるが,ドライ流通の野菜飲料においてはこの中でも「持ち込まない」,「殺す」の制御が非常に重要になってくる。

「持ち込まない」制御に関しては,原料由来・工程由来・製造環境由来の微生物の混入を防ぐことが必要である。なかでも,原料を如何に洗浄するかが重要になってくる。特に野菜原料に関しては,畑で収穫されそのまま工場に運ばれて来るため原料の表面には土や泥が付着している。土壌には多くの細菌・カビが含まれているため洗浄工程によって土や泥を落し,製品に持ち込まれる菌を低減することが重要である。また,一時的に土や泥のついた原料を工場内に入れるということは,大量の菌を工場内に持ち込むことを意味している。洗浄工程にて原料の菌数を落とすことはもちろんだが,交差汚染を防ぐためにも清潔域や準清潔域といったように工程特性に合わせたゾーニングも重要である。

次に「殺す」制御についてであるが,現在日本で流通している大部分の野菜飲料は加熱によって殺菌されている(アメリカ,EU,アジアの一部では高圧殺菌による野菜飲料も普及している)。野菜飲料の製造においてはこの加熱殺菌の工程がCCPとなる。危害となる微生物を設定した後に,当該微生物を確実に制御可能な殺菌温度・時間を設定し,それをモニタリングできることが重要である。特に野菜飲料では芽胞菌等の耐熱性が高い菌も増殖するリスクが高いため,耐熱性データ(D値およびZ値)に基づいた論理的な殺菌条件の設定が求められる。

3.2 野菜飲料で問題となる微生物

野菜飲料では加熱殺菌工程を有するので,カビ・酵母といった耐熱性の低い菌は問題なく殺菌することが可能である。したがって,野菜飲料で注意すべきは,耐熱性が高く,pH4.6未満の領域でも増殖が可能な耐熱性好酸性菌(TAB),芽胞菌,耐熱性カビといった菌である。以降ではそれぞれの菌の特性について詳細を説明する。

3.2.1 耐熱性好酸性菌

耐熱性の高い芽胞を形成し,中性条件では生育せず酸性条件を好む微生物の総称である。本菌は1990年代頃から変敗事故が多発するようになり飲料業界では注目されている[7]。本菌の中には増殖時にグアヤコールという薬品のような異臭を出す菌も存在することも特徴の1つである。その代表的な菌とは*Alicyclobacillus acidoterrestris*であり,酸性を好む高温性菌であるためThermo-Acidophilic Bacilli(耐熱性好酸性菌)に分類され,略してTABとも呼ばれている。至適温度は40~60℃となっており,夏場の倉庫での保管時の増殖リスクが高い。本菌による変敗はpHが低く,殺菌条件が緩和な野菜・果実ミックス飲料で多く見られる。

3.2.2 芽胞菌

芽胞菌は耐熱性の高い胞子(芽胞)を形成する細菌である。主に土壌に生息しており,代表的な菌種としては*Bacilus subtilis*, *B. cereus*, *Clostridium botulinum*等がある。増殖至適温度

は30〜40℃の菌が多く，偏性好気性，通性嫌気性，偏性嫌気性と存在する。低pHで増殖する芽胞菌は限られるが，*B. coagulans*や*B. licheniformis*といった菌はpH4.6未満でも増殖報告があり野菜飲料において制御が必要な菌である。TABも増殖可能な領域であるが，耐熱性はTABよりも*B. coagulans*や*B. licheniformis*が高いため，これら菌を制御可能な殺菌条件であればTABも制御可能である。

3.2.3 耐熱性カビ

耐熱性カビとは，「75℃，30分」の加熱殺菌で生残する真菌の総称と定義される場合がある[8]。通常の真菌であれば「65℃，10分」の加熱で十分に制御可能であるが，それに比べて非常に高い耐熱性を有することが特徴である。耐熱性カビは周りを固い殻（子嚢）に覆われた子嚢胞子を形成し，国内外の土壌に広く存在している。子嚢胞子を形成する代表的な菌としては*Byssochlamys*属，*Eupenicillium*属，*Neosartorya*属，*Talaromyces*属が挙げられる。また，*Paecilomyces*属のように子嚢胞子を作らず厚膜胞子や分生子が耐熱性を示す菌も存在している。特に*Paecilomyces*属の厚膜胞子は食品工場内でも検出される頻度が高く，開放系での充填工程では後殺菌による殺菌が望ましい。

3.3 内容物殺菌

内容物の殺菌では原料由来の菌を殺菌することが求められる。pH4.0未満の野菜・果実ミックス飲料では「65℃，10分相当以上」の加熱が食品衛生法により定められているが，耐熱性好酸性菌の混入・増殖リスクがある製品に関しては，殺菌条件を上げる必要がある。原料の微生物分析や製品への耐熱性好酸性菌の接種試験等でリスクの度合いを明らかにし，どの菌を殺菌対象菌とすべきか，初発菌数としてどの程度混入するかを算出し，最適な殺菌条件を設定することが求められる。

一方，pH4.0〜4.6程度の野菜100％飲料に関しては「85℃，30分相当以上」の加熱が食品衛生法により定められているが，調合時の初発菌数次第では殺菌が不十分な場合がある。同様に殺菌対象菌と初発菌数を算出し，殺菌条件を設定することが求められる。トマトジュースでは*B. coagulans*等の芽胞菌を殺菌対象菌と設定することが多く，初発菌数にもよるがF0＝0.7分が一般的な殺菌条件として知られている。ここでの殺菌条件が高すぎると過殺菌となり，製品の香味に影響を与えてしまい，低すぎると生残した菌により変敗に繋がってしまう。野菜飲料製造においては殺菌工程がCCPであり，如何に管理・運用するかが重要である。

3.4 後殺菌

後殺菌工程では環境および容器由来の菌を殺菌することが求められる。容器・環境由来でとなる菌はカビ・酵母・乳酸菌といった空気中にも普遍的に存在する菌である。なかでも注視すべき菌は耐熱性カビである。後殺菌で実現できる殺菌条件は80℃前後で数分程度である。*Byssochlamys*属が形成する子嚢胞子は耐熱性が高く後殺菌の条件では制御不可能である。したがって，子嚢胞子に関しては工程の洗浄等により「持ち込まない」制御が求められる。また，厚膜胞子を形成する*Paecilomyces*属に関しては工程からの検出頻度も高く「持ち込まな

い」制御は難しい。*Paecilomyces* 属の厚膜胞子は子嚢胞子と比べて耐熱性が低いため，後殺菌でも殺菌が可能である。*Paecilomyces* 属を制御可能な後殺菌条件であれば他のカビ・酵母・乳酸菌も十分に制御可能である。

殺菌条件を設定する際は，後殺菌直前の製品に初発菌数としてどの程度の菌が存在しているか，容器内の温度ばらつきがどの程度存在するかを把握しておく必要がある。初発菌数としては，容器由来・環境由来があり，前者は拭き取り検査等によって，後者は落下菌，浮遊菌，ボトル開口時間等から算出可能である。温度ばらつきは温度をリアルタイムにモニタリングできるサーモレコーダーを複数箇所に取り付けた容器を後殺菌工程に実際に流すことで把握可能である。最冷点の例としては蓋裏が挙げられることが多いが，容器の形態や内容液の粘度によっても異なるため検証が必要である。

4 野菜飲料での品質事故事例

ここでは野菜飲料における微生物由来による品質事故例を紹介する。

1990～2000 年代に野菜果実ミックス飲料において薬品臭がするとの品質異常が発生した。微生物分析の結果，TAB が検出された。検出された TAB はこれまで殺菌対象としてきた TAB よりも高い耐熱性を示すことがわかり，殺菌条件の見直しが必要であることが示唆された。このように殺菌条件の見直し（殺菌価を上げる）も重要ではあるが，加熱すれば微生物は制御できるが，同時に香味は損なわれてしまう。したがって，今後は「殺す」制御に加えてビタミン C 等の添加による「増やさない」制御も重要になってくるだろう。

文　献

1）食品産業戦略研究所 編集：食品の腐敗変敗防止対策ハンドブック，(1996).
2）農林水産省：トマト加工品の日本農林規格
http://www.maff.go.jp/j/kokuji_tuti/kokuji/k0000993.html（アクセス日：2019/5/13）.
3）農林水産省：にんじんジュース及びにんじんミックスジュースの日本農林規格
http://www.maff.go.jp/j/jas/jas_kikaku/pdf/kikaku_07.pdf（アクセス日：2019/5/13）.
4）上田成子，桑原祥浩：生食用野菜の細菌学的研究，防菌防黴，**26**（12），673-678（1999）.
5）食品腐敗変敗防止研究会 編集：食品変敗防止ハンドブック，(2006).
6）早川喜郎：食品膜技術，381（1999）.
7）山田康則，他：トマトジュースの逆浸透濃縮法における濃縮装置の簡易的な殺菌法，日本食品科学工学会誌，**42**（1），44-49（1995）.
8）加工食品と耐熱性カビについて
http://www.aichi-inst.jp/shokuhin/other/up_docs/news1006-2.pdf（アクセス日：2019/5/13）.

第7章　各種飲料製造の実際と注意点

第4節

コーヒー飲料

UCC上島珈琲株式会社　増田　治

1　成分規格や製造基準などの技術的特長

　コーヒー飲料製品は,「コーヒー飲料等の表示に関する公正競争規約」[1]による品名表示方法において,「コーヒー豆を原料とした飲料およびこれに糖類,乳製品,乳化された食用油脂,その他の可食物を加え容器に密封した飲料」と定義され,乳飲料を除き以下の3つに分類される。また,以下の3分類の総称として,コーヒー飲料が用いられることもある。ただし,混乱を避けるため,本文中では,3分類の総称としてはコーヒー飲料を使用せず,総称として使用する場合は,コーヒー飲料製品とする。

(1) コーヒー
　内容量100g中にコーヒー生豆換算で5g以上のコーヒー豆から抽出又は溶出したコーヒー分を含むもの。

(2) コーヒー飲料
　内容量100g中にコーヒー生豆換算で2.5g以上5g未満のコーヒー豆から抽出又は溶出したコーヒー分を含むもの。

(3) コーヒー入り清涼飲料
　内容量100g中にコーヒー生豆換算で1g以上2.5g未満のコーヒー豆から抽出又は溶出したコーヒー分を含むもの。
　また,カフェインを90％以上除去したコーヒー豆から抽出又は溶出したコーヒー分のみを使用したものを「コーヒー入り清涼飲料(カフェインレス)」という。
　コーヒー原料の生豆換算としては,焙煎コーヒー豆1gは,生豆1.3g,インスタントコーヒー1gは,生豆3gに相当する。コーヒー抽出液(エキス)を使用するときはその製造者による証明に基づき換算する。
　コーヒー飲料製品は,乳原料を含まないブラックタイプ,および乳原料を含んだミルク入りコーヒータイプに大きく分類される。なお,乳固形分(無脂乳固形分と乳脂肪分の和)を3.0％以上含むコーヒー飲料製品については,「コーヒー飲料等の表示に関する公正競争規約」によ

表1 製造基準および保存基準

製造基準			保存基準
殺菌を要するもの	pH4.0未満	65℃、10分間同等以上	無し
	pH4.0以上	85℃、30分間同等以上	
	pH4.6以上、かつ水分活性0.94を超えるもの	85℃、30分間同等以上	10℃以下
		120℃、4分間同等以上 発育しうる微生物を存在させない方法	無し

らず,「飲用乳の表示に関する公正競争規約」による「乳飲料」(乳および乳製品の成分規格等に関する省令にて規定)に分類される。その他,表示上,注意すべきは,豆乳類の表示に関する公正競争規約及び酒税法に規定する酒類(アルコールを使用した場合)などである。

また,「ブラック」は「コーヒー飲料等の表示に関する公正競争規約」では,「乳製品又は乳化された食用油脂を使用しない場合に限り表示できる」と定められている。加えて,「又,糖類を使用したものにあっては,『ブラック』の文字と同一視野に『加糖』と表示する。」とも定められている。そのため,ブラックタイプは,乳原料を含まない製品で,かつ糖類を含まない「無糖」か,あるいは糖類を含む「加糖」(「低糖」,「微糖」等も含む)表示の製品がある。

コーヒー飲料製品の殺菌についての考え方は,pH4.6以上で,水分活性が0.94を超える低酸性飲料製品であり,食品衛生法に基づく清涼飲料水の中の低酸性飲料の製造基準による殺菌方法[2]がとられる(表1)。

弊社では,1969年に,当時主として缶詰に使用されていた金属缶(スチール缶)を活用し,商業的に世界で初めて金属缶入りミルク入りコーヒーの製造を開始し,現在に至るまで50年間,生産および販売し続けている。また,1994年より,現在主力製品となっている無糖のブラックタイプのコーヒーの製造を開始し,現在に至るまで25年間,生産および販売し続けている。

2 一般的な製造工程

コーヒー飲料製品の容器は,主として紙容器,金属缶,PETボトルにて販売され,殺菌・充填方法は,加熱充填(いわゆるホットパック),レトルト殺菌,無菌充填などがあるが,本稿では,主流となっている金属缶(レトルト殺菌)およびPETボトル(無菌充填)の一般的な製造工程について記載する。

2.1 金属缶

金属缶の製品は,主としてレトルト殺菌にて製造される。図1にレトルト殺菌の一般的な製造工程を示す。

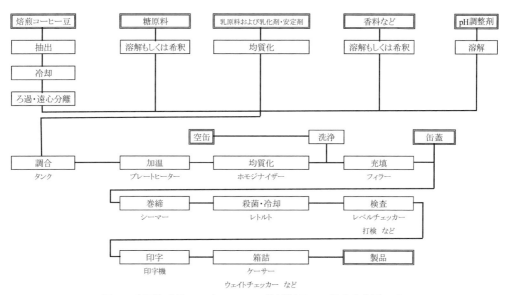

図1 金属缶を使用したコーヒー飲料製品の一般的な製造工程

2.1.1 金属缶の一般的な製造工程

図1は，乳原料を使用したミルク入りコーヒー飲料製品の一般的な製造工程であるが，乳原料を使用しないブラックタイプも原料の種類が少ないことと，加温後の均質化工程が不要なことを除き，基本的には同様な製造工程となる。また，適宜，ろ過工程を加えることは異物除去のために有効である。

2.1.2 金属缶でレトルト殺菌の場合の一般的な主要機械および機器類

抽出器，ろ過器，遠心分離機，タンク類，プレートヒーター，ホモジナイザー，フィラー，シーマー，レトルト殺菌機，レベルチェッカー，打検機，印字機，ケーサー，パレタイザーなど。

2.2 PETボトル

PETボトルの製品は，ホットパックの製品も販売されているが，図2には，無菌（アセプティック）充填の場合の一般的な製造工程を示す。金属缶同様，乳原料を使用したミルク入りコーヒー飲料製品の一般的な製造工程であるが，乳原料を使用しないブラックタイプも基本的には同様な製造工程となる。また，金属缶同様，適宜，ろ過工程を加えることは異物除去のため有効である。

2.2.1 PETボトルの一般的な製造工程

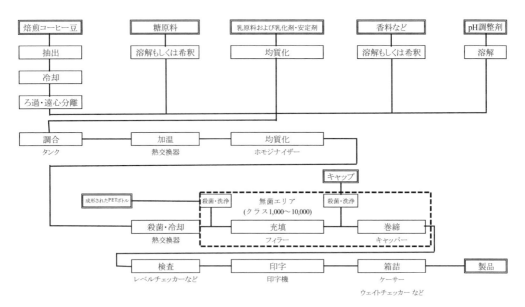

図2　PETボトルを使用したコーヒー飲料製品の一般的な製造工程

2.2.2 PETボトルで無菌充填の場合の一般的な主要機械および機器類

　基本的には打検機を除き金属缶と同じであるが，シーマーではなくキャッパーおよびレトルト殺菌機ではなくUHT殺菌機が必要となる。また，レジンよりPETボトルを成形するため，プリフォーム射出成形やPETボトルブロー成形のための機器類，検査機も併せて必要となる。

3　味・外見・香りなど飲料としての特長

　コーヒー飲料製品の飲料としての主な特長の1つは，コーヒー豆の使用であるため，コーヒー豆について記載する。

　コーヒー飲料製品に使用されるコーヒー原料は，レギュラーコーヒー豆，インスタントコーヒー，コーヒーエキスがある。コーヒー飲料製品の味覚を決める重要な原料の1つ（特にブラックタイプの場合）となる。コーヒー豆は，アカネ科のアラビカ種（*Coffea Arabica*），カネフォラ種（*Coffea Canephora*），リベリカ種（*Coffea Liberica*）の種子であるが，商業ベースでは，アラビカ種とカネフォラ種が主である（一般的にはカネフォラ種の中の品種であるロブスタが通称になっているが，本稿では，分類学上の種レベルであるカネフォラを使用する）。アラビカ種の特長は，香味や酸味が強いが，病害虫に弱い。カネフォラ種の特徴は，香味はアラビカ種よりも落ちるが，抽出液の回収効率が良く，病害虫に強いことである。アラビカ種には，ブラジル，コロンビア，モカ，ブルーマウンテンなどがあり，カネフォラ種には，インドネシア，ウガンダなどがある。

　また，精選方法によって，自然乾燥式精選方法（いわゆるナチュラル）と水洗式精選方法

(いわゆるウォッシュド）に分けられる。ブラジルは前者の代表，コロンビアが後者の代表で，一般的には，水洗式精選方法により精選されたコーヒー豆のほうが質は高いといわれている。

コーヒー豆は，焙煎することで，はじめて独特の香りを呈する。一般的には，焙煎が浅いほど酸味が強く，深いほど苦味が強くなる。これは，焙煎により，糖質，たんぱく質，脂質およびその他の成分が化学変化したり，揮発性の成分が生じるためである。そのため，製品の特長付けのため，焙煎した豆を単独（シングルオリジン），もしくは数種の豆，焙煎度の異なる豆を配合（ブレンド）して使用することが多い。

4 実際の製造工程において管理が必要な注意点および安全性や品質に影響する要因と管理ポイント

設計内容に準じた製品を安定的・経済的に製造し続ける上で，抜け漏れのない管理が必要である。

4.1 原料
4.1.1 コーヒー

インスタントコーヒーやコーヒーエキスを使用する場合もあるが，粉砕したコーヒー豆を使用した場合について以下に記載する。

コーヒー豆の種類，焙煎度，配合率，粉砕方法，抽出条件などがコーヒー飲料製品の品質を左右する。なお，特に抽出条件は，酸味，苦味などの味覚に影響する。抽出液を高温度に長時間放置すると，品質への影響が懸念されるので，急冷するのが良い。また，抽出液にはコーヒー粒子および油分が含まれる可能性があるので，清澄化のため，適宜，ろ過，もしくは遠心分離機で除去するのが良い。

一般的に，抽出温度は，90℃以上の高温度で行われることが多いが，香気に対する配慮および独自の味覚設計のため，低温度での抽出を行うこともある。

焙煎，粉砕したコーヒー豆は変質し易いため，保管には注意し，可能な限り短期間で使用することが望ましい。また，コーヒー抽出液も高温で保管すると味覚や混濁への影響があるので，抽出後は，可能な限り速やかに次の工程（冷却）へ進むのが好ましい。

4.1.2 糖原料

糖原料は，主に砂糖（グラニュー糖）を使用する。砂糖には耐熱性微生物がごく稀であるが，混入するケースがあるので，一般的には，耐熱性微生物を死滅させるため，溶解した糖液に紫外線殺菌が行われる。また，近年では，甘味付けのため，食品添加物である甘味料（スクラロースやアセスルファム・カリウムなど）の使用も多くみられる。

4.1.3 乳原料

乳原料は，牛乳，全脂粉乳，脱脂粉乳，クリーム，練乳などが使用される。牛乳は，変質し

易いので，受入，貯蔵などには注意しなければならない。また，粉乳類を溶解する際は，溶解しづらいため，撹拌力の強い溶解タンクを使用するのが好ましい。

4.1.4 乳化剤および安定剤

乳化剤，安定剤はミルク入りコーヒー飲料製品を製造する上では，重要な原料である。乳化剤は乳原料由来の脂肪分の分離を抑えるため，安定剤は，乳原料由来の固形分の沈殿を抑えるために，それぞれ使用される。

乳化剤の種類は，ショ糖脂肪酸エステルやポリグリセリン脂肪酸エステルなどであり，単独，もしくは組合せて使用される。また，ショ糖脂肪酸エステルの一部は，乳化目的に加え，静菌効果も併せて期待し，使用する。安定剤の種類は，カラギーナンやセルロースなどの多糖類やカゼインナトリウムなどであり，乳化剤同様，単独，もしくは組合せて使用される。

4.1.5 香 料

レトルト耐性の高い香料などを使用した製品はミルク入りを中心に多くみられる。また，殺菌および保存期間中の香気のアンバランスを補うため，香料を使用するケースもある。

4.2 調 合

調合液には，コーヒー抽出液，糖原料，乳原料，乳化剤，安定剤，pH調整剤および香料などが使用される。一般的に調合液のpHは，乳原料を使用する場合，沈殿などを防ぐために，殺菌後のpHが6.5前後になるよう調整する。ブラックタイプの場合は，殺菌後のpHが6.0前後になるように調整する。また，品質を一定にする上で，調合は20～30℃の低温で行い，可能な限り速やかに次の工程（加温など）に進むのが好ましい。

調合段階でも，内容液の理化学検査（pH，Brixなど）や官能検査を実施し，検査，調整する。

4.3 均質化

ミルク入りコーヒー飲料製品の場合は，調合液を加熱後，高圧ホモジナイザーでの均質化処理が必要である。乳化剤や安定剤を加えるだけではなく，均質化処理をすることで，より脂肪分の浮上や固形分の沈殿を防ぐことができる。また，可能であれば，調合液の前段階の乳原料と安定剤・乳化剤の混合液の段階でも高圧ホモジナイザーで均質化処理をすることで，より脂肪分の浮上や固形分の沈殿を防ぐことができる。均質化には温度，圧力の設定が重要である。

4.4 充填・巻締

金属缶の缶蓋，PETボトルのキャップの何れの場合でも，巻締不良などが発生しないよう，巻締管理には注意が必要である。

4.5 殺菌・冷却

殺菌基準は，金属缶，PETボトルの何れの場合でも，清涼飲料水の中の低酸性飲料の製造

基準による殺菌条件（120℃，4分間同等以上）であるが，製品中の配合組成（乳原料使用の有無含め）などにより，より強い殺菌条件を設定する必要がある。また，殺菌後に速やかに冷却することで，製品の味覚・物性などの品質をより向上させることができる。

4.6 箱　詰

殺菌，充填された製品は，エアブローなどにより水滴を除去し，充填不良品や密封不良品が排除された後，箱詰される。

4.7 製品検査（出荷検査）

製品検査は，一般的には調合バッチ単位などで抜き取りにて行われる。また，直後の検査と恒温検査を行なうことが多い。直後の検査として，主として容器に関する項目（外観，巻締など）と主として内容液に関する項目（理化学検査，官能検査，微生物検査など）がある。

恒温検査は，一般的には細菌が繁殖し易い温度である35～37℃で1週間前後行うことが多い。

4.8 印　字

製品単体（金属缶，PETボトルなど）およびカートンには，法令上必要な印字およびトレーサビリティーを考慮した印字を行う。また，印字と併せ，印字が確実にされていることの確認のための検査機を導入することが多い。

5　製品設計に必要な要素

5.1 容器の選択

コーヒー飲料製品は，従前より比較的金属缶を使用する製品が多く，900mL前後の容量のPETボトルを使用した製品もあったが，近年，500mL前後の容量のPETボトル製品が増えてきている。他の容器としては，紙容器やプラカップ容器がある。

5.2 汚染指標菌と殺菌条件

一般的には，pH4.6以上の低酸性飲料であるので，ボツリヌス菌が確実に死滅する加熱処理である120℃，4分間相当以上が必要最低条件である。ただし，加熱条件を過剰に設定すると，香気成分の変質，減少，固形分の沈殿の誘発などの品質劣化を起こす原因にもなるので，原料の微生物規格状況や製造ラインの衛生状況なども鑑み，最適な殺菌条件を設定するのが良いと考える。

5.3 流通温度

金属缶やPETボトルのコーヒー飲料製品は，常温流通の製品が主であるが，冬季は自動販売機などで加温販売される製品がある。また，紙容器の製品は，常温および要冷蔵流通の製品が混在している。プラカップの製品は，要冷蔵流通が主である。

謝 辞

執筆の協力を頂いた UCC 上島珈琲株式会社の関係各位には，この場を借りて，お礼を述べさせて頂きます。

文 献

1）全国コーヒー飲料公正取引協議会：コーヒー飲料等の表示に関する公正競争規約・施行規則
2）厚生労働省：清涼飲料水の規格基準（食品，添加物の規格基準）

第8章　飲料業界における 3R と環境対応

サッポロビール株式会社
門奈　哲也

1 はじめに

包装の基本的な働きは，①内容物の保護，②取り扱いの利便性，③情報の提供である[1]。包装の役目について例えば一般消費財で見ると，商品を消費者の手元まで届けるまで製品を保護することや，内容物の情報を提供するといった大きな役目を持っている。しかし，消費者が商品を包装から取り出してしまうと，その段階で包装の役目は終了となる。その後，包装は家庭から排出されるゴミという存在になる。包装業界としては，包装の機能を終えた後の処理方法について対策を検討する必要があるだろう。

本稿では，飲料向け容器の3R（Reduce，Reuse，Recycle）の取り組みを紹介する。さらに，環境対応が進んでいるビールテイスト飲料用容器（以降ビール容器と称する）についてリデュースを中心とした取り組みを紹介する。

2 容器包装の環境目標

2.1 自主行動計画について

容器包装の環境対策の自主的な行動計画として，容器関係の組織によって構成される3R推進団体連絡会が作成した「容器包装の3R推進のための自主行動計画」[2]がある。この目標は容器の特性を配慮し2004年を基準年として2020年に達成すべき3Rの目標を設定したものである。各容器の組織団体は，この目標達成のために取り組みを進めている。容器を扱う各企業の環境目標の設定にあたっては，関連団体で調整された数値であることや，包装の特性にあった目標値が配慮されていることから，本自主行動計画に示されている目標値を目安にすることが望ましいと考えている。

2.2 リデュース

3Rの中でリデュースは，地球資源の保護の観点から優先的に取り組むべき事項として循環型社会形成推進基本法にも掲げられており，3R推進団体連絡会でも容器包装の軽量化・薄肉化や適正化等について取り組みが推進されている。

軽量化・薄肉化等による使用量削減目標は，容器包装にはさまざまな形状があることから各容器の特性に合わせた指標を採用している。実績を見てみると表1の通りで，多くの素材で着実にリデュースを推進している。特に，PETボトル，スチール缶，紙容器包装，プラスチック容器包装は，計画を前倒しで達成したため目標を上方修正している。

PETボトルは，軽くて割れず，再封性もできることから，清涼飲料水，酒類，調味料（しょうゆ）など幅広く利用されている。容器を薄肉化することでPET素材使用量を減らし，形状にエンボス等を加えることで剛性を保ち形状を維持するなど工夫されている。しかし，薄肉化によって酸素透過や水分透過が起こり内容物の劣化を速めることになる。劣化の影響が出やすい内容物に関してはバリア材の多層化や内面蒸着などの製造技術によって品質を担保している。

軽量化や薄肉化を進めるに当たっては，容器包装に本来求められる機能，すなわち「安全・安心」のための品質の保持，運搬時の内容保護などの機能を損なわないようにすることが求め

表1 リデュースに関する2017年度実績[2]

素材	2020年度目標(2004年度比)		2017年度実績	参考:2016年度	2006年度からの累積削減量	備考
ガラスびん	1.5%の軽量化	一本（缶）当たり平均重量※	2.2%	(1.5%)	239千トン	
PETボトル	25%の軽量化		23.9%	(23.0%)	1,093千トン	2016年度に目標を上方修正（20%→25%）
スチール缶	8%の軽量化		7.8%	(7.7%)	250千トン	2016年度に目標を上方修正（7%→8%）
アルミ缶	5.5%の軽量化		5.3%	(5.1%)	93千トン	2016年度より算出方法変更
飲料用紙容器	牛乳用500ml紙パックで3%の軽量化		2.9%	(2.5%)	1,746トン	
段ボール	1㎡当たりの平均重量で6.5%の軽量化		5.1%	(5.2%)	3,015千トン	
紙製容器包装	削減率14%		11.2%	(11.5%)	1,856千トン	2016年度に目標を上方修正（12%→14%）
プラスチック容器包装	削減率16%		15.9%	(15.3%)	88千トン	2016年度に目標を上方修正（15%→16%）

られる。さらに，トータルのエネルギー使用量や地球温暖化ガスの増加が伴わないよう配慮し，総合的な対策を実施することが大切である。

2.3 リユース

リユースは，容器の形状そのままで再度利用する取り組みである。主にアルコールや調味料用の1.8L（一升）びん，ビールびんでのリユースの取り組みは，歴史的に現在も継続して進んでいる。ガラスびんは，使用後に小売店，びん商等が回収し，再び中味充填ボトラーが再使用するリユースシステムが確立しており，環境負荷，資源循環，安全性の各面からもリユースに最も適した容器である。

リターナブルびんの使用量実績を表2に示す。リターナブルびんは，主に業務用などの閉鎖された市場での利用によって継続している。2017年実績を2004年比で見るとリターナブルびんは45.4%へ減少，ワンウェイびんも79.7%へ減少している。その中で，リターナブルびん

表2 リターナブルびんの使用量実績（単位：万t）[2]

	2004年基準年	2013年	2014年	2015年	2016年	2017年	2017年実績基準年比
リターナブルびん使用量	183	102	95	89	84	83	45.4%
国内ワンウェイびん量（輸出入調整後）	158	136	134	133	128	126	79.7%
リターナブル比率(%)	53.7	42.9	41.5	40.1	39.6	39.6	—

「リターナブルびん使用量」「国内ワンウェイびん量」：ガラスびん3R促進協議会推定

比率は2004年が53.7％であったが2017年には39.6%と1割強減少している。びんはPETボトルや缶に比べ重量があり高級感はあるが，使用後減容化できなかったり，返却が面倒であったりすることが減少の要因と考えられる。

2.4 リサイクル

容器包装のリサイクルは，消費者，自治体，事業者等が各々の役割をもって互いに連携することで成り立っている。リサイクルの回収ルートの主体は，消費者が購入した商品の空き容器の自治体による回収，または地域団体による集団回収，または量販店の店頭回収等によるものである。3R推進団体連合会所属の各団体では，分別回収などの消費者への啓発活動によりリサイクル促進に取り組んでいる。

2020年度のリサイクル目標および2017年度実績値を表3に示す。素材別に見るとスチール缶，アルミ缶，段ボールでは90％以上のリサイクル率，回収率が維持されている。他の素材も目標はやや下回るが概ね維持できている。

また，素材として利用することで，回収した容器から再度容器が製造される「ボトルtoボトル」または「缶to缶」の取り組みがある。2017年段階でPETボトルが24.6%，アルミ缶が67.3%となっている。消費者向けの用途が多いため回収ルートが複数でオープンになっているため，容器から容器への割合は微増しているものの缶は70%弱で近年10年間は落ち着いている[2]。

3 ビール容器の事例

3.1 ガラスびん

ビールびんは，20回以上繰り返し使用（リユース）され，環境対策としては十分と考えられる。ここではリデュースという点から，ビール容器のなかでも歴史が古いリターナブルのガラスびんに使用されるガラスの重量についての変遷について見てみる[3]。

表3 リサイクルに関する2017年度実績[2]

素材	指標	2020年度目標	2017年度実績	参考：2016年度実績
ガラスびん	リサイクル率	70%以上	69.2%	(71.0%)
PETボトル		85%以上	84.8%	(83.9%)
スチール缶		90%以上	93.4%	(93.9%)
アルミ缶		90%以上	92.5%	(92.4%)
プラスチック容器包装	リサイクル率(再資源化率)	46%以上	46.3%	(46.6%)
紙製容器包装	回収率	28%以上	24.5%	(25.1%)
飲料用紙容器		50%以上	43.4%	(44.3%)
段ボール		95%以上	96.1%	(96.6%)

3.1.1 肩張りびんから撫で肩びんへ

ビール大びんの重量は，戦前の675gから，戦後は吹製技術の向上もあり軽量化の方向へ進み，質量は580gから540gへ，そして520gへと軽量化された。しかし，1960年代後半から1970年代初頭にかけての破びんの問題から質量増と形状変更が行なわれた。この形状変更を行なう以前のびんを一般に「肩張りびん」と称している（図1左参照）。

当時は，「桟箱」と称する木箱が使用されていた。この箱は，現在使用しているプラスチック箱のような仕切りがなく，流通での箱詰め等でびん肩部への傷が付きやすいことも相まって，破びんの問題が発生したと考えられる。その後，形状変更の検討を行い，変更当初は540gでスタートしたが，その後，605gとし，更には，肩部強度を増すために，梨地模様を付したものとなった。このびんのように肩部がなだらかな形状のものを一般に「撫で肩びん」と称している（図1右参照）。

3.1.2 現在の擦傷対策びん

ガラスびんは，回収使用を繰り返すことに伴ってガラス表面が擦傷によってびんの胴部全体に図2右で示すように白化現象を呈し，機械的強度は十分あっても，商品価値を損ねるようになる。そこで，びんを共通使用しているサッポロビール，アサヒビール，サントリーのビール3社では，びん強度を維持しつつ擦り傷による外観の改善を図るべくビール大びんの共同研究を行なった。各種検討・評価の結果，びんの胴部上と下を0.3mmの凸形状とすることで，びん同士が接触する部分を特定し，白化する範囲を一部分にする形状（リセス形状）へ変更した。改良した形状を図2左に示す。

また，キリンビールからは，ビールびんの外表面にセラミックスコーティングを施し，従来の大びん（605g）より21%軽くした軽量大びん（475g）も導入されている。

ビール用ガラスびんは，リターナブルびんがほとんどであるため，軽量化は環境問題とPL上の強度の問題が相反する立場にあり，強度を保持しつつ軽量化をする配慮が大切である。

3.2 アルミ缶

アルミ缶の軽量化として従来から缶胴の薄肉化が進められている。この方法は，缶の形状を

図1 肩張りびん（左）と撫で肩びん（右）

図2 リセス形状（左）
　　全面白化状態（右）

ほとんど変更することなく軽量化できるため，パッケージング設備などをほとんど変更しないで対応できるという長所がある。しかし，缶胴の厚みが薄くなるため，強度が弱くなり鋭利な突起物に接触することでピンホールが発生し漏れにつながることもあり，薄肉化は強度維持とのバランスが必要である。

その他の方法として，缶蓋の形状変更による軽量化が図られている。1つは，缶胴部の直径はそのままで，缶蓋付近の絞りを従来よりも小さくすることで縮径化し，缶蓋のアルミ使用量を削減する方法である。図3に示すように206径と呼ばれる直径約64.70mm（巻締前）の缶蓋から，204径と呼ばれる直径約62.25mm（同）の蓋にすることで，缶の直径が2.45mm小さくなる。これにより缶蓋の重量は，約0.3gの削減となる。また，350mLアルミ缶の缶胴と蓋を含めた重量で見ると15.6gから15.3gとなり1.9％の削減となる。なお，206径とは蓋の口径を指し公称2＋6/16インチ＝25.4×（2＋6/16）＝約60.3mmとなる。

缶蓋の口径は，世界的に見ると202径が主流である。日本では飲料水が206径，ビールが204径を採用している。当初は209径であったが徐々に缶蓋の口径が小さくなった。しかし，口径を小さくするには，製罐工場および充填工場での設備を大幅に更新する必要があり莫大な設備投資が必要となる。また口径が小さくなることで飲み口が小さくなり飲みにくくなるなど欠点もある。そのような結果から，現在の口径に落ち着いている。

これに対して，Crown社が展開するSuper End（図4）は，缶蓋の外径を変更せずに缶蓋外周部を内側に傾斜させることで缶蓋の打抜面積の縮小化と，これにより耐圧性能を向上させることができる。そのため，缶蓋の板厚を薄くすることができる。これにより缶蓋のアルミ使用量を従来比で缶蓋1枚当たり約0.3g削減できる。また，米国オハイオ州を拠点とするコンテイナー・デベロップメンツ（CDL）社により開発された軽量イージーオープン・エンドCDLがある。カウンターシンク（蓋の溝の部分）の形状がなだらかになっている構造である。

缶は，ビールを直接包装する一次容器の中で6割以上を占めている。ビール各社の努力に

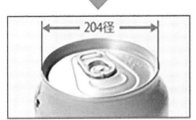

図3　アルミ缶蓋の縮径化（206→204径）

図4　アルミ缶蓋の形状変更による軽量化「スーパーエンド」[4]

よって少しずつ缶の軽量化が進んでおり，ビール容器全体のリデュースに大きく貢献している

3.3 段ボールの軽量化

ビール容器における段ボールの使用はほとんどが缶であり，一部びんでは贈答用や輸出用に使われている。ビールや飲料水用の段ボールは，段ボールの需要分野の中で大きなウエイトを占めているため，段ボール全体に与えるリデュースの効果は大きい。ビール用の段ボールの形態としては，高速パッケージングが可能なラップラウンドケースが採用されている。ラップラウンドケースは，容器を回り込むように包む形状をしており，中身容器で段ボール箱の強度を保持することから，例えば野菜などの柔らかい内容物を保護する段ボールよりも強度を小さく済むという特長がある。そのため，ビール用の段ボール箱はこれまで，使用する紙のグレードダウンが度々行われてきたが，缶の容器そのものも缶胴の薄肉化などを進めており，段ボールとしてもグレードダウンの限界にきている。

その他の取り組みとして，段ボール箱の形状を工夫することにより，使用する段ボール面積を減らすことで減容化を図る方法がある。例えばキリンビールの「スマートカットカートン」[5]やサッポロビールの「らくもてケース」といった新しい段ボール形状の商品が上市されている。「スマートカットカートン」は，段ボールカートンの四隅を切り落とし，角を面にすることで持ち運びやすさや取り扱いやすさを向上させ，縦方向の強度を高めると共に，ユニバーサルデザイン対応や段ボールの減容化を実現させる方法である。また，図5に示す「らくもてケース」は，段ボールの形状を工夫することで，段ボール1枚あたりの使用量を210gから206gへ約1.9％の使用量を削減した。また，形状変更により，従来に比べて持ちやすい形状にすると共に，開封時にかかる力を低減させるという機能も付加している。

このように最近の段ボールの減容化にあたっては，単に使用材質のグレードを下げるといった方向だけでなく，段ボールの形状を改良することで，持ちやすさや開けやすさなどの機能性の向上も図られている。

図5　環境対応と持ちやすさを追求した「らくもてケース」[6]

4　環境負荷の見える化活動

これまで包装資材の減容化の取り組みについて見てきた。ここでは，取り組みを定量的にかつ客観的に確認できる方法として，カーボンフットプリントについて状況を見てみる[7)8)]。

カーボンフットプリントは，ライフサイクルアセスメント（LCA）によって算出された結果を基にして，地球温暖化ガスをCO_2換算したものである。具体的運用方法とルールについて，2008年6月に経済産業省で「カーボンフットプリント制度の実用化・普及推進研究会」

が発足し研究がはじまった。研究会では，2008年12月の「エコプロダクツ2008」での見本品展示に向けて，算定ルールを作成した。

2008年12月，サッポロビールでは，エコプロダクツ2008にサッポロ生ビール黒ラベル350mL缶のカーボンフットプリント見本を出展し，2009年2月には図6に示す商品を北海道で市場調査（試験販売）を実施した。

図6 カーボンフットプリント試行品

図6に示した数値の算定範囲は，ビールの原料の生産および缶や段ボールの包装資材の製造からビールの製造と販売段階とリサイクル・廃棄段階を含んだものである。なお，消費者による消費段階は，利用方法がさまざまであり特定できないため除外された。

カーボンフットプリントは，CO_2排出量を直接表示することにより，事業者側，消費者側の両方においてCO_2排出量削減が期待できる低炭素社会に向けた有効なツールである。現状では，算定のための手間やコストの負担が大きく，表示のメリットが少ない。また，CO_2排出量で単純に商品を判断されてしまうことに対する心配もある。解決のためには，参加・実施しやすい制度・ルール，国民全体への啓発，消費者の理解・冷静な購買が必要である。大切なのは，単純に数値の大小ではなく，メーカーがCO_2排出量削減の努力を続けていくことである。

5 おわりに

各企業は，これまで包装資材の3Rについてさまざまな取り組みをしてきた。段ボールの例にあるように，単にリデュースだけではなく，新たな機能を付加するなど，別の視点からの取り組みも必要である。また，取り組んだ結果は，客観的に公平に評価されることが大切である。例えば，カーボンフットプリントのような，ルールが明確にされた基準で，リデュースの取り組み結果を定量的に評価し示すことが大切であると考えている。今後は，単に材料の薄肉化やグレードダウンなどでは限界があるため，構造やリサイクルの仕組みを見直すなどの製品のプロセス全体を対象とした改善活動が必要であると考えている。

文 献
1）瀬戸義弘ら："包装って，なに？"，社団法人日本包装技術協会，(1994).
2）3R推進団体連絡会："容器包装の3R推進のための自主行動計画 2017年フォローアップ報告"，(2018).
3）河西勝興，林晴夫，西川賢治：包装技術，37 (7), 32 (1999).
4）渡邊裕之，三柴守弘：第46回 全日本包装技術研究大会 要旨集，p.165 (2008).
5）キリンビール株式会社：紙製容器包装のリデュース，

https://www.kirin.co.jp/csv/eco/special/ recycle/kami01.html（2019 年 4 月）.
6）栁川宏児：包装技術，**47**（2），15（2009）.
7）経済産業省："カーボンフットプリント制度の実用化・普及推進研究会（第 4 回），CO_2 排出量の算定・表示・評価に関するルール検討会（第 5 回）合同会合-配付資料",
http://www.meti.go.jp/committee/materials2/data/g90209aj.html（2009 年 7 月 6 日）.
8）蜂須賀正章：包装技術，**47**（5），21（2009）.

おわりに
―人の心に届くものづくり―

　私は以前，ある保育園の先生から保育園で手作りした樽漬けの梅干しをいただいた。今回は，作成途中で表層部分にカビが少し発生したらしい。

　あなたはこの話を読んでどのように感じただろうか。程度は軽いにしても，カビが発生した梅干しは食べたくない，と思ったかもしれない。では，もう少し状況を具体的に説明しよう。

　私と保育園側とは数年来，懇意にしており，先生方の保育活動への考え方，人柄も良く知っている。園児との交流もある。梅干し作りは年長園児が行う恒例行事で，梅の洗浄やシソの葉のもぎ取り，土用干しなどすべての工程に園児が携わり，多くの手間と時間をかける。「おいしくなーれ！」と願いを込めて園児は1つ1つの作業を行う。そして完成した貴重な梅干しは，園児の大切な人たちに届けられるのだ。

　ここまで状況を把握すると，考えに変化が生まれたかもしれない。

　一昔前までは，梅干しに限らずさまざまなものを家庭で手作りしていた。大切な人のために美味しいものを心を込めて作っていたのだ。しかし今では，経済の発展，容器詰包装食品の技術向上などにより，さまざまな食品がいつでもどこでも簡単に手に入る。そしてこれらの食品は，今や我々の生活に欠かすことができないものとなった。一方で"手作り"とは異なり，大量生産された製品はどんな所で，どんな方法で，どんな人が，どんな想いで作ったのか，詳しい状況はわからない。消費者と製造者，お互いの"顔"が見えないからこそ，食の製造に携わる者にはより安全で安心なものを消費者に提供する責務がある。それには，知識や技術を修得し，磨き，高めていくことが不可欠だ。そして何より，安全で美味しいものを届けたいという想いを持ち続けることが大切ではないだろうか。

　本書には，著者の方々の飲料製造にまつわる豊かな知識と技術が詰め込まれている。安全で安心な心のこもったものづくりを目指し，製造現場や教育現場などさまざまな場所で活かされる1冊になることを願う。知識・技術・想いを次世代に伝え，そこからまた新たな何かが生みだされていくことは，個人としても社会としてもとても大切なことである。飲料業界においても本書を手始めとして，明日につながる取り組みが広がっていくことを，私は熱望する。

東洋食品工業短期大学
稲津　早紀子

索 引
INDEX

英数・記号

16S rRNA 遺伝子 ……………………… 39
1st 巻締 ……………………………… 274
2nd 巻締 ……………………………… 274
2S ……………………………………… 76
2ピース缶（ツーピース缶）…………… 203
3R（Reduce, Reuse, Recycle）…… 189, 199, 365
3S ……………………………………… 70
3ピース缶（スリーピース缶）………… 203
Alicyclobacillus ……………………… 27
Alicyclobacillus acidocaldarius ……… 142
Alicyclobacillus acidoterrestris ……… 142
Aw …………………………………… 117
Bacillus ……………………………… 27
Bacillus cereus ………………… 29, 142
Bacillus subtilis ……………………… 141
BPF（Base Plate Force）……………… 277
CCP …………………………………… 68
CDL …………………………………… 370
CFD 解析 ……………………………… 141
cfu …………………………………… 120
CIP ……………………………… 74, 99, 339
CIP（Clean In Place）………………… 303
Clostridium …………………………… 27
CO_2 排出量 ………………………… 371
COP 洗浄 ……………………………… 92
C_T 値（Threshold cycle）…………… 37
DI 缶 ………………………………… 205
D 値 …………………………………… 18
D 値 ………………………………… 119
DNA の構造変化 ……………………… 160
DNA マイクロアレイ法 ………………… 28
EB（電子線）ボトル殺菌 ……………… 271
EPA …………………………………… 3

Extended Shelf Life ………………… 295
F 値 …………………………… 18, 105, 118
F_0 値 ………………………………… 118
Fp 値 ………………………………… 118
FSMS（食品安全マネジメントシステム）…… 78
FT-IR 分析 …………………………… 44
G. stearothermophilus ……………… 34
Geobacillus ………………………… 27
Geobacillus stearothermophilus …… 142
HACCP ………………………… 3, 28, 68
HEPA フィルター …………………… 303
HTST（高温短時間）法 ……………… 19
IV …………………………………… 194
Lactobacillus ………………………… 27
LCA ……………………………… 189, 371
LOD（検出限界値）…………………… 38
Loop-mediated isothermal amplification：LAMP 法
 ……………………………………… 28
LTLT（低温長時間）法 ……………… 19
MALDI-TOF-MS ……………………… 29
Moorella …………………………… 27
Moorella thermoacetica …………… 34
MXD6 ナイロン（ポリメタキシリレンアジパミド）………………………… 198
NSF H1 グレード ……………………… 95
O_2 ピックアップ …………………… 256
P.P. キャップ ………………………… 236
Paenibacillus ……………………… 27
PCR
　効率 ………………………………… 38
　プライマー ………………………… 30
　法 …………………………………… 29
Pediococcus ………………………… 27
PET ボトル …………………………… 366
pH ……………………………… 59, 117

Polymerase chain reaction：PCR	28
Primer：プライマー	30
Pseudomonas	27
RC（Roll Clearance）	278
Reverse transcription PCR	28
RO 濃縮法	346
RT-PCR（real-time PCR：リアルタイム PCR）	28
RT-PCR 法（リアルタイム PCR 法）	29
SCH（Seaming Chuck Height）	277
SIP	**99**
SOT 缶	203
SOT 蓋	202
Super End	369
SYBR Green I	32, 38
TaqMan プローブ	**31**
TaqMan プローブ法	**32**
Thermoanaerobacterium	27
Tm 値	36
TPP	3
（Tr 値，LRV）	168
UHT（超高温短時間）法	19
UV オフセット印刷	219
VC（Vertical Running Clearance）	278
X 線分析	44
Z 値	18
z 値	120
α-グルコシダーゼ	150

あ行

アクティブバリア	198
アセプ充填システム	267
アセプチャンバ	271
アセプティック製品	295
アセプティック PET ボトル	195
圧縮率	158
圧力	
降下	172
式乳化均質機	330
バランス式	285
圧力補助熱	
処理法	163
滅菌法	163
アニサキス	165
アラビカ種（*Coffea Arabica*）	358
アルカリ洗浄剤	81
アルミ缶	369
アルミキャップ	200
アレニウスプロット	143
泡の安定性	289
アンスロン反応	44
安全背圧	136
安息香酸ナトリウム	64
イージーオープン	202
閾値（Threshold line）	37
一次トップブレーカー	299
一次容器	337
一般衛生管理	5
異物	67
混入	67
混入事故	68
混入防止	255
除去	357
〜の同定	45
分析	41
イムノクロマト	28
入味線高さ	285, 340
精度	286
入味量	254
陰圧缶	205
陰圧充填	273
印加電界強度	141
印刷加飾	210
インジェクション	133
式	19
インターカレーター	31
法	32
インフュージョン	133
式	19

インラインブレンダー	328
インラインブロー成形システム	197
飲料	
缶	201
〜の品質管理	283
用充填システム	265
ウイルス	164
ウェイトフィラ	**266**
ウォーターイントルージョン	170
ウォッシュド	359
エアコンベアー	**94**
影響評価	189
衛生管理	123
エキス	335
液の表面張力	287
液跳ね	303
液揺れ	303
エステル化	194
塩素化アルカリ	**101**
遠心	
分離	357
ポンプ	332
力場	283
エンテロトキシン	29
王冠	235
黄色ブドウ球菌（*Staphylococcus aureus*）	29
オーバーライド	**87**
オープントップ缶	203
お茶	322
お茶類	321, 322
オフセット印刷	210, 220
オペレーション PRP	76
オンサイト耐熱ブロー成形システム	198

か行

加圧二酸化炭素	146
カーボンフットプリント	371
カール加工	203
灰化法	54
外観の観察	41
回収率	367
開栓角度	280
開栓トルク	280
改善措置	6
外部洗浄	304
界面活性物質	289
界面力	**288**
カウンタープレッシャー差	337
カウンタ工程	284
化学洗浄	84
掻き取り式熱交換器	132
核酸流量試験	170, 171
過酢酸耐性菌	**63, 93**
過酸化水素水	43, 300
果汁飲料	321
加水分解	197
ガス置換システム	**283, 293**
ガス置換率	293
苛性ソーダ	**101**
片流れ現象	287
片面溶出法	55
カタラーゼ試験	43
加糖	356
加熱殺菌	117, 129
加熱臭	145, 146
カネフォラ種（*Coffea Canephora*）	358
カビ	45, 119
黴	164
ガブ落下	285
芽胞	**119, 163**
菌	351
形成菌	27
形成細菌	60
過飽和	289
紙	48
ガラス転移温度	194
ガラスびん	368
過量	255
カルシウム	164

缶 to 缶	367	グラム陰性菌	27
還元型ビタミンC	145	クリーミーフォーム	288
間接加熱	129	クリーンブース	74
完全性試験	167, 170	クリーンルーム	75
不合格	174	クレート	219
カンゾウ油性抽出物	66	**クロージャー（キャップ）**	**231**
缶詰めライン	**337**	形状加飾	211
官能検査	360	軽度損傷菌	161
管理基準	5	計量	
寒冷混濁	336	法	283, 340
気液界面の曲率	287	方法	283
機械的作用	84	ユニット	267
危害要因分析	5	結核	28
規格基準	**117**	欠減	340
機器分析	**44**	減圧濃縮法	346
器具・容器包装	51	限外ろ過	167
危険異物	68	検出限界（Limit of detection：LOD）	38
キサントプロテイン反応	44	検証方法	6
寄生虫	164, 165	元素分析	44
気泡キャビテーション	288	**顕微鏡観察**	**42**
気泡の細分化	290	検量線	34
気泡ポンプの作用	288	作成標準サンプル	34
気泡巻込み限界流量	292	高圧	
逆浸透	167	殺菌	351
逆浸透膜	346	損傷	161
キャッパ	265	損傷菌	162
キャップ殺菌	269	不活性化	161
キャビテーション現象	290	高温芽胞形成細菌	27
キューティクル	49	高温環境下	177
牛乳	151	高温菌	61
切欠き	221	恒温検査	361
キレート剤	**102**	高温性好酸性芽胞形成細菌	27
記録の保存方法	6	高温性好酸性有芽胞菌	62
均質圧力	331	高温性偏性嫌気性菌	63
均質化	330	口腔上皮細胞	46
金属缶	201	好酸性耐熱芽胞菌除去ワイン	170
金属缶の密封における管理手法	281	公称ろ過精度	168
口栓	221	厚生省告示第370号	52
クラウナー	249	高静水圧加工	157
グラビティフロー	284	構成部材	178

酵素……………………………………… 336
　失活……………………………………150
　免疫測定法（Enzyme-linked immunosorbent
　　assay：ELISA）………………………28
高粘度溶解………………………………327
鉱物類………………………………………45
酵母…………………………27, 45, 119, 164
厚膜胞子…………………………………352
広葉樹……………………………………214
交流高電界殺菌法………………………139
好冷菌………………………………………60
コーティングバリア PET ボトル ……199
コーデックス（Codex Alimentarius Commission：
　CAC）……………………………………28
コーデックス HACCP の 7 原則…………4
コーデックス委員会…………………………5
コーヒー…………………………322, 355
　入り清涼飲料…………………………355
　入り清涼飲料（カフェインレス）……355
　飲料……………………………………355
コールドパリソン法……………………196
国際標準化機構（International Organization for
　Standardization：ISO）…………………28
コピー数……………………………………39
コムギのデンプン粒………………………47
コメのデンプン粒…………………………47
混濁………………………………………339
コンタミネーション………………………69
昆虫類………………………………………48
混入状況の情報収集………………………41
コンベア潤滑剤……………………………93

さ行

差圧…………………………………………76
サーボスクリューキャッパ……………269
サーボモータ制御システム……………270
サーモレコーダー………………………353
細菌類………………………………………45
材質試験……………………………………54

再絞り……………………………………205
細胞内 pH ………………………………153
細胞内酸性化……………………………153
細胞膜損傷………………………………153
細胞膜流動性……………………………153
殺菌………………………………………117
　温度……………………………………118
　温度の低下……………………………139
　技術……………………………………167
　工程……………………………………117
　工程管理………………………………117
　時間……………………………………118
　条件……………………………………117
　装置……………………………………299
　値………………………………………118
　保持時間の短縮化……………………139
砂糖………………………………………325
サニテーション…………………………71, 79
　管理………………………………………71
残圧スニフト現象………………………290
酸化
　臭………………………………………339
　ストレス………………………………160
　劣化……………………………………178
酸洗浄剤……………………………………82
酸素吸収剤………………………………184
酸素バリア性……………………………216
次亜塩素酸ナトリウム……………………64
次亜塩素酸分解性試験……………………42
仕上げワニス……………………………210
シーマー…………………………………277
シーミングチャック……………………275
シーミングロール………………………275
シーリング………………………………279
シェル＆チューブ………………………130
ジオバチラス菌（*Geobacillus stearothermophilus*）
　…………………………………………121
紫外線
　殺菌……………………………………359
　バリア…………………………………199

色調	145	除菌	117
しごき加工	205	**食中毒**	**119**
仕込工程	336	原因微生物	119
実体顕微鏡	42	食品	
指定PETボトルの自主設計ガイドライン	199	安全基本法	3
子嚢胞子	352	衛生法	3, 51, 163, 345
ジピコリン酸	164	擬似溶媒	53
指標菌	168	**高圧加工**	**157**
絞り	205	植物細胞	46
絞り深さ	240, 280	**除臭**	**89**
翅脈	48	ショ糖脂肪酸エステル	66
死滅速度	**143**	真菌類	45
自滅的発芽誘導殺菌法	**164**	真空加熱濃縮法	346
遮光性	216	真空吸引法	293
射出成形	197	シングル	
重縮合反応	194	オリジン	359
修正措置	76	フロー	130
充填	307	ユース	86
押上げ	302	シンクロシステム	270
ノズル	301	浸漬溶出法	54
プロセス	**283**	人毛	49
溶出法	55	針葉樹	214
流量	286	森林認証	213
重度損傷菌	161	水分活性	59, 117
周波数	144	数的指標（Metrics）	28
獣毛	49	スカートローラー	239, 279
重要管理点	5	スカイプ技術	217
重量計測方式	266	スクリューキャップ	269
ジュール加熱	139	スチームインジェクション	349
縮径化	369	スチームインフュージョン	349
樹脂類	45	ステイオンタブ蓋	202
酒税法	283, 340	ストレーナ	68
循環型資源	213	**管理**	**77**
昇温速度	146	ストレッチドローアンドアイアニング	205
蒸気		スニフト	249
殺菌	350	工程	285
滅菌	175	ジェット	286, 290
商業的殺菌	9	スパークの発生	141
抄紙	214	スパイク試験	39
蒸着	199	スパウトパウチ	307

スプレッダ……………………………284
スプレッダレス………………………291
スポーツ飲料…………………………321
擦傷対策びん…………………………368
スレッドローラー……………239, 279
静菌……………………………………117
生菌数………………………………**120**
清酒……………………………………150
製造工程一覧図…………………………6
清澄……………………………………337
静的高圧加工…………………………157
製麦工程………………………………336
製品説明書………………………………6
成分と特性………………………………82
精密ろ過………………………………167
整理整頓…………………………………76
生理的発芽…………………………**164**
清涼飲料水……………117, 170, 345
　　　　製造基準………………………163
是正措置…………………………………76
絶対嫌気性菌（Pectinatus）…………27
絶対定量法………………………………37
セルロース………………………………46
セレウリド合成酵素遺伝子……………29
洗浄
　　殺菌…………………………………74
　　方法…………………………………80
選択培地………………………………162
セントリヒューガルポンプ…………332
総合衛生管理製造過程……………………5
相対定量法………………………………38
増粘剤…………………………………327
増幅曲線…………………………………37
層流………………………………85, 128
ソータ…………………………………269
ゾーニング……………………………351
ソルビン酸カリウム……………………64
粗ろ過…………………………………167
損傷菌………………………………**161**

た行

ターゲット遺伝子………………………34
耐圧性……………………………161, 163
耐圧 PET ボトル………………………195
大腸菌…………………………………151
耐熱圧 PET ボトル……………………195
耐熱性……………………………168, 351
　　カビ……………………………27, 351
　　好酸性菌（TAB）…………………351
　　細菌芽胞……………………………163
耐熱 PET ボトル………………………195
耐病性…………………………………348
耐薬品性………………………………168
ダイヤフラム…………………………301
多管式熱交換器………………………130
打検……………………………………203
　　法…………………………………273
多孔室ろ材……………………………167
多重管…………………………………131
多層（積層）バリア PET ボトル……198
タネまき………………………………290
ダブルプリエバキュエーション……247
樽詰めライン………………………**337**
炭酸飲料………………………………321
　　用フィラ…………………………283
炭酸ガス含有量……………………**340**
断熱
　　圧縮………………………………158
　　膨張………………………………158
タンパーエビデント（TE）性………231
タンパク質……………………………337
　　～の変性…………………………153
　　変性……………………………**160**
タンパクの変性………………………146
段ボール………………………………370
地球温暖化ガス………………………371
致死率………………………………**124**
チタニウム製…………………………144
　　～の平行平板電極………………144

チャンバー	304
中温菌	60
中高圧処理	163
抽出	322
飲料	322
液	323
粕	323
法	54
中度損傷菌	161
チューブラー式	349
超音波溶着	301
腸管出血性大腸菌（Enterohemorrhagic Escherichis coli：EHEG）	29
調合タンク	328
直接加熱	129
直接関数的な増幅（プラトー）	32
チルド製品	295
定位充填	291
低温菌	60
低温高圧処理	162
低加圧二酸化炭素マイクロバブル（CO_2MB）	149
定格ろ過精度	168
低酸性飲料	**119**
定性試験	**43**
定置洗浄	339
低抽出性	168
低糖	356
ディバージョンバルブ	135
定量充填	291
適正製造基準（GMP）	5
デジタル技術	**95**
デッドレグ	135
手引書	4
添加剤	91
電気	
泳動	34
穿孔	139
電磁流量計	291
式バルブ	291

デンプン粒	47
糖化	**336**
透過顕微鏡（生物顕微鏡）	42
同熟性	348
動的高圧加工	157
同等性	163
動物細胞	46
糖類	44
特異性	34
特殊容器	286
トップ	
シール	301
ヒーター	300
ロード	239
ドライ成形	205
トラブル事例	167
ドリップ抽出装置	324
方式抽出設備	322
トレーサビリティー	361

■■■ な行 ■■■

内部圧力	142
内部繊維結合	214
ナチュラル	358
生ビール	340
並蓋	204
ニーダー	323
方式抽出設備	322
においセンサー	90
二次汚染	340
二次容器	337
二重管	131
二重巻締	201, 274
寸法	275
〜の検査	278
日本酒	170
乳飲料	321
乳及び乳製品の成分規格等に関する省令	217
乳化	328

乳化剤・安定剤	357
乳酸菌	27, 119
乳等省令	52
ニンヒドリン反応	44
ネガティブコントロール（NTC）	34
ネガティブリスト制度	52
ねじ加工	203
ネジ深さ	240, 280
熱可塑性	194
ネック	
加工	204
グリップ搬送システム	267
熱	
交換器	117
収縮	286
線流速計	292
燃焼性試験	42
ノミバエ	48
ノロウイルス	**165**

は行

歯	47
バキュームフィリング	245
麦芽	**335**
ハザード	67
発芽	119
誘導	**164**
パッケージング工程	337
発酵工程	337
パッシブバリア	198
発泡洗浄	**92**
破瓶	284
バブリング	348
バブルポイント圧	171
バブルポイント試験	170
パラオキシ安息香酸エステル	64
バリアPETボトル	198
パルプ	
繊維	48

～の安定性	146
ハンドリング	337
ヒートセット効果（熱固定）	197
ビール	**151, 170, 335**
酵母	151
テイスト飲料	365
容器	365, 368
火落菌	150
比較C_T法（$\Delta\Delta C_T$）	38
非加熱処理	167
美観性	337
非関税障壁	163
ビグアナイド系殺菌剤	64
微細気泡	288
微生物	45
汚染	167
学的基準（Microbiological Criteria：MC）	28
管理	**167, 340**
検査	361
混入防止	255
制御	117
非生理的発芽	164
非選択培地	162
ビタミンC	353
微糖	356
非熱的	157
非破壊試験	170
病原微生物	119
表示	337
標準株	34
標準試験法（NIHSJ法）	28
品質事故	167
びん詰めライン	**337**
フィラ	265
フィラーボウル	247
フィリング	254
バルブ	247
フィルター	167
フードディフェンス	78
フーリエ変換赤外分光法	44

フェノール硫酸法	44	ペタロイド形状	196
フォーミング現象	287	ヘッドスペース	339
フォーミング抑制	285	ベルヌーイの式	286
フォワードフロー試験	170, 172	ベロ毒素	29
不活性ガス	293	ベント性	232
噴き	339	ベントチューブ	285
物性試験	41	ベントチューブレス	291
腐敗・変敗原因菌	30	変敗	119
不飽和	289	変敗原因菌	
プライベート瓶	292	（*Geobacillus stearothermophilus*）	34
プライマーダイマー	33	変敗原因微生物	119
ブラックタイプ	355	変敗率	123
フラットサワー		ヘンリー定数	289
菌	63	胞子	119
変敗菌	27	防虫対策	74
フランジ加工	204	ホールディングチューブ	126
プリエバ	293	ホールド時間	288
キュエーション	339	保持管	135
プリフォーム	196	保持時間	127
プレート	129	ポジティブリスト制度	53
式	349	保守管理	71
フレーバー	89, 103	ホット充填製品	295
フレキソ印刷	220	ホットパック	346
プレコート	205	ホップ	335
プレッシャーブロック	279	ボツリヌス菌（*Clostridium botulinum*）	
プレッシャーホールド試験	170, 172		29, 119
ブレンド	359	ボツリヌス神経毒素	29
ブレンドバリアPETボトル	199	ボトム成形	299
ブロー延伸成形	197	ボトムヒーター	299
ブロー成形機	265	ボトル	
フローメーターフィラ	268	toボトル	367
プロタミン	66	缶	203
フロログルシン	44	ネック度	243
分子クラウディング	159	搬送	94
分生子	352	骨	47
粉体	325	ホモゲナイザー	330
粉乳	325	ポリエチレン	200
平板培養法	162	樹脂	215
ペクチナーゼ活性	349	テレフタレート	194
ペクチンエステラーゼ	146	ポリ塩化ビニル	200

ポリプロピレン	200
ポリリジン	66

ま行

マイクロバブル技術	149
巻込み気泡	284
マトリックス支援レーザー脱離イオン化飛行時間型質量分析計：MALDI-TOF-MS 法	28
マルチスケール解析	26
マルチプレックスリアルタイム PCR 法	34
マルチフロー	130
マンドレル	298
見かけ上の不合格	174
水	335
水なし平版	211
密封性	231
ミネラルウォーター	170
ミルク入りコーヒータイプ	355
無菌充填	93, 346, 350, 356
無窒素	88
無糖	356
無脈流ポンプ	144
無リン	88
無ろ過ビール	151
メカ式炭酸飲料用	283
メカ式バルブ	285
メカトロフィラー	252
メカニック方式フィラー	245
滅菌	167
毛根	43
毛細管現象	288
毛随	49
モニタリング方法	6

や行

野菜飲料	340
野性酵母	27
屋根型紙容器	213

融解曲線解析	34
有芽胞乳酸菌	61
有機酸洗浄剤	**88**
有効ろ過面積	169
陽圧	
管理	70
缶	205
充填	273
プリエバ法	293
溶解	325
性試験	42
タンク	325
法	54
ポンプ	325
容器	
洗浄・殺菌機	265
〜の内形状	286
包装リサイクル法	193
溶出試験	54
溶出割合	56
溶接缶	204
溶存 CO_2	153
溶存酸素	**339**
予測微生物学	17

ら行

ライフサイクルアセスメント	371
ラップラウンドケース	370
ラバーディスク	348
ラミネーション	215
乱流	84
理化学検査	360
リグニンの呈色試験	44
リサイクル	367
率	367
リシール缶	202
**　〜の検査**	**280**
〜の密封	278
リシール性	232

リスクマネジメント	77
リセス形状	368
リゾチーム	66
リターナブルびん	366
リターンガス	287
リデュース	365
リニアダイナミックレンジ相関係数	38
リフター	275
リベリカ種（*Coffea Liberica*）	358
リユース	86, 366
流速	127
流体体積（VOL）法	23
流量	127
流量計測方式	266
リン酸	101
レジオネラ症	29
劣化	178
裂果耐性	347
レトルト殺菌	356
機	117
ロータリーポンプ	332
ロードセル	267, 291
ろ過	165, 357
・遠心分離	357
技術	167
工程	337
寿命	168
精度	168

わ行

ワンウェイ瓶	292
ワンウェイびん	367

ボトリングテクノロジー
飲料製造における充填技術と衛生管理

発行日	2019年12月17日　初版第一刷発行
監　修	松永　藤彦，稲津　早紀子
発行者	吉田　隆
発行所	株式会社 エヌ・ティー・エス
	〒102-0091 東京都千代田区北の丸公園2-1　科学技術館2階
	TEL.03-5224-5430　http://www.nts-book.co.jp
印刷・製本	藤原印刷株式会社

ISBN978-4-86043-617-9

Ⓒ 2019　松永藤彦，稲津早紀子，奥原光太郎，田中史彦，田中良奈，中野みよ，大西卓宏，糸川尚子，小堺博，春田正行，茂呂昇，早川睦，桑野誠司，小久保雅司，井上孝司，小林史幸，山本和貴，中浦嘉子，橋本佳久，佐藤仁美，松田晃一，吉川雅之，土谷展生，田中淳，岡田浩一郎，加沢康，佐藤浩，澁谷工業株式会社，西本英樹，渡部史章，村瀬健，安部貞宏，津尾篤志，三上真一，杉舩大亮，住友尚志，松井栄太朗，鈴木武，猪原悠太郎，増田治，門奈哲也．

落丁・乱丁本はお取り替えいたします。無断複写・転写を禁じます。定価はケースに表示しております。
本書の内容に関し追加・訂正情報が生じた場合は，㈱エヌ・ティー・エスホームページにて掲載いたします。
＊ホームページを閲覧する環境のない方は，当社営業部（03-5224-5430）へお問い合わせください。

関連図書 NTSの本

	図書名	発刊年	体裁	本体価格
1	青果物の鮮度評価・保持技術 〜収穫後の生理・化学的特性から輸出事例まで〜	2019年	B5 412頁	40,000円
2	実践 食品安全統計学 〜RとExcelを用いた食品管理とリスク評価〜	2019年	B5 250頁	30,000円
3	筋肉研究最前線 〜代謝メカニズム、栄養、老化・疾病予防、科学的トレーニング法〜	2019年	B5 342頁	38,000円
4	改訂増補版 実践有用微生物培養のイロハ 〜試験管から工業スケールまで〜	2018年	B5 376頁	9,500円
5	賞味期限設定・延長のための各試験・評価法ノウハウ 〜保存試験・加速(虐待)試験・官能評価試験と開発成功事例〜	2018年	B5 246頁	32,000円
6	発酵と醸造のいろは 〜伝統技法からデータに基づく製造技術まで〜	2017年	B5 398頁	32,000円
7	微生物コントロールによる食品衛生管理 〜食の安全・危機管理から予測微生物学の活用まで〜	2013年	B5 288頁	34,000円
8	スマート農業 〜自動走行、ロボット技術、ICT・AIの利活用からデータ連携まで〜	2019年	B5 444頁	45,000円
9	実践 ニオイの解析・分析技術 〜香気成分のプロファイリングから商品開発への応用まで〜	2019年	B5 288頁	34,000円
10	翻訳版 Agricultural Bioinformatics 〜オミクスデータとICTの統合〜	2018年	B5 386頁	30,000円
11	アルツハイマー病発症メカニズムと 新規診断法・創薬・治療開発	2018年	B5 460頁	45,000円
12	未病医学標準テキスト	2018年	B5 324頁	6,800円
13	薬用植物辞典	2016年	B5 720頁	27,000円
14	油脂のおいしさと科学 〜メカニズムから構造・状態、調理・加工まで〜	2016年	B5 300頁	36,000円
15	ヒトマイクロバイオーム研究最前線 〜常在菌の解析技術から生態、医療分野、食品への応用研究まで〜	2016年	B5 472頁	46,000円
16	糖鎖の新機能開発・応用ハンドブック 〜創薬・医療から食品開発まで〜	2015年	B5 678頁	58,000円
17	情報社会における食品異物混入対策最前線 〜リスク管理からフードディフェンス、商品回収、クレーム対応、最新検知装置まで〜	2015年	B5 342頁	40,000円
18	生食のおいしさとリスク	2013年	B5 602頁	28,400円
19	食品分野における非加熱殺菌技術	2013年	B5 200頁	24,000円
20	進化する食品高圧加工技術 〜基礎から最新の応用事例まで〜	2013年	B5 314頁	28,200円
21	植物工場生産システムと流通技術の最前線	2013年	B5 570頁	41,800円
22	嗅覚と匂い・香りの産業利用最前線	2013年	B5 458頁	36,800円

※本体価格には消費税は含まれておりません。